알면 약이 되고, 모르면 독이 되는 버섯

산으로 둘러싸인 우리나라에는 7천여 종의 식물과 2천여 종의 버섯이 서식하고 있으며, 예로부터 식용과 약용으로 활용되어 온 귀중한 자원이다.

특히 버섯은 우리 주변에서 흔히 볼 수 있지만 대부분 이용하기 어렵다고 생각하는 이유가 독버섯에 중독될 위험 때문이다. 버섯 중에는 1~2개만 먹어도 사망에 이르는 치명적인 독버섯도 있고, 한번 먹으면 몸속에서 독성이 배출되지 않고 오랜 시간에 걸쳐 서서히 오장육부를 망가뜨리는 독버섯도 있다.

사실 버섯의 모양과 이름만 대충 알아서는 식용버섯, 약용버섯, 독버섯을 구분해 내기가 여간 어렵지 않다. 버섯은 대부분 한두 계절이라는 짧은 기간에 나왔다 없어지는 경우가 대부분이며, 서식지 환경이나 생장 단계에 따라 색과 모양의 변화가 심하기 때문이다. 풀과 나무와는 달리 성분도 알려지지 않은 것이 많다.

게다가 버섯은 모양과 생태가 아닌 유전자 분석으로 분류하는데 연구에 따라 분류체계, 학명, 이름이 바뀌는 경우가 매우 많아서 혼동하기도 쉽다. 최근에는 학명이 새로운 이름으로 바뀌거나, 버섯 이름 자체가 바뀐 경우가 많은데, 이는 모양이나 색이 아닌 유전자로 버섯의 분류군을 정하기 때문이며, 많은 버섯들이 생김새가 비슷한데도 완전히 다른 새로운 과명이나 속명을 얻게 된 것도 이 때문이다.

이 책은 누구나 쉽게 버섯을 공부하고 실생활에서 유용하게 활용하는 데 초점을 맞췄다.

모양별, 서식지별 유사성에 따라 크게 〈땅에 나는 버섯〉, 〈나무에 나는 버섯〉으로 나누어 다양한 버섯을 소개하고 있는데, 옥수수깜부기병균이나 동충하초 등의 기생버섯은 편의상 〈나무에 나는 버섯〉에 포함시켰다. 또한 같은 과라도 생태와 모양이 전혀 다른 버섯들이 많은 것을 고려하여 버섯을 좀 더 쉽게 이해할 수 있도록 기존에 알려진 이름이나 모양이 비슷한 버섯들을 한데 모았다.

사진은 어린 버섯부터 젊은 버섯, 다 자란 버섯, 늙어서 소멸한 버섯까지 생장단계별로 나누어 다양한 모습을 담았으며, 식용버섯이나 약용버섯은 맛, 냄새, 요리방법, 약용방법, 서식지 사진 등을 수록하여 실제로 이용할 때 좋은 참고자료가 되도록 하였다. 버섯에서 기본이자 중요한 것이 독버섯을 정확히 아는 것이므로 독버섯에 대한 정보도 충실하게 담았다.

이 책이 자연을 가까이하며 버섯을 공부하는 모든 사람들에게 도움이 되기를 바란다.

우리 몸에 좋은

버섯대사전

Green Home

이 책의 구성

이 책에서 소개하는 버섯은 크게 다음과 같은 순서로 분류하였다.

첫째, 서식지별 분류 (땅에 나는 버섯 → 나무에 나는 버섯 → 기타 버섯)

둘째, 버섯의 크기 순서(대형 → 중형 → 소형 → 기타 특이한 형태)

셋째, 혼동하기 쉬운 이름, 형태, 색 유사종(예를 들면 갓버섯, 싸리버섯 종류에서 색과 형태를 고려하여 과명이나 속명이 다른 버섯도 함께 묶음)

따라서 알고 싶은 버섯을 찾아보고, 앞뒤 페이지의 유사종을 찾아 비교해가면서 눈에 익히면 도움이 될 것이다.

이와 별도로 독버섯 종류 중 가장 치명적인 광대버섯들은 앞에서 가장 먼저 소개하였는데, 이는 다른 식용버섯들과 혼동하기 쉽고 중독사고가 많이 일어나므로 다른 어떤 버섯보다도 먼저 더 자세하고 확실하게 알아둘 필요가 있기 때문이다.

또한 이 책은 가장 최근에 정해진 버섯 이름이나 속명을 기준으로 하였으며, 기존의 버섯 이름이나 학명에 익숙한 사람들을 위하여 버섯 이름 옆 괄호 안에 옛 이름도 함께 나열하였다. 학명도 최근의 학명과 바뀌기 전의 학명을 함께 실었다.

마지막으로 최근의 정식 이름과 옛 이름은 물론 다른 이름까지 모두 색인으로 정리해놓았으므로 필요한 버섯을 찾을 때는 색인을 활용하기 바란다.

버섯 용어와 독성 표시

1. 버섯 이름을 이용한 특징 설명

버섯 이름에는 그 버섯의 대표적인 특징이 나타나 있다. 따라서 버섯의 특징을 설명할 때 사람들이 색이나 생김새를 이름과 연계하여 쉽게 익힐 수 있도록 가능하면 이름에 들어 있는 단어를 이용하여 설명하였다. 예를 들어, 잿빛가루광대버섯의 색은 잿빛(회색)으로 표현하였다.

2. 쉬운 버섯 용어 사용

버섯 용어는 주로 한자로 되어 있기 때문에 어려운 편이다. 따라서 일반적으로 쉽게 알 수 있는 버섯 용어는 그대로 사용하였으나, 어려운 용어는 쉬운 말로 바꾸어 사용하였다. 다음은 이 책에 사용된 버섯 용어들이다.

- 갓(또는 머리)_ 버섯의 맨 윗부분. 버섯 종류마다 생김새가 독특하며, 자라면서 일정한 모양으로 변한다. 모양은 반 둥근모양, 둥근 산모양, 종모양, 원뿔모양, 깔때기모양, 편평한 모양, 가운데가 볼록한 모양, 주걱모양, 반달모양, 부채모양 등 여러 가지이며 갓꼭지(갓 한가운데가 불룩한 것)가 있는 것도 있다. 단, 둥근 모양으로만 자라는 경우에는 머리로 표현하였다.
- 갓 밑면_ 주름살, 관구멍, 침(바늘)모양, 밋밋한 모양 등이 있으며 버섯 종류별로 모양이나 색에 독특한 특징이 있다.
- 갓 윗면_ 밋밋한 모양인 것, 무늬나 부착물이 있는 것 등이 있다. 무늬로는 나이테무늬, 섬유무늬 등이 있고, 주름살로는 우산살모양, 나이테모양 등이 있으며, 부착물로는 비늘가루, 비늘조각, 털, 사마귀 등이 있다.
- 관구멍(관공)_ 갓 밑면의 포자가 만들어지는 곳. 둥근 구멍, 각진 구멍, 미로형 구멍 등 여러 모양이 있으며, 버섯 종류별로 크기, 깊이, 색 등이 다르다.
- 균사_ 섬세한 실모양의 세포.
- 외피막_ 어린 버섯을 싸고 있는 막. 버섯에 따라 있는 것도 있고 없는 것도 있다. 갓이 펴지면서 대부분 떨어져나가지만 갓 가장자리나 자루에 흔적이 남는 종류도 있다.
- 자루(대)_ 갓을 받치고 있는 기관. 밋밋한 것, 섬유무늬가 있는 것, 비늘조각이나 비늘가루가 있는 것, 그물모양인 것, 곰보무늬가 있는 것 등 다양하다. 비늘가루가 있는 것은 떨어지면 색이 변할 수 있으므로 비늘가루가 있던 흔적이 있는지 살펴보아야 한다. 자루가 붙는 위치는 버섯에 따라 갓 한가운데에 붙는 것, 한쪽에 붙는 것, 옆으로 붙는 것이 있으며, 자루가 아예 없거나 자라면서 갓이 커져서 없어지는 것도 있다. 굵기는 윗동이나 밑동이 같은 것, 윗동 또는 밑동이 가는 것, 굽은 것, 밑동이 불룩하거나 뿌리처럼 길거나 알뿌리모양인 것 등이 있다.
- 자루주머니(대주머니)_ 자루 밑동에 붙어 있는 주머니모양의 외피막. 버섯에 따라 있는 것도 있고 없는 것도 있다. 아주 어릴 때 알모양으로 올라오며, 겉껍질이 갈라져 갓과 자루가 올라오면서 자루 밑동에 주머니모양으로 붙어 있거나 떨어져나가는데 가루모양, 나이테모양 등의 흔적이 남는 것도 있다.
- 주름살_ 갓 밑면의 주름모양으로 포자가 만들어진다. 성긴 것, 빽빽한 것, 연결맥(곁가지처럼 갈라지고 동맥처럼 튀어나온 모양)이 있는 것, 침(바늘)모양인 것 등이 있으며, 주름살이 붙는 모양에 따라 완전붙은형(자루와 갓 가장자리에 붙은 것), 끝붙은형(자루 끝에 붙은 것) 등이 있다. 그밖에 종류에 따라 주름살 끝이 가루질(가루 같은 것)이거나 톱니모양인 특징 등이 있다.
- 턱받이(고리)_ 자루에 붙어 있는 치마모양의 막. 버섯에 따라 있는 것도 있고 없는 것도 있다. 주로 갓모양으로 펴지는 버섯에 있으며, 어린 버섯을 싸고 있던 외피막이 분화하여 생긴다. 대부분 얇은 막질로 되어 있으며, 버섯이 자라면서 떨어져나가는 경우가 많으므로 흔적이 있는지 살펴보아야 한다.

그밖에 버섯이 자라는 모양은 줄지어 자라는 것, 원을 그리듯 둥글게 모여 자라는 것, 하나씩 자라는 것, 나무 위에 기와모양으로 층층이 모여 자라는 것 등으로 쉽게 풀어서 설명하였다.

3. 버섯의 독성 표시

버섯의 독성은 이해하기 쉽게 다음의 4단계로 나누어 표시하였다.

- 약간 독성_ 체질에 따라 중독증상이 일어나고, 어느 정도 시간이 흐르면 회복되는 독성.
- 일반 독성_ 빨리 응급처치를 하면 회복될 수 있는 독성.
- 준맹독성_ 의사의 치료를 받으면 어느 정도 회복될 수 있으나 많이 먹으면 죽음에 이를 수 있는 독성.
- 맹독성_ 1~2조각만 먹어도 죽을 수 있으며, 반드시 의사에게 치료를 받아야 하는 독성.

버섯 중독 예방법과 대처 요령

1. 정확히 알지 못하는 버섯은 먹지 않는다

독버섯은 일단 먹으면 단순히 식중독으로 그치는 것이 아니라 죽음으로 이어지기도 하기 때문에 반드시 주의해야 한다. 특히 버섯은 자라면서 변형이 심해서 어릴 때 모습과 다 자란 뒤의 모습이 전혀 다른 경우 많으므로 각별히 주의한다.

2. 독버섯은 정해진 모양이나 색이 없다

흔히 알고 있듯이 빨갛고 노랗고 무섭게 생긴 독버섯만 있는 것이 아니다. 갈색, 회색, 흰색 등 무채색인 버섯 중에도 맹독성이 있고, 조금씩 모양이 다른 변종이 매우 많으므로 조금이라도 의심스러운 버섯은 아예 먹지 말아야 한다.

3. 맛있는 독버섯도 있으므로 맛을 믿어서는 안 된다

일반적으로 독버섯은 이상한 냄새, 쓴맛, 목에 걸리는 느낌 등이 있다고 알려져 있지만, 중독 사고로 사망한 환자들 중에는 독버섯의 맛이 매우 좋았다고 증언한 기록이 있으므로 맛으로 독버섯인지 아닌지를 판단해서는 안 된다.

4. 삶거나 소금에 절여도 독성이 없어지지 않는다

지역에 따라 독버섯을 소금에 절이거나 삶아서 물에 우려내어 먹는 경우가 있는데, 생식독(날로 먹었을 때 중독되는 독성)을 제외하고는 독성이 없어지지 않는 버섯들도 있으므로 주의해야 한다.

5. 독버섯에 중독되었을 때 대처 방법

독버섯에 중독된 경우 자가치료는 절대 금물이며, 빨리 119에 긴급구조를 요청하는 것이 가장 중요하다. 구급차가 도착할 때까지 환자가 의식이 있고 경련을 일으키지 않은 상태라면 소금물을 마시고 토하게 하는 것도 도움이 된다. 또한 버섯에 따라 해독제가 다르므로 진료에 도움이 되도록 먹고 남은 버섯을 비닐봉지에 담아 의료기관에 함께 보낸다.

버섯의 채취와 활용 방법

1. 버섯마다 발생 시기·장소를 미리 알아둔다

버섯마다 발생 시기와 서식지가 다르므로 발생 시기·장소를 미리 알아두어 버섯이 날 만한 장소를 찾아둔다. 그리고 버섯을 찾으면 주변의 지형과 생태 환경을 눈에 익혀둔다. 다음은 이 책에 소개된 버섯들의 주요 서식지 예이다.

- 능이버섯_ 산등성이 8부 지점 아래쪽에 있는 넓은잎나무(주로 참나무) 밑 자갈밭.
- 연기색만가닥버섯_ 주로 햇볕이 잘 들고 움푹한 구릉지의 마사토 위.
- 송이버섯_ 산등성이의 바람이 잘 통하는 마사토에 있는 소나무 밑.
- 꽃송이버섯_ 일본잎갈나무(낙엽송)가 있는 곳.
- 망태버섯_ 푸른 대나무밭.
- 싸리버섯_ 산속 움푹한 자리.
- 노루궁뎅이_ 큰 산의 산등성이 7~8부 지점에 있는 넓은잎나무 고목 위.
- 불로초(영지)_ 산등성이의 햇볕이 잘 들고 나무 크기가 들쑥날쑥하며 땅이 부드러운 참솔 군락지.
- 동충하초_ 산속 낙엽이 많은 계곡가.

2. 한번 버섯이 난 자리에는 다음해에도 버섯이 올라온다

버섯들이 많이 올라온 자리에는 포자가 남아 있어 다음해에도 그 근처에서 또 버섯을 채취할 가능성이 높다. 버섯이 주로 나는 지형을 눈에 익혀두는 것도 좋다.

3. 복장을 갖추고 여러 명이 동행한다

식용버섯은 주로 여름과 가을에 올라오는데 등산로가 아닌 숲속에 나는 경우가 많아 자칫하면 길을 잃거나 실족하여 다칠 위험이 있다. 따라서 버섯을 채취할 때는 2~3명이 함께 다니는 것이 안전하다. 채취시간은 오전이 좋으며, 오후에는 해가 아직 남아 있을 때 숲에서 나와야 한다. 숲이 무성해질 무렵에는 독초, 꽃가루, 애벌레, 유충이 많아 심한 가려움을 동반한 두드러기(일명 황치살)가 일어나거나 뱀에 물릴 수 있으므로 반드시 긴팔 윗옷, 면장갑, 두꺼운 양말, 등산화 등을 갖춘다. 상황버섯이나 석이처럼 험한 산악지대에 나는 버섯도 있는데, 안전장비 없이 무리하게 채취하는 것을 삼가야 한다.

4. 식용버섯은 싱싱하고 갓이 덜 벌어진 것을 채취한다

식용버섯은 생장이 빠르고 늙으면 포자가 나와 지저분해지고 맛도 떨어지므로 갓이 완전히 펴지지 않은 것을 채취하는 것이 좋다. 특히 같은 식용버섯이라도 약간 독성이 있는 종류들은 늙을수록 독성이 강해지므로 먹지 말아야 한다.

5. 채취한 버섯은 식용인지 다시 한 번 확인한다

버섯은 모양 변화가 심한 경우가 많은데 잘 살펴보면 턱받이, 자루주머니, 비늘가루, 사마귀 등이 붙어 있던 흔적이 남아 있다. 손으로 만지거나 잘라보면 색이 변하는 종류도 있으므로 먹기 전에 식용버섯이 맞는지 다시 한 번 꼼꼼히 확인하며, 조금이라도 의심스러우면 버린다. 버섯을 잘 아는 전문가에게 물어보는 것도 좋다.

6. 식용버섯이라도 소금물에 삶는 것이 안전하다

안전한 식용버섯이라도 자연산은 재배한 것과는 달리 미세하게나마 약간 독성이 있을 수 있으므로 굵은 소금을 넣은 물에 삶아서 완전히 익힌 뒤 물을 갈아가며 여러 번 우려내거나 헹궈낸 뒤 먹는 것이 안전하다. 특히 생식하면 중독되는 종류들이 있으므로 생회로 먹지 않도록 한다. 단, 독버섯 중에는 소금물에 삶아 우려내도 독성이 없어지지 않는 종류가 있으므로 절대 먹어서는 안 된다.

7. 식용버섯과 약용버섯의 보관

식용버섯은 되도록 싱싱할 때 빨리 먹는 것이 좋으며, 며칠 두고 먹을 때는 냉장고에 보관한다. 버섯 살에 벌레가 박혀 있는 것은 버린다. 나무에 나는 단단한 종류의 버섯은 간단히 이물질만 제거한 뒤 잘 말려서 통풍이 잘 되는 건조하고 차가운 곳에 보관한다. 깨끗하게 한다고 물에 씻어서 말리면 곰팡이가 생기기 쉬우므로 주의한다. 너무 오래 되어 좀이 슬거나 잘못 보관하여 곰팡이가 핀 것은 먹지 말아야 한다.

 # 차례

1. 땅에 나는 버섯

2. 나무에 나는 버섯

송이버섯_송이버섯국. 갖은 채소와 함께 끓인다.   9월 22일

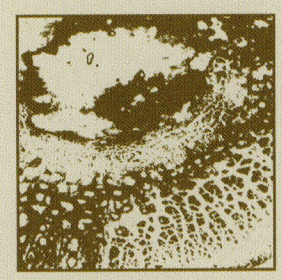

1
땅에 나는 버섯

잿빛가루광대버섯

다 자란 버섯. 9월 5일

🔍 한눈에 보기

갓 윗면
연한 잿빛~갈색잿빛, 잿빛~갈색잿빛 가루알갱이

갓 가장자리
갓이 펴지면 외피막 조각이 너덜거림

갓 밑면
주름살, 흰색

자루 겉면
잿빛~갈색잿빛 가루

밑동
퉁퉁함

턱받이
회색 자루 맨 윗동에 달림

상처의 변색
갈색

육질
조금 얇고 잘 부서짐

기타
부속물이 잘 떨어져서 모양 변화가 심함

● **발생 시기·장소 |** 여름~가을, 넓은잎나무숲 땅 위에 1개씩 또는 여러 개씩 흩어져 올라온다.

● **분포 |** 한국(주로 월출산, 지리산, 만덕산, 변산반도), 일본 등지에 분포한다.

● **특징 |** 갓이 잿빛 가루와 큰 알갱이로 덮여 있다.

● **생김새 |** 갓지름 3~6.5㎝의 중소형이나 때로는 15㎝의 중대형으로 자란다. **갓**은 어릴 때 둥그스름한 머리에서 점차 종모양이 되었다 둥근 산모양이 되며, 늙으면 편평해졌다가 조금 오목해진다. 윗면은 연한 잿빛(연회색)~갈색잿빛이고 잿빛~갈색잿빛 가루알갱이로 덮여 있으며, 비를 맞으면 녹거나 잘 떨어지고 간혹 민머리가 되기도 한다. 갓이 펴지면 가장자리에 흰색 외피막 조각들이 너덜너덜하게 매달려 있다가 점차 떨어져나간다. 살은 흰색으로 색이 변하지 않으며, 조금 얇고 잘 부서지는 육질이다. **갓 밑면**은 주름살로 되어 있으며, 주름살은 끝붙은형이고 조금 빽빽하며 흰색인데, 상처가 나면 갈색이 된다. 주름살 끝은 분가루 같다. **자루**는 길이 7~12㎝, 굵기 3~8㎜이며 밑동이 퉁퉁하다. 겉면은 잿빛~갈색잿빛 가루로 덮여 있으며 잘 떨어진다. 살은 흰회색이고 속이 꽉 차 있다. 갓이 펴지면 맨 윗동에 긴 치마모양의 회색 턱받이가 생기나 잘 떨어져나간다. **포자**는 9.5~11.5×7.5~9.5㎛(1/1000㎜) 크기의 타원형이고 흰색이다.

 식용 절대 불가

 준맹독성
(적혈구 파괴)

● 광대버섯과 광대버섯속

● 한해살이

● 중간키 - 중소형(때로는 중대형)

● 모양이 비슷한 뱀껍질광대버섯(p.20)과 함께 적혈구를 파괴하는 준맹독성 버섯이므로 절대 먹어선 안 된다.

01_ 어린 버섯
어릴 때는 잿빛 가루가 솜털처럼 뭉치기도 한다.   8/30

02_ 어린 버섯
잿빛 가루를 뒤집어쓴 모습.   8/15

03_ 어린 버섯
자루에도 잿빛 가루가 있다.   8/8

04_ 젊은 버섯
갓에 잿빛 가루와 알갱이가 있다.   8/31

05_ 젊은 버섯
갓이 펴지면 가장자리가 외피막 조각으로 너덜너덜해진다.   8/23

06_ 젊은 버섯
가루가 벗겨져 민머리
가 된 모습.   8/21

07_ 다 자란 버섯
갓이 거의 펴졌다. 9/3

08_ 다 자란 버섯
비 맞은 모습.   8/23

09_ 늙은 버섯
턱받이가 흘러내리고
있다.   8/2

10_ 늙은 버섯
잿빛 가루가 거의 떨어
진 모습. 갓 가장자리
가 갈라진다.   8/2

11_ 상세 모습
어린 버섯의 속살.
7/15

12_ 상세 모습
젊은 버섯.　　8/23

13_ 상세 모습
턱받이가 달린 모습.
8/21

14_ 상세 모습
사루에 붙은 잿빛 가
루.　　8/2

15_ 상세 모습
젊은 버섯의 주름살과
턱받이.　　8/21

16_ 상세 모습
다 자란 버섯의 주름
살.　　8/2

Amanita spissacea Imai

뱀껍질광대버섯

갓에 뱀껍질 같은 무늬가 있다. 7월 23일

한눈에 보기

갓 윗면
갈색~회갈색, 검은갈색 사마귀

갓밑면
주름살, 흰색

자루 겉면
흰색, 회갈색 비늘가루

밑동
불룩함

자루주머니 흔적
테두리모양으로 여러 개

턱받이
흰회색

육질
조금 얇음

기타
부속물이 잘 떨어져서 모양 변화가 심함

● **발생 시기·장소 |** 여름~가을, 넓은잎나무숲~소나무숲의 땅 위에 1개 또는 여러 개가 올라온다.

● **분포 |** 한국, 일본, 중국 등지에 분포한다.

● **특징 |** 갓에 깨알 같은 알갱이가 붙어 있으며, 갓과 자루에 뱀껍질무늬가 있다.

● **생김새 |** 갓 지름 4~12.5㎝의 중형. **갓**은 어릴 때 둥그스름한 머리에서 점차 둥근 산모양이 되고, 늙으면 편평하게 펴졌다가 조금 오목해진다. 윗면은 갈색~회갈색이고, 작은 알갱이모양의 검은갈색 사마귀로 덮여 있다가 점차 갈라지고 떨어져나가 나이테와 비슷한 모양의 뱀무늬가 생긴다. 비를 맞으면 사마귀가 녹거나 잘 떨어져서 민머리가 되기도 한다. 갓살은 흰색이고 조금 얇은 육질이다. **갓 밑면**은 주름살로 되어 있으며, 주름살은 끝붙은형~내린형이고 빽빽하며 흰색이다. **자루**는 길이 5~15㎝, 굵기 1~2㎝로 밑동이 불룩하고, 자루주머니 흔적이 테두리모양으로 4~7개가 있다. 겉면은 흰색이고 회갈색 비늘가루로 덮여 있으며, 불규칙하게 떨어져 뱀껍질 같은 무늬가 된다. 속은 꽉 차 있다. 갓이 펴지면서 윗동에 치마모양의 흰회색 턱받이가 생기나 금방 떨어져나간다. **포자**는 8~10.5×7.5㎛(1/1000㎜) 크기의 타원형이고 흰색이다.

 식용 절대 불가

 준맹독성
(적혈구 파괴, 급성신부전, 심하면 혼수상태)

● 광대버섯과 광대버섯속

● 한해살이

● 중간키 - 중형

● 다른 이름 : 나도털자루닭알버섯

● 준맹독성 버섯으로 모양이 비슷한 잿빛가루광대버섯(p.16)과 함께 치명적인 독성이 있으므로 절대 먹어선 안 된다. 중독 증상으로는 속울렁거림, 구역질, 헛것 보임, 다리 통증, 적혈구 파괴, 혼수상태가 나타나는데, 중독 후 1~2일이면 회복된다. 그러나 광대버섯 종류 중에 몸속에서 배출되지 않고 장기간에 걸쳐 장기를 파괴하는 독성이 발견되었으므로 민간요법에 의존하지 말고 반드시 의사의 치료를 받는다.

01_ **어린 버섯**
갓이 작은 알갱이로 덮여 있다.   7/28

02_ **어린 버섯**
비를 맞고 갓 위의 알갱이가 녹은 모습. 9/2

03_ **어린 버섯**
턱받이가 생긴 모습.   7/11

04_ **어린 버섯**
비 맞은 뒤 사마귀가 떨어진 버섯들.   7/13

05_ **젊은 버섯**
둥그스름해진 갓 모습.   7/13

06_ **젊은 버섯**
위에서 내려다본 갓의 뱀껍질무늬.   8/22

07_ **젊은 버섯**
비온 뒤 알갱이가 녹아
납작해졌다.   9/23

08_ **다 자란 버섯**
알갱이가 녹거나 뭉쳐
서 지저분해진 모습.
                   8/31

09_ **다 자란 버섯**
알갱이가 온전히 남아
있는 버섯.   7/28

10_ **다 자란 버섯**
갓이 평평하게 거의 다
펴졌다.   7/28

11_ **다 자란 버섯**
갓이 완전히 펴진 버
섯. 자루에 뱀껍질무늬
가 있다.   7/12

12_ **늙은 버섯**
늙어가는 버섯의 비 맞
은 모습.   9/10

13_ **늙은 버섯**
갓살이 갈라졌다. 8/31

14_ **늙은 버섯**
갓살이 떨어져나간 모
습.   9/5

15_ 늙은 버섯
물 내린 모습.　　8/1

16_ 상세 모습
어린 버섯의 주름살. 막
이 붙어 있다.　　9/2

17_ 상세 모습
어린 버섯과 젊은 버섯.
　　　　7/13

18_ 상세 모습
턱받이가 있는 다 자란
버섯.　　　　9/5

19_ 상세 모습
젊은 버섯과 늙은 버섯.
　　　　7/23

20_ 상세 모습
다 자란 버섯의 속살.
　　　　7/12

21_ 상세 모습
다 자란 버섯의 주름살.
　　　　7/28

암회색광대버섯아재비

갓 가장자리가 너덜거린다. 8월 25일

🔍 한눈에 보기

갓 윗면
갈색~회갈색, 가운데는 진회색, 전체에 방사상 섬유무늬

갓 가장자리
갓이 펴지면 외피막 조각이 너덜거림

갓 밑면
주름살, 흰색

자루 겉면
흰색, 흰 비늘가루

자루 속
비어 있음

자루주머니
흰색

턱받이
흰색

육질
잘 부서짐

● **발생 시기·장소** | 여름~가을, 참나무숲(상수리나무, 졸참나무)~소나무숲~혼합림(참나무, 소나무)의 땅 위에 여러 개가 무리지어 또는 흩어져서 올라온다.

● **분포** | 한국, 일본 등지에 분포한다.

● **특징** | 갓 가운데가 짙고 가장자리가 너덜거리며, 자루는 흰색이다.

● **생김새** | 갓 지름 3~11㎝의 중소형. **갓**은 어릴 때 반원모양에서 둥근 산모양이 되고, 늙으면 편평하게 펴졌다가 조금 오목해진다. 윗면은 갈색~회갈색이고 가운데는 진회색이며, 전체에 방사상의 섬유무늬가 있다. 간혹 불규칙한 모양의 외피막 조각이 붙어 있으며, 습하면 조금 끈적해진다. 갓이 펴지면 외피막 조각들이 붙어 갓 가장자리가 너덜거리거나 흰 테두리가 생기지만 금방 떨어져나간다. 살은 흰색이고 잘 부서지는 육질이다. **갓 밑면**은 주름살로 되어 있으며, 주름살은 떨어진형이고 빽빽하며 흰색이다. 주름살 끝은 분가루 같다. **자루**는 길이 4.5~16.5㎝, 굵기 6~19㎜이며, 밑동은 굵고 복주머니 모양의 흰 자루주머니에 싸여 있으며 오래간다. 겉면은 흰색이고 흰 비늘가루가 있으며 잘 부서진다. 살은 흰색이고 속이 비어 있다. 갓이 펴지면서 윗동에 긴 치마모양의 흰색 턱받이가 생기나 잘 떨어져나간다. **포자**는 7.3~8.3×4.2~5.2㎛ 크기의 타원형이고 흰색이다.

 식용 절대 불가
(한때 식용으로 잘못 알려짐)

 일반 독성
(환각, 설사, 위장염)

● **광대버섯과 광대버섯속**

● **한해살이**

● **중간키 – 중소형**

주의사항

● 한때 식용으로 잘못 알려졌던 독버섯으로 위장염을 일으키는 바실루스 리체니포르미스와 설사를 일으키는 프로비덴시아 레트게리를 함유하고 있으므로 절대 먹어선 안 된다.

01_ **어린 버섯**
어린 버섯이 올라오는 모습.   9/17

02_ **어린 버섯**
어릴 때부터 자루가 잘 부서진다.   9/17

03_ **어린 버섯**
자루주머니가 있다.   9/24

04_ **다 자란 버섯**
흰색 턱받이가 생긴 모습.   9/4

05_ **다 자란 버섯**
갓 가장자리가 너덜거린다.   7/23

06_ **다 자란 버섯**
턱받이가 달린 모습.   7/23

07_ **늙은 버섯**
늙어가는 모습. 8/21

08_ **늙은 버섯**
갓 가장자리가 모두 갈
라진 모습. 7/23

09_ **늙은 버섯**
갓이 아주 오목해진 모
습. 9/3

10_ **늙은 버섯**
군락지 모습. 9/3

11_ 늙은 버섯
갓살이 부서져 떨어져
나간 모습.   7/4

12_ 상세 모습
외피막이 있는 어린 버
섯.   9/24

13_ 상세 모습
어린 버섯과 외피막이
떨어진 젊은 버섯.
                9/4

14_ 상세 모습
턱받이가 달려 있는
젊은 버섯.   8/24

15_ 상세 모습
어린 버섯의 주름살.
                9/4

16_ 상세 모습
다 자란 버섯의 주름
살.   7/23

맛광대버섯

다 자란 버섯의 밋밋한 갓 윗면. 5월 28일

한눈에 보기

갓 윗면
갈색~회갈색, 한가운데는 짙은 갈색

갓 무늬
동심원, 방사상 섬유무늬

갓 가장자리
우산살모양의 주름

갓 밑면
주름살, 흰색

자루 겉면
갈색 비늘가루

턱받이
흰회색

● **발생 시기·장소 |** 여름~가을, 넓은잎나무숲~소나무숲 땅 위에 1개씩 또는 여러 개씩 흩어져 올라온다.

● **분포 |** 한국, 일본, 타이완 등지에 분포한다.

● **특징 |** 갓에 동심원과 짙은 방사상 섬유무늬가 있으며, 늙으면 갓이 갈라져서 하얗게 조각처럼 되기 쉽다.

● **생김새 |** 갓 지름 4~12㎝의 중소형. **갓**은 어릴 때 반원모양에서 산모양이 되었다가 점차 편평해지고, 늙으면 한가운데가 오목해진다. 윗면은 갈색~회갈색이고 한가운데는 짙은 갈색이며, 전체에 짙고 옅은 동심원과 방사상 섬유무늬가 있어 얼룩덜룩하다. 습기가 있을 때는 윤기가 조금 있다. 가장자리에는 촘촘한 우산살모양의 주름이 있고 결대로 갈라지기 쉬우며, 허연 살이 드러난다. 살은 흰색이고 조금 두툼하며 부드럽다. **갓 밑면**은 주름살로 되어 있으며, 주름살은 떨어진형이고 조금 **빽빽**하며 흰색이다. **자루**는 길이 6~13㎝, 굵기 5~16㎜이며 윗동으로 갈수록 가늘어진다. 겉면에는 갈색 비늘가루가 붙어 있어 뱀무늬처럼 되며, 살은 연갈색이다. 갓이 펴지면서 윗동에 치마모양의 흰회색 턱받이가 생기나 잘 떨어진다. **포자**는 10.5~14×7~8.5㎛ 크기의 넓은 타원형이고 흰색이다.

 식용 절대 불가
(한때 식용으로 잘못 알려짐)

 약간 독성
(생식시 중독. 적혈구 파괴)

● 광대버섯과 광대버섯속

● 한해살이

● 중간키 – 중소형

● 다른 이름 : 흰조각광대버섯

주의사항

● 한때 식용으로 잘못 알려졌던 독버섯이다. 학명의 에스쿨렌타(*esculenta*)는 라틴어로 '먹을 수 있다'는 뜻인데, 실제로 부드럽고 사각사각 씹히며 향긋하면서 담백한 맛이다. 그러나 적혈구를 파괴하는 독성분이 있는 것으로 밝혀졌으며, 생식하면 중독되므로 절대 먹으면 안 된다.

01_ **젊은 버섯**
비 맞은 모습.   5/28

02_ **다 자란 버섯**
갓이 조금 오목해졌다.
5/28

03_ **다 자란 버섯**
갓에 동심원, 방사상 섬유무늬와 우산살모양의 주름이 있다.
5/28

04_ **상세 모습**
턱받이가 달려 있는 모습.   5/28

05_ **상세 모습**
턱받이가 떨어진 모습.
5/28

Amanita longistriata Imai

긴골광대버섯아재비

갓에 우산살모양의 주름이 있다. 7월 14일

한눈에 보기

갓 윗면
회갈색~빛바랜 갈색

갓 무늬
한가운데부터 짙은 색 동심원

갓 가장자리
선명한 긴 골(우산살모양의 주름)

갓 밑면
주름살, 연붉은색

자루주머니
흰색

턱받이
흰회색

● **발생 시기·장소 |** 여름~가을, 넓은잎나무숲~혼합림(넓은잎나무, 소나무) 땅 위에 1개씩 올라온다.

● **분포 |** 한국(주로 가야산, 아차산, 한라산, 변산반도), 일본에 분포한다.

● **특징 |** 갓에 긴 골(우산살모양의 주름)과 짙은 색 동심원무늬가 있으며, 주름살이 연붉은색이다.

● **생김새 |** 갓 지름 2~6cm의 중소형. **갓**은 어릴 때 반원모양에서 둥근 산모양이 되고, 늙으면 편평하게 퍼졌다가 조금 오목해진다. 윗면은 회갈색~빛바랜 갈색이고, 한가운데부터 중간까지 짙은 색 동심원무늬가 있다. 습하면 조금 끈적거린다. 갓 가장자리에 촘촘하고 긴 골이 선명하고, 살은 흰색이다. **갓 밑면**은 주름살로 되어 있으며, 주름살은 떨어진형이고 조금 빽빽하며 연붉은색이다. 주름살 끝은 분가루 같다. **자루**는 길이 4~9cm, 굵기 4~8mm이고 윗동이 좀 더 가늘다. 밑동은 흰 자루주머니에 싸여 있고 오래간다. 겉면은 흰색이고, 갓이 펴지면서 윗동에 치마모양의 흰회색 턱받이가 생기나 잘 떨어져나간다. **포자**는 10~14×7.5~9.5μm 크기의 달걀모양이고 흰색이다.

 식용 절대 불가

 일반 독성
(적혈구 파괴)

● 광대버섯과 광대버섯속
● 한해살이
● 작은중간키 – 중소형

01_ 젊은 버섯
 턱받이가 생기고 있다.
 7/14

02_ 다 자란 버섯
 턱받이가 길어진 모습.
 7/14

03_ 다 자란 버섯
 작은 군락지.   7/14

04_ 상세 모습
 젊은 버섯.   7/14

우산버섯

Amanita vaginata var. *vaginata* (Bull.) Lam. = *Amanita vaginata* (Bull. ex Fr.) Vitt. var. *vaginata*

갓에 우산살모양의 주름이 선명하다. 8월 29일

🔍 한눈에 보기

아주 어린 버섯
알모양. 껍질을 뚫고 나옴

갓 윗면
회색~회갈색, 한가운데에 검은회갈색 동심원

갓꼭지
생김

갓 가장자리
우산살모양의 주름

갓 밑면
주름살, 흰색

자루 겉면
흰회색, 회색 비늘가루

자루 속
비어 있음

자루주머니
흰색

● **발생 시기·장소** | 여름~가을, 넓은잎나무숲~소나무숲~혼합림(넓은잎나무, 소나무)의 땅 위에 1개씩 또는 여러 개씩 흩어져 올라온다.

● **분포** | 한국, 일본, 중국, 유럽, 북아메리카 등 전 세계에 분포한다.

● **특징** | 갓과 자루가 회색이며, 갓 한가운데에 짙은 동심원무늬가 있다.

● **생김새** | 갓 지름 5~10㎝의 중소형. **갓**은 아주 어릴 때는 알모양으로 흰 껍질에 싸여 있다가 껍질을 뚫고 나와 자라서 점차 종모양이 되었다가 둥근 산모양이 되며, 늙으면 편평하게 퍼졌다가 조금 오목해진다. 한가운데에는 볼록한 갓꼭지가 생긴다. 윗면은 회색~회갈색이고, 한가운데에 검은회갈색 동심원 무늬가 있다. 가장자리에는 촘촘한 우산살모양의 주름이 선명하다. 갓살은 흰색이고 얇다. **갓 밑면**은 주름살로 되어 있으며, 주름살은 떨어진형이고 조금 빽빽하며 흰색이다. **자루**는 길이 8~15㎝, 굵기 10~15㎜로 윗동이 좀 더 가늘고, 밑동은 흰 자루주머니에 싸여 있다. 겉면은 흰회색이고, 회색 비늘가루가 있어 뱀무늬처럼 된다. 살은 흰색이고 속이 비어 있다. **포자**는 8~12㎛ 크기의 공모양이고 흰색이다.

 식용 불가
(한때 식용으로 잘못 알려짐)

 약간 독성
(위장염)

● 광대버섯과 광대버섯속

● 한해살이

● 중간큰키 – 중소형

● 다른 이름 : 학버섯

● 한때 식용으로 잘못 알려졌던 독버섯. 사각사각 씹히면서 쫄깃하여 먹기 좋지만 위장염을 일으키는 독성분이 함유된 것으로 밝혀졌으므로 절대 먹으면 안 된다.

● 고동색우산버섯(p.35)과 혼동하기 쉬운데, 고동색우산버섯은 자루가 붉은갈색이지만 우산버섯은 자루가 밋밋하고 하얗다.

01_ 젊은 버섯
갓 한가운데가 짙어진다.   9/3

02_ 젊은 버섯
갓꼭지가 볼록하다.
9/8

03_ 다 자란 버섯
동물이 베어 먹은 흔적이 있다.   7/16

04_ 다 자란 버섯
갓가장자리에 우산살 모양의 주름이 있다.
9/8

05_ 다 자란 버섯
간혹 외피막이 그대로 붙어 있다.   7/11

06_ 다 자란 버섯
갓살이 결대로 갈라진 모습   7/13

07_ **다 자란 버섯**
우산살모양의 주름이
깊어진 모습.   7/18

08_ **늙은 버섯**
갓이 오목해진 모습.
               9/11

09_ **늙은 버섯**
갓이 갈라져 속살이 드
러난 모습.   7/29

10_ **늙은 버섯**
갓살이 연해서 잘 부서
진다.   7/22

11_ **늙은 버섯**
누렇게 탈색된 버섯.
               8/23

12_ **상세 모습**
다 자란 버섯의 주름
살.   8/23

13_ **상세 모습**
다 자란 버섯.   7/11

Amanita fulva (Schaeff.) Secr. = *Amanita vaginata* var. *fulva* (Schaeff.) Sacc.
= *Amanita vaginata* (Bull. ex Fr.) Vitt. var. *fulva* (Schaeff.) Gill.

고동색우산버섯

갓 한가운데에 볼록한 갓꼭지가 생긴다. 9월 28일

한눈에 보기

아주 어린 버섯
알모양, 껍질을 뚫고 나옴

갓 윗면
고동색(오래된 구리색)

갓 무늬
한가운데에 짙은 색 동심원무늬

갓 가장자리
선명한 우산살모양의 주름

갓꼭지
생김

갓 밑면
주름살, 흰색

자루 겉면
연고동색, 고동색 비늘가루(뱀무늬)

자루 속
비어 있음

자루주머니
연고동색

육질
얇음

● **발생 시기·장소 |** 여름~가을, 넓은잎나무숲~소나무숲 땅 위에 1개씩 또는 여러 개씩 흩어져 올라온다.

● **분포 |** 한국, 일본, 중국 등 북반구 일대에 분포한다.

● **특징 |** 갓과 자루가 고동색(오래된 구리색)이며, 갓 한가운데에 짙은 색 동심원무늬가 있다.

● **생김새 |** 갓 지름 4~9㎝의 중소형. **갓**은 아주 어릴 때는 흰 껍질에 싸여 있는 알모양이나 껍질을 뚫고 나와 점차 둥근 산모양으로 자라며, 늙으면 편평하게 펴졌다가 조금 오목해진다. 한가운데에 조금 볼록한 갓꼭지가 생긴다. 윗면은 고동색(오래된 구리색)이며 한가운데에 짙은 색 동심원무늬가 있고, 갓 가장자리에는 촘촘한 우산살모양의 주름이 선명하다. 살은 흰색이고 육질이 얇다. **갓 밑면**은 주름살로 되어 있으며, 주름살은 떨어진형이고 빽빽하며 흰색이다. **자루**는 길이 7~15㎝, 굵기 7~15㎜이고 윗동으로 갈수록 가늘어지며, 뱀처럼 조금 굽어서 자라기도 한다. 밑동에 연고동색 자루주머니가 있다. 겉면은 연고동색이고 고동색 비늘가루가 붙어 뱀무늬처럼 되며, 속은 비어 있다. **포자**는 9~12㎛ 크기의 공모양이고 흰색이다.

 식용 절대 불가
(한때 식용으로 잘못 알려짐)

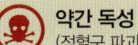 **약간 독성**
(적혈구 파괴)

● 광대버섯과 광대버섯속

● 한해살이

● 중간크키 – 중소형

● 한때 식용으로 잘못 알려졌던 독버섯. 조금 닭고기 맛이 나고 쫄깃해서 먹기는 좋으나 적혈구를 파괴하고 위염을 일으키는 독성분이 함유된 것으로 밝혀졌다. 생식하면 중독되므로 절대 먹어선 안 된다.

01_ 어린 버섯
어린 버섯 올라온 모습.   9/14

02_ 어린 버섯
짙은 색을 띠는 어린 버섯도 있다.   9/19

03_ 젊은 버섯
갓 가장자리의 우산살 모양 주름이 선명하다.   8/1

04_ 다 자란 버섯
밑동에 자루주머니가 있다.   7/22

05_ 다 자란 버섯
작은 군락.   9/28

06_ 다 자란 버섯
완전히 펴진 갓. 한가운데가 아주 짙다. 7/11

07_ 다 자란 버섯
자루에 뱀무늬가 생긴다.   7/11

08_ 다 자란 버섯
갓이 펴지면서 갓꼭지
가 생긴다.　　9/21

09_ 늙은 버섯
물 내리는 모습.　8/22

10_ 늙은 버섯
늙으면 갓이 오목해진
다.　　　　8/3

11_ 상세 모습
어린 버섯.　　9/14

12_ 상세 모습
다 자란 버섯.　7/22

13_ 상세 모습
늙은 버섯.　8/22

14_ 상세 모습
다 자란 버섯의 주름
살.　　　　8/3

008

줄무늬광대버섯

갓에 선명한 줄무늬가 있다. 7월 21일

어린 버섯
갓 펴지는 모습. 7/21

🔍 한눈에 보기

아주 어린 버섯
알모양, 껍질을 뚫고 나옴

갓 윗면
노란갈색~회갈색~올리브갈색, 갓 보조개 생김

갓 무늬
한가운데에 빛바랜 회색 동심원, 바깥쪽에는 진갈색 동그라미선

갓 밑면
주름살, 흰색

자루 겉면
흰색, 회갈색~붉은갈색 비늘가루 (뱀무늬)

자루주머니
흰회색

● **발생 시기·장소 |** 여름~가을, 넓은잎나무숲~소나무숲 땅 위에 1개씩 또는 여러 개가 모여서 올라온다.

● **분포 |** 한국, 유럽, 북아메리카 등지에 분포한다.

● **특징 |** 갓 한가운데에는 회색 원, 그 바깥쪽에는 조금 진한 갈색 동그라미선이 있다.

● **생김새 |** 갓 지름 3~8㎝의 중소형. **갓**은 아주 어릴 때는 흰 껍질에 싸인 알모양으로 껍질을 뚫고 나온다. 어릴 때는 반원모양에서 둥근 산모양이 되고, 점차 편평하게 펴지면서 갓 한가운데에 오목한 갓 보조개가 생긴다. 윗면은 노란갈색~회갈색~올리브갈색이고, 한가운데에 빛바랜 회색 동심원이 있으며, 그 바깥쪽에 조금 진한 갈색 동그라미선이 있다. 가장자리에는 촘촘한 우산살모양의 주름이 선명하다. 살은 흰색이고 육질이 조금 얇다. **갓 밑면**은 주름살로 되어 있으며, 주름살은 떨어진형이고 조금 빽빽하며 흰색이다. **자루**는 길이 8~13㎝, 굵기 1~1.2㎝이며 윗동이 좀 더 가늘다. 밑동은 흰회색 자루주머니에 싸여 있고 오래 간다. 겉면은 흰색이고, 회갈색~붉은갈색 비늘가루로 덮여 뱀무늬처럼 된다. 살은 흰색이며, 자루 속이 처음에는 꽉 차 있다가 점차 비어간다. **포자**는 9.6~15.3㎛ 크기의 공모양이고 흰색이다.

 식용 절대 불가

 일반 독성

● 광대버섯과 광대버섯속
● 한해살이
● 중간키 – 중소형

주의사항

● 아직 독성분이 밝혀지지 않았으나 광대버섯 종류들은 치명적인 독버섯이 대부분이므로 절대 먹으면 안 된다.

Amanita pantherina (DC.) Krombh.

마귀광대버섯

갓에 편평한 사마귀가 있다. 7월 5일

갓 윗면
노란갈색~회갈색, 흰색~흰갈색 점박이사마귀

갓 가장자리
우산살모양의 주름

갓 밑면
주름살, 흰색 ⇨ 연갈색

자루 겉면
흰색~연노란색, 흰갈색 비늘가루

자루 속
비어 있음

턱받이
흰색

자루주머니
흰색, 고리모양의 흔적

기타
부속물이 잘 떨어져 모양 변화가 심함

육질
조금 얇음

● **발생 시기·장소 |** 여름~가을, 넓은잎나무숲~소나무숲~혼합림의 땅 위에 1개씩 또는 여러 개가 무리지어 올라온다.

● **분포 |** 한국, 동아시아, 유럽, 북아메리카, 아프리카 등지에 분포한다.

● **특징 |** 다른 크기의 편평한 흰갈색 사마귀가 있고, 밑동에 고리모양의 자루주머니 흔적이 있다.

● **생김새 |** 갓 지름 5.6~21㎝의 대형. **갓**은 어릴 때 둥그스름하다 점차 산모양이 되고 둥근 산모양이 되었다가 편평하게 펴지며, 늙으면 종지모양으로 우묵해진다. 윗면은 노란갈색~회갈색이고 가운데가 짙으며, 흰색~흰갈색 가루가 뭉친 비교적 편평한 점박이사마귀가 많다. 늙으면 가루가 떨어져서 사마귀가 작아지고, 비를 맞으면 잘 떨어져 민머리가 되기 쉽다. 갓 가장자리에 촘촘한 우산살모양의 주름이 생기고, 습하면 끈적해진다. 갓살은 흰색이고 육질이 조금 얇다. **갓 밑면**은 주름살로 되어 있으며, 주름살은 떨어진형이고 조금 빽빽하다. 흰색에서 늙으면 연갈색이 되고, 주름살 끝이 조금 톱날모양이다. **자루**는 길이 5~35㎝, 굵기 6~30㎜로 밑동이 조금 뭉툭하고, 고리모양의 자루주머니 흔적이 여러 개 있다. 겉면은 흰색~연노란색이고, 흰갈색 비늘가루가 있으며, 속은 비어 있다. 갓이 펴지면 자루 위쪽에 긴 치마모양의 흰색 턱받이가 생기나 잘 떨어져나간다. **포자**는 9.5~12×7~9㎛ 크기의 넓은 타원형이고 흰색이다.

식용 절대 불가
(한때 식용으로 잘못 알려짐)

일반 독성
(환각, 신경장애, 심하면 사망)

● 광대버섯과 광대버섯속

● 한해살이

● 큰키 – 대형

● 다른 이름 : 점갓닭알독버섯

주의사항

● 한때 식용으로 잘못 알려져서 소금에 절였다가 여러 번 헹궈내고 먹는다고 하였으나, 환각을 일으키는 치명적인 독성분이 있으므로 절대 먹어선 안 된다.
● 식용으로 잘못 알려진 또 다른 독버섯 붉은점박이광대버섯(p.46)과도 혼동하기 쉬운데, 마귀광대버섯은 상처가 나도 살이 붉어지지 않는다.

독성분과 중독 증상 >>>

무스시몰·무스카리존_ 먹으면 20분~2시간 뒤 중추신경계 마비, 메슥거림, 술 취한 느낌, 근육경련, 정신착란, 환각, 헛것 보임, 폐질환, 졸음 등의 증상이 4시간 동안 계속되며 며칠 지나면 낫는다. 파리 살충 성분, 환각 성분이며, 해독제는 피조스티그민.

무스카린_ 많이 먹으면 심장이 멎어 죽는다. 20분~20시간 뒤 부교감신경이 흥분되어 심한 땀흘림, 눈물흘림, 침흘림, 눈동자 작아짐, 구토, 설사, 저혈압, 호흡곤란 등의 증상이 나타나므로 빨리 위세척과 혈액투석 등을 받아야 한다. 조금 먹은 경우에는 24시간 안에 낫는다. 알칼로이드나 썩어가는 물고기의 프토마인 속에도 들어 있다. 해독제는 아트로핀.

무스카리딘_ 무스카린과 중독 증상이 비슷하다.

이보텐산_ 먹으면 20분~2시간 뒤 중추신경계 마비, 메슥거림, 술 취한 느낌, 근육경련, 정신착란, 환각, 헛것 보임, 심한 졸음, 탈진 등의 증상이 나타나며 며칠 뒤 낫는다. 몸속에 들어가면 탈탄산되어 무스시몰(환각 성분)이 된다. 해독제는 피조스티그민.

이소제이졸 유도체_ 먹으면 메슥거림, 술 취한 느낌, 근육경련, 정신착란, 환각, 헛것 보임, 졸음 등의 증상이 4시간 동안 계속되며 며칠 지나면 낫는다. 해독제는 피조스티그민.

부포테닌_ 먹으면 환각, 땀흘림, 구역질, 눈동자 커짐, 우울증 등이 나타난다.

프로파르길글리신_ 먹으면 적혈구가 파괴되고 간에 독이 쌓인다.

01_ 어린 버섯
어린 버섯이 올라오는 모습.　7/14

02_ 어린 버섯
사마귀가 잘 떨어진다.　7/3

03_ 어린 버섯
습하면 갓이 끈적해진다.　7/9

04_ 어린 버섯
밑동에 고리모양이 있다.　6/15

05_ 어린 버섯
　　한곳에 올라온 모습.
　　　　　　　　　7/10

06_ 젊은 버섯
　　군락지 모습.　　7/6

07_ 젊은 버섯
　　갓이 둥글게 펴지는 모
　　습.　　　　　　9/5

08_ 젊은 버섯
　　자루의 턱받이가 흘러
　　내리는 모습.
　　　　　　　　　8/26

09_ 늙은 버섯
　　젊은 버섯과 다 자란
　　버섯.　　　　　7/5

10_ 늙은 버섯
　　갓이 점차 오목해진다.
　　　　　　　　　6/13

11_ 늙은 버섯
　　턱받이가 거의 밑동까
　　지 흘러내렸다.　6/13

12_ 늙은 버섯
　　갓이 더 오목해지고 갈
　　라진 모습.　　9/20

13_ 늙은 버섯
　군락지의 갓이 오목해
　진 버섯들. 　　9/14

14_ 상세 모습
　아주 어린 버섯. 　7/3

15_ 상세 모습
　어린 버섯. 　　7/23

16_ 상세 모습
　젊은 버섯. 　　10/6

17_ 상세 모습
　자루에 턱받이가 달린
　젊은 버섯. 　　7/9

18_ 상세 모습
　젊은 버섯부터 다 자란
　버섯까지. 　　6/15

19_ 상세 모습
　젊은 버섯 속. 　7/12

Amanita sychnopyramis Corner & Bas f. *subannulata* Hongo = *Amanita sychnopyramis* f. *subannulata*

구슬광대버섯

구슬 같은 사마귀가 있다. 6월 15일

한눈에 보기

갓 윗면
회갈색~어두운 갈색, 흰색~흰회갈색 작고 뾰족한 구슬모양의 사마귀

갓 가장자리
우산살모양의 주름

갓 밑면
주름살, 흰색

자루 겉면
흰색

밑동
알뿌리모양

자루주머니
흰갈색

육질
조금 얇음

● **발생 시기·장소** | 여름~가을, 넓은잎나무숲(참나무)~풀밭 땅 위에 1개씩 또는 여러 개가 모여서 올라온다.

● **분포** | 한국, 일본, 중국 광서지방, 싱가포르 등지에 분포한다.

● **특징** | 갓에 흰갈색 작은 구슬을 뿌려놓은 듯한 사마귀가 있다.

● **생김새** | 갓 지름 3~9㎝의 중소형. **갓**은 어릴 때 반원모양에서 둥근 산모양이 되고, 늙으면 편평하게 펴졌다가 조금 오목해진다. 윗면은 회갈색~어두운 갈색이며, 크기가 고른 흰색~흰회갈색 작고 뾰족한 구슬모양의 사마귀가 있으나 잘 떨어지고 습하면 조금 끈적해진다. 갓 가장자리에는 촘촘한 우산살모양의 주름이 있으며, 살은 흰색이고 육질이 조금 얇다. **갓 밑면**은 주름살로 되어 있으며, 주름살은 떨어진형이고 빽빽하며 흰색이다. **자루**는 길이 3.5~12㎝, 굵기 4~10㎜로 밑동이 알뿌리모양이고, 흰갈색 자루주머니가 붙어 있으나 점차 떨어져나가며 겉면이 흰색이다. **포자**는 6.5~9×6~7.5㎛ 크기의 타원형이고 흰색이다.

 식용 절대 불가
(한때 식용으로 잘못 알려짐)

 준맹독성
(심하면 사망, 해독제 없음)

● **광대버섯과 광대버섯속**

● **한해살이**

● **작은중간키 – 중소형**

주의사항

● 한때 식용으로 잘못 알려졌던 독버섯. 외국에서 중독사고로 사망한 사례가 있으며, 특히 인체에 장기적으로 미치는 영향이나 구체적인 독성분이 알려져 있지 않아 해독제도 밝혀지지 않았으므로 절대 먹어서는 안 된다. 만일 실수로 먹었다면 위급상황이므로 즉시 의사의 응급처치와 전문 치료를 받아야 한다. 하나의 버섯에도 여러 종류의 독성분이 들어 있을 수 있고 각기 해독제가 다르므로 반드시 먹고 남은 버섯 실물을 의사에게 보여주고 정확한 처치를 받는다.

● 마귀광대버섯(p.39)과 색이 비슷해서 혼동하기 쉬운데, 마귀광대버섯은 사마귀가 편평한 편이나 구슬광대버섯은 잘고 뾰족하다.

01_ 어린 버섯
사마귀가 작고 뾰족하다. 6/11

02_ 어린 버섯
사마귀가 모가 나 있다. 6/16

03_ 젊은 버섯
사마귀가 점차 녹아내린다. 6/16

04_ 젊은 버섯
자루에 턱받이가 달린 모습. 6/11

05_ 젊은 버섯
사마귀가 많이 녹아내렸다. 6/11

06_ 다 자란 버섯
한자리에 올라온 모습. 6/23

07_ 늙은 버섯
갓 가장자리가 잘 갈라
진다.   6/19

08_ 늙은 버섯
동물이 갉아먹은 흔적.
          10/6

09_ 늙은 버섯
갓이 오목해진 모습.
          6/15

10_ 늙은 버섯
갓을 위에서 본 모습.
          6/15

11_ 늙은 버섯
갓 가장자리가 심하게
갈리진 버섯.   6/16

12_ 상세 모습
젊은 버섯.   6/11

13_ 상세 모습
턱받이가 흘러내린 다
자란 버섯.   8/1

14_ 상세 모습
다 자란 버섯 주름살.
          8/1

Amanita rubescens Pers. var. *rubescens* = *Amanita rubescens* Pers. = *Amanita rubescens* (Pers. ex Fr.) S. F. Gray

붉은점박이광대버섯

턱받이가 달려 있는 젊은 버섯. 7월 10일

🔍 한눈에 보기

갓 윗면
연붉은갈색, 회색~붉은회색 점박이 사마귀

갓 가장자리
갓이 펴지면 외피막 조각이 너덜거림

자루 겉면
붉은흰색~연붉은갈색

턱받이
잘 떨어짐

상처의 변색
붉은색

기타
부속물이 잘 떨어져서 모양 변화가 심함

육질
연함

맛
아삭하고 달달함

● **발생 시기·장소** | 여름~가을, 넓은잎나무숲~소나무숲 땅 위에 1개씩 또는 3~5개씩 무리지어 올라온다.

● **분포** | 한국 등 북반구 온대 이북에 분포한다.

● **특징** | 갓이 붉은갈색이고 붉은회색 점박이가 있으며, 상처가 나면 붉어진다.

● **생김새** | 갓 지름 6~18㎝로 중대형. **갓**은 어릴 때 반원모양에서 점차 둥근 산모양이 되며, 늙으면 편평하게 펴지고 오목해진다. 윗면은 연붉은갈색이며, 회색~붉은회색 가루가 뭉친 모양의 평평한 점박이 사마귀가 있는데 자라면서 나이테모양이 되고 잘 떨어져나간다. 갓이 펴지면 간혹 가장자리에 흰 외피막 조각들이 매달려 너덜거리기도 하나 금방 떨어진다. 갓살은 흰색이고 육질이 연하며, 상처가 나면 붉은색으로 변한다. **갓 밑면**은 주름살로 되어 있으며, 주름살은 떨어진형이고 조금 빽빽하다. 어릴 때는 흰색이지만 상처가 나거나 늙으면 붉게 변한다. **자루**는 길이 8~24㎝, 굵기 6~25㎜이고 밑동이 좀 더 굵다. 겉면은 마르고 붉은흰색~연붉은갈색이며, 밑동 색이 좀 더 짙다. 속은 흰색이고 꽉 차 있으며, 상처가 나면 붉게 변한다. 갓이 펴지면서 윗동에 긴 치마모양의 흰색 턱받이가 생기나 잘 떨어져나간다. **포자**는 8~9.5×6~7.5㎛ 크기의 넓은 타원형이고 흰색이다.

 식용 절대 불가
(한때 식용으로 잘못 알려짐)

 일반 독성
(적혈구 파괴, 간 손상, 심하면 사망)

● 광대버섯과 광대버섯속

● 한해살이

● 큰키 – 중대형

● 다른 이름 : 색갈이달걀버섯, 잿빛달걀버섯

주의사항

● 한때 식용으로 잘못 알려졌던 독버섯으로 아삭아삭하고 뒷맛이 달달해서 먹기는 좋으나 치명적 독성분이 들어 있으므로 절대 먹어서는 안 된다.

독성분과 중독 증상 › › ›

아마니타톡신_ 먹으면 며칠 안에 죽는다. 2~24시간 뒤 심한 구토, 심한 복통, 심한 설사, 몸 굳음, 간과 신장 조직 썩음, 혼수상태가 오므로 빨리 위세척과 혈액투석 등을 받아야 한다. 익혀도 독성은 없어지지 않는다.

아마톡신_ 먹으면 1~3일 뒤 죽는다. 10~48시간 안에 심한 두통, 심한 구토, 심한 복통, 위경련, 심한 설사, 온몸의 세포 파괴, 신장과 간 이상, 혼수상태가 온다. 일시적으로 회복되는 듯 보이기도 하나 재빨리 위세척과 혈액투석 등을 받아야 한다. 익혀도 독성은 없어지지 않는다. 해독제는 프실로틱산.

루베스센슬리신_ 적혈구를 파괴한다.

01_ 어린 버섯
사마귀로 덮여 나오는 어린 버섯의 머리 모습.   6/12

02_ 어린 버섯
어릴 때부터 사마귀가 나이테모양으로 있다   7/12

03_ 어린 버섯
비를 맞아 사마귀가 거의 떨어진 모습.   7/9

04_ 젊은 버섯
갓 가장자리에 외피막이 너덜거린다.   7/8

05_ 젊은 버섯
한곳에 있는 젊은 버섯과 늙은 버섯.   7/10

011 붉은점박이광대버섯 _ **047**

06_ **다 자란 버섯**
갓이 편평해진다. 9/14

07_ **다 자란 버섯**
턱받이가 아직 뚜렷이
남아 있다.   7/11

08_ **다 자란 버섯**
갓에 있던 사마귀가 떨
어져나간다.   7/10

09_ **늙은 버섯**
턱받이가 사그라지는
모습.   7/11

10_ **늙은 버섯**
갓이 살짝 말려 올라가
고 있다.   7/11

11_ 늙은 버섯
　　군락지 모습.　　　7/11

12_ 늙은 버섯
　　살이 연해서 비를 맞으
　　면 갓이 부서지기도 한
　　다 .　　　　　7/10

13_ 늙은 버섯
　　갓이 부서진 버섯의 옆
　　모습.　　　　7/10

14_ 늙은 버섯
　　주변의 버섯들도 갓이
　　무너지고 있다.　7/10

15_ 상세 모습
　　젊은 버섯.　　　7/8

16_ 상세 모습
　　젊은 버섯과 늙은 버섯
　　비교. 상처난 곳이 붉은
　　갈색으로 변했다. 7/10

17_ 상세 모습
　　다 자란 버섯.　　9/14

012
노란대광대버섯

사마귀모양이 불규칙하다. 9월 20일

어린 버섯
어릴 때는 반죽 같은 껍질로
덮여 있다 점차 벗겨진다.
7/14

한눈에 보기

아주 어린 버섯
알모양, 껍질을 뚫고 나옴

갓 윗면
연노란갈색~노란갈색, 불규칙한 노란흰색 점박이 사마귀

갓 밑면
주름살, 흰색~흰노란색

자루 겉면
연노란색, 노란색~노란갈색 비늘가루

밑동
알뿌리모양

자루주머니 흔적
노란색

턱받이
노란색, 자루 위쪽에 있음

● **발생 시기·장소 |** 여름~가을, 넓은잎나무숲 땅 위에 1개씩 또는 여러 개가 모여서 올라온다.

● **분포 |** 한국, 일본, 러시아 등지에 분포한다.

● **특징 |** 노란 갓에 불규칙한 점박이 사마귀가 있으며, 밑동이 알뿌리모양이다.

● **생김새 |** 갓 지름 4~7㎝의 소형. **갓**은 아주 어릴 때 흰 껍질에 싸인 알모양이나 껍질을 뚫고 자라서 점차 둥근 산모양이 되며, 늙으면 편평하게 펴졌다가 조금 오목해진다. 윗면은 연노란갈색~노란갈색으로 어릴 때 반죽 같은 노란흰색 겉껍질로 덮여 있다가 점차 떨어져서 불규칙한 점박이모양의 사마귀가 되며, 나중에 민머리처럼 되고 습하면 조금 끈적해진다. **갓 밑면**은 주름살로 되어 있으며, 주름살은 떨어진형이고 빽빽하며 흰색~흰노란색이다. **자루**는 길이 6~11 ㎝, 굵기 7~10㎜로 밑동이 알뿌리모양이고, 아래쪽에 노란색 자루주머니 흔적이 있다. 겉면은 연노란색이고, 노란색~노란갈색 비늘가루가 붙어 있다. 살은 흰색으로 육질이 조금 얇고, 속은 비어 있다. 갓이 펴지면서 자루 위쪽에 짧은 치마모양의 노란색 턱받이가 생기나 잘 떨어져나간다. **포자**는 8~9×6~7㎛ 크기의 넓은 타원형이다.

 식용 절대 불가

 일반 독성

● 광대버섯과 광대버섯속
● 한해살이
● 작은중간키 – 소형

주의사항
● 아직 독성분이 밝혀지지 않았으나 광대버섯 종류 대부분이 치명적인 독버섯이므로 절대 먹어서는 안 된다.

암적색분말광대버섯

늙어가는 버섯. 9월 10일

갓 윗면
흰갈색, 암적색(탁한 주황갈색) 가루로 완전히 덮임

갓 밑면
주름살, 흰색

자루 겉면
암적색(탁한 주황갈색) 가루

밑동
조금 불룩함

턱받이
흰색, 자루 맨 윗동에 있음

육질
조금 얇음

● **발생 시기·장소 |** 여름~가을, 소나무숲~혼합림(넓은잎나무, 소나무)의 땅 위에 1개씩 또는 여러 개가 무리지어 올라온다.

● **분포 |** 한국, 일본, 중국 등지에 분포한다.

● **특징 |** 온몸이 암적색(탁한 주황갈색) 가루로 덮여 있다.

● **생김새 |** 갓 지름 4.5~9㎝의 중소형. **갓**은 어릴 때 둥그스름한 머리에서 점차 둥근 산모양이 되며, 늙으면 편평하게 펴졌다가 조금 오목해진다. 윗면은 흰갈색으로 어릴 때는 연한 암적색(연한 주황갈색) 고운 비늘가루로 덮여 있고, 자라면서 비늘가루가 점차 암적색(탁한 주황갈색)이 되는데 거의 그대로 있다. 늙으면서는 한가운데 색이 짙어지고, 간혹 비늘가루가 떨어져서 민머리가 되기도 한다. 갓 가장자리에 촘촘한 우산살모양의 주름이 있으며, 늙으면 결대로 갈라지기도 한다. 살은 흰색이고 늙으면 흰갈색이며, 육질은 조금 얇다. **갓 밑면**은 주름살로 되어 있으며, 주름살은 떨어진형이고 빽빽하며 흰색이다. **자루**는 길이 9~12㎝, 굵기 4~10㎜이고 윗동으로 갈수록 조금 가늘어지며, 밑동은 조금 불룩하다. 겉면은 암적색(탁한 주황갈색) 고운 비늘가루로 덮여 있고 거의 그대로 남으며, 살은 흰색이다. 갓이 퍼지면서 자루 맨 윗동의 주름살 바로 밑에 긴 치마모양의 흰색 턱받이가 생기나 잘 떨어져나간다. **포자**는 7.5~9㎛ 크기의 공모양이다.

 식용 불가
(독성분 여부 미상)

● 광대버섯과 광대버섯속

● 한해살이

● 중간키 – 중소형

● 다른 이름 : 암적색광대버섯, 황갈색분광대버섯

● 아직 독성분이 밝혀지지 않았으나 광대버섯 종류 대부분이 치명적인 독버섯이므로 절대 먹어서는 안 된다.

01_ 어린 버섯
머리 올라오는 모습.
8/24

02_ 어린 버섯
어릴 때부터 가루로 덮여 있다.   8/24

03_ 어린 버섯
함께 무리지어 올라오기를 좋아한다.   9/4

04_ 어린 버섯
어린 버섯의 머리가 길쭉해진 모습.   8/23

05_ 젊은 버섯
갓 펴지는 모습. 주황빛이 짙어졌다.   9/10

06_ 젊은 버섯
갓이 둥그스름해진 모습.   8/24

07_ 젊은 버섯
자루도 가루로 뒤덮인다.   8/24

08_ 다 자란 버섯
턱받이가 붙어 있다.
9/4

09_ 늙은 버섯
늙으면 갈색이 진해지
고 갓살이 갈라진다.
9/15

10_ 늙은 버섯
갓이 조금 오목해진 모
습.   9/2

11_ 늙은 버섯
가루가 다 떨어져서 민
머리가 되기도 한다.
9/4

12_ 늙은 버섯
아직 턱받이가 붙어 있
다.   8/2

13_ 늙은 버섯
갓이 더 오목해지고 아
래쪽에 턱받이가 흘러
내리고 있다.   7/28

14_ 늙은 버섯
가루 색이 짙어진다.
7/28

15_ 늙은 버섯
갓이 주발처럼 오목해
진다.   8/23

16_ **상세 모습**
　어린 버섯과 젊은 버
　섯.　　　　　8/24

17_ **상세 모습**
　어린 버섯부터 늙은 버
　섯까지.　　　8/23

18_ **상세 모습**
　턱받이가 생기는 모습.
　　　　　　　8/24

19_ **상세 모습**
　턱받이가 길어진 모습.
　　　　　　　8/17

20_ **상세 모습**
　턱받이가 떨어지는 모
　습.　　　　　8/2

21_ **상세 모습**
　다 자란 버섯 주름살.
　　　　　　　8/2

22_ **상세 모습**
　늙은 버섯 주름살.
　　　　　　　7/28

014

Amanita hemibaphy (Berk. & Br.) Sacc. subsp. *hemibaphy*

달걀버섯

어린 버섯. 7월 13일

한눈에 보기

아주 어린 버섯
알모양, 껍질을 뚫고 나옴

갓 윗면
빨간색~빨간노란색, 갓꼭지

갓 가장자리
우산살모양의 주름

갓 밑면
주름살, 연노란색

자루 겉면
노란색~붉은노란색 비늘껍질이 너덜거림, 호랑이무늬

자루 속
비어 있음

자루주머니
크고 두꺼우며 끝까지 붙어 있음. 윗부분 양쪽이 V자모양

턱받이
노란색, 잘 떨어짐

육질
보드랍고 매끄러움

● **발생 시기·장소** | 여름~가을, 넓은잎나무숲~혼합림(넓은잎나무, 소나무)의 땅 위에 여러 개가 줄지어 올라온다.

● **분포** | 한국, 일본 등지에 분포한다.

● **특징** | 갓이 빨간색~빨간노란색이며, 자루에 너덜거리는 비늘조각과 호랑이무늬가 있다.

● **생김새** | 갓 지름 6~18㎝의 중대형. **갓**은 아주 어릴 때 알모양의 흰 껍질에 싸여 있다가 껍질을 뚫고 나와 점차 둥근 산모양이 되고, 늙으면 편평하게 펴졌다가 오목해져서 한가운데에 볼록한 갓꼭지가 생긴다. 윗면은 빨간색~빨간노란색이며, 한가운데 색이 좀 더 짙고 밋밋하다. 어릴 때는 윤기가 있고 습하면 조금 끈적해진다. 갓 가장자리에는 촘촘한 우산살모양의 주름이 있으며, 갓살은 연노란색이고 육질이 보드랍고 매끄럽다. **갓 밑면**은 주름살로 되어 있으며, 주름살은 떨어진형이고 조금 빽빽하며 연노란색이다. **자루**는 길이 10~20㎝, 굵기 6~20㎜이며, 밑동이 크고 두꺼운 흰색 자루주머니에 싸여 끝까지 간다. 겉면은 노란색~붉은노란색 얇은 비늘껍질로 덮여 있으며, 불규칙하게 갈라져서 너덜거리고 빨강~노랑의 호랑이무늬가 생긴다. 자루살은 노란색~연노란색이며 속이 비어 있다. 갓이 펴지면서 윗동에 치마모양의 노란색 턱받이가 생기나 잘 떨어져나간다. **포자**는 7.5~10×6.5~7.5㎛ 크기의 넓은 타원형이다.

식용 (괜찮은 맛)

약용 (항종양, 항곰팡이)

- 광대버섯과 광대버섯속
- 한해살이
- 큰키-중대형
- 다른 이름 : 닭알버섯

이용방법

- 흔히 빨간색 버섯은 독버섯이라고 생각하지만 종류마다 다르다. 광대버섯속은 치명적인 독버섯이 대부분이지만 달걀버섯은 유일하게 식용 가능한 종류이다.
- 같은 식용버섯인 노란달걀버섯(p.59)과 색을 혼동하기 쉬우나 달걀버섯은 갓이 빨갛고, 노란달걀버섯은 갓이 노란색~붉은노란색이다.

식용 >>>

채취와 다듬기_ 늙은 버섯은 맛이 떨어지므로 싱싱하고 어린 버섯이나 젊은 버섯을 채취한다. 자루주머니는 푸석푸석하므로 떼어내고, 자루는 매우 연해서 살살 다뤄야 하며 갓에서 떼어 따로 다듬는 것이 좋다. 턱받이나 자루 겉껍질을 깨끗이 제거하고 씻은 뒤 먹기 좋은 크기로 잘라 요리한다.

요리 방법과 맛_ 어린 버섯이나 젊은 버섯을 소금으로 간한 볶음, 살짝 데쳐서 초장에 찍어 먹는 숙회, 숯불에 구워 먹는 구이 등으로 먹거나 국물요리에 넣기도 한다. 씹으면 보들보들하면서 쫄깃하고 매끄러우며 달고 감칠맛이 나서 별미로 즐길 수 있지만, 조금 미끌거리는 느낌이 있어 사람에 따라 기호에 맞지 않을 수도 있다.

약용 >>>

성분과 효능_ 유리 아미노산(단백질 합성, 면역력 강화) 25종이 들어 있다. 종양과 곰팡이를 억제하는 효능이 있다.

01_ 어린 버섯
처음에는 흰 달걀모양으로 생긴다. 7/16

02_ 어린 버섯
껍질을 뚫고 나오는 모습. 7/9

03_ 어린 버섯
작은 군락지. 포대기에 싸인 아기 같다. 7/16

04_ 어린 버섯
머리를 내민 모습. 7/16

05_ 젊은 버섯
갓이 둥글어지는 모습. 9/23

06_ 젊은 버섯
　자라면서 자루껍질이
　잘 벗겨진다. 　7/22

07_ 젊은 버섯
　자루에 호랑이무늬가
　생긴다. 　　　7/6

08_ 젊은 버섯
　갓꼭지와 우산살모양
　의 주름이 있다. 　7/6

09_ 다 자란 버섯
　우산살모양의 주름이
　결대로 갈라지기도 한
　다. 　　　　7/22

10_ 다 자란 버섯
　군락지. 주로 줄지어
　난다. 　　　7/6

11_ 다 자란 버섯
　비 맞은 뒤 갓색이 흐
　려진 버섯. 　　7/22

12_ 다 자란 버섯
　갓이 편평해진 버섯과
　어린 버섯. 　　7/12

13_ 다 자란 버섯
　갓 가운데가 오목해진
　다. 　　　　7/14

14_ 늙은 버섯
　늙어가는 버섯. 자루주
　머니는 끝까지 남아 있
　다. 　　　　7/12

15_ 늙은 버섯
　갓살이 갈라지고 턱받
　이는 붙어 있다. 　7/9

16_ 늙은 버섯
갓이 오목해진 모습.
7/16

17_ 늙은 버섯
물 내리는 모습. 7/14

18_ 상세 모습
어린 버섯과 갓 펴지는
버섯. 9/23

19_ 상세 모습
젊은 버섯과 다 자란
버섯. 7/22

20_ 상세 모습
어린 버섯 생길 때부터
늙은 버섯까지. 7/9

21_ 상세 모습
아직 껍질을 벗지 않은
어린 버섯 단면과 껍질
에서 나오는 어린 버
섯. 7/9

22_ 상세 모습
어린 버섯 속살. 8/23

23_ 상세 모습
좀 더 자란 어린 버섯
의 속살. 7/12

24_ 이용
채취한 버섯. 자루주머
니는 퍽퍽하므로 떼어
낸다. 7/6

Amanita hemibapha subsp. *javanica* Corner & Bas = *Amanita hemibapha* subsp. *javanica*

노란달걀버섯

젊은 버섯과 다 자란 버섯. 7월 9일

 한눈에 보기

아주 어린 버섯
알모양, 껍질을 뚫고 나옴

갓 윗면
밝은 노란색~붉은노란색, 갓꼭지

갓 가장자리
우산살모양의 주름

갓 밑면
주름살, 연노란색~밝은 노란색

자루 겉면
노란 비늘가루

자루 속
비어 있음

자루주머니
흰색, 크고 두껍고 오래 붙어 있으며, 윗부분 양쪽이 V자모양

턱받이
노란색, 잘 떨어짐

육질
보드랍고 매끄러움

맛
보들보들하고 감칠맛

● **발생 시기·장소** | 여름~가을, 넓은잎나무숲~소나무숲 땅 위에 1개씩 또는 여러 개가 줄지어 올라온다. 유사종인 달걀버섯(빨간색)과 섞여 나기도 한다.

● **분포** | 한국(주로 경북, 영주, 예천, 지리산, 인제), 일본, 자바, 동남아시아, 보르네오, 말레이시아, 싱가포르 등지에 분포한다.

● **특징** | 갓에 얼룩무늬가 없고, 주름살이 노란색이다.

● **생김새** | 갓 지름 3.5~10.5㎝의 중형. **갓**은 아주 어릴 때 알모양의 흰 껍질에 싸여 있다가 껍질을 뚫고 나와 둥근 산모양이 되며, 늙으면 편평해졌다가 오목해지고 한가운데에 볼록한 갓꼭지가 생긴다. 윗면은 밝은 노란색~붉은노란색으로 한가운데 색이 붉어지기도 하며 아무 무늬가 없고, 어릴 때 윤기가 있다. 갓 가장자리에는 촘촘한 우산살모양의 주름이 있으며, 갓살은 흰노란색으로 보드랍고 매끄럽다. **갓 밑면**은 주름살로 되어 있으며, 주름살은 떨어진형이고 조금 빽빽하며 연노란색~밝은 노란색이다. **자루**는 길이 8~18㎝, 굵기 4~18㎜로 밑동이 크고 두꺼운 흰 자루주머니에 싸여 끝까지 가며, 자루주머니 윗부분 양쪽이 V자모양이다. 겉면은 흰노란색이고 노란 비늘가루로 덮여 있으며, 자루 살은 흰노란색이고 속이 비어 있다. 갓이 펴지면서 윗동에 치마모양의 노란 턱받이가 생기나 잘 떨어져나간다. **포자**는 7~9×5~7㎛ 크기의 넓은 타원형이고 흰색이다.

식용
(괜찮은 맛)

● 광대버섯과 광대버섯속

● 한해살이

● 큰키 - 중형

● 다른 이름 : 꾀꼬리버섯
(※진짜 꾀꼬리버섯은 꾀꼬리버섯과 꾀꼬리버섯속의 식용버섯으로 노란 나팔모양이다.)

주의사항

● 치명적 맹독성 버섯인 개나리광대버섯과 색이 비슷해서 혼동하기 쉽고, 실제 중독사고가 일어나기도 하므로 정확히 구분할 자신이 없다면 아예 먹지 않는다. 노란달걀버섯은 갓에 무늬가 없고 주름살이 노란색이며 자루에 거스러미가 없지만, 개나리광대버섯은 갓에 섬유결 무늬가 있고 주름살이 흰색이며 자루에 거스러미가 있다.

이용방법

● 독버섯이 대부분인 광대버섯 종류 중에서 몇 안 되는 식용버섯이다.

식용 >>>

채취와 다듬기_ 늙은 버섯은 맛이 떨어지므로 싱싱하고 어린 버섯이나 젊은 버섯을 채취한다. 자루주머니는 푸석푸석하므로 떼어내고 겉에 묻은 가루를 잘 씻어낸 뒤 요리한다. 자루가 매우 연하므로 살살 다뤄야 하며, 갓에서 떼어 따로 다듬는 것이 좋다.
요리 방법과 맛_ 어린 버섯이나 젊은 버섯을 골라 따서 살짝 데친 숙회, 기름에 볶다 소금으로 간하는 볶음 등으로 먹는다. 아삭하면서 매끌매끌하고 보드라운 맛이다.

01_ **어린 버섯**
한곳에 올라온 모습.
7/18

02_ **어린 버섯**
어릴 때부터 우산살모양의 주름이 생긴다.
7/21

03_ **어린 버섯**
주로 줄지어 올라온다.
7/21

04_ **젊은 버섯**
갓이 둥글어지는 모습.
8/24

05_ **다 자란 버섯**
갓 한가운데에 갓꼭지가 볼록하다.　8/28

06_ **다 자란 버섯**
갓살이 연해서 비에 젖으면 녹는다.　7/9

07_ 다 자란 버섯
턱받이가 흘러내리고
있다.　　　　　7/9

08_ 늙은 버섯
늙으면 가운데가 붉어
지기도 한다.　　7/20

09_ 늙은 버섯
말라 비틀어진 모습.
　　　　　　　8/29

10_ 상세 모습
어린 버섯. 자루주머니
윗부분 양쪽이 V자모
양이다.　　　　7/18

11_ 상세 모습
어린 버섯 속살. 자루
속이 비어 있다.　7/18

12_ 상세 모습
어린 버섯부터 다 자란
버섯까지. 빨간색은 달
걀버섯이다.　　7/22

13_ 상세 모습
젊은 버섯. 주름살이
샛노란 것도 있다. 7/9

14_ 이용
채취한 버섯. 젊고 어린
버섯이 맛이 좋다. 7/9

15_ 이용
다듬어 씻은 버섯. 자루
가 매우 연하므로 잘라
서 따로 씻는다.　7/9

개나리광대버섯 (알광대버섯아재비)

비에 젖은 모습. 갓이 크지 않다. 9월 12일

🔍 한눈에 보기

어린 버섯
알모양, 껍질을 뚫고 나옴

갓 윗면
개나리색 ⇨ 개나리황토색, 방사상 갈색 섬유무늬

갓 가장자리
우산살모양의 주름

갓 밑면
주름살, 흰색

자루 겉면
연개나리색~개나리갈색 비늘가루, 거스러미

자루 속
꽉 차 있음

밑동
알뿌리모양

자루주머니
흰색, 오래 붙어 있음

턱받이
연개나리색

● **발생 시기·장소** | 여름~가을, 넓은잎나무숲(참나무)~소나무숲~혼합림(넓은잎나무, 소나무)의 땅 위에 1개씩 또는 여러 개씩 흩어져 올라온다.

● **분포** | 한국(주로 강원도), 일본, 중국 북동부, 연해주, 북인도 등지에 분포한다.

● **특징** | 갓에 방사상의 섬유무늬가 조금 있고, 주름살이 흰색이며, 자루에 거스러미가 있다.

● **생김새** | 갓 지름 4.5~8㎝의 중소형. **갓**은 아주 어릴 때 알모양의 흰 껍질에 싸여 있다가 껍질을 뚫고 나와 넓은 원뿔모양에서 둥근 산모양이 되고, 늙으면 편평해졌다가 조금 오목해진다. 윗면은 개나리색~개나리황토색이고 한가운데는 좀 더 짙다. 전체에 방사상 갈색 섬유무늬가 조금 있고, 늙으면 가장자리 색이 조금 흐려지며, 습하면 끈적해진다. 갓 가장자리에는 촘촘한 우산살모양의 주름이 있다. 간혹 하얀 외피막 조각들이 달려 있으나 곧 떨어져나간다. 갓살은 흰색이고 육질이 부드럽다. **갓 밑면**은 주름살로 되어 있으며, 주름살은 떨어진형이고 빽빽하며 흰색이다. **자루**는 길이 5~11.5㎝, 굵기 5~10㎜이며 뱀처럼 굽어 자라기도 한다. 밑동은 작은 알뿌리모양이고, 흰색 자루주머니가 있어 오래간다. 겉면은 연개나리색~개나리갈색 비늘가루로 덮여 있고 점차 뱀무늬처럼 되며 거스러미가 조금 있다. 자루 살은 흰색이다. 갓이 펴지면서 윗동 중간에 치마모양의 연개나리색 턱받이가 생기나 잘 떨어져나간다. **포자**는 7~7.6×5~5.6㎛ 크기의 타원형이고 흰색이다.

 식용 절대 불가

 맹독성
(극심한 콜레라 증상, 온몸 세포 파괴, 신장과 간 이상, 심하면 사망)

● 광대버섯과 광대버섯속

● 한해살이

● 작은중간키 – 중소형

● 다른 이름:동아시아의 사망 모자 (East Asian Death Cap)

주의사항

● 치명적인 맹독성 버섯이므로 절대 먹어선 안 된다. 식용버섯인 노란달걀버섯(p.59)과 색이 비슷해서 혼동하기 쉬우며, 특히 어릴 때는 변화가 심하므로 주의한다. 개나리광대버섯은 갓에 방사상 섬유무늬가 있고 주름살이 흰색이며 자루에 거스러미가 있지만, 노란달걀버섯은 갓에 무늬가 없고 주름살이 연노란색~밝은노란색이며 자루에 거스러미가 없다.

독성분과 중독 증상 >>>

아마톡신_ 먹으면 1~3일 뒤 죽는다. 10~48시간 안에 심한 두통, 심한 구토, 심한 복통, 위경련, 심한 설사, 온몸 세포 파괴, 신장과 간 이상, 혼수상태가 온다. 일시적으로 회복되는 듯 보이기도 하지만 빨리 위세척과 혈액투석 등을 받아야 한다. 익혀도 독성이 없어지지 않는다. 해독제는 프실로틱산.

01_ 다 자란 버섯
갓 가운데가 짙다.
9/12

02_ 늙은 버섯
턱받이가 잘 떨어져나
간다.   8/3

03_ 늙은 버섯
갓에 우산살모양의 주
름이 있다.   8/3

04_ 늙은 버섯
갓이 갈색빛을 띠기도
한다.   7/16

05_ 상세 모습
다 자란 버섯. 자루가
가늘고 길다.   8/3

06_ 상세 모습
턱받이가 떨어진 모습.
자루가 뱀처럼 구불거
리기도 한다.   9/12

07_ 상세 모습
다 자란 버섯의 주름
살.   8/3

08_ 상세 모습
늙어가는 버섯의 주름
살.   9/12

노란가루광대버섯

Amanita aureofarinosa D. H. Cho

다 자란 버섯의 갓에 빛바랜 가루 찌꺼기가 남아 있다. 9월 6일

🔍 한눈에 보기

갓 윗면
노란색~노란주황색, 샛노란 알갱이
가루로 덮여 있다 점차 떨어져나감

갓 밑면
주름살, 연노란색

자루 겉면
연노란색, 노란색~연노란색 비늘가
루로 덮여 있음

자루
속이 비어 있음

밑동
조금 불룩함

육질
조금 얇음

기타
부속물이 잘 떨어져 모양 변화가 심함

● **발생 시기·장소 |** 여름에 넓은잎나무숲이나 모래 섞인 땅 위에 1개씩 또는 여러 개가 줄지어
올라온다.

● **분포 |** 한국 등지에 분포한다.

● **특징 |** 어릴 때는 노란 가루로 덮여 있으며, 갓이 샛노랗고 가운데는 붉다.

● **생김새 |** 갓 지름 7~8㎝의 중소형. **갓**은 어릴 때 둥그스름한 머리에서 점차 둥근 산모양이 되
며, 늙으면 편평하게 펴진다. 윗면은 노란색~노란주황색에서 점차 한가운데가 붉어진다. 어릴
때 샛노란색~붉은노란색 알갱이가루~비늘가루로 덮여 있으나 점차 떨어지고 빛바랜 가루 찌
꺼기만 일부 남는다. 갓 가장자리에는 촘촘한 우산살모양의 주름이 있고, 갓살은 육질이 조금
얇다. **갓 밑면**은 주름살로 되어 있으며, 주름살은 떨어진형이고 빽빽하며 연노란색이다. 주름
살 끝은 가루질이고 좀 더 노랗다. **자루**는 길이 약 11㎝, 굵기 약 1.5㎜로 밑동이 조금 불룩하며,
겉면이 연노란색이고 노란색~연노란색 비늘가루로 덮여 있으나 잘 떨어져나간다. 속은 비어 있
다. **포자**는 7.5~10×5~6㎛ 크기의 넓은 타원형이다.

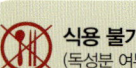 **식용 불가**
(독성분 여부 미상)

● 광대버섯과 광대버섯속

● 한해살이

● 중간키 – 중소형

주의사항

● 아직 독성분이 밝혀지지 않았으나 광대버섯 종류들은 치명적인 독버섯이 대부분이므로 절대 먹어선 안 된다.

01_ **어린 버섯**
어린 버섯이 올라오는 모습.   9/6

02_ **어린 버섯**
머리가 노란 가루로 덮여 있다.   9/6

03_ **어린 버섯**
갓모양이 생기고 있다.   9/6

04_ **어린 버섯**
군락지에 줄지어 올라온 모습.   9/6

05_ **상세 모습**
어린 버섯.   9/6

06_ **상세 모습**
다 자란 버섯의 주름살.   9/6

07_ **상세 모습**
어린 버섯부터 다 자란 버섯까지.   9/6

Amanita citrina (Pers.) var. *citrina* Pers. = *Amanita citrina* Pers.

애광대버섯

어린 버섯과 늙어가는 버섯. 사마귀 찌꺼기가 붙어 있다. 7월 21일

🔍 한눈에 보기

갓 윗면
흰노란색~연노란색 ⇨ 한가운데가 짙어짐, 갈색 사마귀 찌꺼기가 있음

갓 밑면
주름살, 흰색

자루 겉면
흰색~흰노란색, 속이 비어 있음

밑동
알뿌리모양

자루주머니 흔적
고리모양

턱받이
흰노란색, 조금 낮게 달림

육질
조금 얇음

냄새
때때로 약간 싸한 냄새

기타
부속물이 잘 떨어져 모양 변화가 심함

● **발생 시기·장소** | 여름~가을, 넓은잎나무숲~혼합림(넓은잎나무, 소나무)의 땅 위에 1개씩 또는 여러 개가 모여서 올라온다.

● **분포** | 한국, 북반구 이북, 오스트레일리아 등지에 분포한다.

● **특징** | 갓이 흰노란색이고 갈색 사마귀 찌꺼기가 있으며, 턱받이가 조금 낮게 달린다.

● **생김새** | 갓 지름 3~8㎝의 중소형. **갓**은 어릴 때 둥그스름하던 머리가 점차 둥근 산모양이 되며, 늙으면 편평하게 퍼졌다가 한가운데가 조금 오목해진다. 윗면은 흰노란색~연노란색이며 점차 한가운데가 짙어진다. 어릴 때는 흰갈색~갈색 껍질로 덮여 있다 점차 잘게 갈라져 불규칙한 사마귀모양이 되는데, 대부분 금방 떨어지고 찌꺼기만 조금 남는다. 갓살은 흰색이고 육질이 조금 얇다. **갓 밑면**은 주름살로 되어 있으며, 주름살은 떨어진형이고 조금 빽빽하며 흰색이다. **자루**는 길이 5~12㎝, 굵기 5~14㎜로 밑동이 알뿌리모양이고 자루주머니 흔적이 고리모양으로 남는다. 겉면은 흰색~흰노란색이고, 속은 비어 있다. 갓이 퍼지면서 윗동에 치마모양의 흰노란색 턱받이가 생기나 잘 떨어져나간다. **포자**는 7.5~9.5㎛ 크기의 공모양이고 흰색이다.

 식용 절대 불가

 일반 독성
(환각, 우울증)

● 광대버섯과 광대버섯속
● 한해살이
● 중간키 – 중소형
● 다른 이름 : 작은닭알버섯

● 환각성 독버섯이므로 절대 먹어선 안 된다.

독성분과 중독 증상 >>>
부포테닌_ 먹으면 환각, 땀흘림, 구역질, 눈동자 커짐, 우울증 등이 나타난다.

01_ 어린 버섯
어린 버섯이 올라오는 모습.　　　　10/6

02_ 어린 버섯
머리껍질이 갈라진 모습.　　　　8/6

03_ 어린 버섯
대부분의 사마귀가 일찍 떨어지고 찌꺼기만 남는다.　　　7/21

04_ 어린 버섯
밑동이 알뿌리모양이다.　　　　8/21

05_ 젊은 버섯
턱받이는 조금 낮게 달린다.　　　9/11

06_ 상세 모습
어린 버섯부터 다 자란 버섯까지.　　7/21

파리버섯

다 자란 버섯과 어린 버섯. 8월 19일

한눈에 보기

갓 윗면
흰색~크림색. 한가운데는 노란색~노란갈색, 크림색~연황토색 점사마귀

갓 가장자리
선명한 우산살모양의 주름

갓 밑면
주름살, 흰색

자루 겉면
흰색~노란크림색, 속이 비어 있음

밑동
작은 알뿌리모양, 연노란색 비늘가루

육질
얇고 잘 부서짐

● **발생 시기·장소** | 여름에 소나무숲~참나무숲~혼합림의 땅 위에 1개씩 또는 여러 개씩 흩어져 올라온다.

● **분포** | 한국, 일본에 분포한다.

● **특징** | 갓에 우산살모양의 주름이 선명하며, 한가운데가 노랗고 깨알 같은 사마귀가 있다.

● **생김새** | 갓 지름 2.7~5.6㎝의 소형. **갓**은 어릴 때 둥그스름한 머리에서 점차 둥근 산모양이 되며, 늙으면 편평해졌다가 조금 오목해진다. 윗면이 흰색~크림색이고, 가운데는 노란색~노란갈색이며 크림색~연황토색 점사마귀가 있다. 갓 가장자리에는 촘촘하고 선명한 우산살모양의 주름이 있고, 결대로 갈라지기도 한다. 갓살은 크림색~연노란색이며, 육질이 얇고 잘 부서진다. **갓 밑면**은 주름살로 되어 있으며, 주름살은 떨어진형이고 성기며 흰색이다. **자루**는 길이 3.3~5.8㎝, 굵기 3~6㎜로 윗동이 좀 더 가늘고, 밑동은 작은 알뿌리모양이다. 겉면은 흰색~노란크림색이며, 밑동이 연노란색 비늘가루로 덮여 있으나 떨어져나간다. 속은 비어 있다. **포자**는 7.8~11.2×5.6~8.1㎛ 크기의 넓은 타원형이며 흰색이다.

 식용 절대 불가

 일반 독성
(파리 살충성분, 적혈구 파괴, 술 취한 느낌, 정신착란, 중추신경계 마비, 경련, 졸음, 탈진)

● 광대버섯과 광대버섯속

● 한해살이

● 작은키 – 소형

주의사항

● 예전에 시골에서 파리를 잡기 위해 밥에 섞어서 곳곳에 놓아두던 버섯으로 잘못 먹고 중독되어 사망한 기록이 있다. 독성분이 들어 있으므로 절대 먹어선 안 된다.

독성분과 중독 증상 >>>

이보텐산_ 파리 살충 성분. 먹으면 20분~2시간 뒤 중추신경계 마비, 메슥거림, 술 취한 느낌, 근육경련, 청신착란, 환각, 헛것 보임, 심한 졸음, 탈진 증상이 나타나며 며칠 뒤 낫는다. 몸속에 들어가면 탈탄산되어 환각 성분인 무스시몰이 된다. 해독제는 피조스티그민.

01_ 다 자란 버섯
소나무숲에 있는 모습.
7/16

02_ 다 자란 버섯
갓에 우산살모양의 주름이 선명하다.   7/16

03_ 다 자란 버섯
갓 가운데가 노란갈색일 때도 있다.   8/19

04_ 다 자란 버섯
갓 한가운데가 노랗고 점사마귀가 있다.
8/19

05_ 늙은 버섯
물 내리는 모습. 갓 가장자리가 녹아 내린다.
8/19

백황색광대버섯

갓 위에 크고 두껍게 갈라진 껍질조각이 붙어 있다. 9월 6일

 한눈에 보기

갓 윗면
흰색~백황색(흰노란색), 크고 두껍게 갈라진 껍질조각

갓 가장자리
지저분한 외피막 조각이 너덜거림

갓 밑면
주름살, 흰색~백황색, 상처가 나면 황색으로 변함

자루 겉면
백황색 ⇨ 황백색

밑동
곤봉모양

턱받이
백황색

자루주머니
백황색

육질
조금 얇음

냄새
때때로 불쾌한 냄새

● **발생 시기·장소 |** 여름~가을, 넓은잎나무숲(참나무) 땅 위에 1개씩 또는 여러 개가 모여서 올라온다.

● **분포 |** 한국, 일본 등지에 분포한다.

● **특징 |** 온몸이 백황색(흰노란색)이며, 갓에 크고 두꺼운 황색 껍질조각이 붙어 있다.

● **생김새 |** 갓 지름 4~6.5㎝의 소형. **갓**은 어릴 때 둥그스름한 머리에서 둥근 산모양이 되고 점차 편평해진다. 윗면은 흰색~백황색(흰노란색)이며, 크고 두껍게 갈라진 껍질조각이 붙어 있다가 점차 황색(노란색)~황갈색~주황색이 되어 떨어지고 오톨도톨한 살이 드러난다. 갓살은 흰색이고 육질이 조금 얇으며, 상처가 나면 황색~붉은황색으로 변한다. 갓이 펴지면 가장자리에 흰색~백황색 외피막 조각들이 너덜거리다 점차 떨어져나가고, 가장자리가 깊게 갈라지기도 한다. **갓 밑면**은 주름살로 되어 있으며, 주름살은 붙은형이고 빽빽하며 흰색~백황색이나 상처가 나면 황색으로 변한다. 주름살 끝은 분가루 같다. **자루**는 길이 5~7㎝로 밑동이 곤봉모양이고, 백황색 자루주머니가 붙어 있다 점차 떨어져나간다. 겉면은 백황색이고, 살은 흰색으로 상처가 나면 황색이 되며 속이 꽉 차 있다. 갓이 펴지면서 자루 윗동에 치마모양의 백황색 턱받이가 생기나 잘 떨어져나가며, 점차 황색 얼룩이 생긴다. **포자**는 8~12×4.5~6.5㎛ 크기의 긴 타원형이다.

식용 불가
(독버섯으로 추정)

● 광대버섯과 광대버섯속

● 한해살이

● 중간키 – 소형

● 광대버섯 종류들은 치명적인 독버섯이 대부분이며 독성분이 밝혀지지 않았으므로 절대 먹어선 안 된다.

01_ 어린 버섯
지저분하게 갈라진 껍질조각.　9/6

02_ 어린 버섯
어릴 때는 갓 껍질조각이 백황색이다.　9/6

03_ 다 자란 버섯
껍질조각이 떨어지고 오톨도톨한 살이 드러난 모습.　9/19

04_ 상세 모습
주름살에 외피막이 붙어 있는 어린 버섯과 외피막이 떨어진 다 자란 버섯의 밑면 비교.
　9/19

05_ 상세 모습
외피막이 떨어진 젊은 버섯과 다 자란 버섯의 밑면 비교.　9/6

06_ 상세 모습
젊은 버섯 속살. 상처가 노랗게 변한다.　9/6

07_ 상세 모습
다 자란 버섯의 주름살.　9/19

08_ 상세 모습
주름살 아래 턱받이가 떨어진 흔적이 있다.
　9/6

큰주머니광대버섯

Amanita volvata (Peck) Llyod = *Amanita agglutinata* (Berk. & Curt.) Lloyd

갓에 큰 갈색 비늘이 있다. 9월 17일

한눈에 보기

아주 어린 버섯
알모양, 껍질을 뚫고 나옴

갓 윗면
흰색~흰갈색 비늘가루, 연갈색~연붉은갈색 큰 비늘조각

갓 밑면
주름살, 흰색 ⇨ 흰붉은색

자루 겉면
흰색~흰붉은갈색, 거친 비늘가루

밑동
불룩함

자루주머니
흰색~흰붉은갈색, 크고 둥그름해서 큰 주머니 같음

육질
부드럽고 두툼함

냄새
때때로 버터냄새

● **발생 시기·장소** | 여름~가을, 넓은잎나무숲(밤나무, 참나무)~혼합림(넓은잎나무, 소나무) 땅 위에 1~2개씩 올라온다.

● **분포** | 한국, 일본, 중국, 북아메리카 등지에 분포한다.

● **특징** | 갓에 큰 갈색 비늘이 있고, 자루에 두툼하고 큰 주머니가 있다.

● **생김새** | 갓 지름 2~8㎝의 중소형. **갓**은 아주 어릴 때 알모양의 흰 껍질에 싸여 있다가 점차 종모양이 되고 둥근 산모양이 되며, 늙으면 편평하게 펴진다. 윗면은 어릴 때 흰색~흰갈색 비늘 가루로 덮여 있다가 점차 연갈색~연붉은갈색 큰 비늘조각처럼 되는데 잘 떨어진다. 갓살은 흰색이며 육질은 조금 두툼하고 부드럽다. **갓 밑면**은 주름살로 되어 있으며, 주름살은 떨어진형이고 조금 빽빽하거나 성기다. 어릴 때 흰색에서 늙으면 흰붉은색이 되며, 주름살 끝은 분가루 같다. **자루**는 길이 5~14㎝, 굵기 5~15㎜이고 윗동이 좀 더 가늘다. 밑동은 조금 굵고 크며 둥그름한 흰색~흰붉은갈색 큰주머니 같은 자루주머니가 붙어 있어서 알뿌리처럼 보인다. 겉면은 흰색~흰붉은갈색 거친 비늘가루로 덮여 있어 지저분하고 얼룩덜룩하다. 자루 살은 흰색이고 속이 꽉 차 있다. **포자**는 7.2~11.8×5.2~7.3㎛ 크기의 긴 타원형이고 흰색이다.

 식용 절대 불가
(한때 식용으로 잘못 알려짐)

 맹독성
(심한 두통, 설사, 복통, 혼수상태, 심하면 사망)

● 광대버섯과 광대버섯속

● 한해살이

● 큰키 – 중소형

주의사항

● 한때 식용으로 잘못 알려진 독버섯. 소금에 오래 절였다가 여러 번 헹구어 먹는다고 전해졌으나 익혀도 없어지지 않고 온몸의 세포를 파괴하는 치명적인 독성분을 함유한 것으로 밝혀졌으므로 절대 먹어선 안 된다. 만일 실수로 먹었다면 빨리 의사의 응급처치와 전문 치료를 받는다. 하나의 버섯에도 여러 가지 독성분이 있을 수 있고 각각의 해독제가 다르므로 반드시 먹고 남은 버섯 실물을 의사에게 보여주고 정확한 처치를 받아야 한다.

독성분과 중독 증상 > > >

아마톡신_ 먹으면 1~3일 뒤 죽는다. 10~48시간 안에 심한 두통, 심한 구토, 심한 복통, 위경련, 심한 설사, 온몸 세포 파괴, 신장과 간 이상, 혼수상태가 온다. 일시적으로 회복되는 듯 보이기도 하지만 빨리 위세척과 혈액투석 등을 받아야 한다. 익혀도 독성이 없어지지 않는다. 해독제는 프실로틱산.

무스카린_ 많이 먹으면 심장이 멈춰 죽는다. 20분~20시간 뒤 부교감신경이 흥분되어 심한 땀흘림, 눈물흘림, 침흘림, 눈동자 작아짐, 구토, 설사, 저혈압, 호흡곤란 등의 증상이 나타나는데, 조금 먹었을 경우 24시간 안에 낫는다. 알칼로이드나 물고기가 썩을 때 나오는 유독 물질인 프토마인 속에도 들어 있다. 해독제는 아트로핀.

팔로톡신_ 먹으면 1~3일 뒤 죽는다. 10~20시간 안에 심한 구토, 복통, 설사, 온몸 세포 파괴, 신장과 간 이상 증상이 나타나므로 빨리 위세척과 혈액투석 등을 받아야 한다. 익혀도 독성이 없어지지 않는다. 해독제는 프실로틱산, 티옥트산.

01_ 어린 버섯
껍질을 뚫고 나오는 모습. 7/18

02_ 어린 버섯
머리가 껍질조각과 비늘가루로 덮여 있다. 7/20

03_ 어린 버섯
큰 자루주머니에 들어 있다. 7/20

04_ 어린 버섯
비 맞은 뒤 민머리가 된 모습. 9/3

05_ 어린 버섯
갓이 둥그스름해진 모습. 9/17

01 02

04

03 05

06_ 어린 버섯
갓에 큰 비늘 모양이
생기고 있다.   8/31

07_ 어린 버섯
큰 비늘이 점점 두꺼워
지고, 자루 아래쪽에
큰 자루주머니가 보인
다.   9/13

08_ 어린 버섯
갓 한쪽의 큰 비늘이
떨어져나간 모습. 9/6

09_ 어린 버섯
자루가 우툴두툴하다.
            9/19

10_ 젊은 버섯
한곳에 뭉쳐 올라온 모
습. 위쪽 버섯은 큰 비
늘이 거의 그대로 남아
있다.   7/20

11_ 젊은 버섯
작은 군락지 모습.
            7/20

12_ 젊은 버섯
갓에 큰 비늘이 뚜렷하
다.   9/17

13_ 다 자란 버섯
갓 가장자리가 편평해
진 모습.   9/19

14_ 다 자란 버섯
갓이 갈라진 모습.
9/19

15_ 다 자란 버섯
비 맞은 뒤 큰 비늘이
녹아내린 모습.   8/2

16_ 상세 모습
어린 버섯.   9/13

17_ 상세 모습
어린 버섯부터 젊은 버
섯까지.   7/20

18_ 상세 모습
다 자란 버섯.   9/17

19_ 상세 모습
늙어가는 버섯.   8/18

20_ 상세 모습
늙은 버섯.   8/18

21_ 상세 모습
젊은 버섯의 주름살.
상처가 갈색으로 변한
다.   9/17

22_ 상세 모습
늙은 버섯의 주름살.
8/2

Amanita cokeri f. *roseotincta* Nagas. & Hongo

붉은껍질광대버섯

자루 중간부터 자루비늘이 층층이 생긴다. 8월 23일

 한눈에 보기

전체 색 변화
흰색 ⇨ 흰붉은갈색 얼룩

갓 바탕색
흰색 ⇨ 흰노란색

갓 윗면
흰갈색~연갈색 뿔사마귀

갓 밑면
주름살, 크림색~흰붉은색

자루 겉면
흰색 ⇨ 흰붉은갈색~갈색, 두꺼운
흰색 자루비늘

밑동
곤봉모양

턱받이
흰색, 두꺼움

육질
단단함

기타
모양과 색 변화가 심함

● **발생 시기·장소 |** 여름~가을, 넓은잎나무숲~참나무숲~소나무숲 땅 위에 올라온다.

● **분포 |** 한국, 일본, 미국 등지에 분포한다.

● **특징 |** 흰 바탕에 붉은 얼룩이 심하게 생기며, 자루에 두꺼운 비늘이 있다.

● **생김새 |** 갓 지름 4~8㎝의 중소형. **갓**은 어릴 때는 둥그스름하다가 둥근 산모양이 되고 점차 편평하게 펴진다. 윗면은 흰색이고 점차 흰붉은갈색 얼룩이 생기며, 늙으면 흰노란색이 된다. 갓 가운데에는 흰갈색~연갈색 뿔사마귀가 있는데 비교적 오래간다. 갓살은 흰색이고 육질이 단단하다. **갓 밑면**은 주름살로 되어 있으며, 주름살은 떨어진형이고 폭이 넓으며 빽빽하다. 색은 크림색~흰붉은색이며, 주름살 끝이 분가루 같다. **자루**는 길이 11~15㎝, 굵기 1~1.3㎝이고 밑동이 곤봉처럼 불룩하다. 겉면은 흰색이고, 늙으면 흰붉은갈색~갈색이 된다. 자루 중간부터 밑동까지 두꺼운 흰색 자루비늘이 여러 층으로 빙 둘러 있으며, 가장자리가 점차 흰붉은갈색이 된다. 갓이 펴지면서 자루 윗동에 치마모양의 흰색 두꺼운 턱받이가 생기며 비교적 오래간다. 턱받이 위쪽은 밋밋하다. **포자**는 8~12×6~8㎛ 크기의 타원형이고 흰색이다.

식용 불가
(독버섯으로 추정)

● 광대버섯과 광대버섯속

● 한해살이

● 중간키 - 중소형

01_ **어린 버섯**
   어린 버섯이 올라오는
   모습.   8/23

02_ **어린 버섯**
   사마귀와 자루비늘로
   덮여 있다.   9/23

03_ **다 자란 버섯**
   갓이 거북이등처럼 갈
   라진다.   8/31

04_ **다 자란 버섯**
   겉껍질이 떨어져나간
   모습. 갓 가운데 사마
   귀는 비교적 오래긴다.
                  8/2

05_ **다 자란 버섯**
   갓에 붉은 얼룩이 생긴
   다.   7/29

06_ **늙은 버섯**
   사마귀가 조금 뭉툭해
   졌다.   7/29

07_ **늙은 버섯**
   갓이 불그스름해졌다.
                  9/10

08_ **늙은 버섯**
   늙으면 갓이 오목해진
   다.   9/10

09_ **늙은 버섯**
   누렇게 물 내리는 모
   습. 간혹 사마귀가 다
   떨어지기도 한다. 8/2

10_ **상세 모습**
어린 버섯. 밑동이 알
뿌리 같다. 　9/23

11_ **상세 모습**
색 변화가 심하지 않은
젊은 버섯들. 턱받이가
붙어 있다. 　8/31

12_ **상세 모습**
갓에 상처가 난 버섯.
　7/29

13_ **상세 모습**
붉은 얼룩이 심한 버
섯. 　9/10

14_ **상세 모습**
갓이 오목해진 늙은 버
섯. 　9/10

15_ **상세 모습**
다 자란 버섯의 주름
살. 　8/2

16_ **상세 모습**
누렇게 변한 늙은 버섯
의 주름살. 　8/2

흰돌기광대버섯

한곳에 올라온 어린 버섯들. 8월 1일

🔍 한눈에 보기

갓 윗면
흰갈색 ⇨ 흰노란갈색~흰회갈색,
연한 갈색~붉은갈색 돌기사마귀

갓 밑면
주름살, 흰색~크림색

자루 겉면
흰노란갈색~흰붉은갈색, 작은 돌기
모양의 사마귀와 거스러미 조금

밑동
곤봉모양

턱받이
흰색

기타
사마귀모양과 색 변화가 심함

육질
부드러움

● **발생 시기·장소 |** 여름~가을, 바늘잎나무숲~넓은잎나무숲(참나무) 땅 위에 1개씩 또는 여러 개가 줄지어 올라온다.

● **분포 |** 한국, 중국 남부, 일본, 타이, 동남아시아에 분포한다.

● **특징 |** 어릴 때 돌기사마귀가 있으나 자라면서 떨어지고, 사마귀자리가 논바닥처럼 갈라져 흰 바탕이 드러난다.

● **생김새 |** 갓 지름 5~17㎝의 중대형. **갓**은 어릴 때 둥그스름하다가 점차 둥근 산모양이 되며, 늙으면 편평해졌다가 조금 오목해진다. 윗면은 흰갈색에서 점차 흰노란갈색~흰회갈색이 된다. 어릴 때 연한 갈색~붉은갈색 돌기사마귀가 조금 나이테모양으로 붙어 있다가 점차 끝이 고름 잡힌 물사마귀처럼 지저분해지고 금방 떨어지며, 사마귀자리가 논바닥처럼 갈라져서 흰 바탕이 드러난다. 갓살은 흰색이고 육질이 부드럽다. **갓 밑면**은 주름살로 되어 있으며, 주름살은 붙은형이고 빽빽하며 흰색~크림색이다. 끝은 분가루 같다. **자루**는 길이 10~15㎝, 굵기 2~3㎜이고, 밑동은 불룩한 곤봉모양이며 땅속에 묻혀 있다. 겉면은 흰노란갈색~흰붉은갈색으로 작은 돌기모양의 사마귀와 거스러미가 조금 있다. 자루 살은 흰색이며 속이 꽉 차 있다. 갓이 펴지면서 윗동에 넓은 치마모양의 흰색 턱받이가 생기나 잘 떨어져나간다. **포자**는 7~11×6~8㎛ 크기의 타원형이다.

 식용 절대 불가

 일반 독성

● 광대버섯과 광대버섯속
● 한해살이
● 큰키－중대형

01_ **어린 버섯**
자루가 퉁퉁하다. 8/5

02_ **어린 버섯**
머리 모습.   9/10

03_ **어린 버섯**
사마귀가 조금 나이테
모양으로 붙는다.
9/5

04_ **어린 버섯**
작은 군락지.   8/1

05_ **어린 버섯**
사마귀가 떨어진 흔적.
7/30

06_ **어린 버섯**
비 맞은 모습. 물방울
이 노랗게 변했다.
7/30

07_ **젊은 버섯**
사마귀 끝부분이 고름
집처럼 지저분해진다.
7/28

08_ **다 자란 버섯**
위에서 본 갓 모습.
8/5

09_ 늙은 버섯
  사마귀 떨어진 자리가
  갈라진 논바닥처럼 된
  다.   7/28

10_ 늙은 버섯
  턱받이가 떨어지는 모
  습.   7/28

11_ 상세 모습
  아주 어린 버섯. 8/5

12_ 상세 모습
  머리가 커진 어린 버
  섯.   8/1

13_ 상세 모습
  젊은 버섯과 어린 버
  섯.   9/5

14_ 상세 모습
  어린 버섯과 다 자란
  버섯.   7/30

15_ 상세 모습
  다 자란 버섯. 7/28

16_ 상세 모습
  어릴 때는 주름살이 막
  으로 덮여 있다. 7/30

17_ 상세 모습
  젊은 버섯의 쭈글쭈글
  한 주름살.   7/30

18_ 상세 모습
  다 자란 버섯의 주름
  살.   7/28

일본광대버섯

갓 가장자리에 외피막이 너덜거린다. 9월 5일

🔍 한눈에 보기

갓 윗면
흰회색~회갈색, 갈색 다각형 사마귀가 끝까지 거의 그대로 남아 있음

갓 가장자리
갓이 펴지면 외피막 조각이 너덜거림

갓 밑면
주름살, 크림색

자루 겉면
흰붉은색~흰회색, 거스러미가 많음

육질
부드러움

● **발생 시기·장소** | 여름~가을, 넓은잎나무숲~소나무숲~혼합림의 땅 위에 흩어져 올라온다.

● **분포** | 한국, 일본, 중국 남부에 분포한다.

● **특징** | 사마귀가 거의 떨어지지 않으며, 그 끝이 무뎌져서 거북이등처럼 된다.

● **생김새** | 갓 지름 5.5~8.2㎝의 중형. **갓**은 어릴 때 둥그스름하다가 점차 위쪽이 조금 둥근 산 모양이 되며, 늙으면 편평하게 펴진다. 윗면은 흰회색~회갈색이고, 갈색 다각형 사마귀가 거의 떨어지지 않고 남아 있어 거북이등처럼 된다. 갓살은 흰색으로 색이 변하지 않으며, 육질이 부드럽다. 갓이 펴지면 가장자리에 외피막 조각이 붙어 너덜거리나 점차 떨어져나간다. **갓 밑면**은 주름살로 되어 있으며, 주름살은 떨어진형이고 빽빽하거나 조금 성기다. 색은 크림색이고 끝이 분가루 같다. **자루**는 길이 8~17㎝, 굵기 7~15㎜이며 윗동이 좀 더 가늘다. 겉면은 흰붉은색~흰회색을 띠며 거스러미가 많다. 자루 살은 흰색이며 속이 꽉 차 있다. **포자**는 9~10.5×5.5~6.5㎛ 크기의 타원형이다.

 식용 절대 불가

 일반 독성

● 광대버섯과 광대버섯속

● 한해살이

● 큰키-중형

01_ 어린 버섯
소나무숲에 올라온 어린 버섯의 머리.　7/5

02_ 젊은 버섯
다각형 사마귀가 붙어 있다.　　　　9/5

03_ 젊은 버섯
사마귀가 거의 떨어지지 않는다.　　9/5

04_ 다 자란 버섯 · 늙은 버섯
함께 있는 모습.　9/5

05_ 상세 모습
젊은 버섯.　　9/5

06_ 상세 모습
주름살.　　　9/5

긴뿌리광대버섯

젊은 버섯. 7월 23일

🔍 한눈에 보기

갓 윗면
흰색, 회색~회갈색 뽈사마귀가 오래 붙어 있음

갓 가장자리
갓이 펴지면 외피막 조각이 너덜거림

갓 밑면
주름살, 흰색~흰회색

자루 겉면
흰색~크림색, 밋밋함

자루 속
비어 있음

밑동
긴 추모양~곤봉모양

기타
부속물의 모양 변화가 심함

육질
조금 질김

● **발생 시기·장소** | 여름~가을, 넓은잎나무숲~소나무숲의 모래 섞인 땅 위에 1개씩 또는 여러 개가 흩어져 올라온다.

● **분포** | 한국에 분포한다.

● **특징** | 밑동이 긴 뿌리모양으로 땅속 깊이 묻혀 있으며, 자루 겉면이 밋밋하다.

● **생김새** | 갓 지름 8㎝의 중형. **갓**은 어릴 때 둥그스름하다가 점차 둥근 산모양이 되며, 늙으면 편평해지고 조금 오목해진다. 윗면은 흰색이고 뾰족한 세모모양의 각진 회색~회갈색 뽈사마귀가 있으며, 가장자리로 갈수록 작아지고 점차 무뎌져서 거북이등처럼 된다. 갓살은 흰색이고 육질은 조금 질기다. 갓이 펴지면 가장자리에 솜가루모양의 외피막 조각이 너덜거리나 점차 떨어져나간다. **갓 밑면**은 주름살로 되어 있으며, 주름살은 떨어진형이고 조금 성기다. 색은 흰색~흰회색이고 끝이 분가루 같다. **자루**는 길이 18㎝, 굵기 8㎜이고 밑동이 긴 추모양~곤봉모양으로 부풀어 뿌리모양이 되며 땅속 깊이 묻혀 있다. 겉면은 흰색~크림색이고 밋밋하다. 자루살은 흰색이며 속이 비어 있다. **포자**는 9~12×6.5~10㎛ 크기의 타원형이다.

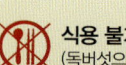 **식용 불가**
(독버섯으로 추정)

● 광대버섯과 광대버섯속
● 한해살이
● 큰키 - 중형

● 광대버섯 종류들은 치명적인 독버섯이 대부분이며 독성분이 밝혀지지 않았으므로 절대 먹으면 안 되는데, 독버섯 중 한때 식용으로 잘못 알려졌던 뿌리광대버섯(p.86)과 혼동하기 쉬우므로 특히 주의한다. 긴뿌리광대버섯은 밑동이 긴 곤봉모양이지만, 뿌리광대버섯은 밑동이 알뿌리모양이다.

01_ **어린 버섯**
버섯 올라오는 모습.
8/24

02_ **어린 버섯**
사마귀가 각지고 뾰족한 세모모양이다.
9/17

03_ **다 자란 버섯**
긴 뿌리 같은 밑동이 땅속 깊이 묻혀 있다.
9/16

04_ **다 자란 버섯**
사마귀 끝이 점차 무뎌진다. 9/16

05_ **늙은 버섯**
늙으면 갓이 오목해진다. 8/31

06_ **상세 모습**
어린 버섯. 밑동이 곤봉모양이다. 8/24

07_ **상세 모습**
젊은 버섯. 자루가 땅속 깊이 묻혀 있다.
9/16

Amanita strobiliformis (Vitt.) Bert. =*Amanita strobiliformis* (Paulet ex Vitt.) Bertillon =*Amanita solitaria*

뿌리광대버섯

솜가루 막을 뒤집어쓴 것 같은 젊은 버섯의 갓 모습. 사마귀가 금방 떨어진다. 8월 1일

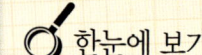 **한눈에 보기**

갓 윗면
흰색 ⇨ 흰노란갈색, 흰회색 뿔사마귀와 흰색 솜가루 막

갓 가장자리
갓이 펴지면 외피막 조각이 너덜거림

갓 밑면
주름살, 흰노란색

자루 겉면
흰색, 솜가루

밑동
조금 둥그스름함

턱받이
흰노란색

자루주머니
흰색~회색, 잘 떨어짐

육질
연함

냄새
때때로 톡 쏘는 듯한 냄새

기타
부속물의 모양 변화가 매우 심함

● **발생 시기·장소** | 여름~가을, 넓은잎나무숲~소나무숲 땅 위에 1개씩 또는 여러 개가 모여서 올라온다.

● **분포** | 한국, 일본, 중국, 오스트레일리아, 북아메리카, 유럽, 지중해 지역에 분포한다.

● **특징** | 밑동이 조금 둥그스름하며 사마귀가 빨리 떨어지고 솜가루 막으로 덮여 있다.

● **생김새** | 갓 지름 6~16cm의 중대형. **갓**은 둥근 산모양이다가 점차 편평해진다. 윗면은 어릴 때는 흰색에서 늙으면 흰노란갈색이 되며, 흰회색 각진 뿔사마귀가 있으나 금방 떨어지고 흰 솜가루 같은 외피막으로 덮인다. 갓살은 흰색이고 육질이 연하다. 갓이 펴지면 가장자리에 솜가루 모양의 외피막 조각이 너덜거리나 점차 떨어져나간다. **갓 밑면**은 주름살로 되어 있으며, 주름살은 끝붙은형이고 조금 빽빽하며 흰노란색이다. **자루**는 길이 7~15cm, 굵기 1~3cm로 밑동이 조금 둥그스름하고, 흰색~회색 자루주머니가 있으나 점차 떨어져나간다. 겉면은 흰색이고 두꺼운 솜가루 같은 것이 붙어 있으나 금방 떨어진다. 속은 꽉 차 있다. 갓이 펴지면서 윗동에 치마 모양의 흰노란색 턱받이가 생기나 잘 떨어져나간다. **포자**는 10.2~12.3×7.4~8.8㎛ 크기의 타원형으로 무색이고 투명하다.

 식용 절대 불가
(한때 식용으로 잘못 알려짐)

 일반 독성
(신경장애, 구토, 설사)

● 광대버섯과 광대버섯속

● 한해살이

● 큰키 – 중대형

주의사항

● 한때 식용으로 잘못 알려졌으나 신경장애, 구토, 설사를 일으키는 치명적인 독성분이 함유된 것으로 밝혀졌으므로 절대 먹어선 안 된다.

독성분과 중독 증상 >>>

무스시몰_ 파리 살충 성분, 환각 성분으로 먹으면 20분~2시간 뒤 중추신경계 마비, 메슥거림, 술 취한 느낌, 근육경련, 정신착란, 환각, 헛것 보임, 졸음 증상이 4시간 동안 계속되다가 며칠 뒤 낫는다. 해독제는 피조스티그민.

무스카린_ 많이 먹으면 심장이 멎어 죽는다. 20분~20시간 뒤 부교감신경이 흥분되어 심한 땀흘림, 눈물흘림, 침흘림, 눈동자 작아짐, 구토, 설사, 저혈압, 호흡곤란 등의 증상이 나타나므로 빨리 위세척과 혈액투석 등을 받는다. 조금 먹은 경우에는 24시간 안에 낫는다. 알칼로이드나 썩어가는 물고기의 프토마인 속에도 들어 있다. 해독제는 아트로핀.

이보텐산(=유도체인 무시몰)_ 파리 살충 성분. 몸속에 들어가면 탈탄산 되어 무스시몰(환각 성분)이 된다. 해독제는 피조스티그민.

이소제이졸 유도체_ 먹으면 메슥거림, 술 취한 느낌, 근육경련, 정신착란, 환각, 헛것 보임, 졸음 증상이 4시간 동안 계속되다 며칠 뒤 낫는다. 해독제는 피조스티그민.

프로파르길글리신_ 먹으면 적혈구가 파괴되고 간에 독이 쌓인다.

01_ 젊은 버섯
갓 가장자리가 너덜거린다. 8/1

02_ 상세 모습
자루 속이 살로 꽉 차 있다. 8/1

03_ 상세 모습
젊은 버섯의 주름살. 8/1

Amanita solitaria (Bull.) Mérat=*Amanita solitaria* var. *subbeillei* Neville & Poumarat

회색점광대버섯

다 자란 버섯. 9월 13일

🔍 한눈에 보기

갓 윗면
흰색, 뿔사마귀(흰색 ⇨ 회색~연회갈색)

갓 가장자리
갓이 펴지면 외피막 조각이 너덜거림

갓 밑면
주름살, 흰색~크림색 ⇨ 연갈색~흰녹색

자루 겉면
흰회갈색

밑동
불룩하거나 뿌리처럼 길어짐

턱받이
흰색

육질
연함

기타
부속물의 모양과 색 변화가 심함

● **발생 시기·장소** | 여름~가을, 넓은잎나무숲이나 흙이 쓸려내려간 곳의 땅 위에 1개씩 또는 여러 개가 흩어져 올라온다.

● **분포** | 한국, 유럽, 서아시아 및 지중해 아프리카 등지에 분포한다.

● **특징** | 온몸이 희고, 사마귀가 점차 회색으로 변하여 점이 찍힌 것 같은 모양이 된다.

● **생김새** | 갓 지름 7~10㎝의 중형. **갓**은 어릴 때는 둥그스름하다가 점차 둥근 산모양이 되며, 늙으면 편평해졌다가 조금 오목해진다. 윗면은 흰색이고, 습하면 조금 끈적해진다. 무딘 뿔사마귀가 있는데 어릴 때 흰색에서 회색~연회갈색으로 변하며 가운데가 좀 더 짙다. 갓살은 흰색~크림색이나 때로 흰녹색이 되며, 육질이 연하고 상처가 나면 갈색으로 변한다. 가장자리에는 솜가루 같은 외피막 조각이 달렸다가 떨어져나간다. **갓 밑면**은 주름살로 되어 있으며, 주름살은 붙은형~떨어진형이고 빽빽하다. 흰색~크림색에서 늙으면 연갈색~흰녹색이 된다. **자루**는 길이 7~10㎝, 굵기 6~20㎜로 밑동이 좀 더 굵고 불룩하거나 뿌리처럼 길어진다. 겉면은 흰회갈색인데 상처가 나면 조금 끈적해지고 연갈색으로 변한다. 갓이 펴지면서 윗동에 치마모양의 흰 턱받이가 생기는데, 턱받이 위쪽은 밋밋하고 밑동에 솜찌꺼기나 솜가루 뭉치 같은 것이 있다. **포자**는 8.4~11.3×6.4~8.2μm 크기의 타원형이고 진한 크림색이다.

 식용 불가
(독버섯으로 추정)

● 광대버섯과 광대버섯속

● 한해살이

● 중간키-중형

01_ 어린 버섯
어린 버섯이 올라오는
모습.   9/13

02_ 젊은 버섯
사마귀가 떨어진 모습.
                9/13

03_ 젊은 버섯
사마귀 색이 회색으로
변하고 있다.   9/13

04_ 젊은 버섯
자루에 난 상처가 갈색
으로 변한다.   9/13

05_ 다 자란 버섯
갓 가장자리에 외피막
조각이 너덜거린다.
                9/13

06_ 상세 모습
어린 버섯과 젊은 버
섯.   9/13

07_ 상세 모습
어린 버섯과 젊은 버섯
을 밑에서 본 모습.
                9/13

08_ 상세 모습
젊은 버섯의 주름살.
솜가루 같은 외피막이
붙어 있다.   9/13

양파광대버섯

자루가 길어진 어린 버섯. 8월 30일

● **발생 시기·장소** | 여름~가을, 넓은잎나무숲~소나무숲~혼합림의 땅 위에 1개씩 또는 여러 개가 줄지어 올라온다.

● **분포** | 한국, 일본, 북아메리카 동부에 분포한다.

● **특징** | 온몸이 희고, 사마귀가 조금 무디며, 밑동이 넓적한 양파모양이다.

● **생김새** | 갓 지름 3~7㎝의 중소형. **갓**은 어릴 때 둥그스름한 모양에서 점차 둥근 산모양이 되며 늙으면 편평해진다. 윗면은 흰색이고 흰색~흰갈색 무딘 뿔모양의 사마귀가 있으나 잘 떨어져 거의 민머리가 된다. 갓살은 흰색이고 육질이 조금 얇다. **갓 밑면**은 주름살로 되어 있으며, 주름살은 떨어진형이고 빽빽하며, 흰색이고 끝이 분가루 같다. **자루**는 길이 8~14㎝, 굵기 6~8.2㎜이고, 밑동이 넓적한 양파 같으며 짧은 헛뿌리 같은 것이 붙어 있다. 겉면은 흰색이고 솜가루~섬유질의 작은 거스러미가 있다. 자루 살은 흰색이나 상처가 나면 연갈색으로 변한다. 갓이 퍼지면서 자루 윗동에 치마모양의 흰 턱받이가 생긴다. **포자**는 7~8.5㎛ 크기의 공모양이고 흰색이다.

 식용 절대 불가

 준맹독성
(현재 해독제 없음. 위출혈, 급성신부전, 간부전, 심하면 사망)

● 광대버섯과 광대버섯속

● 한해살이

● 중간키 – 중소형

● 다른 이름:비탈광대버섯

주의사항

● 준맹독성 버섯으로 현재까지 해독제가 없는 독성분이 들어 있으며, 장기가 망가지고 심하면 사망하므로 절대 먹어선 안 된다. 만일 실수로 먹었다면 위급상황이므로 즉시 의사의 응급처치와 전문치료를 받는다. 하나의 버섯에도 여러 가지 독성분이 있을 수 있고 각각의 해독제가 다르므로 반드시 먹고 남은 버섯 실물을 의사에게 보여주어 정확한 처치를 받아야 한다. 독버섯인데 한때 식용으로 잘못 알려졌던 흰가시광대버섯(p.92)과 혼동하기 쉬우므로 특히 주의한다.

독성분과 중독 증상 >>>

아마니틴_ 먹으면 1∼3일 안에 죽는다. 간 손상이나 위궤양성 경련 증상이 있으므로 재빨리 위세척과 혈액투석 등을 받아야 한다. 팔로이딘보다 독성이 10∼20배 더 강하다. 현재까지 해독제가 없다.

아마톡신_ 먹으면 1∼3일 뒤 죽는다. 10∼48시간 안에 심한 두통, 심한 구토, 심한 복통, 위경련, 심한 설사, 온몸의 세포 파괴, 신장과 간 이상, 혼수상태가 온다. 일시적으로 회복되는 듯 보이기도 하지만 빨리 위세척과 혈액투석 등을 받아야 한다. 익혀도 독성은 없어지지 않는다. 해독제는 프실로틱산.

프로파르길글리신_ 먹으면 적혈구가 파괴되고, 간에 독이 쌓인다.

01_ 어린 버섯
줄지어 올라와 자라는 모습. 9/24

02_ 젊은 버섯 · 다 자란 버섯
한곳에 붙어 자라기도 한다. 9/24

03_ 상세 모습
어린 버섯과 다 자란 버섯. 9/24

04_ 상세 모습
어린 버섯의 전체. 밑동이 양파 같다. 9/24

01 02

03 04

Amanita virgineoides Bas

흰가시광대버섯

어린 버섯과 다 자란 버섯. 8월 21일

🔍 한눈에 보기

갓 윗면
흰색, 흰 가루, 가시사마귀

갓 가장자리
갓이 펴지면 외피막 조각이 너덜거림

갓 밑면
주름살, 흰색 ⇨ 연노란갈색

자루 겉면
흰 사마귀

밑동
곤봉모양

턱받이
흰색

육질
조금 두툼함

냄새
마르면 때때로 퀴퀴한 냄새

맛
쓰고 아린 맛

기타
부속물이 잘 떨어져 모양 변화가 심함

● **발생 시기·장소** | 여름~가을, 소나무숲~넓은잎나무숲(참나무숲)~혼합림의 땅 위에 1개씩 또는 여러 개씩 흩어져 올라온다.

● **분포** | 한국, 일본에 분포한다.

● **특징** | 온몸이 새하얗고 사마귀가 날카로운 가시 같다.

● **생김새** | 갓 지름 9~20㎝의 중대형. **갓**은 어릴 때 둥그스름한 모양에서 점차 둥근 산모양이 되며, 늙으면 편평하게 펴진다. 윗면은 흰색이고 흰 가루로 덮여 있으며, 3㎜ 크기의 날카로운 가시사마귀가 많이 붙어 있고, 비에 젖으면 잘 떨어져서 민머리처럼 되기도 한다. 갓살은 흰색 이고 육질이 조금 두툼하다. 갓이 펴지면 가장자리에 사마귀로 덮인 외피막 조각이 매달려 너 덜거리나 점차 떨어져나간다. **갓 밑면**은 주름살로 되어 있으며, 주름살은 떨어진형이고 빽빽하 며 흰색에서 늙으면 연노란갈색이 된다. **자루**는 길이 12~22㎝, 굵기 13~25㎜이고 밑동이 곤봉 처럼 불룩하다. 겉면은 흰색이고 사마귀가 많이 붙어 있으며, 속은 흰색이고 꽉 차 있다. 갓이 펴지면 자루 윗동에 넓은 치마모양의 흰색 턱받이가 생기는데 늙으면서 떨어져나간다. **포자**는 8~10.5×6~7.5㎛ 크기의 타원형이고 흰색을 띤다.

 식용 절대 불가
(한때 식용으로 잘못 알려짐)

 일반 독성
(생식 또는 과식시 중독. 급성신 부전, 적혈구 파괴, 간 중독)

- **광대버섯과 광대버섯속**
- **한해살이**
- **큰키 – 중대형**
- **다른 이름 : 닭다리버섯**

● 한때 식용으로 잘못 알려졌던 독버섯으로 삶아서 물에 담가 쓴맛과 아린 맛을 우려내고 먹었다. 적혈구를 파괴하고 간에 독이 쌓이게 하는 치명적인 독성분이 있는 것으로 밝혀졌으므로 절대 먹어선 안 된다.

독성분과 중독 증상 >>>
프로파르길글리신_ 먹으면 적혈구가 파괴되고, 간에 독이 쌓인다.

01_ 어린 버섯
어린 버섯이 올라오는 모습.　　　8/24

02_ 어린 버섯
나란히 함께 올라온 모습.　　　9/15

03_ 어린 버섯
자루가 길어져 닭다리 모양이 된다.　　9/5

04_ 젊은 버섯
갓이 둥글어졌다. 8/1

05_ 젊은 버섯
갓 가장자리에 외피막이 너덜거린다. 8/26

06_ 젊은 버섯
가시가 떨어져서 거의 민머리가 된 모습.
　　　　　8/21

07_ **다 자란 버섯**
턱받이가 떨어지는 모
습.   8/25

08_ **다 자란 버섯**
턱받이가 밑동으로 흘
러내렸다.   8/21

09_ **다 자란 버섯**
턱받이가 땅 위로 떨어
졌다.   8/21

10_ **늙은 버섯**
늙으면 갓이 오목해진
다.   7/30

11_ **늙은 버섯**
사마귀가 많이 떨어졌
다.   8/29

12_ **상세 모습**
어린 버섯. 밑동에 사
마귀가 보인다.   9/15

13_ **상세 모습**
다 자란 버섯.   8/24

14_ **상세 모습**
늙은 버섯의 주름살.
                 7/30

Amanita kotohiraensis Nagasawa & Mitani = *Amanita kotohiraensis* A. Kotohiraensis

흰딱지광대버섯 ※미기록종

갓 가장자리가 너덜거린다. 8월 31일

🔍 한눈에 보기

갓 윗면
흰색, 불규칙하고 두툼한 흰 사마귀

갓 가장자리
갓이 펴지면 외피막 조각이 너덜거림

자루 겉면
흰색, 외피막이 떨어지고 생긴 흰색 가락지모양의 흔적이 비스듬히 걸림

밑동
알뿌리모양

턱받이
흰색

육질
조금 얇음

냄새
때때로 퀴퀴하고 불쾌한 냄새

기타
부속물이 잘 떨어져 모양 변화가 심함

● **발생 시기·장소 |** 여름~가을, 넓은잎나무숲~소나무숲~혼합림의 땅 위에 1개씩 또는 여러 개가 모여서 올라온다.

● **분포 |** 한국, 일본, 중국 윈난[雲南] 등지에 분포한다.

● **특징 |** 온몸이 새하얗고 반죽조각 같은 흰 사마귀가 있으며 퀴퀴한 냄새가 난다.

● **생김새 |** 갓 지름 6~10㎝의 중형. **갓**은 어릴 때 둥그스름한 모양에서 점차 둥근 산모양이 되었다가 편평해지며, 늙으면 조금 오목해진다. 윗면은 흰색으로 비단처럼 곱고 매끄러우며, 습기가 있으면 끈적해지고 마르면 비단처럼 윤기가 조금 있다. 불규칙한 반죽조각 모양의 사마귀가 있으나 잘 떨어져서 거의 민머리처럼 된다. 갓살은 흰색이고 육질이 조금 얇으며 상처가 나도 거의 색이 변하지 않는다. 갓이 펴지면 가장자리에 솜가루모양의 외피막 조각들이 매달려 너덜거리나 점차 떨어져나간다. **갓 밑면**은 주름살로 되어 있으며, 주름살은 떨어진형이고 빽빽하며 크림색~흰노란색에서 늙으면 흰노란갈색이 된다. 주름살 끝은 분가루 같다. **자루**는 길이 10~14㎝, 굵기 1~1.8㎝이고 밑동은 작은 알뿌리모양이다. 겉면은 흰색이며 속이 꽉 차 있다. 갓이 펴지면서 윗동에 치마모양의 흰색 턱받이가 생기나 잘 떨어져나간다. 자루 중간에 외피막이 떨어지고 생긴 흰색 가락지가 비스듬히 걸린다. **포자**는 7.5~9.5×5~6.5㎛ 크기의 타원형이고 흰색이다.

 식용 불가 (독버섯으로 추정)

● 광대버섯과 광대버섯속

● 한해살이

● 중간키~중형

● 광대버섯 종류들은 치명적인 독버섯이 대부분이며 독성분이 밝혀지지 않았으므로 절대 먹어선 안 된다.

01_ **어린 버섯**
반죽조각 같은 사마귀가 있다.   8/1

02_ **젊은 버섯**
사마귀 색이 갈색으로 변했다.   8/21

03_ **젊은 버섯**
습기가 있으면 조금 끈적해진다.
          8/21

04_ **다 자란 버섯**
비단 같은 윤기가 난다.   8/1

05_ **다 자란 버섯**
턱받이 조각이 땅 위에 떨어져 있다.   9/13

06_ **다 자란 버섯**
한곳에 뭉쳐 올라오기도 한다.   9/13

07_ **늙은 버섯**
갓이 오목해진다. 8/21

08_ **늙은 버섯**
자루에 고리모양의 외피막 흔적이 있다.
          8/30

09_ 늙은 버섯
갓이 갈라진 모습. 상처
가 나도 색이 변하지
않는다.   8/21

10_ 상세 모습
어린 버섯과 젊은 버
섯.   8/21

11_ 상세 모습
젊은 버섯과 다 자란
버섯.   8/30

12_ 상세 모습
어린 버섯부터 늙은 버
섯까지.   9/13

13_ 상세 모습
젊은 버섯의 주름살.
            8/21

14_ 상세 모습
다 자란 버섯의 주름
살.   8/31

15_ 상세 모습
늙어가는 버섯의 주름
살.   8/30

16_ 상세 모습
늙은 버섯의 주름살.
            8/1

노란막광대버섯 (신알광대버섯)

커다란 노란색 껍질이 붙어 있다. 9월 1일

갓 윗면
흰색, 노란색~노란갈색 큰 외피막 조각

갓 가장자리
갓이 펴지면 외피막 조각이 매달려 너덜거림

갓 밑면
주름살, 흰색~크림색~흰갈색

자루 겉면
흰색, 지저분한 비늘가루

밑동
곤봉모양

자루주머니
노란연갈색

턱받이
흰색

육질
조금 얇음

기타
부속물이 잘 떨어져 모양 변화가 심함

● **발생 시기·장소 |** 여름~가을, 혼합림(넓은잎나무, 소나무) 땅 위에 1개씩 또는 여러 개가 모이거나 흩어져서 올라온다.

● **분포 |** 한국, 일본 등지에 분포한다.

● **특징 |** 갓과 자루에 커다란 노란색~노란갈색 큰 막조각이 붙어 있다.

● **생김새 |** 갓 지름 7.5~13㎝의 중대형. **갓**은 어릴 때 둥그스름한 모양에서 점차 둥근 산모양이 되며, 늙으면 편평하게 펴진다. 윗면은 어릴 때 노란색~노란갈색 외피막으로 덮여 있으며 점차 갈라져 일부는 떨어져나가고 흰 바탕이 드러난다. 습하면 조금 끈적해진다. 갓살은 흰색이고 육질이 조금 얇으며 상처가 나도 색이 변하지 않는다. 갓이 펴지면 가장자리에 하얀 외피막 조각들이 매달려 너덜거리는데 비교적 오래간다. **갓 밑면**은 주름살로 되어 있으며, 주름살은 떨어진형이고 빽빽하며 흰색~크림색~흰갈색이다. 주름살 끝은 분가루 같다. **자루**는 길이 1~13㎝, 굵기 10~15㎜로 겉면이 흰색이고 지저분한 비늘가루가 붙어 있다. 밑동은 곤봉모양이고 얇은 노란연갈색 자루주머니가 붙어 있으나 금방 떨어진다. 자루 살도 흰색이다. 갓이 펴지면서 자루 윗동에 치마모양의 흰색 턱받이가 생기나 금방 떨어진다. **포자**는 7~9×5.5~6㎛ 크기의 타원형이다.

 식용 절대 불가

 일반 독성
(신장에 독성이 쌓임)

● 광대버섯과 광대버섯속

● 한해살이

● 중간키 – 중대형

01_ **어린 버섯**
어릴 때는 노란 외피막으로 덮여 있다.
9/26

02_ **젊은 버섯**
껍질이 갈라져 일부는 떨어지고 일부는 남는다.
9/1

03_ **다 자란 버섯**
자루주머니 막이 벗겨져 자루도 너덜거린다.
8/21

04_ **다 자란 버섯**
노란 막소각 일부가 띨어져나간다.
9/8일

05_ **다 자란 버섯**
갓 가장자리가 너덜거린다.
8/21

06_ **다 자란 버섯**
갓이 평평해진 모습.
8/15

07_ **다 자란 버섯**
점차 노란 막조각이 갈색으로 변해간다.
8/15

08_ **다 자란 버섯**
노란 막조각이 비교적 오래간다.
8/15

09_ **늙은 버섯**
　　갓이 오목해진다.　9/3

10_ **늙은 버섯**
　　물 내리는 모습.　8/21

11_ **늙은 버섯**
　　작은 군락지.　　9/3

12_ **상세 모습**
　　어린 버섯.　　8/26

13_ **상세 모습**
　　어린 버섯과 다 자란
　　버섯.　　　　9/1

14_ **상세 모습**
　　젊은 버섯. 자루주머니
　　가 붙어 있다.　9/1

15_ **상세 모습**
　　다 자란 버섯.　8/15

16_ **상세 모습**
　　다 자란 버섯의 주름
　　살.　　　　8/15

알광대버섯

창백하고 빛바랜 듯한 불분명한 색깔이다. 7월 20일

🔍 한눈에 보기

아주 어린 버섯
알모양, 껍질을 뚫고 나옴

갓 윗면
창백하고 빛바랜 듯 불분명하며 다양한 색, 때때로 한가운데가 짙거나 흐리고 조금 윤기가 있음, 갓꼭지

갓 밑면
주름살, 칙칙한 크림색, 초록빛이 도는 크림색, 붉은빛이 도는 크림색 등 다양

갓 가장자리
우산살모양의 주름

자루 겉면
흰색~흰회색~붉은흰회색 비늘가루

자루주머니
흰색, 크고 두꺼우며 칼로 자른 듯한 모양

턱받이
흰색

육질
조금 얇음

● **발생 시기·장소** | 여름~가을, 주로 초여름에 넓은잎나무숲(참나무, 밤나무)~소나무숲의 땅 위에 1개씩 올라온다.

● **분포** | 한국을 비롯해 전 세계에 분포한다.

● **특징** | 갓이 창백하고 바랜 듯한 불분명한 색이고, 자루에 칼로 쪼갠 듯한 자루주머니가 있다.

● **생김새** | 갓 지름 7~8㎝의 중소형. **갓**은 아주 어릴 때는 알모양의 흰 껍질에 싸여 있다가 껍질을 뚫고 나와 점차 둥근 산모양이 되며, 늙으면 편평해졌다가 조금 오목해지고 한가운데에 갓꼭지가 생긴다. 윗면은 창백하고 빛바랜 듯하며 흐린 노란색, 흐린 회색, 흐린 회갈색, 흐린 적갈색, 흐린 녹갈색, 흐린 카키색 등과 같이 색이 흐리고 변화가 심하다. 간혹 흰색에 가깝게 빛바랜 색이 되며, 때때로 한가운데가 짙거나 흐리다. 마르면 윤기가 조금 나고, 습하면 조금 끈적해진다. 갓살은 흰색이고 육질이 조금 얇다. **갓 밑면**은 주름살로 되어 있으며, 주름살은 떨어진형이고 빽빽하다. 색은 칙칙한 크림색~초록크림색~붉은크림색 등 다양하다. **자루**는 길이 8~12㎝, 굵기 5~8㎜로 밑동이 윗동보다 굵고, 칼로 쪼갠 듯한 크고 두꺼운 흰 자루주머니에 싸여 오래간다. 겉면은 흰색~흰회색~붉은흰회색 비늘가루로 덮여 있다. 갓이 펴지면서 윗동에 치마모양의 흰색 턱받이가 생기나 잘 떨어져나간다. **포자**는 8~11×7~8.5㎛ 크기의 타원형이고 흰색이다.

 식용 절대 불가

 맹독성
(심한 복통, 구토, 설사, 간손상, 장출혈, 위출혈, 몸굳음, 혼수상태. 사망률 50~90%)

● 광대버섯과 광대버섯속

● 한해살이

● 중간키 – 중소형

● 다른 이름 : 닭알독버섯

주의사항

● 사망률이 50~90%에 이르는 맹독성 버섯. 살아난다 해도 간이식을 받아야 할 만큼 장기에 큰 손상을 입으므로 절대 먹어선 안 된다. 혹시 실수로 먹은 경우에는 위급상황이므로 즉시 의사에게 응급처치와 전문 치료를 받아야 한다. 하나의 버섯에도 여러 가지 독성분이 들어 있을 수 있고 각기 해독제가 다르므로 반드시 먹고 남은 버섯 실물을 의사에게 보여주어 정확한 처치를 받는다.
● 같은 맹독성 버섯인 흰알광대버섯(p.103)과 모양이 비슷해서 혼동하기 쉬운데 흰알광대버섯은 갓이 흰색이지만, 알광대버섯은 갓이 흰색이 아니다.

독성분과 중독 증상 >>>

아마니타톡신_ 먹으면 며칠 안에 죽는다. 2~24시간 뒤 심한 구토, 심한 복통, 심한 설사, 몸 굳음, 간과 신장 조직 썩음, 혼수상태가 온다. 익혀도 독성이 없어지지 않는다.

아마톡신_ 먹으면 1~3일 뒤 죽는다. 10~48시간 안에 심한 두통, 심한 구토, 심한 복통, 위경련, 심한 설사, 온몸의 세포 파괴, 신장과 간 이상, 혼수상태가 온다. 일시적으로 회복되는 듯 보이기도 하지만 빨리 위세척과 혈액투석 등을 받아야 한다. 익혀도 독성이 없어지지 않는다. 해독제는 프실로틱산.

비로톡신_ 먹으면 사망률이 10%이다. 장출혈, 위출혈, 복통, 혈변, 급성신부전, 요독증, 적혈구 파괴, 혈액응고 장애 증상 등이 나타난다.

팔로톡신_ 먹으면 1~3일 뒤 죽는다. 10~20시간 안에 심한 구토, 복통, 설사, 온몸의 세포 파괴, 신장과 간 이상 증상이 나타나므로 빨리 위세척과 혈액투석 등을 받아야 한다. 익혀도 독성이 없어지지 않는다. 해독제는 프실로틱산, 티옥트산.

팔로이딘_ 먹으면 간손상이나 위궤양성 경련 증상이 나타나므로 빨리 위세척과 혈액투석 등을 받아야 한다.

팔롤리신_ 적혈구 파괴

01_ 어린 버섯
껍질을 뚫고 나오는 모습.　　　7/20

02_ 어린 버섯
버섯 자루가 길어지는 모습.　　　7/20

03_ 다 자란 버섯
자루주머니가 오래간다.　　　7/20

04_ 상세 모습
아직 알껍질에 싸여 있는 어린 버섯의 속살.
　　　7/20

05_ 상세 모습
다 자란 버섯.　7/12

Amanita verna (Bull.) Lam.

흰알광대버섯

갓이 둥글어진 젊은 버섯. 7월 13일

🔍 한눈에 보기

아주 어린 버섯
알모양, 껍질을 뚫고 나옴

갓 윗면
흰색, 가끔 한가운데가 연갈색

자루 겉면
흰색, 고운 흰색 비늘가루

자루 속
비어 있음

자루주머니
흰색, 크고 오래 붙어 있음

턱받이
흰색

육질
조금 얇음

냄새
때때로 톡 쏘는 불쾌한 냄새

● **발생 시기·장소 |** 여름~가을, 혼합림(넓은잎나무~소나무) 땅 위에 1개씩 드물게 올라온다.

● **분포 |** 한국(주로 오대산, 광교산), 일본, 중국, 유럽, 북아메리카, 오스트레일리아 등지에 분포한다.

● **특징 |** 온몸이 새하야며, 자루는 밋밋하고 속이 비어 있다.

● **생김새 |** 갓 지름 5~10㎝의 중소형. **갓**은 아주 어릴 때는 알모양의 흰 껍질에 싸여 있다가 껍질을 뚫고 자라 나와서 점차 둥근 산모양이 되며, 늙으면 편평해졌다가 조금 오목해진다. 윗면은 흰색이고 가끔 한가운데가 연갈색이 되기도 하며, 습하면 조금 끈적해진다. 갓살은 흰색이고 육질이 조금 얇다. **갓 밑면**은 주름살로 되어 있으며, 주름살은 끝붙은형~떨어진형이고 빽빽하며 흰색이다. **자루**는 길이 7~20㎝, 굵기 9~15㎜이고 윗동이 좀 더 가늘다. 밑동은 흰색 큰 자루주머니에 싸여 있으며 자루주머니가 오래간다. 겉면은 흰색이고 거스러미가 거의 없이 밋밋하며 고운 비늘가루로 덮여 있다. 속은 비어 있다. 갓이 펴지면서 자루 윗동에 치마모양의 흰색 턱받이가 생겨 오래간다. **포자**는 9~11×7~9㎛ 크기의 타원형이고 흰색이다.

 식용 절대 불가

맹독성
(해독제 없음. 심한 두통, 복통, 경련, 간과 신장 조직 파괴, 혼수상태. 일시적인 회복 후 심하면 사망)

● 광대버섯과 광대버섯속

● 한해살이

● 큰키 – 중소형

● 다른 이름 : 흰닭알독버섯

주의사항

- 치사량이 30g으로 작은 버섯 단 1개만 먹어도 죽을 만큼 치명적이며, 현재까지 해독제가 없는 독성분이 들어 있으므로 절대 먹어선 안 된다. 실수로 먹었을 경우에는 위급상황이므로 바로 의사의 응급처치와 전문 치료를 받는다. 하나의 버섯에도 여러 가지 독성분이 들어 있을 수 있고 각기 해독제가 다르므로 반드시 먹고 남은 버섯 실물을 의사에게 보여주어 정확한 처치를 받는다.
- 같은 맹독성 버섯인 알광대버섯(p.101)과 혼동하기 쉬운데, 흰알광대버섯은 온몸이 흰색이지만 알광대버섯은 흰색이 아니다.

독성분과 중독 증상 >>>

아마니틴_ 먹으면 1~3일 안에 죽는다. 간 손상이나 위궤양성 경련 증상이 나타나므로 빨리 위세척과 혈액투석 등을 받아야 한다. 팔로이딘보다 독성이 10~20배 더 강하며 현재까지 해독제가 없다.

아마톡신_ 먹으면 1~3일 뒤 죽는다. 10~48시간 안에 심한 두통, 심한 구토, 심한 복통, 위경련, 심한 설사, 온몸의 세포 파괴, 신장과 간 이상, 혼수상태가 온다. 일시적으로 회복되는 듯 보이기도 하지만 빨리 위세척과 혈액투석 등을 받아야 한다. 익혀도 독성이 없어지지 않는다. 해독제는 프실로틱산.

아마니타톡신_ 먹으면 며칠 안에 죽는다. 2~24시간 뒤 심한 구토, 심한 복통, 심한 설사, 몸 굳음, 간과 신장 조직 썩음, 혼수상태가 온다. 익혀도 독성이 없어지지 않는다.

알파아마니틴_ 먹으면 1~3일 안에 죽는다. 간 손상이나 위궤양성 경련 증상이 나타난다. 팔로이딘보다 독성이 10~20배 더 강하다.

팔로톡신_ 먹으면 1~3일 뒤 죽는다. 10~20시간 안에 심한 구토, 복통, 설사, 온몸의 세포 파괴, 신장과 간 이상 증상이 나타나므로 빨리 위세척과 혈액투석 등을 받아야 한다. 익혀도 독성이 없어지지 않는다. 해독제는 프실로틱산, 티옥트산.

01_ 어린 버섯
갓이 펴지는 모습.
9/24

02_ 젊은 버섯
가끔 갓 한가운데가 갈색이 된다. 7/13

03_ 상세 모습
어린 버섯. 자루가 거칠지 않고 밋밋하다.
9/24

04_ 상세 모습
턱받이가 붙어 있는 젊은 버섯. 밑동은 큰 자루주머니에 싸여 있다.
7/13

Amanita virosa (Fr.) Bertillon

독우산광대버섯

다 자란 버섯. 7월 30일

🔍 한눈에 보기

아주 어린 버섯
알모양, 껍질을 뚫고 나옴

갓 윗면
흰색, 간혹 한가운데가 맑은 노란색
~분홍색, 가끔 갓꼭지가 생김

자루 겉면
거친 비늘가루가 있고 떨어지면 흰
뱀무늬처럼 됨

자루 속
꽉 차 있음

밑동
알뿌리모양

자루주머니
흰색, 오래 붙어 있음

턱받이
흰색

육질
조금 얇음

● **발생 시기·장소** | 여름~가을, 넓은잎나무숲(참나무, 벗나무)~혼합림 땅 위에 1개씩 또는 여러 개가 모여서 올라온다.

● **분포** | 한국(주로 치악산, 오대산, 광교산 등) 등 북반구 일대, 오스트레일리아 등지에 분포한다.

● **특징** | 3대 맹독성 버섯 중 하나. 온몸이 새하얗고 자루에 큰 비늘가루가 붙어 있어 거칠다.

● **생김새** | 갓 지름 6~15㎝의 중대형. **갓**은 아주 어릴 때는 알모양의 흰 껍질에 싸여 있다가 껍질을 뚫고 나와 점차 둥근 산모양이 되며, 늙으면 편평해졌다가 조금 오목해진다. 한가운데에 볼록한 갓꼭지가 생기기도 한다. 윗면은 흰색이고, 늙으면 가운데가 맑은 노란색~분홍색이 되기도 하며, 습하면 조금 끈적해진다. 갓살은 흰색이고 육질이 조금 얇다. **갓 밑면**은 주름살로 되어 있으며, 주름살은 끝붙은형이고 조금 빽빽하다. 흰색에서 늙으면 어두운 갈색으로 변한다. **자루**는 길이 8~24㎝, 굵기 7~20㎜이고, 밑동은 알뿌리모양으로 커다란 흰색 자루주머니가 있으며 오래간다. 겉면은 흰색이며, 희고 큰 비늘가루가 붙어 있다 일부가 떨어져서 흰 뱀무늬처럼 된다. 자루 살은 흰색이며 속이 꽉 차 있다. 갓이 펴지면서 윗동에 긴 치마모양의 흰색 턱받이가 생기나 잘 떨어져 나간다. **포자**는 8.2~11.3×6.7~9㎛ 크기의 타원형이고 흰색이다.

 식용 절대 불가

 맹독성
(극심한 콜레라 증상, 위출혈, 급성신부전, 간부전. 대부분 사망)

● **광대버섯과 광대버섯속**

● **한해살이**

● **큰키 - 중대형**

● **다른 이름 : 학독버섯, 파괴의 천사(Destroying angel)**

주의사항

● 작은 버섯 단 1개만 먹어도 죽을 만큼 치명적이므로 절대 먹어선 안 되며, 실수로 먹은 경우 위급상황이므로 반드시 곧바로 의사의 응급처치와 전문 치료를 받아야 한다. 하나의 버섯에도 여러 가지 독성분이 들어 있을 수 있고 각기 해독제가 다르므로 반드시 먹고 남은 버섯 실물을 의사에게 보여주어 정확한 처치를 받아야 한다.

● 일단 먹으면 2회에 걸쳐 중독 증상이 나타나는데, 처음에는 10시간 또는 6~24시간의 잠복기를 거쳐 극심한 구토, 복통, 설사 등 극심한 콜레라 증상이 나타나고, 하루나 반나절 동안 경련, 쇼크, 탈수 증상을 일으키다가 일시적으로 좋아지는 듯 보이나 2차 잠복기를 거쳐 결국 사망하게 되므로 민간요법 등에 의존해서는 절대 안 된다.

● 맹독성 버섯으로 간혹 식용버섯인 큰갓버섯(p.108)과 모양을 혼동하여 사망사고가 있으므로 특히 주의한다. 독우산광대버섯은 온몸이 새하얗고 갓에 비늘이 없지만, 큰갓버섯은 갓에 갈색 비늘조각이 있다.

> ### 독성분과 중독 증상 >>>
>
> **아마니타톡신_** 먹으면 며칠 안에 죽는다. 2~24시간 뒤 심한 구토, 심한 복통, 심한 설사, 몸 굳음, 간과 신장 조직 썩음, 혼수상태가 온다. 익혀도 독성이 없어지지 않는다.
>
> **아마톡신_** 먹으면 1~3일 뒤 죽는다. 10~48시간 안에 심한 두통, 심한 구토, 심한 복통, 위경련, 심한 설사, 온몸의 세포 파괴, 신장과 간 이상, 혼수상태가 온다. 일시적으로 회복되는 듯 보이기도 하지만 빨리 위세척과 혈액투석 등을 받아야 한다. 익혀도 독성이 없어지지 않는다. 해독제는 프실로틱산.
>
> **비로톡신_** 먹으면 사망률이 10%이다. 장출혈, 위출혈, 복통, 혈변, 급성신부전, 요독증, 적혈구 파괴, 혈액응고 장애 증상 등이 나타난다.
>
> **팔로이딘_** 먹으면 간 손상이나 위궤양성 경련 증상이 나타나므로 빨리 위세척과 혈액투석 등을 받아야 한다.

01_ 젊은 버섯
턱받이가 달려 있다.
9/1

02_ 젊은 버섯
자루에 비늘이 붙어 있어 거칠다. 8/22

03_ 다 자란 버섯
갓꼭지가 볼록하다.
7/30

04_ 다 자란 버섯
갓이 오목해진 모습.
8/22

05_ 다 자란 버섯
갓 가장자리가 갈라진
다.   9/23

06_ 늙은 버섯
갓 한가운데에 맑은 노
란색~분홍색 얼룩이
생긴다.   9/10

07_ 상세 모습
젊은 버섯.   9/1

08_ 상세 모습
늙어가는 버섯. 9/23

Macrolepiota procera (Scop. ex Fr.) Sing = *Macrolepiota procera* (Scop.) Sing.

큰갓버섯

갓 바탕에 갈색 빛이 퍼지는 듯한 모양이다. 8월 31일

🔍 한눈에 보기

갓 윗면
맑은 회색, 연갈색~회갈색 비늘가루 ⇨ 나이테모양의 갈색 비늘조각

자루 겉면
뱀무늬의 갈색 비늘가루

턱받이
치마가 달린 흰색 가락지(고리)모양 이고 위아래로 움직임

육질
부드럽고 연함

맛
닭고기맛

● **발생 시기·장소 ｜** 여름~가을, 넓은잎나무숲~혼합림~대나무밭~풀밭 땅 위에 1개씩 또는 여러 개가 무리지어 올라온다.

● **분포 ｜** 한국 등 전 세계에 분포한다.

● **특징 ｜** 갓 바탕에 갈색~회색빛이 퍼져 있고, 비늘조각이 나이테처럼 고르게 붙는다.

● **생김새 ｜** 갓 지름 7~20㎝의 대형. **갓**은 어릴 때 둥근 모양이나 점차 산이나 둥근 산모양이 되었다가 큰 갓처럼 낮게 펴지며, 늙으면 가운데가 조금 오목해지며 한가운데에 볼록한 갓꼭지가 생긴다. 윗면은 맑은 회색이며 어릴 때 연갈색~회색색 비늘가루로 덮여 있다가 점차 갈색 비늘조각처럼 되며 나이테모양처럼 된다. 갓살은 흰색이며 육질이 부드럽고 연하다. **갓 밑면**은 주름살로 되어 있으며, 주름살은 떨어진형이고 빽빽하며 흰색에서 늙으면 연갈색으로 변한다. **자루**는 길이 15~30㎝, 굵기 6~15㎜로 겉면에 연갈색~회갈색 비늘가루가 있으며 불규칙하게 갈라져 뱀무늬처럼 되고, 밑동이 회갈색이다. 살은 크림색이며 속이 비어 있다. 갓이 퍼지면서 자루 윗동에 흰색 치마가 달린 가락지(고리)모양의 턱받이가 생기며 위아래로 움직인다. **포자**는 15~20×10~13㎛ 크기의 달걀모양이고 흰색이다.

 식용
(뛰어난 맛)

 약용
(위장병)

 약간 독성
(생식시 중독)

● **주름버섯과 큰갓버섯속**(과명 바뀜)

● **한해살이**

● **큰키 - 대형**

● **다른 이름 : 갓버섯, 가락지버섯, 초이버섯**

주의사항

● 날로 먹거나 덜 익혀 먹으면 복통, 설사가 일어나므로 반드시 완전히 익혀 먹어야 한다.
● 맹독성 버섯인 독우산광대버섯과 혼동한 중독 사망사고 사례가 있으며, 독버섯으로 추정되는 흰갈대버섯(흰큰우산버섯, p.113), 망토큰갓버섯(p.111)과도 혼동되므로 주의한다.

이용방법

식용 >>>
요리 방법과 맛_ 닭고기처럼 쫄깃하면서 부드럽고 감칠맛이 나는 맛있는 버섯이다. 소금으로 간해서 기름에 볶거나 구이, 숙회, 된장찌개를 해서 먹는다. 군락이 많지 않아 채취량이 적고 익히면 부피가 많이 줄어든다.

약용 >>>
성분과 효능_ 유리 아미노산(단백질 합성, 면역력 강화) 20종, 글리세롤, 만니톨(당알코올), 글루코오스(포도당), 트레할로스(산패 방지), 다당류, 단백질이 함유되어 있다. 소화력과 면역력을 높이는 효능이 있다.

01_ **어린 버섯**
어린 버섯이 올라온 모습. 9/20

02_ **어린 버섯**
자루에 뱀무늬가 있다. 7/5

03_ **어린 버섯**
갓머리에 비늘껍질이 생긴 모습. 9/23

04_ **어린 버섯**
어릴 때는 갓이 둥근 모양이다. 7/4

05_ **어린 버섯**
갓이 점차 산모양이 된다. 7/3

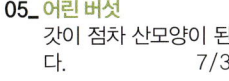

06_ **젊은 버섯**
한곳에 모여 자라는 모습 9/20

07_ **젊은 버섯**
갓 한가운데에 볼록한 갓꼭지가 있다. 9/19

08_ 다 자란 버섯
자루에 가락지모양의
턱받이가 달린다.
7/3

09_ 다 자란 버섯
비늘조각이 나이테모
양처럼 된다. 7/3

10_ 늙은 버섯
갓모양이 망가졌다.
6/13

11_ 늙은 버섯
보기 드문 큰 군락지.
9/20

12_ 늙은 버섯
주름살이 시든 모습.
6/13

13_ 상세 모습
어린 버섯부터 다 자란
버섯까지. 9/20

14_ 이용
채취한 버섯. 익으면
부피가 많이 줄어든다.
9/20

15_ 이용
소금으로 간한 볶음.
닭고기맛이 난다. 6/13

16_ 이용
간장볶음. 감칠맛이 난
다. 8/27

Macrolepiota detersa Z. W. Ge, Zhu. L. Yang & Vellinga

망토큰갓버섯

자루에 망토가 달린다. 9월 14일

 한눈에 보기

갓 윗면
흰색, 우툴두툴한 섬유뭉치 모양, 짙은 갈색 비늘조각이 주로 갓꼭지 부분에 있음

자루 겉면
짙은 갈색, 밋밋함

턱받이
하얀 망토가 달린 가락지모양이고 위아래로 움직임

육질
부드러움

● **발생 시기·장소 |** 여름~가을, 넓은잎나무숲~혼합림~대나무밭~풀밭 위에 1개씩 또는 여러 개씩 흩어져 올라온다.

● **분포 |** 한국, 일본에 분포한다.

● **특징 |** 갓이 흰색이고, 갓꼭지 이외에는 비늘조각이 거의 다 떨어진다.

● **생김새 |** 갓 지름 10~20㎝의 대형. **갓**은 어릴 때 둥근 모양에서 점차 산이나 둥근 산모양이 되었다가 큰 갓처럼 낮게 펴지며, 늙으면 가운데가 조금 오목해지고 한가운데에 볼록한 갓꼭지가 생긴다. 윗면은 우툴두툴한 흰 섬유뭉치 같으며, 주로 갓꼭지 부분에 짙은 갈색 비늘조각이 붙어 있다. 갓살은 흰색이며 육질이 부드럽다. **갓 밑면**은 주름살로 되어 있으며, 주름살은 떨어진형이고 빽빽하며 흰색이다. **자루**는 길이 15~30㎝, 굵기 1~1.5㎝이고, 겉면은 밋밋하며 짙은 갈색 비늘가루로 덮여 있다. 살은 흰색이며 속이 비어 있다. 갓이 펴지면 자루 윗동에 하얀 망토가 달린 가락지모양의 턱받이가 생기며 위아래로 움직인다. **포자**는 12.5~17×9~12.5㎛ 크기의 넓은 타원형이고 흰색이다.

식용 불가
(독성분 여부 미상)

─────────────
● 주름버섯과 큰갓버섯속
─────────────
● 한해살이
─────────────
● 큰키 – 대형

● 독버섯으로 추정되므로 먹어선 안 된다.
● 식용버섯인 큰갓버섯(p.108)과 혼동하기 쉬운데 망토큰갓버섯은 거의 갓꼭지에만 비늘조각이 남는 점이 다르다.

01_ 어린 버섯
머리 겉껍질이 벗겨지고 있다.　7/28

02_ 젊은 버섯
윗동에 턱받이가 있다.　9/17

03_ 다 자란 버섯
비늘조각이 거의 떨어지고 없다.　9/17

04_ 다 자란 버섯
갓꼭지가 생긴 모습.　9/17

05_ 다 자란 버섯
갓이 조금 오목해진다.　9/3

06_ 늙은버섯
늙어가는 모습.　9/14

Chlorophyllum molybdites (Meyer) Massee = *Chlorophyllum molybdites* (Meyer Fr.)
= *Macrolepiota molybdites*

흰갈대버섯 (흰큰우산버섯)

갓이 갈대색이 되었다. 8월 19일

🔍 한눈에 보기

갓 윗면
흰갈대색 ⇨ 갈대색, 섬유무늬, 꽃모양의 크고 작은 연갈색 비늘조각

갓 밑면
주름살, 흰색 ⇨ 연한 풀빛 ⇨ 풀빛갈색

밑동
작은 알뿌리모양

턱받이
흰색, 위아래로 움직임

상처의 변색
붉어짐

육질
연함

● **발생 시기·장소 |** 여름~가을, 숲속이나 풀밭, 목장의 초원에 1개씩 또는 여러 개가 무리지어 올라온다.

● **분포 |** 한국, 일본, 아시아, 남북아메리카, 동아프리카 등지에 분포한다.

● **특징 |** 갓에 갈색 잔 비늘이 많고 갓꼭지에 꽃모양의 비늘조각이 있으며, 주름살이 풀빛으로 변한다.

● **생김새 |** 갓 지름 10~15㎝의 중형. **갓**은 어릴 때 반원모양에서 둥근 산모양이 되었다가 큰 갓처럼 편평하게 펴지며, 한가운데에 볼록한 갓꼭지가 생긴다. 윗면은 흰갈대색(흰회갈색)에서 점차 갈대색(회갈색)으로 변하며 섬유무늬이다. 전체에 작은 비늘조각이 붙어 있으며, 갓꼭지는 꽃모양으로 갈라진 큰 갈색 비늘조각으로 덮여 있다. 갓살은 흰색에서 점차 갈대색으로 변하며, 상처가 나거나 손으로 만지면 붉은색으로 변한다. 육질은 연하다. **갓 밑면**은 주름살로 되어 있으며, 주름살은 떨어진형이고 빽빽한데, 어릴 때 흰색에서 점차 연한 풀빛이 되며 늙으면 풀빛갈색이 된다. **자루**는 길이 10~25㎝, 굵기 1~2㎝이고 밑동이 작은 알뿌리모양이다. 겉면은 어릴 때는 흰색이나 점차 어두운 갈대색이 되고, 속은 비어 있다. 갓이 펴지면 윗동에 흰 치마가 달린 가락지모양의 턱받이가 생기며 위아래로 움직인다. **포자**는 7.5~9×5~6㎛ 크기의 타원형이고 갈색이다.

 식용 절대 불가

 준맹독성
(1~2시간 뒤 구토, 복통, 설사, 탈수 쇼크)

● 주름버섯과 흰갈대버섯속

● 한해살이

● 큰키–중형

● 다른 이름 : 풀빛큰우산버섯

주의사항

● 준맹독성 버섯으로 식용버섯인 큰갓버섯(p.108)과 혼동하기 쉬우므로 주의한다. 흰갈대버섯은 갓에 잔 비늘조각이 많고, 주름살이 풀빛으로 변하는 점이 다르다.

독성분과 중독 증상 >>>

콜린_ 먹으면 30분~3시간 뒤 구토, 복통, 설사, 춥고 떨림, 저혈압, 혈류 증가, 심장박동수 떨어짐, 눈동자 작아짐 등의 증상이 나타난다. 몸속에 들어가면 아세틸콜린으로 바뀌며, 무스카린보다 독성은 약하나 비슷한 증상을 보인다. 해독제는 아드레날린.

무스카린_ 많이 먹으면 죽는다. 부교감신경이 흥분되어 심한 땀흘림, 구토, 설사, 눈동자 작아짐, 숨쉬기 힘듦, 맥박수 떨어짐 등의 증상이 나타나므로 빨리 위세척과 혈액투석 등을 받아야 한다.

01_ 젊은 버섯
갓꼭지가 볼록하게 올라온다.   8/19

02_ 젊은 버섯
잔 비늘이 많다. 8/19

03_ 늙은 버섯
왼쪽 위는 젊은 버섯이다.   8/19

04_ 늙은 버섯
갓살이 떨어져나간 모습.   8/19

05_ 늙은 버섯
갓꼭지 주변의 갓껍질이 벗겨져 있다. 8/19

06_ 늙은 버섯
갓 가장자리가 결대로
갈라진다.　　　8/19

07_ 늙은 버섯
작은 군락지.　　8/19

08_ 늙은 버섯
물 내리는 모습.　8/19

09_ 상세 모습
밑동이 작은 알뿌리 같
다.　　　　　　8/19

10_ 상세 모습
다 자란 버섯은 주름살
이 풀빛으로 변한다.
　　　　　　　8/19

Chlorophyllum rhacodes (Vitt.) Vellinga = *Macrolepiota rhacodes* (Vitt.) Sing.
= *Macrolepiota rhacodes* (Vitt.) Sing. var. *rhacodes*

큰갓흰갈대버섯 (큰갓버섯아재비)

비늘이 기와모양이다. 9월 8일

상세 모습
다 자란 버섯의 주름살. 점차
붉어진다.   9/8

한눈에 보기

갓 윗면
갈색~회갈색, 갈색 섬유무늬의 털
과 기와모양의 큰 갈색 비늘

자루 겉면
흰색~흰붉은색, 밋밋함

밑동
양파모양

상처의 변색
붉은색

냄새
매운 냄새

● **발생 시기·장소 |** 가을, 소나무숲 땅 위에 1개씩 또는 여러 개가 무리지어 올라온다.

● **분포 |** 한국, 중국, 일본, 러시아, 유럽, 북아메리카, 오스트레일리아 등지에 분포한다.

● **특징 |** 갓에 기와 같은 큰 갈색 비늘이 있으며, 상처가 나면 살이 붉어진다.

● **생김새 |** 갓 지름 7~14㎝의 중대형. **갓**은 어릴 때 둥근 모양에서 점차 산이나 둥근 산모양이
되었다가 큰 갓처럼 낮게 펴지며, 늙으면 가운데가 조금 오목해지고 한가운데에 볼록한 갓꼭지
가 생긴다. 윗면은 갈색~회갈색이며, 갈색 섬유털과 기와 같은 큰 갈색 비늘이 방사상으로 붙어
있다. 갓살은 흰색이고 상처가 나면 붉은색으로 변한다. **갓 밑면**은 주름살로 되어 있으며, 주름
살은 끝붙은형 또는 떨어진형이고 빽빽하다. 처음에는 흰색이나 점차 흰붉은색이 되었다가 붉
은갈색이 된다. **자루**는 길이 7~20㎝, 굵기 1~1.5㎜이고 밑동이 양파모양이다. 겉면은 흰색~흰
붉은색이고 밋밋하며, 속이 비어 있다. 갓이 펴지면서 윗동에 치마가 달린 흰 가락지모양의 턱
받이가 생기며 위아래로 움직인다. **포자**는 8.4~11.7×5.2~7.9㎛ 크기의 타원형이고 흰색이다.

 식용 불가
(한때 식용으로 잘못 알려짐)

 약간 독성
(체질에 따라 특히 생식시 복통)

● **주름버섯과 흰갈대버섯속**

● **한해살이**

● **큰키 – 중대형**

주의사항

● 한때 식용으로 잘못 알려졌던 버섯으로 체질에 따라 알레르기를 일으키며 생식 또는 과식하면 복통을 일으키므로 먹어선 안 된다.

Lepiota clypeolaria (Bull.) P. Kumm. = *Lepiota clypeolaria* (Bull. Fr.) Kummer

방패갓버섯

갓꼭지 부분이 뭉툭하다. 7월 16일

상세 모습
어린 버섯. 7/16

🔍 한눈에 보기

갓 윗면
흰색, 섬유뭉치 모양, 황토갈색 섬유비늘로 덮임

갓꼭지
뭉툭함

자루 겉면
흰색, 섬유털 ⇨ 갈색으로 얼룩짐

자루 속
비어 있음

턱받이
솜 같은 흔적

육질
부드럽고 연함

● **발생 시기·장소** | 여름~가을, 넓은잎나무숲 땅 위에 1개씩 또는 여러 개가 무리지어 올라온다.

● **분포** | 한국, 일본, 유럽, 북아메리카 등 전 세계에 분포한다.

● **특징** | 갓꼭지가 뭉툭한 종모양이고, 갓 전체가 갈색 섬유비늘로 덮여 있다.

● **생김새** | 갓 지름 4~7㎝의 중소형. **갓**은 갓꼭지가 뭉툭한 원뿔모양에서 점차 편평한 방패처럼 펴진다. 윗면은 흰색이고 섬유뭉치 같으며, 황토갈색 섬유비늘로 덮여 있고 가운데는 좀 더 짙은 색이다. 갓살은 흰색이며 육질이 연하다. **갓 밑면**은 주름살로 되어 있으며, 주름살은 떨어진형이고 촘촘하며 흰색~연노란색이다. **자루**는 길이 5~10㎝, 굵기 3~8㎜로 겉면이 흰색이고 섬유털로 덮여 있으며 점차 갈색으로 얼룩진다. 윗동에는 솜 같은 턱받이 흔적이 있다. 속은 비어 있다. **포자**는 11.4×4.5~4.5×6.3㎛ 크기의 원뿔모양이고 노란크림색이다.

 식용 불가

 약간 독성
(생식시 중독)

● **주름버섯과 갓버섯속**(과명 바뀜)

● **한해살이**

● **작은키 – 중소형**

● **다른 이름 : 솜갓버섯, 솔갓버섯, 솜우산버섯, 솔방패버섯**

주의사항

● 약간 독성이 있어 생으로 먹으면 복통, 설사가 일어나므로 먹어선 안 된다.

Lepiota cristata (Bolt.) P. Kumm. =*Lepiota cristata* (Bolt. Fr.) Kummer
=*Lepiota cristata* (Bolt. ex Fr.) Kummer

갈색고리갓버섯

비늘이 고리모양이 끊긴 것처럼 붙는다. 7월 1일

상세 모습
젊은 버섯. 7/1

🔍 한눈에 보기

갓 윗면
흰색, 섬유뭉치 모양, 끊긴 고리모양의 연갈색 비늘

갓꼭지
뭉툭, 붉은갈색의 뭉툭하고 큰 비늘딱지가 있음

자루 걑면
흰색 ⇨ 살색

턱받이
흰색

육질
조금 얇음

● **발생 시기·장소** | 여름~가을, 넓은잎나무숲~정원~쓰레기장 땅 위에 1개씩 또는 여러 개가 흩어져 올라온다.

● **분포** | 한국(주로 남산, 모악산, 발왕산, 소백산, 아차산, 오대산, 지리산, 한라산) 등 전 세계에 분포한다.

● **특징** | 갓꼭지에 둥글고 큰 비늘딱지가 붙어 있고, 갓 윗면에 연갈색 비늘이 있다.

● **생김새** | 갓 지름 2~7㎝의 중소형. **갓**은 갓꼭지가 뭉툭한 원뿔모양에서 점차 가장자리가 편평한 갓처럼 펴진다. 윗면은 흰색이고 섬유뭉치 같다. 연갈색 비늘이 있으며, 갓꼭지에는 붉은갈색의 큰 비늘딱지가 있다. 갓살은 흰색~붉은연갈색이며 육질이 조금 얇다. **갓 밑면**은 주름살로 되어 있으며, 주름살은 끝붙은형이고 빽빽하며 흰색~크림색이다. **자루**는 길이 3~5㎝, 굵기 2~5㎜이고, 색은 흰색에서 점차 살색으로 변한다. 갓이 펴지면서 윗동에 흰색 턱받이가 생기나 잘 떨어져나간다. **포자**는 5.5~8×3.5~4.5㎛ 크기의 마름모꼴이고 흰색이다.

 식용 불가

 일반 독성

● **주름버섯과 갓버섯속**(과명 바뀜)
● **한해살이**
● **작은키 – 중소형**
● **다른 이름 : 애기우산버섯**

Russula emetica (Schaeff.) Pers. = *Russula emetica* (Schaeff.ex Fr.) S.F.Gray

무당버섯 (냄새무당버섯)

습하면 갓이 끈적해진다. 9월 23일

한눈에 보기

갓 윗면
빨간색, 갓껍질이 잘 벗겨짐, 색이 심하게 빠져서 얼룩덜룩해짐

갓 가장자리
아주 짧은 우산살모양의 주름

자루 겉면
흰색, 밋밋함

육질
잘 부서짐

냄새
불분명한 냄새(약간 비린내, 새우냄새, 아몬드냄새, 코코넛냄새, 썩은 과일냄새 등)

맛
맵고 쓴맛(독성)

● **발생 시기·장소** | 여름~가을, 넓은잎나무숲~소나무숲 땅 위, 낙엽 위, 이끼 위, 썩은 나무 위에 1개씩 또는 여러 개가 무리지어 올라온다.

● **분포** | 한국·중국·일본 등 북반구 온대 이북, 오스트레일리아 등지에 분포한다.

● **특징** | 갓이 빨간색으로 색이 많이 빠지고 갓껍질이 잘 벗겨지며, 자루는 흰색이다.

● **생김새** | 갓 지름 3~10㎝의 중소형. **갓**은 한가운데에 오목한 갓우물이 패어 있으며, 어릴 때 가장자리가 둥그스름하게 말려 있다가 점차 편평하게 펴져 입이 넓고 얇은 깔때기처럼 된다. 윗면은 얇은 빨간색 갓껍질로 덮여 있으며 손으로 잘 벗겨진다. 햇빛과 비에 노출되거나 늙으면 색이 심하게 빠져서 분홍색~연한 체리색~흰색으로 되며 얼룩덜룩해진다. 습하면 조금 끈적해지고 어릴 때 조금 윤기가 있다. 갓 가장자리에는 아주 짧은 우산살모양의 주름이 있다. 갓살은 흰색이고 약간 비린내, 새우냄새, 아몬드냄새, 코코넛냄새, 썩은 과일냄새 등 여러 가지 불분명한 냄새가 난다. 맛은 후추나 칠리소스처럼 아주 맵고 쓰다(독성). **갓 밑면**은 주름살로 되어 있으며, 주름살은 떨어진형 또는 끝붙은형이고 조금 빽빽하며 흰색이다. 드물게 노란크림색도 있다. **자루**는 길이 2.5~9㎝, 굵기 7~15㎜이며, 겉면은 흰색이고 밋밋하다. 살은 흰색이고 해면 같으며 잘 부서진다. **포자**는 8~10.5×6.5~8.5㎛ 크기로 돌기가 있는 둥그스름한 모양이고 흰색이다.

 식용 절대 불가

 일반 독성
(구토, 설사, 호흡곤란, 쇼크. 심하면 사망)

● **무당버섯과 무당버섯속**

● **한해살이**

● **작은중간키 ~ 중소형**

● **다른 이름 : 붉은갓버섯**

주의사항

● 한때 식용으로 잘못 알려졌던 독버섯으로 치명적인 독성분이 밝혀졌으므로 절대 먹어선 안 된다.

> **독성분과 중독 증상 >>>**
>
> **무스카린_** 많이 먹으면 죽는다. 부교감신경이 흥분되어 심한 땀흘림, 구토, 설사, 눈동자 작아짐, 호흡곤란, 맥박수 떨어짐 등의 증상이 나타나므로 빨리 위세척과 혈액투석 등을 받아야 한다.
>
> **콜린_** 먹으면 30분~3시간 뒤 구토, 복통, 설사, 춥고 떨림, 저혈압, 혈류 증가, 심장박동수 떨어짐, 눈동자 작아짐 등의 증상이 나타난다. 몸속에 들어가면 아세틸콜린으로 바뀌는데, 무스카린보다 독성은 약하나 증상은 비슷하다. 해독제는 아드레날린.
>
> **알칼로이드_** 쓴맛이 나는 독성분.

01_ 젊은 버섯
갓 껍질이 잘 벗겨진다.　9/5

02_ 다 자란 버섯
색이 빠지기 시작하고 있다.　7/16

03_ 다 자란 버섯
작은 군락지.　8/3

04_ 다 자란 버섯
색이 빠져서 분홍색이
된 버섯.   8/3

05_ 다 자란 버섯
색이 빠져서 흰빛에 가
까운 분홍색이 된 버
섯.   8/3

06_ 늙은 버섯
작은 군락지.   8/3

07_ 상세 모습
원래 색인 버섯들.
8/16

08_ 상세 모습
색이 빠지기 시작한 버
섯들.   8/3

09_ 상세 모습
심하게 색이 빠진 버섯
들.   8/3

10_ 상세 모습
색이 빠지기 전의 주름
살과 자루.   9/23

11_ 상세 모습
색이 빠지고 있는 주름
살과 자루.   8/3

Russula sanguinea (Bull.) Fr.

혈색무당버섯

색이 안 빠지고 핏빛이 유지된다. 8월 1일

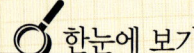
갓 윗면
밝은 핏빛

갓 가장자리
아주 짧은 우산살모양의 주름

갓 밑면
주름살, 흰색 ⇨ 노란크림색

자루
흰색 ⇨ 핏빛

육질
조금 단단하고 해면 같음

맛
맵고 쓴맛

● **발생 시기·장소 |** 여름~가을, 소나무숲(주로 붉은색 소나무 숲) 모래땅 위에 1개씩 또는 여러 개가 무리지어 올라온다.

● **분포 |** 한국, 일본, 유럽, 북아메리카, 오스트레일리아 등지에 분포한다.

● **특징 |** 갓이 밝은 핏빛이고, 갓껍질이 손으로 잘 벗겨지지 않으며, 자루가 흰색이던 것이 연한 혈색이 돈다.

● **생김새 |** 갓 지름 4~10㎝의 중소형. **갓**은 한가운데에 오목한 갓우물이 패어 있으며, 어릴 때는 가장자리가 둥그스름하게 말려 있다가 점차 편평하게 펴져 입이 넓고 얕은 깔때기처럼 된다. 윗면은 밝은 핏빛~빨간 체리색의 얇은 갓껍질로 덮여 있으며, 손으로 잘 벗겨지지 않는다. 색은 거의 빠지지 않으며 습하면 조금 끈적해진다. 가장자리에는 짧은 우산살모양의 주름이 있고, 갓살은 흰색이다. **갓 밑면**은 주름살로 되어 있으며, 주름살은 올린형 또는 약간 내린형이고 빽빽하다. 색은 흰색이나 늙으면 노란크림색이 된다. **자루**는 길이 3~8㎝, 굵기 9~30㎜이며, 겉면은 어릴 때 흰색이고 밋밋하며 점차 핏빛이 된다. 살은 흰색이고 조금 단단하며 해면 같다. **포자**는 7~9.5×6~7.5㎛ 크기의 둥그스름한 모양이고 연노란색이다.

 식용
(떨어지는 맛)

 약용
(항종양)

● 무당버섯과 무당버섯속
● 한해살이
● 작은중간키 – 중소형
● 다른 이름 : 핏빛갓버섯

이용방법

● 색 때문에 무당버섯(냄새무당버섯, p.119)과 혼동하기 쉬우나 혈색무당버섯은 자루가 흰색에서 연한 혈색이 되지만 무당버섯은 자루가 흰색이다.

식용 >>>

요리 방법과 맛_ 식용 가능하나 맛이 떨어져서 요리해 먹기에는 그다지 적합하지 않다. 맵고 쓴 맛이 있어 삶아서 물에 오래 우려내야 한다.

약용 >>>

성분과 효능__ 프롤린이 함유되어 있으며, 종양 억제 효능이 있다.

01_ 젊은 버섯
　가장자리가 둥그스름하게 말려 있다. 7/28

02_ 다 자란 버섯
　갓 한가운데가 오목하다. 8/2

03_ 늙은 버섯
　갓살이 떨어져나간 모습. 9/10

04_ 늙은 버섯
　늙은 버섯들이 쓰러져있다. 8/2

08_ **상세 모습**
늙어가는 버섯의 주름
살.　　8/1

09_ **상세 모습**
늙은 버섯의 주름살.
　　8/1

Russula bella Hongo = *Russula mariae* Peck

수원무당버섯

갓이 벨벳 같다. 7월 28일

 한눈에 보기

갓 윗면
붉은보라색~붉은분홍색~붉은색~올리브보라색 등 색이 다양, 벨벳 느낌

갓 밑면
주름살, 흰색 ⇒ 노란크림색

자루 겉면
흰색, 갓과 같은 색의 큰 얼룩

육질
조금 단단함

냄새
때때로 달콤하고 매운 냄새, 기름냄새

맛
맵고 느끼한 맛

식용
(떨어지는 맛)

● 무당버섯과 무당버섯속
● 한해살이
● 작은키-소형

● **발생 시기·장소 |** 여름~가을, 넓은잎나무숲(특히 참나무)~소나무숲 모래땅 위에 1개씩 또는 여러 개가 무리지어 올라온다.

● **분포 |** 한국(주로 가야산, 남산, 두륜산, 방태산, 속리산, 아차산, 영축산, 천성산, 한라산), 일본, 중국 등 북반구 일대에 분포한다.

● **특징 |** 갓이 분홍색이나 보라색 벨벳 같으며, 자루에 갓과 같은 색 얼룩이 있다.

● **생김새 |** 갓 지름 1.5~5㎝의 소형. **갓**은 한가운데에 오목한 갓우물이 패어 있으며, 어릴 때는 가장자리가 둥그스름하게 말려 있다가 점차 편평하게 펴져 입이 넓고 얕은 깔때기처럼 된다. 윗면은 붉은보라색~붉은분홍색~붉은색~올리브보라색 등의 얇은 갓껍질로 덮여 있으며, 고운 가루로 덮여 있어 벨벳 같다. 가장자리나 가운데에 허연 얼룩이 생기기도 하며 마른 느낌이다. 갓살은 흰색이고 육질이 조금 단단하다. 때로 달콤하고 매운 냄새 또는 약간 기름냄새가 나며 맵고 느끼한 맛이 난다. **갓 밑면**은 주름살로 되어 있으며, 주름살은 내린형이고 빽빽하다. 어릴 때 흰색에서 늙으면 노란크림색이 된다. **자루**는 길이 2~6㎝, 굵기 5~20㎜이며, 겉면은 흰색이고 분홍색~보라색 등 갓과 같은 색의 흐린 얼룩이 퍼져 있다. 살은 흰색이고 속이 차 있다. **포자**는 6.5~8.5×5.5~8㎛ 크기의 공모양이고 연보라색이다.

이용방법

식용 >>>

요리 방법과 맛_ 식용 가능하나 맛이 떨어져서 요리해 먹기에는 그다지 적합하지 않다. 기름냄새가 나고, 맵고 쓴맛이 있어 삶아서 물에 오래 우려내야 한다.

01_ 어린 버섯
아주 어린 버섯. 6/12

02_ 어린 버섯
혼자 올라온 모습.
9/15

03_ 어린 버섯
작은 군락지. 7/28

04_ 어린 버섯
갓이 조금 오목하다.
7/16

05_ 어린 버섯
갓 가장자리에 허연 얼룩이 있다. 7/16

06_ 젊은 버섯
갓 가장자리가 조금 허
옇게 된 젊은 버섯.
7/16

07_ 다 자란 버섯
갈색 얼룩이 생기기도
한다. 9/15

08_ 다 자란 버섯
나란히 올라온 버섯들.
7/6

09_ 다 자란 버섯
색 변화가 심한 변종.
6/11

10_ 늙은 버섯
늙어서 갓이 갈라진 모
습. 6/10

11_ 늙은 버섯
물 내리는 군락지 모
습. 10/15

12_ 상세 모습
어린 버섯. 9/14

13_ 상세 모습
다 자란 버섯. 9/15

14_ 상세 모습
늙은 버섯. 6/28

Russula fragilis Fr. var. *fragilis* = *Russula fragilis* Fr.

홍자색애기무당버섯 (홍색애기무당버섯)

갓 한가운데가 홍자색이다. 6월 5일

상세 모습
어린 버섯. 6/5

한눈에 보기

갓 윗면
올리브갈색이 섞인 홍자색(붉은자주
색) ⇒ 홍자색

갓 밑면
주름살, 흰색

자루 겉면
흰색, 밋밋함

자루 속
비어 있음

육질
잘 부서짐

냄새
때로 과일냄새

● **발생 시기·장소 |** 여름~가을, 혼합림(넓은잎나무숲, 소나무숲) 땅 위에 1개씩 올라온다.

● **분포 |** 한국, 일본, 중국, 북아메리카, 유럽 등지에 분포한다.

● **특징 |** 소형 버섯으로 갓이 올리브갈색이 도는 홍자색에서 그냥 홍자색이 된다.

● **생김새 |** 갓 지름 1~4㎝의 소형. **갓**은 한가운데에 오목한 갓우물이 패어 있으며, 어릴 때는
가장자리가 둥그스름하게 말려 있다가 점차 편평하게 펴져 입이 넓고 얕은 깔때기처럼 된다. 윗
면은 어릴 때 올리브갈색이 섞인 홍자색이고 한가운데가 짙으나 점차 전체가 홍자색으로 된다.
갓 밑면은 주름살로 되어 있으며, 주름살은 완전붙은형이고 빽빽하며 흰색이다. 주름살 끝은
톱날 같다. **자루**는 길이 2.3~5㎝, 굵기 6~10㎜로 겉면이 흰색이고 밋밋하며, 속은 비어 있고 잘
부서진다. **포자**는 7.5~9×6~8㎛ 크기이고 흰색이다.

 식용 불가

 약간 독성
(특히 생식 또는 과식시 중독)

● 무당버섯과 무당버섯속

● 한해살이

● 작은키 – 소형

주의사항

● 약간 독성이 있으며, 특히 덜 익힌 것을 먹거나 과식하면 복통과 함께 설사를 하게 되므로 먹어서는 안 된다.

Russula cyanoxantha var. *cyanoxantha* (Schaeff.) Fr. = *Russula cyanoxantha* (Schaeff.) Fr.

청머루무당버섯

갓 색이 청머루색 등 여러 가지이다. 7월 18일

한눈에 보기

갓 윗면
청머루색(녹색)~노란올리브색~맑은 자주색~분홍자주색~자주색 등 다양한 색

갓 밑면
주름살, 흰색

자루 겉면
흰색

밑동
가늘고 뾰족함

육질
서걱서걱하고 퍽퍽함

냄새
때로 흙냄새

맛
조금 달달하고 매운맛

● **발생 시기·장소 |** 여름~가을, 넓은잎나무숲~혼합림(소나무, 넓은잎나무) 땅 위에 1개씩 또는 여러 개씩 흩어져 올라온다.

● **분포 |** 한국(주로 가야산, 두륜산, 발왕산, 방태산, 소백산, 속리산, 영축산, 운문산, 월출산, 금오산, 안도, 지리산, 천성산), 일본, 중국, 시베리아, 소아시아, 아프리카, 오스트레일리아 등지에 분포한다.

● **특징 |** 갓이 청머루색 등 다양하고, 밑동이 가늘고 뾰족하며 흙냄새가 난다.

● **생김새 |** 갓 지름 6~10㎝의 중소형. **갓**은 한가운데에 오목한 갓우물이 패어 있고, 어릴 때는 가장자리가 둥그스름하게 말려 있다가 점차 편평하게 펴져 입이 넓고 얕은 깔때기처럼 된다. 윗면은 청머루색(녹색)~노란올리브색~맑은 자주색~분홍자주색~자주색 등 여러 가지 색의 얇은 갓껍질로 덮여 있으며, 습하면 조금 끈적해진다. 갓살은 흰색이고 때로 흙냄새가 나며 조금 달달하고 매운맛이 난다. 육질은 서걱서걱하고 퍽퍽하다. **갓 밑면**은 주름살로 되어 있으며, 주름살은 내린형이고 빽빽하며 흰색이다. **자루**는 길이 4~5㎝, 굵기 13~20㎜이며, 밑동이 가늘고 뾰족하다. 겉면은 흰색이고 밋밋하며, 자루 살은 흰색이고 해면 같으며 잘 부서진다. **포자**는 7~9.5×5.5~7.5㎛ 크기의 둥그스름한 모양이고 흰색이다.

 식용
(조금 떨어지는 맛)

 약용
(항종양)

● 무당버섯과 무당버섯속
● 한해살이
● 작은키 – 중소형
● 다른 이름 : 색깔이갓버섯

이용방법

식용 >>>

요리 방법과 맛_ 흙냄새가 나지만 삶아서 헹구어내면 거의 없어지고 조금 달달하면서 매우며, 살이 퍽퍽해서 맛은 조금 떨어지는 편이다. 숙회로 만들어 초고추장에 찍어 먹거나 기름에 볶아 먹는다.

약용 >>>

성분과 효능_ 유리 아미노산(단백질 합성, 면역력 강화) 25종, 에르고스테롤(비타민 D로 전환되는 물질), 글리세롤, 만니톨(이뇨효과), 과당, 포도당, 트레할로스(이당류) 등이 함유되어 있다.

01_ **어린 버섯**
붉은자주색 버섯.
8/13

02_ **어린 버섯**
가장자리가 둥그스름하다.
7/26

03_ **어린 버섯**
흙투성이가 된 버섯.
6/15

04_ **어린 버섯**
청머루색 버섯과 분홍자주색 버섯이 함께 있는 모습.
9/24

05_ **젊은 버섯**
갓살이 조금 떨어져나간 모습.
7/20

06_ **젊은 버섯**
색이 불분명한 버섯들.
7/17

07_ 젊은 버섯
갓이 얕은 깔때기모양
이 된다.   9/21

08_ 젊은 버섯
노란올리브색 버섯.
                8/2

09_ 젊은 버섯
갓우물이 패어 있다.
                6/19

10_ 젊은 버섯
습하면 끈적해진다.
                7/15

11_ 늙은 버섯
갓이 갈라져서 꽃모양
이 되기도 한다. 8/13

12_ 늙은 버섯
갓살이 떨어져나간 모
습.   7/30

13_ 늙은 버섯
물 내리는 모습. 6/15

14_ 늙은 버섯
군락지의 모습. 7/17

15_ **상세 모습**
　어린 버섯.　　　7/26

16_ **상세 모습**
　다 자란 버섯.　　7/18

17_ **상세 모습**
　늙은 버섯.
　　　　　　　8/13

18_ **상세 모습**
　다 자란 버섯의 주름
　살.　　　　　8/2

19_ **상세 모습**
　늙은 버섯의 주름살.
　　　　　　　8/13

20_ **이용**
　채취한 버섯.　살이 잘
　부서진다.　　　7/15

21_ **이용**
　숙회. 달달하면서 서걱
　서걱 씹히고 살이 조금
　퍽퍽하다.　　10/21

22_ **이용**
　소금으로 간한 볶음.
　　　　　　　7/15

1 3 2_　1. 땅에 나는 버섯

흰꽃무당버섯

갓이 꽃잎처럼 갈라진다. 6월 10일

🔍 한눈에 보기

갓 윗면
흰색. 한가운데에 흰갈색 비늘가루

갓 가장자리
우산살모양의 주름, 늙으면 꽃모양으로 갈라짐

갓 밑면
주름살, 흰색 ⇨ 흰노란갈색

상처의 변색
노란갈색

육질
부드러움

● **발생 시기·장소** | 여름~가을, 넓은잎나무숲 땅 위에 1개씩 또는 여러 개씩 흩어져 올라온다.

● **분포** | 한국, 일본 등지에 분포한다.

● **특징** | 갓이 흰색이고 키가 작으며, 갓 가장자리가 갈라져서 흰 꽃처럼 된다.

● **생김새** | 갓 지름 5~8㎝의 중소형. **갓**은 한가운데에 오목한 갓우물이 패어 있고, 어릴 때는 가장자리가 둥그스름하게 말려 있다가 점차 편평하게 퍼져 입이 넓고 얕은 깔때기처럼 된다. 늙으면 가장자리가 깊게 갈라져서 흰 꽃처럼 된다. 윗면은 흰색이며, 한가운데에 흰갈색 비늘가루가 있다. 습하면 조금 끈적해진다. 갓살은 흰색이고 육질이 부드럽다. **갓 밑면**은 주름살로 되어 있으며, 주름살은 떨어진형이고 조금 빽빽하다. 어릴 때 흰색이다 늙으면 흰노란갈색이 되며, 상처가 나면 노란갈색으로 변한다. **자루**는 길이 2~5.5㎝, 굵기 1~2㎝로 겉면이 흰색이고 밋밋하다. 속은 비어 있다. **포자**는 6~8×5~7㎛ 크기의 둥그스름한 알모양이고 흰색이다.

 식용 불가
(독성분 여부 미상)

● 무당버섯과 무당버섯속

● 한해살이

● 작은키 – 중소형

01_ **어린 버섯**
아주 어린 버섯이 올라
오는 모습.   7/18

02_ **어린 버섯**
갓 가운데가 오목해진
다.   7/18

03_ **어린 버섯**
갓 가운데가 갈색을 띤
다.   6/28

04_ **어린 버섯**
낙엽 찌꺼기가 묻어 있
는 모습.   6/13

05_ **어린 버섯**
조금 옆에서 본 모습.
          6/28

06_ **젊은 버섯**
갓 가장자리에 우산살
모양의 주름이 있다.
          8/9

07_ **젊은 버섯**
조금 위에서 본 모습.
          8/9

08_ **다 자란 버섯**
갓 가장자리가 갈라지
는 모습.   6/15

09_ **다 자란 버섯**
옆에서 본 모습. 6/15

10_ **늙은 버섯**
누런 얼룩이 생긴 늙은
버섯.   7/18

11_ 늙은 버섯
자루가 짧아서 땅에 거
의 붙어 보인다. 6/15

12_ 늙은 버섯
군락지의 늙어가는 버
섯들. 6/13

13_ 상세 모습
젊은 버섯. 6/28

14_ 상세 모습
늙은 버섯. 자루 속이
비어 있다. 6/11

15_ 상세 모습
상처가 나면 주름살이
노란갈색으로 변한다.
6/15

16_ 상세 모습
주름살이 갈색으로 변
한 늙은 버섯. 6/13

17_ 상세 모습
젊은 버섯의 주름살.
8/9

Russula japonica Hongo

흰무당버섯아재비

갓이 흰색에서 점차 갈색이 된다. 8월 3일

갓 윗면
비늘가루, 흰색 ⇨ 갈색

갓 밑면
주름살, 흰색 ⇨ 흰갈색

자루 겉면
흰색, 밋밋함

육질
뻣뻣하고 퍼석함

맛
조금 쓴맛

● **발생 시기·장소 |** 여름~가을, 넓은잎나무숲 땅 위에 1개씩 또는 여러 개가 줄지어 나오거나 무리지어 올라온다.

● **분포 |** 한국, 일본, 중국, 유럽 등지에 분포한다.

● **특징 |** 갓 윗면에 비늘가루가 있고, 자루와 주름살 사이에 푸른색 줄이 없다.

● **생김새 |** 갓 지름 6~14㎝의 중형. **갓**은 한가운데에 오목한 갓우물이 패어 있으며, 어릴 때는 가장자리가 둥그스름하게 말려 있다가 점차 편평하게 펴져 입이 넓고 얕은 깔때기처럼 된다. 윗면은 흰색 비늘가루로 덮여 있으며 늙으면 점차 갈색이 된다. 갓살은 흰색으로 육질이 뻣뻣하고 퍼석하며 조금 쓴맛이 난다. **갓 밑면**은 주름살로 되어 있으며, 주름살은 끝붙은형이고 빽빽하다. 어릴 때 흰색이다 늙으면 흰갈색이 되고, 상처가 나면 갈색으로 변한다. **자루**는 길이 3~6㎝, 굵기 6~10㎜이며 밑동이 좀 더 가늘다. 겉면은 흰색이고 밋밋하다. 살은 흰색이며 속이 꽉 차 있다. **포자**는 6~8×4.7~6㎛ 크기의 알모양이고 연노란색~흰노란갈색이다.

 식용
(떨어지는 맛)

 약간 독성
(체질에 따라 중독)

● 무당버섯과 무당버섯속

● 한해살이

● 작은키-중형

주의사항

● 약간 독성이 있으며, 체질에 따라 위장장애가 일어날 수 있으므로 주의한다.
● 색과 모양 때문에 푸른주름무당버섯(흰무당버섯, p.139)과 혼동하기 쉬운데 푸른주름무당버섯은 자루와 주름살 사이에 푸른색
줄이 있으나 흰무당버섯아재비는 없다.

이용방법

식용 >>>

요리 방법과 맛_ 식용 가능하나 맛이 떨어져서 요리해 먹기에 그다지 적합하지 않다. 조금 쓴맛이 있어 삶아서 물에 오래 우려내야 한다.

약용 >>>

성분과 효능_ 유리 아미노산(단백질 합성, 면역력 강화) 16종이 함유되어 있다. 종양을 억제하는 효능이 있다.

01_ 젊은 버섯
빗물에 젖은 젊은 버섯.　　　9/3

02_ 젊은 버섯
소나무숲에 올라온 모습.　　　1/9

03_ 젊은 버섯
큰 군락지 모습.　8/3

04_ 젊은 버섯
키가 작아 흙투성이가 된다.　　　7/9

05_ 다 자란 버섯
줄지어 올라온 모습.　　　7/28

06_ 상세 모습
다 자란 버섯.　　7/9

07_ 상세 모습
젊은 버섯부터 다 자란
버섯까지.　　7/28

08_ 상세 모습
우유젖버섯(왼쪽), 흰
무당버섯아재비(가운
데), 푸른주름무당버섯
(오른쪽).　　7/31

09_ 상세 모습
우유젖버섯(왼쪽), 흰
무당버섯아재비(가운
데), 푸른주름무당버섯
(오른쪽)의 갓 비교.
　　7/31

10_ 상세 모습
젊은 버섯의 주름살.
　　8/3

11_ 상세 모습
늙은 버섯의 주름살.
색 변화가 크지 않다.
　　7/28

12_ 이용
채취한 버섯.　　7/28

13_ 이용
버섯 다듬은 것.　7/28

14_ 이용
소금으로 간한 볶음. 육
질이 퍼석하고 조금 쌉
쌀하다.　　7/28

푸른주름무당버섯 (흰무당버섯)

자루가 짧아서 흙투성이인 것이 많다. 7월 21일

갓 윗면
흰색, 연갈색~노란갈색 얼룩이 생김

갓 밑면
주름살, 흰색 ⇨ 갈색

주름살과 자루 사이
푸른 줄무늬

자루 겉면
흰색, 갈색 반점이 생김

육질
조금 단단하고 퍽퍽함

맛
거의 맹맛, 때로 조금 매운맛

● **발생 시기·장소** | 여름~가을, 소나무숲~넓은잎나무숲~혼합림(넓은잎나무, 소나무)의 땅 위에 1개씩 또는 여러 개가 무리지어 올라온다.

● **분포** | 한국, 일본, 중국, 북아메리카, 유럽 등지에 분포한다.

● **특징** | 자루가 짧아 흙투성이인 경우가 많으며, 자루와 주름살 사이에 푸른 줄이 있다.

● **생김새** | 갓 지름 9~13cm의 중형. **갓**은 한가운데에 오목한 갓우물이 패어 있으며, 어릴 때는 가장자리가 둥그스름하게 말려 있다가 점차 편평하게 펴져 입이 넓고 얕은 깔때기처럼 된다. 윗면은 흰색이나 점차 연갈색~노란갈색 얼룩이 생긴다. 갓살은 흰색으로 육질이 조금 단단하고 맹맛인데 때로 조금 매운맛이 나기도 한다. **갓 밑면**은 주름살로 되어 있으며, 주름살은 내린형이고 빽빽하다. 흰색에서 늙으면 갈색이 되고, 주름살과 자루 사이에 푸른 줄무늬가 있다. **자루**는 길이 2~6cm, 굵기 1~3cm이고 겉면이 흰색이며 늙으면 갈색 반점이 생긴다. **포자**는 6~8×6~7㎛ 크기의 둥그스름한 모양이고 흰색이다.

 식용
(조금 떨어지는 맛)

 약용
(항종양)

● **무당버섯과 무당버섯속**

● **한해살이**

● **작은키 – 중형**

이용방법

식용 >>>

요리 방법과 맛_ 자루가 짧아서 흙투성이인 경우가 많으므로 삶은 뒤 잘 씻어야 하며, 살이 퍽퍽하고 거의 아무 맛도 없어 그리 먹을 만하지 않다. 삶아서 초장에 찍어 먹는다.

약용 >>>

성분과 효능_ 글루코오스(포도당), 아라비톨(당알코올), 만니톨(당알코올), 트레할로스(산패 방지), 글리세롤, 프럭토스(과당), 에리트리톨(단맛 성분)이 함유되어 있다. 종양을 억제하고 병원균에 대한 면역력을 높이는 효능이 있다.

01_ 젊은 버섯
함께 올라온 젊은 버섯들.　　　　　7/28

02_ 다 자란 버섯
갓에 갈색 얼룩이 생긴다.　　　　　7/28

03_ 다 자란 버섯
무리지어 올라온다.
　　　　　　　　　7/28

04_ 늙은 버섯
주름살이 갈색으로 변한 모습.　　　7/21

05_ 상세 모습
늙어가는 버섯.　7/16

06_ 상세 모습
주름살과 자루 사이에 희미하게 푸른 줄이 보인다.　　　　　7/26

07_ 상세 모습
푸른 줄이 짙어진 늙은 버섯.　　　　7/21

노란무당버섯

전체가 노란색이다. 9월 13일

한눈에 보기

갓 윗면
노란색 ⇨ 노란갈색

갓 색빠짐
허연색

갓 밑면
주름살, 흰색 ⇨ 흰갈색

자루 겉면
흰색~노란색, 밋밋함

육질
잘 부서짐

● **발생 시기·장소 |** 여름~가을, 넓은잎나무숲~소나무숲 땅 위에 1개씩 또는 여러 개가 줄지어 올라온다.

● **분포 |** 한국, 일본, 중국, 북아메리카 등지에 분포한다.

● **특징 |** 갓이 선명한 노란색이며 색이 빠진다.

● **생김새 |** 갓 지름 3~8.5㎝의 중소형. **갓**은 한가운데에 오목한 갓우물이 패어 있으며, 어릴 때는 가장자리가 둥그스름하게 말려 있다가 점차 편평하게 펴져 입이 넓고 얕은 깔때기처럼 된다. 윗면은 선명한 노란색이며 벨벳 같다. 늙으면 노란갈색이 되고, 가장자리부터 허옇게 색이 빠져서 한가운데가 진해 보이기도 한다. 갓살은 흰색이고 육질이 잘 부서진다. **갓 밑면**은 주름살로 되어 있으며, 주름살은 떨어진형~끝붙은형이고 조금 빽빽하거나 조금 성기다. 어릴 때는 흰색이다 점차 흰갈색이 된다. **자루**는 길이 3~8㎝, 굵기 8~22㎜로 겉면이 흰색~노란색이고 밋밋하다. **포자**는 5~7×5.5~8.5㎛ 크기이고 노란색이다.

 식용 불가 (독성분 여부 미상)

● **무당버섯과 무당버섯속**

● **한해살이**

● **작은중간키 – 중소형**

01_ **어린 버섯**
    아주 어린 버섯이 올라
    오는 모습.   8/3

02_ **젊은 버섯**
    가장자리에 색이 빠지
    기 시작한다.   8/2

03_ **젊은 버섯**
    한가운데가 갈색으로
    변했다.   9/13

04_ **젊은 버섯**
    동물이 갓을 베어 먹은
    흔적.   8/3

05_ **젊은 버섯**
    갓이 잘 부서진다. 8/3

06_ **젊은 버섯**
    갓색이 거의 다 빠져
    허옇게 된다.   8/3

07_ 다 자란 버섯
갓이 완전히 편평한 모
양이다.   10/11

08_ 늙은 버섯
가장자리가 다 떨어져
나간 모습.   8/3

09_ 늙은 버섯
줄지어 늙어가는 버섯
군락지.   8/3

10_ 상세 모습
색이 덜 빠진 버섯.
        9/13

11_ 상세 모습
색이 심하게 빠진 버
섯.   8/3

12_ 상세 모습
젊은 버섯의 주름살.
        9/13

13_ 상세 모습
늙은 버섯의 주름살.
        8/3

050
기와버섯

Russula virescens (Schaeff.) Fr.

갓에 기와무늬가 있고 기와이끼색이다. 7월 21일

🔍 **한눈에 보기**

갓 윗면
기와이끼색(회녹색), 기와무늬

갓 밑면
주름살, 흰색

자루 겉면
흰색, 밋밋함

육질
조금 단단한 육질

맛
감칠맛

● **발생 시기·장소 |** 여름~가을, 넓은잎나무숲 산성땅 위에 1개씩 또는 여러 개가 모여서 올라온다.

● **분포 |** 한국, 일본, 중국 등 북반구 온대 이북에 분포한다.

● **특징 |** 갓이 기와이끼색이고 기와무늬가 있다.

● **생김새 |** 갓 지름 5~12㎝의 중소형. **갓**은 한가운데에 오목한 갓우물이 패어 있으며, 어릴 때는 가장자리가 둥그스름하게 말려 있다가 점차 편평하게 펴져 입이 넓고 얕은 깔때기처럼 된다. 윗면은 가루 같은 기와이끼색(회녹색) 껍질로 덮여 있으며, 작은 기와모양으로 불규칙하고 잘게 갈라져 얼룩덜룩하다. 갓살은 흰색이고 육질이 조금 단단하다. **갓 밑면**은 주름살로 되어 있으며, 주름살은 떨어진형이고 조금 빽빽하며 흰색이다. **자루**는 길이 3~10㎝, 굵기 1~2㎝로 겉면이 흰색이고 밋밋하며, 자루 살은 해면 같고 잘 부서진다. **포자**는 6~8㎛ 크기의 공모양이고 흰색이다.

 식용
(뛰어난 맛)

 약용
(항종양, 진정)

● 무당버섯과 무당버섯속

● 한해살이

● 작은중간키 – 중소형

● 다른 이름 : 청버섯, 청갈버섯, 풀색무늬갓버섯

이용방법

01_ 다 자란 버섯
갓 가운데가 오목하게
파인다.　　　　7/21

02_ 다 자란 버섯
갓이 얼룩덜룩하다.
　　　　　　　7/21

03_ 늙은 버섯
갓이 갈라진다.　7/26

04_ 늙은 버섯
갓이 갈라질 뿐만 아니
라 가장자리가 부서져
떨어진다.　　　7/28

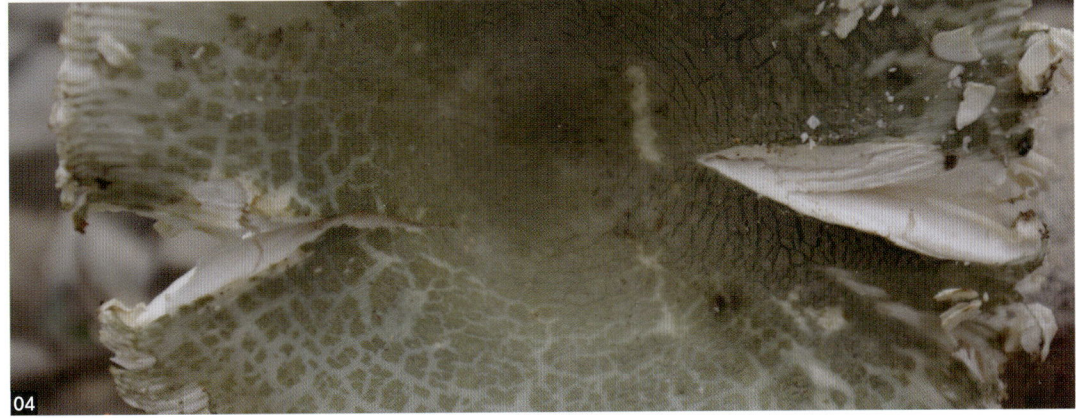

05_ **늙은 버섯**
　　작은 군락지. 갓이 거
　의 떨어져나가고 없다.
　　　　　　　　7/28

06_ **상세 모습**
　　다 자란 버섯. 주름살
　이 조금 빽빽하다.
　　　　　　　　7/21

07_ **상세 모습**
　　늙은 버섯. 갓이 갈라
　지고 주름살도 중간 중
　간 부서진 모습이다.
　　　　　　　　7/26

08_ **이용**
　　채취한 버섯. 갓이 잘
　부서진다.　　　7/26

09_ **이용**
　　소금으로 간한 볶음.
　쫄깃하고 아삭하며 감
　칠맛이 난다.　　7/21

Russula adusta (Pers.) Fr.

흑갈색무당버섯

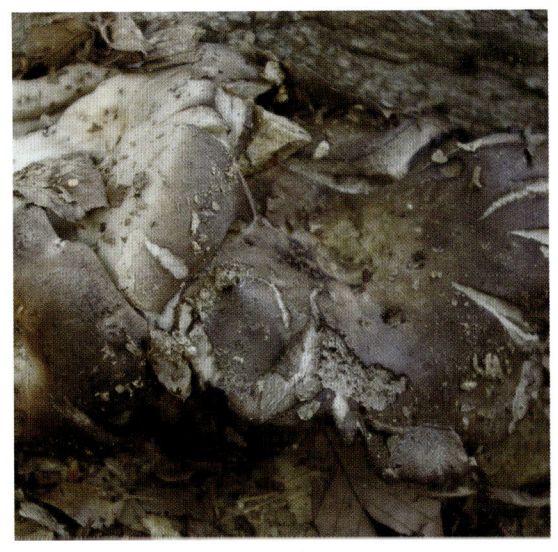

뭉쳐 올라온 버섯들. 7월 21일

상세 모습
다 자란 버섯. 주름살에 상처
가 나면 검게 변한다.   7/18

  한눈에 보기

갓 윗면
흰색 ⇨ 지저분한 흑갈색

갓 밑면
주름살, 흰색, 빽빽함

자루 겉면
흰색 ⇨ 회갈색

상처의 변색
검은색

육질
조금 도톰하고 퍼석함

냄새
때로 와인냄새

맛
쓴맛

● **발생 시기·장소 |** 여름~가을, 소나무숲 땅 위에 1개씩 또는 여러 개가 모여서 올라온다.

● **분포 |** 한국, 중국, 일본, 유럽, 북아메리카, 오스트레일리아 등지에 분포한다.

● **특징 |** 갓이 흑갈색으로 변하고, 주름살이 빽빽하며, 상처가 나면 검은색으로 변한다.

● **생김새 |** 갓 지름 5~12㎝의 중형. **갓**은 한가운데에 오목한 갓우물이 패어 있으며, 어릴 때는 가장자리가 둥그스름하게 말려 있다가 점차 편평해져 입이 넓고 얕은 깔때기처럼 된다. 윗면은 어릴 때 흰색이나 점차 지저분한 흑갈색이 된다. 갓살은 어릴 때 흰색이다 회갈색이 되며, 육질이 조금 도톰하다. 때로 와인냄새가 나며 쓴맛이 난다. **갓 밑면**은 주름살로 되어 있으며, 주름살은 내린형이고 빽빽하며 흰색이다. 상처가 나면 검은색으로 변한다. **자루**는 길이 1.5~6.9㎝, 굵기 1~3㎝이며 밑동이 좀 더 가늘다. 겉면은 어릴 때 흰색이다 회갈색이 되고, 상처가 나면 검은색으로 변한다. 자루 살은 해면 같다. **포자**는 7~9.7×5.5~6.8㎛ 크기의 공모양이고 흰색이다.

식용
(떨어지는 맛)

약용
(항종양)

● 무당버섯과 무당버섯속

● 한해살이

● 작은중간키 – 중형

이용방법

식용 >>>
요리 방법과 맛_ 식용 가능하나 맛이 떨어져서 요리해 먹기에는 적합하지 않다. 쓴맛이 있어 삶아서 물에 오래 우려내야 한다.

약용 >>>
성분과 효능_ 종양을 억제하는 효능이 있다.

절구버섯

전체적으로 회색빛이며 점차 검어진다. 8월 31일

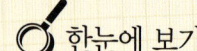 **한눈에 보기**

갓 윗면
흰갈색 ⇨ 짙은 회갈색 ⇨ 검은색

갓 밑면
주름살, 흰색

자루 겉면
흰색~연회색, 비늘가루가 있음

상처나 공기 노출시 변색
붉은색 ⇨ 검은색(2단계 변색)

육질
단단함

맛
쓴맛

● **발생 시기·장소 |** 여름~가을, 넓은잎나무숲~소나무숲의 양지 쪽 땅 위에 1개씩 또는 여러 개씩 흩어지거나 무리지어 올라온다.

● **분포 |** 한국, 일본, 중국, 북아메리카 등 북반구 일대에 분포한다.

● **특징 |** 상처가 나면 붉은색 ⇨ 검은색의 2단계로 천천히 색이 변한다.

● **생김새 |** 갓 지름 5~16㎝의 중대형. **갓**은 한가운데에 오목한 갓우물이 패어 있으며, 어릴 때는 가장자리가 둥그스름하게 말려 있다가 점차 편평하게 펴지고 늙으면 오므려져 절구통처럼 보인다. 윗면은 어릴 때 흰갈색이다가 점차 짙은 회갈색이 되고 검은색으로 변한다. 갓살은 흰색이고 육질이 단단하며 쓴맛이 난다. **갓 밑면**은 주름살로 되어 있으며, 주름살은 내린형이고 조금 성기거나 빽빽하며 흰색이다. 상처가 나거나 공기에 오래 노출되면 붉은색이 되었다가 점차 검은색으로 변한다(2단계 변색). **자루**는 길이 3~8㎝, 굵기 1~3㎝로 겉면이 흰색~연회색이고 비늘가루가 조금 붙어 있다. 속은 꽉 차 있으며 육질이 단단하고, 상처가 나면 붉은색이 되었다가 점차 검은색으로 변한다(2단계 변색). **포자**는 7~9×6~7.5㎛ 크기의 돌기가 있는 공모양이고 흰색이다.

 식용
(떨어지는 맛)

 약용
(손발 마비)

● **무당버섯과 무당버섯속**

● **한해살이**

● **작은중간키 – 중대형**

이용방법

● 2~3개만 먹어도 죽는 맹독성 절구버섯아재비와 생김새를 구분하기가 어려우므로 정확히 구별할 줄 모르면 먹지 않는다. 절구버섯아재비는 변색이 없다고 잘못 아는 경우가 있는데 절구버섯이 붉은색 ⇨ 검은색으로 2단계 변색을 하는 데 비해, 붉은색으로 1단계만 변색할 뿐 색이 변하지 않는 것은 아니다.

식용 >>>

요리 방법과 맛_ 식용 가능하나 맛이 떨어져서 요리해 먹기에는 적합하지 않다. 쓴맛이 있어 삶아서 물에 오래 우려내야 한다.

01_ 젊은 버섯
갓이 거무스름해지고 있다. 8/3

02_ 젊은 버섯
갓이 더욱 거무스름해진 모습. 8/2

03_ 젊은 버섯
상처가 검게 변한다. 8/3

04_ 다 자란 버섯
다 자라 가장자리가 편평해졌다. 8/30

05_ 다 자란 버섯
상처 부분이 나중에 완전히 검게 변한다. 8/2

06_ 늙은 버섯
갓이 완전히 검어지기
도 한다.   8/30

07_ 늙은 버섯
갓이 오므라진 모습.
                9/17

08_ 상세 모습
자루에 난 상처가 붉어
지는 모습.   8/2

09_ 상세 모습
자루가 거무스름해진
버섯.   8/30

10_ 상세 모습
상처가 붉어진 버섯 주
름살. 가장자리는 이미
검어졌다.   8/2

11_ 상세 모습
상처가 거무스름해진
버섯 주름살.   8/3

12_ 상세 모습
왼쪽 주름살에 검은 얼
룩이 생겼다.   8/31

흙무당버섯

갓껍질이 벗겨져 꽃모양이 된다. 7월 29일

한눈에 보기

갓 윗면
노란흙색(황토색), 흙색 비늘가루

갓 가장자리
우산살모양의 주름

갓 밑면
주름살, 노란흰색

상처의 변색
갈색

육질
부드럽고 잘 부서짐

냄새
불쾌한 흙냄새

맛
매운맛

● **발생 시기·장소 |** 여름~가을, 넓은잎나무숲(참나무) 땅 위에 1개씩 또는 여러 개가 무리지어 올라온다.

● **분포 |** 한국, 일본, 중국, 동아시아, 뉴기니 등지에 분포한다.

● **특징 |** 갓에 붙어 있던 흙색 비늘가루가 벗겨져 꽃모양이 된다.

● **생김새 |** 갓 지름 5~10㎝의 중소형. **갓**은 한가운데에 오목한 갓우물이 패어 있으며, 어릴 때는 가장자리가 둥그스름하게 말려 있다가 점차 편평하게 펴져 입이 넓고 얕은 깔때기처럼 된다. 윗면은 바탕이 흙색이고 흙색 비늘가루로 덮여 있으며, 가장자리부터 점차 갓껍질이 벗겨져서 꽃모양처럼 된다. 늙으면 비늘가루가 어두운 흙색이 된다. 갓 가장자리에는 우산살모양의 주름이 있다. 갓살은 연노란흙색(연황토색)이고 육질이 잘 부서진다. 흙냄새가 나며 조금 매운맛이다. **갓 밑면**은 주름살로 되어 있으며, 주름살은 떨어진형이고 조금 빽빽하며 노란 흰색이다. 늙으면 주름살 끝이 갈색에서 검은색으로 되고, 상처가 나면 갈색으로 변한다. **자루**는 길이 4.2~7.8㎝, 굵기 8~14㎜로 겉면이 흰노란흙색(흰황토색)이고 노란흙색 얼룩이 있다. 자루 속은 어릴 때 꽉 차 있다가 점차 해면처럼 된다. **포자**는 58.5~73.8×12.4~15.3㎛ 크기의 좁은 원뿔모양이고 흰색이다.

 식용 불가

 일반 독성

● 무당버섯과 무당버섯속

● 한해살이

● 작은중간키 – 중소형

● 다른 이름 : 나도썩은내갓버섯

01_ **어린 버섯**
아주 어린 버섯이 올라
오는 모습.　　　7/17

02_ **어린 버섯**
어릴 때 갓껍질이 갈라
지는 모습.　　　8/1

03_ **젊은 버섯**
비 온 뒤 갓이 젖어 있
는 모습.　　　9/8

04_ **젊은 버섯**
조금 옆에서 본 모습.
　　　　　8/21

05_ **젊은 버섯**
한데 올라온 버섯들.
　　　　　9/14

06_ **다 자란 버섯**
꽃무늬가 완성된 버섯.
　　　　　7/17

07_ **늙은 버섯**
갓 가장자리가 잘 부서
진다.　　　8/1

08_ 늙은 버섯
늙으면 주름살이 갈색
으로 변한다.
7/29

09_ 상세 모습
어린 버섯과 젊은 버
섯.   8/1

10_ 상세 모습
어린 버섯부터 늙은 버
섯까지.   7/17

11_ 상세 모습
젊은 버섯의 주름살.
8/21

12_ 상세 모습
상처가 갈색으로 변한
주름살.   9/8

Russula sororia (Fr.) Romell

회갈색무당버섯

우산살모양의 주름이 있다. 9월 8일

● **발생 시기·장소** | 여름~가을, 넓은잎나무숲~대나무숲~고사리밭~길가~정원 땅 위에 1개씩 또는 여러 개가 줄지어 올라온다.

● **분포** | 한국(주로 두륜산, 모악산, 방태산, 운문산, 월출산, 아차산, 영축산, 지리산, 천성산), 일본, 중국 등 북반구 온대지역에 분포한다.

● **특징** | 갓이 회갈색이고 가장자리에 우산살모양의 주름이 있으며, 묵은 기름냄새가 난다.

● **생김새** | 갓 지름 3~8㎝의 중소형. **갓**은 한가운데에 오목한 갓우물이 패어 있으며, 어릴 때는 가장자리가 둥그스름하게 말려 있다가 점차 편평하게 펴져 입이 넓고 얕은 깔때기처럼 된다. 윗면은 회갈색~갈색이고 습하면 조금 끈적해진다. 갓 가장자리에는 우산살모양의 주름이 있다. 갓살은 흰색이고 육질이 부드러우며, 때로 묵은 기름냄새나 밀랍냄새가 나며 아주 매운맛이다. **갓 밑면**은 주름살로 되어 있으며, 주름살은 끝붙은형이고 조금 성기다. 색은 흰색에서 늙으면 붉은갈색이 된다. **자루**는 길이 2~6㎝, 굵기 6~12㎜이고 밑동이 좀 더 가늘다. 겉면은 흰색이고, 점차 연한 회갈색 얼룩이 생긴다. **포자**는 7~8×6~6.4㎛ 크기의 둥근 타원형이고 연노란색이다.

 식용 불가
(독성분 여부 미상)

 약용
(항종양)

● 무당버섯과 무당버섯속

● 한해살이

● 작은키 – 중소형

01_ 젊은 버섯
갓 가장자리가 둥그스름하게 말려 있다.
9/8

02_ 다 자란 버섯
다 자란 버섯과 늙어가는 버섯.
9/8

03_ 늙은 버섯
갓 위에서 풀이 자라고 있다.
9/8

04_ 늙은 버섯
물 내리는 모습.
9/8

05_ 늙은 버섯
줄지어 올라와 늙어가는 버섯들.
9/8

06_ 상세 모습
젊은 버섯부터 늙은 버섯까지.
9/8

07_ 상세 모습
젊은 버섯의 주름살.
9/8

055

깔때기무당버섯

Russula foetens (Pers.) Pers. = *Russula foetens* Pers. ex Fr.

불쾌한 썩은 냄새가 난다. 7월 15일

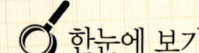 **한눈에 보기**

갓 윗면
노란갈색

갓 가장자리
우산살모양의 주름

갓 밑면
주름살, 흰색 ⇨ 연갈색

자루 겉면
흰색~흰갈색

자루 속
비어 있음

상처의 변색
갈색

육질
조금 얇음

냄새
불쾌한 썩은 냄새

● **발생 시기·장소** | 여름~가을, 넓은잎나무숲~혼합림(넓은잎나무, 소나무)의 땅 위에 1개씩 또는 여러 개가 무리지어 올라온다.

● **분포** | 한국(주로 가야산, 가지산, 변산반도, 운문산, 어래산, 아차산, 지리산, 천성산, 한라산), 일본, 중국, 북아메리카, 시베리아, 유럽 등 북반구 일대에 분포한다.

● **특징** | 갓에 우산살모양의 주름이 있고, 주름살에 상처가 나면 갈색으로 변하며, 불쾌한 썩은 냄새가 난다.

● **생김새** | 갓 지름 5~12㎝의 중소형. **갓**은 한가운데에 오목한 갓우물이 패어 있으며, 어릴 때는 가장자리가 둥그스름하게 말려 있다가 점차 편평하게 펴져 입이 넓고 얇은 깔때기처럼 된다. 윗면은 노란갈색이며 습하면 조금 끈적해진다. 갓 가장자리에는 우산살모양의 주름이 있다. 갓 살은 흰색이고 육질이 조금 얇으며 불쾌한 썩은 냄새가 난다. **갓 밑면**은 주름살로 되어 있으며, 주름살은 끝붙은형이고 빽빽하다. 어릴 때는 흰색이나 점차 연갈색이 되고, 상처가 나면 갈색으로 변한다. **자루**는 길이 3~9㎝, 굵기 1.5~3.5㎝이고 위아래 굵기가 거의 같다. 겉면은 흰색~흰갈색이고, 속은 비어 있다. **포자**는 6~8×5~7㎛ 크기의 둥그스름한 모양이고 크림색이다.

 식용 불가

 일반 독성

● 무당버섯과 무당버섯속
● 한해살이
● 작은중간키 – 중소형
● 다른 이름 : 썩은내갓버섯

01_ 젊은 버섯
깔때기모양이 된다.
7/17

02_ 다 자란 버섯
갓 가장자리가 점점 펴
진다.   8/12

03_ 다 자란 버섯
작은 군락지.   7/17

04_ 늙은 버섯
상처가 갈색으로 변한
다.   8/12

05_ 상세 모습
다 자란 버섯.   8/12

06_ 상세 모습
늙어가는 버섯.   7/17

07_ 상세 모습
상처가 갈색으로 변한
주름살.   8/12

Russula compacta Frost＝*Russula compacta* Frost et Peck *apud* Peck

담갈색무당버섯

갓이 담갈색이다. 9월 15일

● **발생 시기·장소 |** 여름～가을, 넓은잎나무숲～소나무숲～혼합림 땅 위에 1개씩 올라온다.

● **분포 |** 한국, 일본, 북아메리카, 오스트레일리아 등지에 분포한다.

● **특징 |** 갓이 담갈색(연갈색)이고, 상처가 나면 붉은갈색이 되며, 때로 묵은 생선냄새가 난다.

● **생김새 |** 갓 지름 7～10㎝의 중소형. **갓**은 한가운데에 오목한 갓우물이 패어 있으며, 어릴 때는 가장자리가 둥그스름하게 말려 있다가 점차 편평하게 펴져 입이 넓고 얕은 깔때기처럼 된다. 윗면은 담갈색～황토갈색이고, 갓살은 흰색이다. 때로 묵은 생선냄새가 나며 쓴맛이 있다. **갓 밑면**은 주름살로 되어 있으며, 주름살은 떨어진형이고 조금 빽빽하며 흰색이다. 상처가 나거나 공기에 오래 노출되면 붉은갈색으로 변했다가 짙은 갈색이 된다. **자루**는 길이 4～6㎝, 굵기 1.5～2㎝로 겉면이 흰색이나 점차 붉은갈색으로 변하고, 얕게 세로주름이 있다. 자루 살은 흰색이고 꽉 차 있으며 육질이 조금 단단하다. 상처가 나면 붉은갈색으로 변한다. **포자**는 8～9×7～8㎛ 크기이고 사마귀 돌기가 있다.

 식용 불가
(쓴맛, 악취. 독버섯으로 추정)

● **무당버섯과 무당버섯속**

● **한해살이**

● **작은키 - 중소형**

● **다른 이름 : 붉은색갈이버섯**

● 독성분 함유 여부가 밝혀지지 않았으나 쓴맛, 묵은 생선냄새 등이 있어 독버섯일 우려가 있으므로 먹지 않는다.

01_ 어린 버섯
어린 버섯이 올라오는
모습.   7/3

02_ 젊은 버섯
솔잎과 넓은잎 낙엽 위
에 올라온 버섯.
              6/28

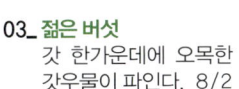

03_ 젊은 버섯
갓 한가운데에 오목한
갓우물이 파인다. 8/2

04_ 젊은 버섯
갓이 얕은 깔때기모양
이다.
              7/3

05_ 다 자란 버섯
갓이 편평하게 펴진다.
              6/28

06_ 다 자란 버섯
옆에서 본 모습.   7/7

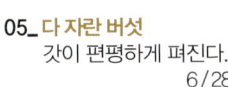

07_ 늙은 버섯
갓 가장자리가 갈라진
다.   7/6

08_ **늙은 버섯**
　늙어서 물 내리는 버
　섯.　　　　　　7/7

09_ **상세 모습**
　어린 버섯.　　　8/2

10_ **상세 모습**
　다 자란 버섯과 젊은
　버섯.　　　　　6/28

11_ **상세 모습**
　늙은 버섯.　　　7/7

12_ **상세 모습**
　주름살의 상처가 붉어
　진 모습.　　　　7/21

13_ **상세 모습**
　주름살의 상처가 갈색
　이 된 모습.　　9/15

14_ **상세 모습**
　늙은 버섯의 주름살이
　짙은 갈색이 되었다.
　　　　　　　　7/7

Lactarius volemus (Fr.) Fr.

젖버섯

상처에서 순한 맛의 흰 젖이 나온다. 8월 13일

갓 윗면과 자루 겉면
배 껍질색(연노란갈색~연노란붉은갈색)

갓 밑면
주름살, 흰색 ⇨ 연노란색

상처의 젖
흰색 ⇨ 갈색, 순한 맛

육질
퍼석함

냄새
때로 민물고기 비린내, 불쾌한 셀러리 냄새

맛
밍밍한 맛

● **발생 시기·장소 |** 여름~가을, 넓은잎나무숲~소나무숲~혼합림(넓은잎나무, 소나무)의 땅 위에 1개씩 또는 여러 개가 무리지어 올라온다.

● **분포 |** 한국, 일본, 중국 등지에 분포한다.

● **특징 |** 갓이 배 껍질과 비슷하며, 상처에서 맵지 않은 흰 젖이 나와 천천히 갈색으로 변한다.

● **생김새 |** 갓 지름 5~10㎝의 중소형. **갓**은 한가운데에 오목한 갓우물이 패어 있으며, 어릴 때는 가장자리가 둥그스름하게 말려 있다가 점차 편평하게 펴져 입이 넓고 얕은 깔때기처럼 된다. 윗면은 밋밋하고 배 껍질색(연노란갈색~연노란붉은갈색)이며 비늘가루가 조금 있다. 갓살은 연노란갈색이다. 때로 민물고기 비린내, 불쾌한 셀러리 냄새가 나며 육질이 퍼석하다. **갓 밑면**은 주름살로 되어 있으며, 주름살은 완전붙은형~내린형이고 빽빽하다. 어릴 때 흰색에서 점차 연노란색이 된다. 상처가 나면 흰 젖이 나와 천천히 갈색으로 변하며 젖맛은 순하다. **자루**는 길이 4~10㎝, 굵기 1~2㎝로 겉면이 갓과 같은 색이며, 때로 붉은갈색 얼룩이 생기기도 한다. 자루살은 흰색이고 속이 꽉 차 있다. **포자**는 7~10㎛ 크기의 공모양이고 흰색이다.

 식용
(조금 떨어지는 맛)

 약용
(항종양, 기관지염, 소화불량)

● 무당버섯과 젖버섯속
● 한해살이
● 작은중간키 - 중소형
● 다른 이름 : 배젖버섯

이용방법

01_ **어린 버섯**
아주 어린 버섯이 올라오는 모습.   9/5

02_ **젊은 버섯**
나란히 올라온 모습.
9/4

03_ **젊은 버섯**
갓우물에 빗물이 고여 있다.   9/8

04_ **젊은 버섯**
갓에 난 상처에서 흰젖이 많이 나왔다.   8/1

05_ **젊은 버섯**
옆에서 본 모습.   9/21

06_ **젊은 버섯**
나란히 자라고 있다.
9/17

07_ **다 자란 버섯**
갓 밑면의 상처에서 흰젖이 나오고 있다.
8/19

08_ **늙은 버섯**
늙으면 젖이 말라 잘 나오지 않는다.
8/19

09_ 상세 모습
늙은 버섯.　　8/19

10_ 상세 모습
노란색을 띠는 다 자란
버섯.　　9/8

11_ 상세 모습
갈색을 띠는 다 자란
버섯.　　8/1

12_ 상세 모습
늙어가는 버섯.　8/19

13_ 상세 모습
젊은 버섯 주름살의 흰
색 젖.　　8/19

14_ 상세 모습
갈색 상처가 있는 젊은
버섯 주름살의 흰색
젖.　　8/3

15_ 상세 모습
다 자란 버섯의 노란색
주름살과 흰색 젖.
　　8/13

16_ 상세 모습
늙은 버섯의 갈색 주름
살과 흰색 젖.　8/1

17_ 이용
채취한 버섯.　　9/8

18_ 이용
숙회. 밍밍하고 육질이
퍼석하다.　　9/4

19_ 이용
소금으로 간한 볶음.
　　8/20

젖버섯아재비

상처에서 나온 젖이 녹색이 된다. 10월 11일

🔍 한눈에 보기

갓 윗면
붉은갈색, 나이테무늬

갓 밑면
주름살, 붉은연갈색

자루 겉면
붉은갈색

상처의 젖
어두운 붉은색 ⇨ 녹색, 점점 매운 맛이 강해짐

육질
단단하나 잘 부서짐

맛
달달한 뒷맛

● **발생 시기·장소** | 여름~가을, 소나무숲 땅 위에 1개씩 또는 여러 개가 무리지어 올라온다.

● **분포** | 한국, 일본, 중국 등지에 분포한다.

● **특징** | 갓에 나이테무늬가 있고, 상처에서 매운맛의 붉은 젖이 나와 녹색으로 변한다.

● **생김새** | 갓 지름 4~12㎝의 중소형. **갓**은 한가운데에 오목한 갓우물이 패어 있으며, 어릴 때는 가장자리가 둥그스름하게 말려 있다가 점차 편평하게 펴져 입이 넓고 얕은 깔때기처럼 된다. 윗면은 붉은갈색이고 나이테무늬가 있으며, 습하면 조금 끈적해진다. 상처가 나면 어두운 붉은색 젖이 나와 점차 녹색으로 변하며 매운맛이다. 갓살은 흰색으로 육질이 단단하나 잘 부서지고 뒷맛이 달달하다. **갓 밑면**은 주름살로 되어 있으며, 주름살은 완전붙은형~내린형이고 빽빽하며 붉은연갈색이다. 상처가 나면 어두운 붉은색 젖이 나와 점차 녹색으로 변하며, 젖맛이 점점 매워진다. **자루**는 길이 2~6㎝, 굵기 6~20㎜이고, 겉면은 갓과 같은 색이다. 자루 살은 해면 같다. **포자**는 6.7~8.7×5.6~6.8㎛ 크기의 넓고 둥그스름한 모양이며 어두운 노란색이다.

 식용
(괜찮은 맛, 위장장애 주의)

 약용
(항종양)

● 무당버섯과 젖버섯속

● 한해살이

● 작은키－중소형

● 다른 이름 : 붉은물젖버섯

이용방법

식용 >>>

요리 방법과 맛_ 아삭아삭 씹히고 담백하며 뒷맛이 달달하여 먹을 만하다. 단, 젖의 매운 성분이 위벽을 자극하므로 소금에 절이거나 소금물에 삶아서 물에 여러 번 헹구어 매운맛을 완전히 빼내야 하며, 고열에 약하므로 뜨거운 기름에 볶아 먹는 것도 좋다. 숙회, 볶음, 찌개 등으로 먹는다.

약용 >>>

성분과 효능_ 유리 아미노산(단백질 합성, 면역력 강화) 27종, 에르고스테롤(비타민 D로 전환되는 물질), 비타민 $B_1 \cdot B_2 \cdot B_3 \cdot C$, 만니톨(당알코올), 트레할로스(산패 방지), 펙틴(장 정화), 셀룰로오스(섬유질), 헤미셀룰로오스(자일리톨 원료)가 함유되어 있다. 종양을 억제하는 효능이 있다.

01_ 어린 버섯
아주 어린 버섯이 올라오는 모습.   9/23

02_ 젊은 버섯
솔잎 낙엽 위에 올라온 모습.   6/15

03_ 젊은 버섯
상처가 녹색이다.   10/11

04_ 젊은 버섯
빗물에 녹색의 흔적이 씻겨나간 모습.   10/11

05_ 젊은 버섯
가운데가 오목하게 파였다.   6/15

06_ 젊은 버섯
조금 옆에서 본 모습.   10/11

07_ 젊은 버섯
주름살이 빽빽하다.   6/15

08_ **다 자란 버섯**
동물이 베어 먹은 흔
적. 9/28

09_ **다 자란 버섯**
나이테무늬가 선명하
다. 10/11

10_ **늙은 버섯**
갓 전체가 녹색이 되기
도 한다. 10/11

11_ **늙은 버섯**
갓살이 부서진 모습.
6/16

12_ **상세 모습**
어린 버섯. 상처가 녹
색이 된다. 9/23

13_ **상세 모습**
젊은 버섯과 늙은 버
섯. 녹색으로 변한 상
처가 보인다. 10/11

14_ **상세 모습**
다 자란 버섯. 상처가
녹색으로 변한 모습.
10/11

15_ **상세 모습**
젊은 버섯의 속살.
9/28

16_ **이용**
채취한 버섯. 10/11

17_ **이용**
소금으로 간한 볶음. 기
름에 볶으면 살이 부들
부들해진다. 10/13

당귀젖버섯

맵지 않은 흰 젖이 나와 갈색으로 변한다. 9월 8일

한눈에 보기

갓 윗면
연갈색~갈색, 선명한 나이테무늬

갓 밑면
주름살, 연붉은갈색

자루 겉면
연갈색~갈색

밑동
잔뿌리모양의 갈색 털

상처의 젖
흰색 ⇒ 갈색, 맵지 않은 맛

육질
조금 얇음

냄새
강한 당귀냄새, 카레냄새, 코코넛 냄새

맛
아주 쓴맛

● **발생 시기·장소 |** 여름~가을, 넓은잎나무숲~소나무숲 땅 위에 1개씩 또는 여러 개가 무리지어 올라온다.

● **분포 |** 한국(주로 만덕산, 발왕산, 방태산, 설악산, 영축산, 아차산, 운문산, 한라산, 천성산), 일본, 중국 등지에 분포한다.

● **특징 |** 상처에서 맵지 않은 흰 젖이 나와 갈색으로 변하며, 강한 당귀냄새(한약냄새)가 난다.

● **생김새 |** 갓 지름 2.5~4㎝의 소형. **갓**은 한가운데에 오목한 갓우물이 패어 있으며, 어릴 때는 가장자리가 둥그스름하게 말려 있다가 점차 펀펑하게 펴져 입이 넓고 얕은 깔때기처럼 된다. 윗면은 연갈색~갈색이며 선명한 나이테무늬가 여러 개 있다. 습하면 조금 끈적해진다. 갓살은 연갈색이고 육질이 조금 얇으며 매우 쓴맛이 난다. 강한 당귀냄새(한약냄새), 카레냄새, 코코넛냄새가 나며 버섯이 마르면 냄새가 더 강해진다. **갓 밑면**은 주름살로 되어 있으며, 주름살은 완전붙은형~내린형이고 조금 빽빽하며 연붉은갈색이다. 상처가 나면 흰 젖이 나와 갈색으로 변하며 맵지 않은 맛이다. **자루**는 길이 2.5~3㎝, 굵기 5~7㎜이고 겉면이 갓과 같은 색이다. 밑동에는 잔뿌리모양의 갈색 털이 있고, 속은 비어 있다. **포자**는 6~8.5×4.8~7.7㎛ 크기의 둥근 모양이고 연노란색이다.

 식용 가능하나 매우 부적합
(아주 쓴맛)

 약용
(항종양)

● 무당버섯과 무당버섯속

● 한해살이

● 작은키 - 소형

● 일반 독성을 가진 노란젖버섯(p.169)과 혼동하기 쉬운데 당귀젖버섯은 젖이 흰색에서 갈색으로 변하지만, 노란젖버섯은 흰색에서 노란색으로 변한다.

이용방법

약용 >>>

성분과 효능_ 렉틴(세포증식 억제 성분)이 함유되어 있으며, 종양을 억제하는 효능이 있다.

01_ 어린 버섯
젊은 버섯 옆에서 올라
오는 모습.   7/11

02_ 젊은 버섯
젊은 버섯이 다 자란
버섯과 함께 있는 모
습.   7/11

03_ 다 자란 버섯
나이테무늬가 선명하
다.   7/7

04_ 다 자란 버섯
무리지어 올라온 모습.
              7/14

05_ 늙은 버섯
달팽이가 뜯어먹어 갓
한쪽이 떨어져나갔다.
              7/12

06_ 상세 모습
젊은 버섯. 자루에 잔
뿌리 같은 털이 있다.
              7/7

노란젖버섯

상처에서 나오는 젖은 매운맛이며, 나오자마자 흰색이 노란색으로 변한다. 8월 19일

한눈에 보기

갓 윗면
연노란갈색~연붉은갈색, 흐린 나이
테무늬

갓 밑면
주름살, 크림색~붉은노란크림색

자루 겉면
연노란갈색~연붉은갈색

상처의 젖
흰색 ⇨ 노란색, 매운맛

● **발생 시기·장소 |** 여름~가을, 소나무숲~혼합림(소나무, 넓은잎나무) 땅 위에 1개씩 또는 여러 개씩 흩어져 올라온다.

● **분포 |** 한국, 일본, 시베리아, 유럽 등 북반구 온대 지역에 분포한다.

● **특징 |** 갓에 흐린 나이테무늬가 있고, 상처에서 매운맛 나는 흰 젖이 나와 바로 노란색으로 변한다.

● **생김새 |** 갓 지름 5~9㎝의 중소형. **갓**은 한가운데에 오목한 갓우물이 패어 있으며, 어릴 때 는 가장자리가 둥그스름하게 말려 있다가 점차 편평하게 펴져 입이 넓고 얕은 깔때기처럼 된다. 윗면은 연노란갈색~연붉은갈색이며 흐릿한 나이테무늬가 있고, 습하면 조금 끈적해진다. 갓살 은 육질이 조금 얇다. **갓 밑면**은 주름살로 되어 있으며, 주름살은 완전붙은형~약간 내린형이 고 빽빽하며 크림색~붉은노란크림색이다. 상처가 나면 흰 젖이 나오는데 공기에 닿자마자 바로 노란색으로 변하며 매운맛이다. **자루**는 길이 5~7㎝, 굵기 8~22㎜이고 겉면이 갓과 같은 색이 다. 속은 비어 있다. **포자**는 6~9×5~7.5㎛ 크기의 둥그스름한 모양이고 연노란색이다.

 식용 불가
(한때 식용으로 잘못 알려짐)

일반 독성
(구토, 설사, 호흡곤란)

● **무당버섯과 젖버섯속**

● **한해살이**

● **작은중간키 - 중소형**

● 한때 식용으로 잘못 알려졌으나 치명적인 독성분이 밝혀진 독버섯이므로 절대 먹어선 안 된다.

독성분과 중독 증상 >>>

무스카린_ 많이 먹으면 죽는다. 부교감신경이 흥분되어 심한 땀흘림, 구토, 설사, 눈동자 작아짐, 호흡곤란, 맥박수 떨어짐 등의 증상이 나타나므로 빨리 위세척과 혈액투석 등을 받아야 한다.

콜린_ 먹으면 30분~3시간 뒤 구토, 복통, 설사, 춥고 떨림, 저혈압, 혈류 증가, 심장박동수 떨어짐, 눈동자 작아짐 등의 증상이 나타난다. 몸속에 들어가면 아세틸콜린으로 바뀐다. 무스카린보다 독성은 약하나 증상은 비슷하다. 해독제는 아드레날린.

01_ 어린 버섯
나이테무늬가 흐리다.
10/13

02_ 젊은 버섯
입이 넓고 얕은 깔때기
모양이다.　8/25

03_ 다 자란 버섯
갓우물이 오목하다.
8/12

04_ 상세 모습
어린 버섯에 노란 젖이
나온 모습.　8/12

05_ 상세 모습
다 자란 버섯에 노란
젖이 나온 모습. 10/13

06_ 상세 모습
젊은 버섯의 주름살에
나온 노란 젖.　8/12

07_ 상세 모습
늙은 버섯의 주름살에
나온 노란 젖.　8/25

Lactarius pyrogalus (Bull.) Fr.

개암젖버섯

상처에서 아주 매운맛의 흰 젖이 나온다. 7월 18일

늙은 버섯
주름살이 황토색으로 변한다. 6/16

🔍 **한눈에 보기**

갓 윗면
회색~연회갈색, 아주 흐릿한 나이테무늬

갓 밑면
주름살, 흰노란색 ⇨ 황토색

자루 겉면
회색~연회갈색

상처의 젖
흰색, 아주 매운맛

육질
얇음

냄새
때로 사과냄새

● **발생 시기·장소 |** 여름~가을, 넓은잎나무숲(특히 개암나무)~혼합림(넓은잎나무, 소나무)의 땅 위에 1개씩 또는 여러 개가 무리지어 올라온다.

● **분포 |** 한국, 일본, 미국, 유럽 등지에 분포한다.

● **특징 |** 갓에 흐린 나이테무늬가 있고, 상처에서 아주 매운맛의 흰 젖이 나온다.

● **생김새 |** 갓 지름 5~10㎝의 중소형. **갓**은 한가운데에 오목한 갓우물이 패어 있으며, 어릴 때 는 가장자리가 둥그스름하게 말려 있다가 점차 편평하게 퍼져 입이 넓고 얕은 깔때기처럼 된다. 윗면은 회색~연회갈색이며 아주 흐릿한 나이테무늬가 있다. 습하면 조금 끈적해진다. 갓살은 흰색이고 육질이 얇으며 때로 사과냄새가 난다. **갓 밑면**은 주름살로 되어 있으며, 주름살은 내 린형이고 빽빽하며 흰노란색이다 황토색이 된다. 상처가 나면 흰 젖이 나오며 아주 매운맛이다. **자루**는 길이 4~6㎝, 굵기 7~15㎜이며 겉면은 갓과 같은 색이다. **포자**는 7~8×5.5~6.5㎛ 크기 의 넓은 타원형이고 밝은 황토색이다.

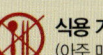 **식용 가능하나 매우 부적합**
(아주 매운맛. 위장장애)

● **무당버섯과 젖버섯속**

● **한해살이**

● **작은키 ─ 중소형**

● **다른 이름 : 불타는 우유(Fire Milk)**

┌─ **주의사항**

● 독성은 없지만 상처에서 나오는 젖이 아주 매운맛으로, 매운 성분이 위벽을 손상하여 위장장애를 일으키므로 먹지 않는 것이 좋다.

Lactarius hygrophoroides Berk. & Curt.

넓은갓젖버섯

상처에서 맵지 않은 흰 젖이 나온다. 7월 15일

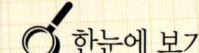 **한눈에 보기**

갓 윗면
노란황토색~붉은황토색, 벨벳 같거나 매끄러움

갓 가장자리
크게 물결모양

갓 밑면
주름살, 흰색 ⇨ 연노란색

자루 겉면
노란황토색~붉은황토색

상처의 젖
흰색, 맵지 않은 맛

육질
퍼석함

맛
달달한 맛

● **발생 시기·장소** | 여름~가을, 넓은잎나무숲~소나무숲~혼합림(넓은잎나무, 소나무)의 땅 위에 1개씩 또는 여러 개가 뭉쳐서 올라온다.

● **분포** | 한국, 일본, 유럽, 북아메리카 등지에 분포한다.

● **특징** | 갓이 넓어서 물결모양이 되며, 상처에서 맵지 않은 흰 젖이 나온다.

● **생김새** | 갓 지름 3~10㎝의 중소형. **갓**은 한가운데에 오목한 갓우물이 패어 있으며, 어릴 때는 가장자리가 둥그스름하게 말려 있다가 점차 편평하게 펴져 입이 넓고 얕은 깔때기처럼 된다. 윗면은 노란황토색~붉은황토색으로 벨벳 같거나 매끄럽다. 갓 가장자리는 크게 물결모양으로 구불거리며, 갓살은 흰색이고 육질이 퍼석하다. **갓 밑면**은 주름살로 되어 있으며, 주름살은 완전붙은형~내린형이고 성기다. 어릴 때는 흰색이다가 점차 연노란색이 되며, 상처가 나면 흰 젖이 나오는데 맛은 맵지 않다. **자루**는 길이 4~5㎝, 굵기 8~20㎜이고 밑동이 더 가늘다. 겉면이 갓과 같은 색이고, 자루 살은 해면 같다. **포자**는 7~9×5.5~7㎛ 크기의 둥그스름한 모양이고 흰색이다.

 식용
(조금 떨어지는 맛)

 약용
(항종양)

● 무당버섯과 젖버섯속

● 한해살이

● 작은키 – 중소형

● 다른 이름 : 흰주름버섯, 성긴주름버섯

이용방법

식용 >>>

요리 방법과 맛_ 식용 가능하나 맛이 조금 떨어져서 요리해 먹기에는 그다지 적합하지 않다. 숙회, 볶음 등을 해서 먹는데, 살이 퍼석하고 뒷맛은 조금 달달하다.

약용 >>>

성분과 효능_ 프로폴린, 엔도펩타이드가 함유되어 있으며 종양을 억제하는 효능이 있다.

01_ 젊은 버섯
솔잎 낙엽 속에 숨어 자라는 모습.　　7/15

02_ 다 자란 버섯
갓 윗면이 벨벳 같다.
　　　　　　　　7/16

03_ 다 자란 버섯
갓이 넓어서 물결모양 이 된다.　　　7/8

04_ 상세 모습
다 자란 버섯을 밑에서 본 모습. 흰 젖이 보인 다.　　　　　7/8

05_ 상세 모습
다 자란 버섯과 흰 젖.
　　　　　　　　7/8

06_ 이용
채취한 버섯. 군락지가 드물어 채취량이 적다.
　　　　　　　　7/8

07_ 이용
버섯 다듬은 것.　7/8

08_ 이용
소금으로 간한 볶음. 조금 퍼석하고 뒷맛이 달달하다.　　　7/8

애기젖버섯

갓에 주름이 있다. 8월 8일

늙은 버섯
갓모양이 흐트러진 모습. 8/8

 한눈에 보기

갓과 자루
노란갈색~회갈색, 벨벳 같음

갓 밑면
주름살, 흰색, 성김

상처의 젖
흰색, 조금 매운맛

육질
조금 얇음

● **발생 시기·장소 |** 여름~가을, 넓은잎나무숲~소나무숲~혼합림(넓은잎나무, 소나무)의 땅 위에 1개씩 또는 여러 개가 무리지어 올라온다.

● **분포 |** 한국 등 북반구 온대 지역에 분포한다.

● **특징 |** 갓에 주름이 있고, 상처에서 매운맛의 흰 젖이 나온다.

● **생김새 |** 갓 지름 5~10㎝의 중소형. **갓**은 한가운데에 오목한 갓우물이 패어 있으며, 어릴 때는 가장자리가 둥그스름하게 말려 있다가 점차 편평하게 펴져 입이 넓고 얕은 깔때기처럼 된다. 윗면은 노란갈색~회갈색이고 벨벳 같으며 주름이 있다. 갓살은 흰색이고 조금 얇다. **갓 밑면**은 주름살로 되어 있으며, 주름살은 완전붙은형~내린형으로 성기고 흰색이다. 상처가 나면 흰 젖이 나오는데 조금 매운맛이다. **자루**는 길이 2~8㎝, 굵기 8~20㎜로 겉면이 갓과 같은 색이며 짙은 갈색의 짧은 털로 덮여 있다. **포자**는 8~10.5×7.5~9.5㎛ 크기의 둥그스름한 모양이고 연노란색이다.

식용 가능하나 부적합
(매운맛, 위장장애)

● 무당버섯과 젖버섯속

● 한해살이

● 작은중간키 – 중소형

주의사항

● 식용 가능하나 젖의 매운 성분이 위벽을 자극하여 위장장애를 일으키므로 먹지 않는 것이 좋다.

Lactarius obscuratus (Lasch) Fr.

고염젖버섯

다 자란 버섯
갓이 편평하게 펴진 모습. 7/16

초소형이고 상처에서 흰 젖이 나온다. 7월 16일

갓 윗면
고염색(붉은갈색), 갓꼭지

갓 밑면
주름살, 연한 고염색

자루 겉면
고염색(붉은갈색)

상처의 젖
흰색, 맵지 않은 맛

● **발생 시기·장소** | 여름~늦가을, 넓은잎나무숲~혼합림(넓은잎나무, 소나무)의 축축한 땅 위에 1개씩 또는 여러 개가 무리지어 올라온다.

● **분포** | 한국, 유럽 등지에 분포한다.

● **특징** | 크기가 매우 작고 전체가 고염색(붉은갈색)이다.

● **생김새** | 갓 지름 6~13㎜의 초소형. **갓**은 한가운데에 볼록한 갓꼭지가 있으며, 어릴 때는 가장자리가 평평하다가 점차 얕은 깔때기모양이 된다. 윗면은 고염색(붉은갈색)으로 한가운데가 조금 짙어지기도 한다. **갓 밑면**은 주름살로 되어 있으며, 주름살은 끝붙은형~내린형이고 조금 성기며 연한 고염색(연붉은갈색)이다. 상처가 나면 흰 젖이 나오는데 맛은 맵지 않다. **자루**는 길이 17~21㎜, 굵기 2~3㎜로 가늘고 짧다. 겉면은 갓과 같은 색이다. **포자**는 6~7.7×5~6.2㎛ 크기의 타원형이고 흰색이다.

🚫 **식용 불가**

☠ **약간 독성**

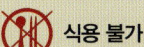 무당버섯과 젖버섯속

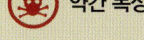 한해살이

● 아주작은키 – 초소형

01 02

01_ 젊은 버섯
갓꼭지가 조금 낮아진 모습. 7/16

02_ 상세 모습
다 자란 버섯. 9/14

Lactarius pubescens var. *betulae*

솜털젖버섯

온 몸이 솜털로 덮여 있다. 7월 21일

한눈에 보기

버섯 전체
흰 솜털이 있으나 차츰 벗겨짐

갓 윗면
붉은자주색

갓 밑면
주름살, 흰붉은노란색

자루 겉면
흰색

상처의 젖
흰색, 아주 매운맛

육질
조금 두툼함

냄새
때로 달콤한 냄새

맛
톡 쏘는 맛

● **발생 시기·장소 |** 늦여름~가을, 소나무숲~혼합림(넓은잎나무, 소나무) 땅 위에 1개씩 또는 여러 개가 모여서 올라온다.

● **분포 |** 한국, 미국, 유럽 등지에 분포한다.

● **특징 |** 온몸에 솜털이 있고, 상처에서 매운맛의 흰 젖이 나온다.

● **생김새 |** 갓 지름 2.5~10㎝의 중소형. **갓**은 한가운데에 오목한 갓우물이 패어 있으며, 어릴 때는 가장자리가 둥그스름하게 말려 있다가 점차 편평하게 퍼져 입이 넓고 얕은 깔때기처럼 된다. 윗면은 붉은자주색이며, 어릴 때 거미줄 같은 흰 솜털로 완전히 덮여 있다가 점차 벗겨진다. 갓살은 흰색이고 조금 두툼하며, 톡 쏘는 맛이 나고 때로 달콤한 냄새가 난다. **갓 밑면**은 주름살로 되어 있으며, 주름살은 내린형이고 조금 성기며 흰붉은노란색이다. 상처가 나면 흰 젖이 나오는데 아주 매운맛이다. **자루**는 길이 2~6.5㎝, 굵기 8~26㎜로 겉면이 흰색이고, 갓과 같은 색 얼룩이 생기기도 한다. **포자**는 6.5~8.5×5.5~6.5㎛ 크기의 타원형이다.

 식용 불가
(아주 맵고 톡 쏘는 맛. 독버섯으로 추정)

● 무당버섯과 젖버섯속

● 한해살이

● 작은중간키 - 중소형

01_ **어린 버섯**
어린 버섯이 생기는 모습. 7/15

02_ **어린 버섯**
솔잎 낙엽에 싸여 있다. 7/15

03_ **어린 버섯**
작은 군락지. 7/15

04_ **어린 버섯**
솜털이 조금 벗겨져 붉은자주색이 드러난 모습. 7/17

05_ **젊은 버섯**
자라면서 솜털이 조금씩 벗겨진다. 7/18

06_ **젊은 버섯**
위에서 본 모습. 7/15

07_ **젊은 버섯**
자루도 솜털에 싸여 있다. 7/15

08_ **젊은 버섯**
옆에서 본 모습. 7/15

09_ **늙은 버섯**
솜털이 벗겨지고 오목해진 모습. 7/17

01

02

03

04

05

06

07

08

09

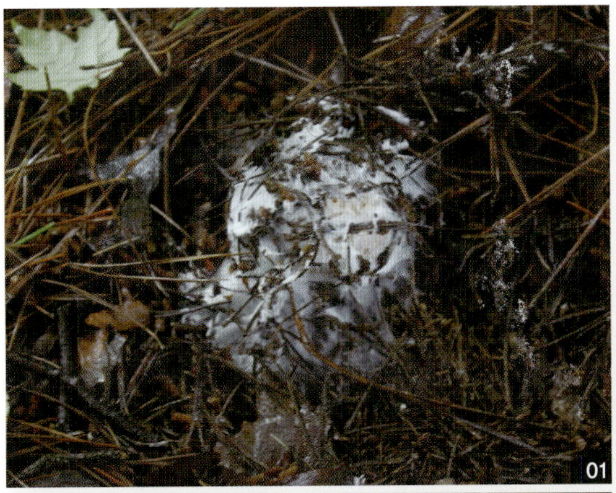

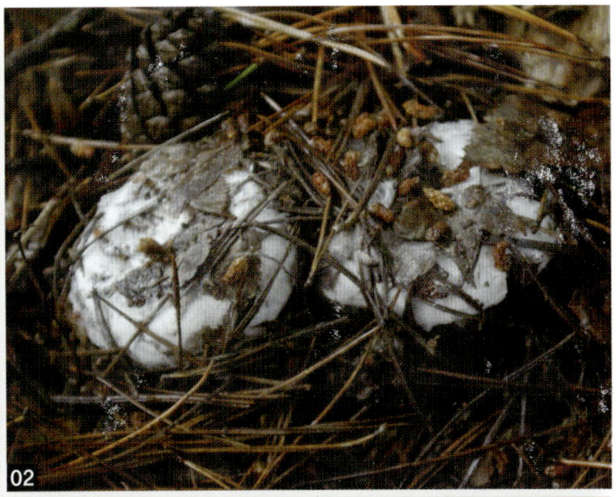

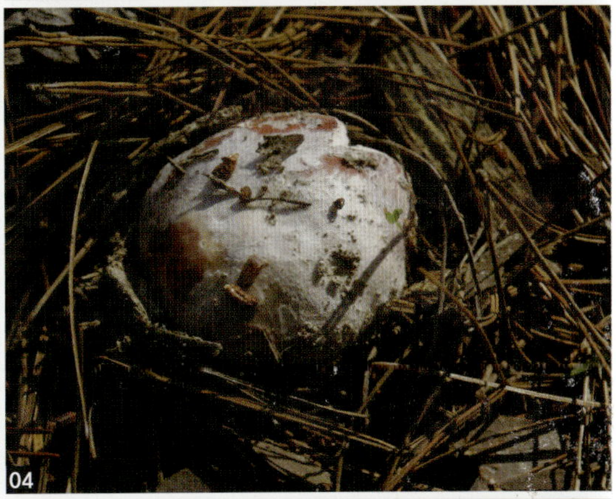

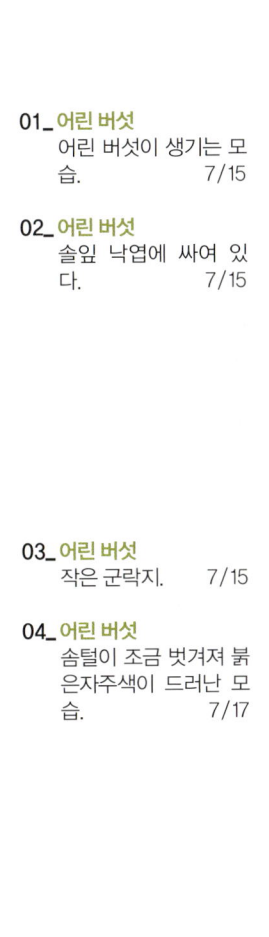

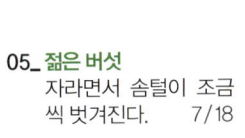

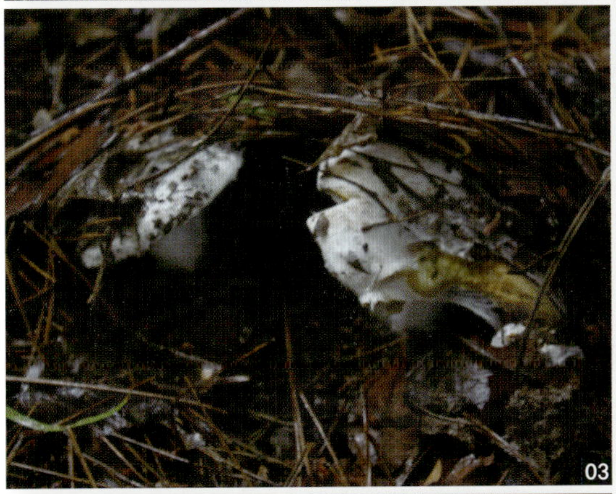

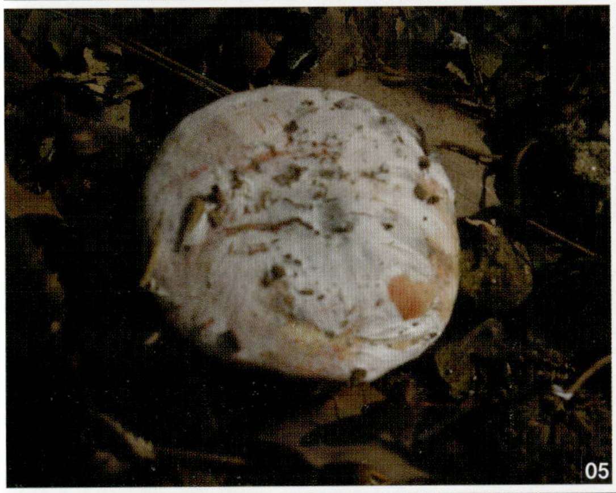

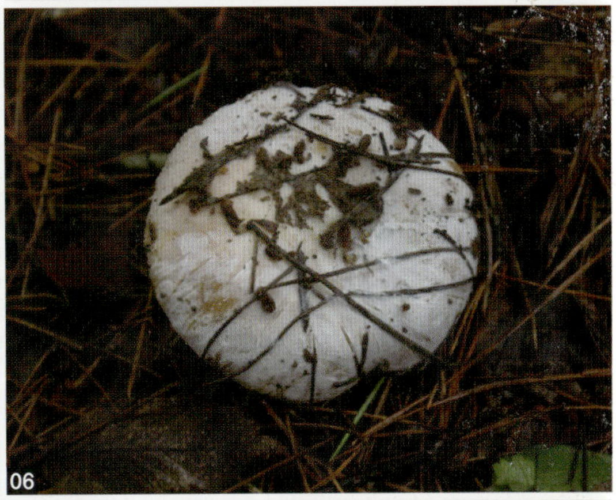

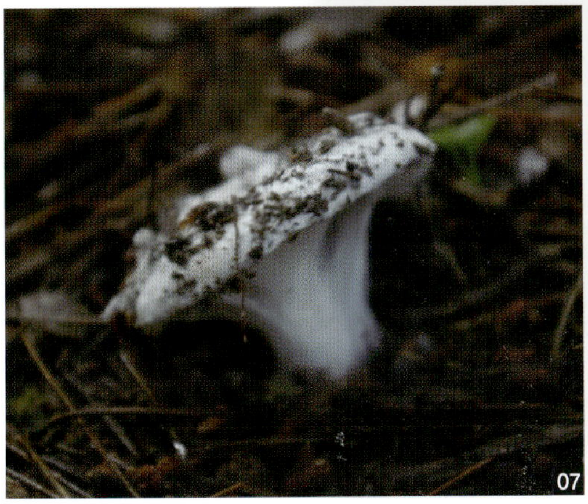

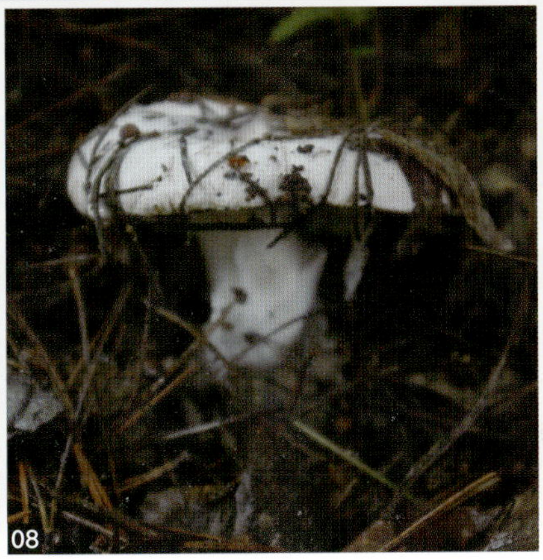

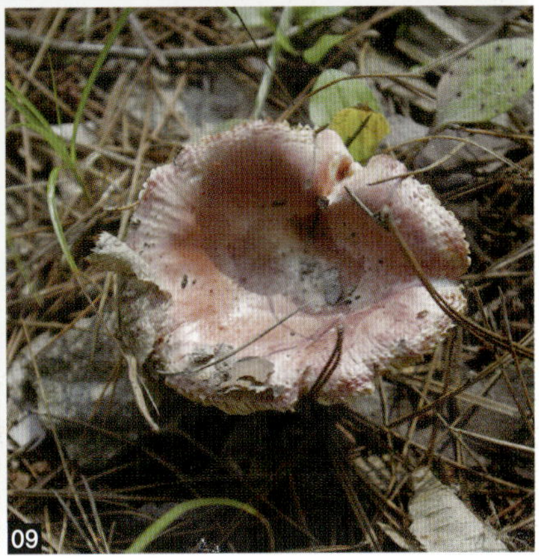

10_ 늙은 버섯
작은 군락지.　　7/17

11_ 상세 모습
솜털에 싸인 어린 버
섯.　　　　　7/15

12_ 상세 모습
자루가 좀 더 길어진
어린 버섯.　　7/15

13_ 상세 모습
젊은 버섯.　　7/21

14_ 상세 모습
늙은 버섯.　　7/17

Lactarius vellereus (Fr.) Fr.

새털젖버섯

갓과 자루에 아주 고운 털이 있다. 8월 2일

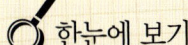
갓 윗면과 자루 겉면
흰색 ⇨ 연노란색, 아주 고운 털로 덮임

갓 밑면
주름살, 흰색 ⇨ 연노란색, 성김

상처의 젖
흰색, 아주 매운맛

육질
단단하고 두꺼움

냄새
때로 과일 썩은 불쾌한 냄새

맛
쓴맛

 식용 불가

 일반 독성

● 무당버섯과 젖버섯속
● 한해살이
● 작은중간키 – 중대형
● 다른 이름 : 털흙쓰개젖버섯

● **발생 시기·장소 |** 여름~가을, 혼합림(넓은잎나무, 소나무)의 땅 위에 1개씩 또는 여러 개가 무리지어 올라온다.

● **분포 |** 한국(주로 가야산, 다도해해상국립공원, 방태산, 운문산, 천성산), 일본, 중국, 시베리아, 소아시아, 유럽, 북아메리카 등에 분포한다.

● **특징 |** 주름살 사이가 성기고, 상처에서 아주 매운맛의 흰 젖이 나온다.

● **생김새 |** 갓 지름 8~15㎝의 중대형으로 25~30㎝까지 크기도 한다. **갓**은 한가운데에 오목한 갓우물이 패어 있으며, 어릴 때는 가장자리가 둥그스름하게 말려 있다가 점차 편평하게 펴져 입이 넓고 얕은 깔때기처럼 된다. 윗면은 흰색이고 아주 고운 털로 덮여 있으며, 점차 연노란색이 되고 노란갈색 얼룩이 생기기도 한다. 갓살은 흰색으로 단단하고 두꺼우며, 때로 과일 썩은 불쾌한 냄새가 난다. **갓 밑면**은 주름살로 되어 있으며, 주름살은 떨어진형이고 성기다. 어릴 때 흰색이다가 점차 연노란색이 되고, 상처가 나면 흰 젖이 나오는데 아주 매운맛이다. **자루**는 길이 1.5~8㎝, 굵기 1.5~4㎝로 겉면이 갓과 같은 색이며 아주 고운 털이 있다. **포자**는 7.5~9.5×6~7.5㎛ 크기의 둥그스름한 모양이다.

● 털젖버섯아재비(p.181)와 혼동하기 쉬운데 새털젖버섯은 젖이 흰색이고 주름살이 성기지만, 털젖버섯아재비는 젖이 흰색에서
연노란색으로 변하고 주름살이 빽빽하다.

주의사항

01_ **젊은 버섯**
갓이 흙투성이다. 8/2

02_ **젊은 버섯**
동물이 베어 먹은 흔적
이 있다.   8/2

03_ **상세 모습**
어린 버섯부터 젊은 버
섯까지. 주름살에 흰
젖이 보인다.
8/2

04_ **상세 모습**
젊은 버섯의 주름살과
흰 젖.   8/2

털젖버섯아재비

갓에 털이 있다. 9월 1일

갓 윗면과 자루 겉면
흰색 ⇨ 연노란갈색 얼룩, 고운 털

갓 밑면
주름살, 흰노란색 ⇨ 노란갈색, 매우 빽빽함

상처의 변색
노란갈색

상처의 젖
흰색 ⇨ 연노란색, 아주 매운맛

육질
단단함

● **발생 시기·장소 |** 여름~가을, 혼합림(넓은잎나무, 소나무) 땅 위에 1개씩 또는 여러 개가 무리 지어 올라온다.

● **분포 |** 한국, 일본, 중국, 북아메리카 등지에 분포한다.

● **특징 |** 주름살이 매우 빽빽하며, 상처에서 아주 매운맛의 흰 젖이 나와 점차 연노란색으로 변한다.

● **생김새 |** 갓 지름 5~15㎝의 중대형. **갓**은 한가운데에 오목한 갓우물이 패어 있으며, 어릴 때 는 가장자리가 둥그스름하게 말려 있다가 점차 편평하게 펴져 입이 넓고 얕은 깔때기처럼 된다. 윗면은 흰색이고 아주 고운 털로 덮여 있으며, 점차 연노란갈색 얼룩이 생긴다. 갓살은 흰색이고 단단하며, 상처가 나면 점차 노란갈색으로 변한다. **갓 밑면**은 주름살로 되어 있으며, 주름살 은 내린형이고 매우 빽빽하며 흰노란색인데 상처가 나거나 늙으면 노란갈색으로 변한다. 또 상처가 나면 흰 젖이 나오는데 천천히 연노란색으로 변하며, 맛은 아주 매운맛이다. **자루**는 길이 4~5㎝, 굵기 2~2.5㎝로 겉면이 갓과 같은 색이고 짧은 털로 덮여 있다. **포자**는 7~8.5×6~6.5㎛ 크기의 타원형이고 흰색이다.

 식용 불가

 일반 독성
(위장장애)

● 무당버섯과 젖버섯속
● 한해살이
● 작은키~중대형

068
굴털이젖버섯

Lactarius piperatus (L.) Pers. = *Lactarius piperatus* (Scop. ex Fr.) S.F. Gray

밑동으로 갈수록 가늘어진다. 8월 1일

한눈에 보기

갓 윗면
흰색 ⇨ 연노란색

갓 밑면
주름살, 흰색 ⇨ 연노란색

자루 겉면
흰색

상처의 젖
흰색, 매운맛

육질
퍼석함

맛
쓴맛, 신맛

● **발생 시기·장소 |** 여름~가을, 넓은잎나무숲~소나무숲~혼합림(넓은잎나무, 소나무)의 땅 위에 1개씩 또는 여러 개가 무리지어 올라온다.

● **분포 |** 한국, 중국, 일본, 오스트레일리아 등지에 분포한다.

● **특징 |** 알밴 굴처럼 쓴맛이 나고, 상처에서 매운맛의 흰 젖이 나온다.

● **생김새 |** 갓 지름 4~18㎝의 중대형. **갓**은 한가운데에 오목한 갓우물이 패어 있으며, 어릴 때는 가장자리가 둥그스름하게 말려 있다가 점차 편평하게 퍼져 입이 넓고 얕은 깔때기처럼 된다. 윗면은 흰색에서 점차 연노란색으로 변하고 노란갈색 얼룩이 생긴다. 습해도 끈적해지지 않는다. 갓살은 흰색이고 육질이 퍼석하며 쓴맛과 신맛이 난다. **갓 밑면**은 주름살로 되어 있으며, 주름살은 내린형이고 빽빽하다. 어릴 때 흰색에서 점차 연노란색이 되고, 상처가 나면 흰 젖이 나오는데 매운맛이다. **자루**는 길이 3~9㎝, 굵기 1~3㎝이며 밑동으로 갈수록 가늘어진다. 겉면과 자루 살은 흰색이며 속이 꽉 차 있다. **포자**는 5.5~8×5~6.5㎛ 크기의 둥그스름한 모양이고 흰색이다.

 식용
(떨어지는 맛)

 약용
(손발 마비, 근육통)

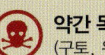 **약간 독성**
(구토, 위장장애)

● **무당버섯과 젖버섯속**

● **한해살이**

● **중간키 ─ 중대형**

● **다른 이름 : 굴털이, 흙쓰개젖버섯**

이용**방법**

식용 >>>

요리 방법과 맛_ 식용 가능하나 약간 독성이 있고 쓴맛, 신맛(구토 유발), 매운맛(위장장애)이 있으며 살이 퍽퍽해서 요리해 먹기에는 썩 좋은 맛이 아니다. 특히 젖의 매운 성분이 위벽을 자극하므로 소금에 절이거나 소금물에 삶아서 물에 담가 우려낸 뒤 여러 번 헹구어 매운맛을 완전히 빼내고, 고열에 약하므로 뜨거운 기름에 볶는다. 숙회, 볶음, 찌개 등으로 먹는데 살이 퍽퍽하고 뒷맛이 쌉쌀하다.

약용 >>>

성분과 효능_ 유리 아미노산(단백질 합성, 면역력 강화) 25종, 락타르디알, 락타롤, 피페랄롤, 피페르디알(구토 유발), 알칼로이드(진통효과)가 함유되어 있다. 손발 마비, 근육통을 풀어주는 효능이 있으며, 손발 마비 치료제인 서근환(舒筋丸)의 원료이다.

01_ 어린 버섯
넓은잎 낙엽 위에 올라온 어린 버섯.   8/2

02_ 젊은 버섯
갓에 털이 없다.   8/2

03_ 젊은 버섯
갓에 얼룩이 생긴다.   8/2

04_ 젊은 버섯
얼룩이 더 커져 있다.   8/2

05_ 젊은 버섯
매운맛의 흰 젖이 나온다.   8/1

06_ 다 자란 버섯
갓우물에 빗물이 고인 모습.   8/2

07_ 다 자란 버섯
작은 군락지.
8/2

08_ 늙은 버섯
물 내리는 모습.   8/2

09_ 상세 모습
어린 버섯과 젊은 버
섯.   8/1

10_ 상세 모습
다 자란 버섯.   8/2

11_ 상세 모습
다 자란 버섯의 주름
살. 흰 젖이 나온다.
8/1

12_ 상세 모습
늙은 버섯의 주름살.
흰 젖이 나온다.   8/2

13_ 이용
채취한 버섯. 흙투성이
인 것이 많아 잘 털어
내야 한다.   8/1

14_ 이용
소금으로 간한 볶음.
8/2

Lactarius subpiperatus Hongo

굴털이아재비

갓 가장자리가 안으로 말린다. 7월 8일

상세 모습
다 자란 버섯 주름살. 상처에
서 흰 젖이 나온다.   7/8

 한눈에 보기

갓 윗면과 자루 겉면
흰색, 노란갈색 얼룩이 생김
갓 밑면
주름살, 흰색, 노란갈색 얼룩이 생
김
상처의 젖
흰색 ⇨ 흰노란색, 아주 매운맛

● **발생 시기·장소** | 여름~가을, 넓은잎나무숲~소나무숲 땅 위에 1개씩 또는 여러 개가 무리지
어 올라온다.

● **분포** | 한국, 일본 등지에 분포한다.

● **특징** | 갓 가장자리가 안으로 말리며, 흰 젖이 서서히 흰노란색이 된다.

● **생김새** | 갓 지름 5~8cm의 중소형. **갓**은 한가운데에 오목한 갓우물이 패어 있고, 가장자리가
둥그스름하다가 점차 편평하게 펴져 입이 넓고 얕은 깔때기처럼 된다. 가장자리는 안쪽으로 오
므라져 있다. 윗면은 흰색이며 점차 지저분한 노란갈색 얼룩이 생기고, 상처가 나면 연노란색이
된다. 갓살은 흰색이다. **갓 밑면**은 주름살로 되어 있으며, 주름살은 내린형이고 조금 성기거나
조금 빽빽하며 흰색이고 점차 노란갈색 얼룩이 생긴다. 상처가 나면 흰 젖이 나와 점차 흰노란
색으로 변하는데 맛이 아주 맵다. **자루**는 길이 4~6cm, 굵기 15~22mm로 겉면이 갓과 같은 색이
며 노란갈색 얼룩이 있다. **포자**는 4~6×1.5~2.2μm 크기의 둥그스름한 모양이고 흰색이다.

 식용 불가

☠ 일반 독성

● 무당버섯과 젖버섯속

● 한해살이

● 작은키 – 중소형

● 다른 이름 : 우유젖버섯

잿빛젖버섯

상처가 나면 자주색으로 변한다. 8월 2일

젊은 버섯
깔대기모양이며 희미하게 나
이테무늬가 있다.   9/5

🔍 한눈에 보기

갓 윗면
흰황토회갈색~흰자주갈색, 희미한
나이테무늬

갓 밑면
주름살, 연노란색 ⇨ 노란갈색

상처의 젖
흰색 ⇨ 자주색, 매운맛

● **발생 시기·장소 |** 여름~가을, 넓은잎나무숲 땅 위에 1개씩 또는 여러 개가 모여서 올라온다.

● **분포 |** 한국, 일본, 유럽 등지에 분포한다.

● **특징 |** 갓에 희미한 나이테무늬가 있고, 상처에서 매운맛의 흰 젖이 나와 곧바로 자주색이 된다.

● **생김새 |** 갓 지름 5~10㎝의 중소형. **갓**은 한가운데에 오목한 갓우물이 패어 있으며, 어릴 때는 가장자리가 둥그스름하게 말려 있다가 점차 편평하게 펴져 입이 넓고 얕은 깔때기처럼 된다. 윗면은 흰황토회갈색~흰자주갈색이고 희미한 나이테무늬가 있으며, 습하면 조금 끈적해진다. 갓살은 흰색이나 상처가 나면 자주색으로 변한다. **갓 밑면**은 주름살로 되어 있으며, 주름살은 완전붙은형~약간 내린형이고 조금 **빽빽**하다. 어릴 때는 연노란색이나 점차 노란갈색이 된다. 상처가 나면 흰 젖이 나오는데 곧바로 자주색이 되며 맛은 맵다. **자루**는 길이 2~7㎝, 굵기 10~18㎜로 겉면이 연노란색이고 점차 노란 얼룩이 생긴다. 속은 비어 있다. **포자**는 7.5~8.5× 6~7㎛ 크기의 둥그스름한 모양이고 연노란색이다.

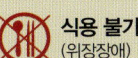

식용 불가
(위장장애)

● **무당버섯과 젖버섯속**

● **한해살이**

● **작은중간키 ‒ 중소형**

그물버섯

자루에 그물무늬가 있다. 7월 13일

한눈에 보기

갓 윗면
어두운 갈색~붉은갈색

갓 밑면
관구멍, 흰색 ⇨ 연노란녹색

자루 겉면
연노란색~연갈색, 그물무늬

자른 면
색 변화 없음

육질
두툼하고 단단함

맛
담백한 맛, 조금 쌉쌀한 뒷맛

● **발생 시기·장소 |** 여름~가을, 넓은잎나무숲~혼합림(넓은잎나무, 소나무) 땅 위에 1개씩 또는 여러 개가 줄지어 올라온다.

● **분포 |** 한국, 일본, 중국, 유럽, 북아메리카, 아프리카 등 전 세계에 분포하며, 동유럽 등지에서 식용으로 재배한다.

● **특징 |** 갓이 갈색이고 자루에 그물무늬가 있다.

● **생김새 |** 갓 지름 6~20㎝의 중대형. **갓**은 어릴 때 둥그스름하다가 점차 둥근 찐빵처럼 되며, 다 자라면 조금 납작해지면서 가운데가 편평해진다. 윗면은 어두운 갈색~붉은갈색이며 촉촉하고 매끄럽다. 갓살은 흰색이며 육질이 두툼하고 탄탄하다. **갓 밑면**에는 수많은 미세 관구멍이 있으며, 관구멍은 1㎜당 2~3개 크기이고 깊이는 4~8㎜이다. 어릴 때는 흰색이다가 점차 연노란녹색이 된다. **자루**는 길이 5~15㎝, 굵기 1.5~5㎝이며 밑동이 굵은 곤봉모양이다. 겉면은 연노란색~연갈색이고 섬유결모양의 그물무늬가 있다. **포자**는 11~15×3~5㎛ 크기의 긴 아몬드모양이고 노란갈색이다.

 식용
(괜찮은 맛)

 약용
(신경통, 손발 마비, 불임, 항종양)

● 그물버섯과 그물버섯속
● 한해살이
● 중간크기 – 중대형

이용방법

식용 >>>

요리 방법과 맛_ 살이 매끄러우면서 아삭아삭하고 쫄깃하며, 맛이 담백하여 먹을 만하다. 뒷맛이 조금 쌉쌀하므로 소금물에 삶아서 물에 담가 우려내야 한다. 숙회, 볶음, 수프 등으로 먹는다.

약용 >>>

성분과 효능_ 렉틴(생체반응 조절), 지방, 탄수화물, 에르고스테롤(비타민 D로 전환되는 물질), 비타민 $B_1 \cdot B_2 \cdot B_3 \cdot B_4 \cdot B_6 \cdot B_9 \cdot C$, 칼슘, 철, 인, 칼륨, 아연, 단백질, 식이섬유, 항바이러스 화합물, 피토케라틴(독성 저항물질), 항산화제가 함유되어 있다. 신경통, 손발 마비, 불임에 효능이 있으며 종양을 억제하는 효능이 있다.

01_ 어린 버섯
어린 버섯이 올라온 모습.　　　　　 9/20

02_ 어린 버섯
돌 틈에서 기형이 된 모습.　　　　　 7/13

03_ 어린 버섯
갓에 상처가 났다.
　　　　　　　 8/21

04_ 어린 버섯
비에 젖어 거무스름해 보인다.　　　 7/14

05_ 어린 버섯
솔잎 위에 올라온 모습.　　　　　 7/14

06_ 젊은 버섯
참나무 낙엽 위에 올라
온 모습.   9/24

07_ 젊은 버섯
갓이 붉은갈색이 된다.
                7/16

08_ 젊은 버섯
버섯이 줄지어 올라온
군락지 모습.   9/24

09_ 젊은 버섯
자루에 그물무늬가 있
다.   7/18

10_ 젊은 버섯
갓 밑면이 연노란녹색
이다.   7/14

11_ 늙은 버섯
솔잎 낙엽 위에 함께
있는 버섯들.   7/14

12_ 상세 모습
젊은 버섯. 갓 밑면이 흰색이고, 자루에 그물 무늬가 뚜렷하다. 8/21

13_ 상세 모습
다 자란 버섯. 갓 밑면 이 연노란녹색이 된다. 7/14

14_ 상세 모습
어린 버섯 속. 7/14

15_ 상세 모습
젊은 버섯 속. 7/13

16_ 상세 모습
다 자란 버섯 속. 7/14

17_ 이용
다듬어놓은 모습. 7/10

18_ 이용
숙회. 맛이 담백하다. 9/16

19_ 이용
소금으로 간한 볶음. 육 질이 탱탱하고 미끌거 린다. 7/10

072

Boletus aereus Bull. = *Boletus aereus* Bull. ex Fr.

구릿빛그물버섯

갓이 구릿빛 벨벳 같다. 8월 19일

🔍 한눈에 보기

갓 윗면
구릿빛(노란갈색) ⇨ 검은구릿빛, 벨벳 느낌

갓 밑면
관구멍, 흰색 ⇨ 노란색

자루 겉면
흰색~연노란색 ⇨ 갓과 같은 색, 그물무늬

자른 면
색 변화가 없음

육질
부드럽고 두툼함

맛
달달한 맛

● **발생 시기·장소 |** 여름~가을, 넓은잎나무숲~혼합림(넓은잎나무, 소나무) 땅 위에 1개씩 또는 여러 개씩 흩어져 올라온다.

● **분포 |** 한국, 일본, 중국, 시베리아, 오스트레일리아 등지에 분포한다.

● **특징 |** 갓이 구릿빛 벨벳 같고, 그물무늬가 있다.

● **생김새 |** 갓 지름 7~15㎝의 중대형. **갓**은 어릴 때 둥그스름하다가 점차 밑면이 꽉 찬 둥근 찐빵처럼 되며, 다 자라면 높이가 낮아지고 가운데가 편평해진다. 갓 윗면은 구릿빛(노란갈색)이다가 늙으면 검은구릿빛이 되며, 짧은 잔털로 덮여 있어 벨벳 같다. 갓살은 흰색이고 겉껍질 아래는 연붉은색이며, 육질이 부드럽고 두툼하다. **갓 밑면**에는 수많은 미세 관구멍이 있으며, 관구멍은 1~3㎜이고 깊이는 최대 2㎝이다. 어릴 때 흰색이다가 점차 노란색이 된다. **자루**는 길이 9~10㎝, 굵기 1~4㎝이며, 겉면은 흰색~연노란색으로 점차 갓과 같은 색이 되고 섬유결모양의 그물무늬가 있다. **포자**는 12~15×4~5㎛ 크기의 긴 타원형~긴 아몬드모양이고 노란녹색이다.

🍴 **식용**
(괜찮은 맛)

● **그물버섯과 그물버섯속**

● **한해살이**

● **중간키 – 중대형**

이용방법

식용 >>>

요리 방법과 맛_ 씹는 맛이 부드럽고 달달해서 먹을 만하다. 뒷맛이 조금 쌉쌀하므로 소금물에 삶아서 물에 오래 우려내야 하며, 너무 오래 삶으면 살이 물컹해지므로 주의한다. 숙회, 볶음, 찌개 등으로 먹는다.

약용 >>>

성분과 효능_ 에르고스테롤(비타민 D로 전환되는 물질), 알칼로이드(진통효과)가 함유되어 있다.

01_ 어린 버섯
넓은잎 낙엽 위에 올라
온 모습.   8/19

02_ 어린 버섯
솔잎 낙엽 위에 올라온
모습.   8/13

03_ 어린 버섯
갓이 까매지기도 한다.
              8/13

04_ 어린 버섯
군락지 모습.   8/13

05_ **다 자란 버섯**
　　갓이 구릿빛으로 조금
　　편평해졌다. 　　7/23

06_ **다 자란 버섯**
　　갓 가장자리가 일부 떨
　　어져나간 모습. 　8/13

07_ **늙은 버섯**
　　갓이 검은구릿빛이 된
　　다. 　　　　　8/19

08_ **늙은 버섯**
　　물 내리는 모습. 8/19

09_ **늙은 버섯**
　　작은 군락지. 　　8/19

10_ **상세 모습**
　　어린 버섯. 　　8/13

11_ **상세 모습**
　　어린 버섯부터 다 자란
　　버섯까지. 　　　8/19

12_ 상세 모습
늘어가는 버섯. 7/23

13_ 상세 모습
늙은 버섯. 8/13

14_ 상세 모습
젊은 버섯 속. 8/19

15_ 상세 모습
어린 버섯과 다 자란 버섯의 갓 밑면과 자루. 8/19

16_ 상세 모습
늙은 버섯의 갓 밑면과 자루. 벌레가 갉아먹고 있다. 8/13

17_ 이용
채취한 버섯. 8/19

18_ 이용
다듬은 버섯. 8/13

19_ 이용
숙회. 아삭아삭하다. 8/30

20_ 이용
소금으로 간한 볶음. 달달한 맛이다. 8/13

Boletus auripes Peck

수원그물버섯

갓과 자루가 노랗고 변색이 안 된다. 8월 13일

 한눈에 보기

갓 윗면
붉은노란갈색, 벨벳 느낌

갓 밑면
관구멍, 연노란색~노란색~노란올리브색

자루 겉면
밝은 노란색 ⇨ 노란갈색, 세로줄무늬

밑동
흰노란색 균사

자른 면
색 변화가 없음

육질
두툼하고 퍽퍽함

맛
달달한 뒷맛

● **발생 시기·장소 |** 여름~가을, 넓은잎나무숲(특히 참나무)~소나무숲~혼합림(넓은잎나무, 소나무)의 땅 위에 1개씩 또는 여러 개가 무리지어 올라온다.

● **분포 |** 한국, 일본, 북아메리카 등지에 분포한다.

● **특징 |** 자루가 노란색이고, 상처가 나도 색이 변하지 않는다.

● **생김새 |** 갓 지름 4~10㎝의 중형. **갓**은 어릴 때 둥그스름하다가 점차 밑면이 꽉 찬 둥근 찐빵처럼 되며, 다 자라면 높이가 낮아져 가운데가 편평해진다. 윗면은 붉은노란갈색이며 벨벳 같다. 갓살은 연노란색~연갈색으로 상처가 나도 색이 변하지 않으며 육질이 두툼하다. **갓 밑면**에는 수많은 미세 관구멍이 있는데 관구멍은 1㎜당 2~3개 크기이고 깊이는 최대 2㎝이며, 연노란색~노란색~노란올리브색이다. **자루**는 길이 5~12㎝, 굵기 최대 3㎝로 겉면이 밝은 노란색이고 늙으면 노란갈색이 되며, 섬유결모양의 세로줄무늬가 있다. 밑동에는 흰노란색 균사가 붙어 있으며, 자루 살도 흰노란색이다. **포자**는 9.5~15×3.5~5㎛ 크기의 아몬드모양이고 붉은노란갈색이다.

식용
(평범한 맛)

● 그물버섯과 그물버섯속
● 한해살이
● 중간키 – 중형

이용방법

식용 >>>

요리 방법과 맛_ 뒷맛이 달달하지만 살이 조금 퍽퍽해서 기름에 볶아 먹는 것이 좋다. 숙회, 볶음, 된장찌개 등으로 먹는다.

01_ 어린 버섯
주로 무리지어 올라온
다.   8/13

02_ 젊은 버섯
자루가 굽은 모습.
                        8/23

03_ 젊은 버섯
빗물이 흘러내리는 모
습. 갓이 벨벳 같다.
                        7/11

04_ 젊은 버섯
자루 밑동에 흰노란색
균사가 붙는다.   9/21

05_ 젊은 버섯
상처가 나도 색이 변하
지 않는다.   9/6

06_ 다 자란 버섯
갓이 편평해진다. 7/21

07_ **상세 모습**
어린 버섯.　　8/13

08_ **상세 모습**
젊은 버섯. 밑동에 흰
균사가 붙는다.　9/21

09_ **상세 모습**
다 자란 버섯.　7/21

10_ **상세 모습**
늙은 버섯.　　7/20

11_ **상세 모습**
짙은 노란색의 다 자란
버섯 속.　　8/13

12_ **상세 모습**
옅은 노란색의 다 자란
버섯 속.　　7/22

13_ **상세 모습**
다 자란 버섯의 갓 밑
면.　　8/15

14_ **상세 모습**
늙은 버섯의 갓 밑면.
　　8/15

15_ **이용**
소금으로 간한 볶음.
조금 퍽퍽하고 뒷맛이
달달하다.　8/15

짙은융단그물버섯 ※미기록종

갓이 어두운 갈색 융단 같다. 8월 23일

상세 모습
어린 버섯 속.자른 면이 검푸른
색으로 변한다.　　　　9/1

🔍 한눈에 보기

갓 윗면
어두운 갈색, 융단 느낌

갓 밑면
관구멍, 연노란색

자루 겉면
갓과 같은 색, 그물무늬

자른 면
약간 검푸른색으로 변색

육질
두툼함

● **발생 시기·장소** | 여름~가을, 넓은잎나무숲 땅 위에 1개씩 또는 여러 개씩 흩어져 올라온다.

● **분포** | 한국, 일본, 타이완, 중국 등지에 분포한다.

● **특징** | 갓이 어두운 갈색 융단 같으며, 자른 면이 검푸른색으로 변한다.

● **생김새** | 갓 지름 4~9㎝의 중소형. **갓**은 어릴 때 둥그스름하다가 점차 밑면이 꽉 찬 둥근 찐 빵모양처럼 되며, 다 자라면 높이가 낮아져 가운데가 편평해진다. 윗면은 어두운 갈색이며 융단 같다. 갓살은 연노란색이고 두툼하며, 자른 면이 검푸른색으로 변한다. **갓 밑면**에는 수많은 미세 관구멍이 있으며, 관구멍은 1㎜당 2~3개 크기이고 깊이는 5~8㎜이며 연노란색이다. **자루**는 길이 4~8㎝, 굵기 6~10㎜로 겉면이 갓과 같은 색이고 섬유결모양의 그물무늬가 있다. **포자**는 48~67×16~20㎛ 크기이다.

✖ 식용 불가
(독성분 여부 미상)

● 그물버섯과 그물버섯속(속명 바뀜)

● 한해살이

● 작은중간키 – 중소형

01_상세 모습
　　어린 버섯. 8/23

02_상세 모습
　　젊은 버섯 속. 8/23

산그물버섯

Boletus subtomentosus L. =*Xerocomus subtomentosus* (L.) Quél. =*Xerocomus subtomentosus* (L. ex Fr.) Quél

자루가 가는 편이다. 7월 3일

 한눈에 보기

갓 윗면
노란갈색~녹갈색~노란녹색, 벨벳
느낌

갓 밑면
관구멍, 노란색~노란녹색, 상처가
푸른색으로 변함

자루 겉면
연노란색~연갈색

자른 면의 변색
조금 푸른색으로 변하기도 함

육질
두툼함

맛
담백한 맛

● **발생 시기·장소** | 여름~가을, 넓은잎나무숲~혼합림(넓은잎나무, 소나무)~풀밭~길가 땅 위
에 1개씩 또는 여러 개가 무리지어 올라온다.

● **분포** | 한국, 일본, 중국, 보르네오, 북아메리카, 시베리아, 아프리카, 유럽, 오스트레일리아
등지에 분포한다.

● **특징** | 갓이 노란갈색 벨벳 같고, 갓 밑면에 상처가 나면 푸른색으로 변하며, 자루는 가는 편
이다.

● **생김새** | 갓 지름 3~10㎝의 중소형. **갓**은 어릴 때 둥그스름하다가 점차 밑면이 꽉 찬 둥근 찐
빵모양처럼 되며, 다 자라면 높이가 낮아져 가운데가 편평해지고 늙으면 조금 오목해진다. 윗면
은 노란갈색~녹갈색~노란녹색이며 벨벳 같다. 때로는 겉껍질이 갈라져 연노란 살이 드러나기
도 한다. 갓살은 연노란색이고 두툼하며, 자른 면이 조금 푸른색으로 변하는데 색이 변하지 않
는 것도 있다. **갓 밑면**에는 수많은 미세 관구멍이 있으며, 관구멍은 1㎜당 1~2개 크기이고 깊이
1~2.5㎝이다. 모양은 다각형이고 노란색~노란녹색이며 상처가 나면 푸른색으로 변한다. **자루**
는 길이 5~12㎝, 굵기 6~14㎜이고, 밑동이 좀 더 굵으며 굽은 경우가 많다. 겉면은 연노란색~
연갈색이다. **포자**는 10.5~15×4~5㎛ 크기의 아몬드모양이고 노란녹갈색이다.

식용
(평범한 맛)

● **그물버섯과 그물버섯속**(속명 바뀜)

● **한해살이**

● **중간키 – 중소형**

● **다른 이름 : 벨벳그물버섯**

이용방법

01_ **다 자란 버섯**
소나무 혼합림에 난 모
습.   7/3

02_ **늙은 버섯**
갓이 조금 오목해진 모
습.   9/18

03_ **늙은 버섯**
갓 밑면은 수많은 관구
멍으로 되어 있다.
                9/18

04_ **상세 모습**
상처가 푸른색으로 변
한 젊은 버섯.   7/3

05_ **상세 모습**
상처가 푸른색으로 변
한 늙은 버섯.   7/6

06_ **상세 모습**
늙은 버섯 전체 모습.
                9/18

07_ **상세 모습**
늙은 버섯 속. 자른 면
이 변색되지 않는 것도
있다.   9/18

08_ **상세 모습**
늙은 버섯의 갓 밑면.
                9/18

076

Boletus pseudocalopus Hongo

산속그물버섯아재비

자루에 노랗고 붉은 얼룩이 있다. 7월 11일

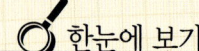

한눈에 보기

갓 윗면
붉은갈색~연갈색~어두운 갈색

갓 밑면
관구멍, 연노란색~노란색 ⇨ 노란갈색, 상처가 푸른녹색으로 변함

자루 겉면
노란색, 붉은노란색 얼룩

자른 면
서서히 조금 푸른녹색으로 변함

육질
두툼함

냄새
치즈 냄새

맛
달달한 뒷맛

● **발생 시기·장소 |** 여름~가을, 넓은잎나무숲~소나무숲~혼합림(넓은잎나무, 소나무)~낙엽 많은 땅 위에 1개씩 또는 여러 개가 무리지어 올라온다.

● **분포 |** 한국, 일본, 유럽 등지에 분포한다.

● **특징 |** 자루에 노랗고 붉은 얼룩이 있으며, 갓 밑면에 상처가 나면 푸른녹색으로 변한다.

● **생김새 |** 갓 지름 4~15㎝의 중대형. **갓**은 어릴 때 둥그스름하다가 점차 밑면이 꽉 찬 둥근 찐빵모양처럼 되며, 다 자라면 높이가 낮아져 가운데가 편평해진다. 윗면은 붉은갈색~연갈색~어두운 갈색이며, 점차 작은 얼룩무늬 같은 것이 생겨서 지저분해진다. 종종 부분적으로 붉은색을 띠기도 한다. 갓살은 연노란색이고 두툼하며, 자른 면이 서서히 조금 푸른녹색으로 변한다. **갓 밑면**에는 수많은 미세 관구멍이 있으며, 관구멍은 완전붙은형~내린형이고 1㎜당 1~2개 크기이며 깊이는 3㎜이다. 색은 연노란색~노란색으로 늙으면 노란갈색이 되며, 상처가 나면 푸른녹색으로 변한다. **자루**는 길이 5~12㎝, 굵기 1.5~2.5㎝로 겉면이 노란색이고 자루 중간보다 조금 위쪽부터 붉은노란색 얼룩이 있다. 자루 살은 연노란색이다. **포자**는 10~12.4×3.5~5㎛ 크기의 타원형이고 녹갈색이다.

식용
(괜찮은 맛)

약간 독성
(생식시 중독)

- 그물버섯과 그물버섯속
- 한해살이
- 중간키 – 중대형

이용방법

식용 >>>

요리 방법과 맛_ 생식하면 중독되어 위장장애를 일으키고, 사람에 따라 알레르기를 일으키기도 하므로 완전히 익혀 먹어야 한다. 삶으면 노란 물이 나오므로 물에 담가 우려낸 뒤 여러 번 헹군다. 씹는 맛이 미끌미끌하면서 사각거리고, 뒷맛이 달달해서 먹을 만하다. 숙회, 볶음, 국물요리 등으로 먹는다.

01_ 어린 버섯
비스듬히 올라온 모습.
9/20

02_ 어린 버섯
작은 군락지.　7/11

03_ 어린 버섯
자루에 붉은노란색 얼룩이 보인다.　7/10

04_ 젊은 버섯
갓색이 지저분하다.
9/20

05_ 젊은 버섯
기형이 된 버섯. 7/16

06_ 다 자란 버섯
옆에서 본 모습. 7/12

07_ **다 자란 버섯**
군락지 모습.　9/20

08_ **다 자란 버섯**
갓이 편평해진다.9/26

09_ **다 자란 버섯**
붉은빛을 띠기도 한다.
　9/21

10_ **다 자란 버섯**
비에 젖은 모습.　7/10

11_ **늙은 버섯**
옆에서 본 모습.　7/12

12_ **상세 모습**
어린 버섯.　　9/20

13_ **상세 모습**
다 자란 버섯.　9/20

14_ 상세 모습
어린 버섯부터 다 자란
버섯까지.
7/10

15_ 상세 모습
상처가 푸른색으로 변
한 늙은 버섯.   9/26

16_ 상세 모습
어린 버섯부터 늙은 버
섯까지.   9/20

17_ 상세 모습
어린 버섯과 다 자란
버섯 속 비교. 서서히
조금 푸른색이 된다.
9/20

18_ 상세 모습
조금 푸른색으로 변한
늙은 버섯 속.   7/12

19_ 이용
채취한 버섯. 생식하면
중독되므로 삶아서 노
란 물을 여러 번 헹궈
내야 한다.   9/20

20_ 이용
다듬은 버섯. 살이 푸
르스름해졌다.   7/10

21_ 이용
소금으로 간한 볶음. 달
달한 맛이 난다. 7/10

077

붉은대그물버섯

Boletus erythropus (Fr. : Fr.) Pers. = *Boletus erythropus* Persoon SS. Fries

자루의 상처가 검푸른녹색이 된다. 8월 24일

🔍 한눈에 보기

갓 윗면
붉은갈색~녹슨 붉은갈색

갓 밑면
관구멍, 붉은노란색 ⇨ 붉은갈색,
상처는 검푸른녹색으로 변함

자루 겉면
노란갈색, 붉은갈색 점무늬, 상처는
검푸른녹색으로 변함

자른 면
검푸른녹색으로 변색

육질
두툼하고 단단하며 아삭함

맛
달달함

● **발생 시기·장소** | 여름~가을, 넓은잎나무숲(졸참나무, 밤나무, 가문비나무)~바늘잎나무숲(소나무, 전나무) 땅 위에 1개씩 또는 여러 개씩 흩어져 올라온다.

● **분포** | 한국, 일본, 소아시아, 시베리아, 유럽, 북아메리카 등지에 분포한다.

● **특징** | 자루가 붉고, 상처와 자른 면이 금방 검푸른녹색으로 변한다.

● **생김새** | 갓 지름 10~15㎝의 중대형. **갓**은 어릴 때 둥그스름하다가 점차 밑면이 꽉 찬 둥근 찐빵모양처럼 되며, 다 자라면 높이가 낮아져 가운데가 편평해진다. 윗면은 붉은갈색~녹슨 붉은갈색이며 벨벳 같다. 갓살은 연노란색으로 두툼하고 단단하며 아삭하고, 자른 면이 바로 검푸른녹색으로 변한다. **갓 밑면**에는 수많은 미세 관구멍이 있으며, 관구멍은 완전붙은형이고 지름 0.5~1㎜이다. 어릴 때는 붉은노란색이다가 점차 붉은갈색이 되며, 상처가 나면 바로 검푸른녹색으로 변한다. **자루**는 길이 4.5~15㎝, 굵기 1.2~4.5㎝이고 밑동이 좀 더 굵으며, 겉면이 노란갈색이고 붉은갈색 점무늬가 있다. 자루 살은 노란색이며, 상처가 나면 검푸른녹색으로 변한다. **포자**는 12~18×4.5~6㎛ 크기의 긴 아몬드모양이고 올리브갈색이다.

 식용
(괜찮은 맛)

 약간 독성
(생식시 위장장애)

● 그물버섯과 그물버섯속

● 한해살이

● 큰키 – 중대형

● 다른 이름 : 큰뒤붉은색갈이그물버섯

이용방법

식용 >>>

요리 방법과 맛_ 생식하면 중독되어 위장장애가 일어나므로 완전히 익혀 먹어야 하며, 삶으면 검푸른 물이 나오므로 여러 번 헹군다. 씹으면 미끌미끌하고 아삭하며 조금 단맛이 난다. 숙회, 볶음, 된장찌개, 탕 등으로 먹는다.

약용 >>>

성분과 효능_ 종양을 억제하는 효능이 있다.

01_ 어린 버섯
　 자루에 검푸른녹색 얼룩이 생긴 모습. 7/16

02_ 어린 버섯
　 비에 젖은 모습. 7/10

03_ 젊은 버섯
　 가운데가 편평해진 모습. 7/11

04_ 다 자란 버섯
　 버섯 갓 모습. 8/30

05_ 늙은 버섯
　 위에서 본 모습. 7/8

06_ 상세 모습
　 짙은 붉은색 버섯들. 7/12

07_ 상세 모습
다 자란 버섯. 갓 밑면
이 붉다.   7/11

08_ 상세 모습
늙은 버섯.   8/15

09_ 상세 모습
어린 버섯 속.   7/16

10_ 상세 모습
젊은 버섯 속. 자른 면
이 검푸르게 변하고 있
다.   7/11

11_ 상세 모습
어린 버섯의 갓 밑면과
자루의 상처가 검푸른
녹색으로 변한 모습.
          8/24

12_ 이용
채취한 버섯. 상처가
오래되면 검어진다.
          7/8

13_ 이용
다듬은 버섯.   7/8

14_ 이용
소금으로 간한 볶음.
아삭하고 달달하다.
          7/8

Boletus fraternus Peck

붉은그물버섯

갓이 갈라진 벨벳모양 같다. 9월 1일

갓 윗면
붉은핏빛~붉은갈색, 갈라진 벨벳
모양

갓 밑면
관구멍, 노란색, 상처는 검푸른색으
로 변함

자루 겉면
노란색, 붉은 세로줄무늬

자른 면
검푸른색으로 변색

육질
두툼하고 아삭함

냄새
달콤한 과일냄새

맛
조금 쌉쌀한 맛

● **발생 시기·장소 |** 여름~가을, 넓은잎나무숲~혼합림(넓은잎나무, 소나무)~잔디밭 땅 위에 1개씩 또는 여러 개씩 흩어져 올라온다.

● **분포 |** 한국(주로 남산, 다도해해상국립공원, 대둔산, 만덕산, 모악산, 백두산, 아차산, 영축산, 운문산, 지리산, 천성산), 일본, 중국, 유럽 등지에 분포한다.

● **특징 |** 갓이 붉은핏빛이며, 갓 밑면에 상처가 나면 검푸른색으로 변한다.

● **생김새 |** 갓 지름 2~7㎝의 중소형. **갓**은 어릴 때 둥그스름하다가 점차 밑면이 꽉 찬 둥근 찐 빵모양처럼 되며, 다 자라면 높이가 낮아져 가운데가 편평해진다. 윗면은 붉은핏빛~붉은갈색 이고 벨벳 같으며, 늙으면 거북이등처럼 조금 갈라진다. 갓살은 연노란색으로 두툼하고 아삭하 며 달콤한 과일냄새가 난다. 자른 면은 검푸른색으로 변한다. **갓 밑면**에는 수많은 미세 관구멍 이 있으며, 관구멍은 완전붙은형이고 다각형이며 노란색이다. 상처가 나면 검푸른색으로 변한 다. **자루**는 길이 2~6㎝, 굵기 6~10㎜로 겉면이 노란색이고 섬유결모양의 붉은 세로줄무늬가 있으며, 밑동에 연노란색 균사가 있다. **포자**는 10~12×5~6㎛ 크기의 긴 아몬드모양이고 노란 갈색이다.

 식용
(괜찮은 맛)

 약용
(항종양)

● 그물버섯과 그물버섯속
● 한해살이
● 작은키 – 중소형
● 다른 이름 : 뒤노란색갈이그물
버섯

식용 >>>

요리 방법과 맛_ 아삭아삭하고 달콤한 향이 있다. 뒷맛이 조금 쌉쌀하므로 소금물에 삶아서 물에 오래 우려내야 한다. 숙회, 볶음 등으로 먹는다.

약용 >>>

성분과 효능_ 유리 아미노산(단백질 합성, 면역력 강화) 22종, 아라비톨(당알코올), 만니톨(당알코올), 프럭토스(과당), 글루코오스(포도당), 트레할로스(산패 방지), 비타민 B(생리기능 활성)이 함유되어 있으며, 종양을 억제하는 효능이 있다.

01_ **어린 버섯**
빗물에 젖은 모습.
8/25

02_ **어린 버섯**
위에서 본 모습.　9/1

03_ **다 자란 버섯**
빗물에 젖은 모습.
8/25

04_ **다 자란 버섯**
풀숲에 올라온 모습.
9/1

05_ **다 자란 버섯**
군락지 모습.　9/1

06_ **늙은 버섯**
갓색이 조금 바랬다.
8/29

07_ **늙은 버섯**
갓 가장자리가 말려 올
라간 모습.　8/25

08_ 상세 모습
어린 버섯부터 다 자란
버섯까지.   9/1

09_ 상세 모습
젊은 버섯부터 늙은 버
섯까지.   8/25

10_ 상세 모습
다 자란 버섯 속. 8/25

11_ 상세 모습
상처가 검푸른색으로
변한 버섯 갓 밑면.
                 8/29

12_ 상세 모습
상처가 심하게 검푸른
색으로 변했다.   8/25

13_ 이용
채취한 버섯. 삶으면
거무스름한 물이 나오
므로 여러 번 헹궈야
한다.   8/25

14_ 이용
다듬은 버섯. 살이 검
푸른색으로 변했다.
                 8/25

15_ 이용
숙회. 과일향이 나고
아삭하다.   8/25

16_ 이용
소금으로 간한 볶음.
                 9/2

079

Boletus violaceofuscus Chiu

흑자색그물버섯

갓과 자루가 흑자색이다. 7월 12일

🔍 한눈에 보기

갓 윗면
흑자색(가지색)

갓 밑면
관구멍, 흰색 ⇨ 노란색 ⇨ 노란갈색

자루 겉면
갓과 같은 색, 흰 그물무늬

자른 면
색 변화가 없음

육질
두툼하고 쫄깃함

맛
달달한 맛, 감칠맛, 조금 쌉쌀한 뒷맛

● **발생 시기·장소 |** 여름~가을, 넓은잎나무숲(밤나무, 참나무, 잣나무) 땅 위에 1개씩 또는 여러 개씩 흩어져 올라온다.

● **분포 |** 한국, 일본, 중국 등지에 분포한다.

● **특징 |** 갓과 자루가 흑자색이고, 상처가 나도 색이 변하지 않는다.

● **생김새 |** 갓 지름 5~10㎝의 중소형. **갓**은 어릴 때 둥그스름하다가 점차 밑면이 꽉 찬 둥근 찐 빵모양처럼 되며, 다 자라면 높이가 낮아져 가운데가 편평해지고 습하면 조금 끈적해진다. 윗면 은 흑자색(가지색)이며, 노란색~올리브색~갈색 얼룩이 생기기도 한다. 갓살은 흰색이며 육질 이 두툼하고 쫄깃하다. **갓 밑면**에는 수많은 미세 관구멍이 있으며, 관구멍은 1㎜당 1~2개 크기 이고 깊이 7~13㎜다. 어릴 때 흰색에서 점차 노란색이 되었다가 노란갈색이 된다. **자루**는 길이 7~9㎝, 굵기 1.5~2.5㎝로 겉면이 갓과 같은 색이고, 섬유결모양의 흰 그물무늬가 있다. 자루 살 은 흰색이다. **포자**는 12.6~18.9×5.5~7.1㎛ 크기의 긴 타원형~아몬드모양이고 노란갈색이다.

 식용
(뛰어난 맛)

 약용
(항종양, 성인병 예방)

● **그물버섯과 그물버섯속**

● **한해살이**

● **작은중간키 – 중소형**

● **다른 이름 : 가지색그물버섯**

이용방법

01_ 어린 버섯
풀 위에 올라온 모습.
8/31

02_ 어린 버섯
갓에 희끗한 얼룩이 생겼다. 7/11

03_ 어린 버섯
넓은잎 낙엽 위에 올라온 모습. 7/10

04_ 어린 버섯
넓은잎 나무 밑에 올라온 모습. 7/11

05_ 어린 버섯
함께 올라온 모습.7/16

06_ 어린 버섯
자루에 섬유결모양의 그물무늬가 있다. 7/10

07_ 어린 버섯
어릴 때는 갓 밑면이 희다. 7/10

08_ 젊은 버섯
옆에서 본 모습. 7/10

09_ 다 자란 버섯
갓이 무거워 내려앉은
모습. 7/11

10_ 상세 모습
어린 버섯. 7/16

11_ 상세 모습
다 자란 버섯. 7/10

12_ 상세 모습
어린 버섯부터 다 자란
버섯까지. 7/10

13_ 상세 모습
젊은 버섯 속. 7/16

14_ 이용
채취한 버섯. 7/11

15_ 이용
숙회. 오돌오돌하고 달
달하다. 7/6

16_ 이용
소금으로 간한 볶음.
 7/11

080

Strobilomyces strobilaceus (Scop.) Berk. = *Strobilomyces floccopus* (Vahl.) P. Karst.

귀신그물버섯 (솜귀신그물버섯)

갓이 떡진 밤갈색 솜털로 덮여 있다. 7월 10일

🔍 한눈에 보기

갓 윗면
연갈색~회갈색, 밤갈색 떡진 솜털

갓 밑면
관구멍, 흰색 ⇨ 회색 ⇨ 검은색

자루 겉면
밤갈색, 밤갈색 솜털비늘

자른 면
붉은색 ⇨ 회색 ⇨ 검은색(3단계 변색)

육질
두툼하고 부드러움

냄새
소나무냄새

맛
부드럽고 담백한 맛

● **발생 시기·장소 |** 여름~가을, 넓은잎나무숲(밤나무, 참나무)~소나무숲~혼합림(넓은잎나무, 소나무)의 땅 위에 1개씩 또는 여러 개가 무리지어 올라온다.

● **분포 |** 한국, 일본, 중국 등 북반구 일대와 아프리카, 오스트레일리아 등지에 분포한다.

● **특징 |** 갓이 누워서 떡진 밤갈색 솜털로 덮여 있다.

● **생김새 |** 갓 지름 3~12㎝의 중형. **갓**은 어릴 때 둥그스름하다가 점차 밑면이 꽉 찬 둥근 찐빵 모양처럼 되며, 다 자라면 높이가 낮아져 가운데가 편평해진다. 윗면은 연갈색~회갈색이고 조금 각진 밤갈색 떡진 솜털이 있다. 갓살은 흰색으로 두툼하고 부드러우며 소나무냄새가 난다. 자른 면은 붉은색이 되었다가 회색이 되고 검은색이 되어 3단계로 변한다. **갓 밑면**에는 수많은 미세 관구멍이 있으며, 관구멍은 다각형이고 깊이가 15㎜이다. 어릴 때는 흰색이다 점차 회색을 거쳐 검은색이 된다. **자루**는 길이 5~15㎝, 굵기 5~21㎜로 겉면이 밤갈색이고, 밤갈색 솜털비늘이 있으나 잘 떨어져나간다. 윗동에는 흰색~회색 솜 같은 턱받이 흔적이 있다. **포자**는 8.5~14.5×7~11㎛ 크기의 타원형이고 검은갈색이다.

 식용
(괜찮은 맛)

 약용
(성인병 예방)

● 그물버섯과 귀신그물버섯속

● 한해살이

● 중간큰키 – 중형

이용방법

01_ **어린 버섯**
빗물에 젖은 버섯.
7/13

02_ **어린 버섯**
나무 밑동 근처에 올라
온 모습. 9/20

03_ **젊은 버섯**
자루가 조금 구부러졌
다. 7/5

04_ **늙은 버섯**
물 내리고 남은 자루.
7/10

05_ **상세 모습**
젊은 버섯. 7/5

06_ **이용**
채취한 버섯. 삶아서
여러 번 헹궈야 한다.
7/11

Strobilomyces confusus Sing.

털귀신그물버섯 (솔방울귀신그물버섯)

갓이 검은 뿔비늘로 덮여 있다. 7월 11일

🔍 한눈에 보기

갓 윗면
회색~회갈색, 솔방울처럼 보이는 검은갈색~검은회갈색 뿔비늘

갓 가장자리
외피막 조각이 너덜거림

갓 밑면
관구멍, 흰색 ⇨ 회색 ⇨ 검은색(3단계 변색)

자루 겉면
회색~어두운 회색

자른 면
붉은색 ⇨ 검은색(2단계 변색)

육질
두툼하고 부드러움

맛
감칠맛

● **발생 시기·장소** | 여름~가을, 혼합림(넓은잎나무, 소나무) 땅 위에 1개씩 또는 여러 개씩 흩어져 올라온다.

● **분포** | 한국·일본 등 동아시아, 북아메리카, 유럽 등지에 분포한다.

● **특징** | 갓이 거무스름하고, 서 있는 검은갈색~검은회갈색 뿔비늘로 덮여 있어 솔방울 같다.

● **생김새** | 갓 지름 3~10㎝의 중형. **갓**은 어릴 때 둥그스름하다가 점차 밑면이 꽉 찬 둥근 찐빵 모양처럼 되며, 자라면 높이가 낮아져 가운데가 편평해진다. 윗면은 회색~회갈색이고, 서 있는 검은갈색~검은회갈색 뿔비늘로 덮여 있어 솔방울처럼 보인다. 갓이 펴지면 갓 밑면을 덮고 있던 외피막 조각들이 가장자리에 달려 너덜거리나 금방 떨어진다. 갓살은 두툼하고 부드러우며, 자른 면이 붉은색이 되었다가 검은색으로 변한다. **갓 밑면**에는 수많은 미세 관구멍이 있으며, 관구멍은 완전붙은형~홈형이다. 어릴 때는 흰색이다 점차 회색이 되었다가 검은색으로 변하며, 상처가 나면 붉은색이 되었다가 검은색으로 변한다. **자루**는 길이 5~10㎝, 굵기 5~15㎜이고 겉면은 회색~어두운 회색이다. **포자**는 10.5~12.5×9.5~10㎛ 크기이고 검은보라색이다.

 식용
(괜찮은 맛)

● 그물버섯과 귀신그물버섯속

● 한해살이

● 중간키 – 중형

이용방법

01_ 어린 버섯
솔잎과 넓은잎나무 낙엽 위에 올라온 모습.
7/8

02_ 어린 버섯
비 맞은 모습.　7/13

03_ 다 자란 버섯
갓 가장자리에 외피막 조각이 달려 있다. 8/1

04_ 다 자란 버섯
갓 전체가 검게 변했다.　8/18

05_ 다 자란 버섯
뿔비늘이 뭉툭해졌다.
7/23

06_ 상세 모습
젊은 버섯. 갓 밑면과 자루가 점차 검어진다.
8/2

07_ 상세 모습
어린 버섯과 다 자란 버섯.　7/11

접시껄껄이그물버섯 (껄껄이그물버섯)

갓껍질이 갈라져 껄껄하다. 8월 17일

● **발생 시기·장소 |** 여름~가을, 넓은잎나무숲~혼합림(넓은잎나무, 소나무) 땅 위에 1개씩 또는 여러 개가 모여서 올라온다.

● **분포 |** 한국, 일본, 중국, 러시아, 북아메리카 등지에 분포한다.

● **특징 |** 갓이 주황갈색이고 불규칙하게 갈라지며, 자루가 껄껄한 느낌이다.

● **생김새 |** 갓 지름 10~25㎝의 대형. **갓**은 어릴 때 둥그스름하다가 점차 밑면이 꽉 찬 둥근 찐빵모양처럼 되며, 다 자라면 높이가 낮아져 가운데가 편평해진다. 윗면은 황토색~주황갈색이고 벨벳 같으며, 점차 갓껍질이 불규칙하게 갈라져서 연노란색 속살이 드러나며 만져보면 껄껄하다. 갓살은 흰색~노란색으로 두툼하고 꽉 차 있다. **갓 밑면**에는 수많은 미세 관구멍이 있으며, 관구멍은 올린형이고 어릴 때는 노란색이다 점차 올리브녹색이 되고, 상처가 나면 푸른녹색으로 변한다. **자루**는 길이 5~15㎝, 굵기 2.5~5.5㎝로, 겉면이 노란색이고 노란갈색~주황색 점 같은 잔 거스러미가 있어 껄껄하며, 늙으면 색이 짙어진다. **포자**는 9.5~13×3.5~4㎛ 크기의 원기둥 같은 아몬드모양이고 노란올리브색이다.

 식용
(괜찮은 맛)

 약간 독성
(생식시 위장장애)

● 그물버섯과 껄껄이그물버섯속

● 한해살이

● 중간큰키 – 대형

이용방법

식용 >>>

요리 방법과 맛_ 생식하면 중독되므로 완전히 익혀 먹어야 하며, 삶으면 노란 물이 나오므로 여러 번 헹궈낸다. 살이 부들부들하고 향긋하며 맛이 담백하다. 숙회, 볶음, 조림 등으로 먹는다.

01_ **어린 버섯**
함께 올라온 모습.
8/24

02_ **어린 버섯**
솔잎 낙엽을 뚫고 나온 모습. 7/11

03_ **젊은 버섯**
갓껍질이 굵게 갈라진다. 8/25

04_ **젊은 버섯**
갓껍질이 갈라진 사이로 연노란색 살이 보인다. 9/20

05_ **젊은 버섯**
어린 버섯부터 다 자란 버섯까지 함께 있는 군락지. 8/23

06_ 다 자란 버섯
갓이 껄껄한 느낌이다.
8/1

07_ 늙은 버섯
갓이 위로 살짝 말려
있다.   8/23

08_ 상세 모습
어린 버섯과 젊은 버
섯.   7/11

09_ 상세 모습
다 자란 버섯.   8/17

10_ 상세 모습
어린 버섯 속.   7/14

11_ 상세 모습
젊은 버섯의 갓 밑면.
8/9

12_ 이용
채취한 버섯. 자른 면
의 색이 변한다.   9/15

13_ 이용
다듬은 버섯.   9/15

14_ 이용
숙회. 향긋하고 맛이
담백하다.   9/15

Leccinum hortonii (Smith & Thiers) Hongo & Nagas.

주름껄껄이그물버섯 (홀트껄껄이그물버섯)

갓이 쪼글쪼글하다. 7월 11일

🔍 **한눈에 보기**

갓 윗면
연노란갈색~붉은갈색, 쪼글쪼글함

갓 밑면
관구멍, 노란색 ⇒ 노란녹색

자루 겉면
흰노란색, 고운 비늘가루

육질
두툼함

● **발생 시기·장소** | 여름~가을, 넓은잎나무숲(참나무)~소나무숲~혼합림(넓은잎나무, 소나무)의 땅 위에 1개씩 또는 여러 개가 줄지어 올라온다.

● **분포** | 한국, 일본, 미국 동부, 캐나다 등지에 분포한다.

● **특징** | 갓이 연노란갈색이며 매우 쪼글쪼글하여 껄껄하다.

● **생김새** | 갓 지름 5~12㎝의 중형. **갓**은 어릴 때 둥그스름하다가 점차 밑면이 꽉 찬 둥근 찐빵 모양처럼 되며, 다 자라면 높이가 낮아져 가운데가 편평해진다. 윗면은 연노란갈색~붉은갈색이며, 매우 쪼글쪼글한 주름이 있어 껄껄하다. 습하면 조금 끈적해진다. **갓 밑면**에는 수많은 미세 관구멍이 있으며, 관구멍은 1㎜당 2~3개이고 깊이 5~10㎜이다. 어릴 때는 노란색이다 점차 노란녹색이 되며, 상처가 나면 때로 조금 푸른색으로 변하기도 한다. **자루**는 길이 4.5~10㎝, 굵기 1~1.5㎝이고 밑동이 좀 더 굵으며, 겉면은 흰노란색이고 고운 비늘가루가 있다. **포자**는 11~34×4~5㎛ 크기의 타원형이고 노란녹갈색이다.

 식용 불가
(독성분 여부 미상)

● 그물버섯과 껄껄이그물버섯속

● 한해살이

● 중간키 - 중형

01_ **어린 버섯**
갓에 쪼글쪼글한 주름
이 있다.   8/22

02_ **젊은 버섯**
갓 밑면에 녹색 빛이
돈다.   7/12

03_ **젊은 버섯**
비 온 뒤 옆에서 본 모
습.   7/10

04_ **젊은 버섯**
버섯이 줄지어 올라온
군락지 모습.   7/11

05_ **다 자란 버섯**
다 자란 버섯과 어린
버섯.   7/7

06_ **상세 모습**
젊은 버섯.   8/22

Leccinum scabrum (Bull.) Gray = *Leccinum scabrum* (Bull. ex Fr.) S. F. Gray

거친껄껄이그물버섯

자루에 점 같은 잔 거스러미가 있다. 9월 26일

🔍 한눈에 보기

갓 윗면
회갈색~황갈색, 거친 벨벳 느낌

갓 밑면
관구멍, 흰색 ⇒ 연회갈색

자루 겉면
흰회색, 회갈색~검은갈색 잔 거스러미

육질
두툼함

● **발생 시기·장소 |** 여름~가을, 넓은잎나무숲 땅 위에 1개씩 또는 여러 개씩 흩어져 올라온다.

● **분포 |** 한국, 일본 등 북반구 온대 이북에 분포한다.

● **특징 |** 갓이 갈색 거친 벨벳 같으며, 자루에 잔 거스러미가 있어 껄껄하다.

● **생김새 |** 갓 지름 5~10㎝의 중형이며, 때로는 15~20㎝의 큰 것도 있다. **갓**은 어릴 때 둥그스름하다가 점차 밑면이 꽉 찬 둥근 찐빵모양처럼 되며, 다 자라면 높이가 낮아져 가운데가 편평해진다. 윗면은 회갈색~황갈색이고 벨벳 같으며, 습하면 조금 끈적해진다. 갓살은 흰색이며 두툼하다. **갓 밑면**에는 수많은 미세 관구멍이 있으며, 관구멍은 완전붙은형~끝붙은형이다. 어릴 때는 흰색이다 점차 연회갈색이 된다. **자루**는 길이 6~12㎝, 굵기 1.5~3㎝이며 윗동이 좀 더 가늘다. 겉면은 흰회색이고, 회갈색~검은갈색의 점 같은 잔 거스러미가 있어 껄껄하며, 늙으면 색이 짙어진다. **포자**는 16~20×6~7㎛ 크기의 긴 아몬드모양이고 노란녹갈색이다.

 식용 불가
(한때 식용으로 잘못 알려짐)

 일반 독성
(생식 또는 과식하는 경우, 체질에 따라 위장장애)

● **그물버섯과 껄껄이그물버섯속**

● **한해살이**

● **중간키 – 중형**

01_ 어린 버섯
자루가 굽은 모습. 9/6

02_ 다 자란 버섯
갓 한가운데가 편평해
진다.   7/23

03_ 다 자란 버섯
옆에서 본 모습. 7/23

04_ 상세 모습
어린 버섯.   9/6

Retiboletus ornatipes (Peck) M. Binder & Bresinsky =*Boletus ornatipes* Peck

노란대망그물버섯 (밤색갓그물버섯)

자루가 노란빛이다. 7월 10일

🔍 한눈에 보기

갓 윗면
노란갈색~갈색~올리브갈색, 벨벳
느낌

갓 밑면
관구멍, 노란색 ⇨ 노란회색

자루 겉면
노란색, 세로줄무늬

육질
두툼함

맛
조금 쓴맛

● **발생 시기·장소 |** 여름~가을, 넓은잎나무숲(참나무) 땅 위에 1개씩 또는 여러 개씩 모여서 올라온다.

● **분포 |** 한국, 동아시아, 북아메리카 등지에 분포한다.

● **특징 |** 갓이 벨벳 같고 자루가 노란색이며 윗동에 그물무늬가 있다.

● **생김새 |** 갓 지름 5~8㎝의 중소형. **갓**은 어릴 때 둥그스름하다가 점차 밑면이 꽉 찬 둥근 찐빵모양처럼 되며, 다 자라면 높이가 낮아져 가운데가 편평해진다. 윗면은 노란갈색~갈색~올리브갈색이며 벨벳 같다. 갓살은 노란색으로 두툼하고 조금 쓴맛이 난다. **갓 밑면**에는 수많은 미세 관구멍이 있으며, 관구멍은 끝붙은형~완전붙은형으로 1㎜당 2~3개 크기이고 깊이는 최대 15㎜이다. 둥그스름한 모양이며, 어릴 때는 노란색이나 점차 노란회색이 된다. **자루**는 길이 5~11.5㎝, 굵기 1~2.5㎝이며, 밑동이 굵고 윗동이 좀 더 가늘다. 겉면은 노란색이고 섬유결모양의 세로줄무늬가 있다. 자루 살은 연노란색이다. **포자**는 9~14×3~4㎛ 크기의 둥그스름한 모양이고 노란색이다.

 식용
(조금 떨어지는 맛)

● **그물버섯과 망그물버섯속**(속명 바뀜)

● **한해살이**

● **중간키 – 중소형**

이용방법

01_어린 버섯
함께 올라온 모습. 7/11

02_어린 버섯
자루에 섬유결모양의 세로줄무늬가 있다. 7/12

01 02

03_어린 버섯
밑동이 굵고 윗동이 가늘다. 7/10

04_젊은 버섯
자루가 굽은 모습. 7/11

03 04

05_다 자란 버섯
갓 윗면이 편평해진다. 7/14

06_늙은 버섯
물 내리기 시작한 모습. 7/12

05 06

07_ 상세 모습
　어린 버섯. 윗동에 그
　물무늬가 있다.　9/4

08_ 상세 모습
　다양한 모습의 어린 버
　섯.　　　　　　 9/4

09_ 상세 모습
　어린 버섯부터 다 자란
　버섯까지.　　 7/10

10_ 상세 모습
　젊은 버섯 속.　7/12

11_ 상세 모습
　늙은 버섯 속.　7/11

12_ 이용
　채취한 버섯.　 7/11

13_ 이용
　다듬은 버섯.　 7/10

14_ 이용
　숙회. 오돌오돌하고 뒷
　맛이 조금 쌉쌀하다.
　　　　　　　　 7/10

Retiboletus griseus (Frost) M. Binder & Bresinsky =*Boletus griseus* Frost

회색망그물버섯 (검정그물버섯)

갓이 부드러운 가죽 같다. 9월 4일

🔍 한눈에 보기

갓 윗면
회색~연회갈색, 부드러운 가죽 느낌

갓 밑면
관구멍, 흰회색~회갈색, 상처는 갈색으로 변함

자루 겉면
흰갈색, 회색~갈색(밑동), 섬유결모양의 그물무늬(윗동)

육질
두툼함

● **발생 시기·장소 |** 여름~가을, 넓은잎나무숲(참나무) 땅 위에 1개씩 또는 여러 개가 모여서 올라온다.

● **분포 |** 한국, 일본, 중국, 북아메리카, 유럽 등지에 분포한다.

● **특징 |** 갓이 회색의 부드러운 가죽 같고, 자루 윗동에 그물무늬가 있다.

● **생김새 |** 갓 지름 5~10㎝의 중소형. **갓**은 어릴 때 둥그스름하다가 점차 밑면이 꽉 찬 둥근 찐빵모양처럼 되며, 다 자라면 높이가 낮아져 가운데가 편평해진다. 윗면은 회색~연회갈색이며 부드러운 가죽 같다. 갓살은 두툼하다. **갓 밑면**에는 수많은 미세 관구멍이 있으며, 관구멍은 깊이 5~20㎜이다. 흰회색~회갈색이고 상처가 나면 갈색으로 변한다. **자루**는 길이 4~14.5㎝, 굵기 1~3.5㎝이며 가끔 밑동이 구부러진다. 겉면은 흰갈색이고 밑동은 회색~갈색이며, 윗동에 섬유결모양의 그물무늬가 있고 점차 어두운 갈색이 된다 **포자**는 9~13×3~5㎛ 크기의 긴 타원형이다.

 식용 불가
(독성분 여부 미상)

● **그물버섯과 망그물버섯속**
  (속명 바뀜)

● **한해살이**

● **중간큰키 – 중소형**

01_ **어린 버섯**
넓은잎 낙엽 위에 올라
온 모습.   9/27

02_ **어린 버섯**
갓살이 두툼하다. 9/4

03_ **젊은 버섯**
자루 윗동에 그물무늬
가 있다.   7/29

04_ **젊은 버섯**
가끔 밑동이 구부러진
다.   7/29

05_ **젊은 버섯**
갓이 아직 둥그스름하
다.   7/29

06_ **다 자란 버섯**
갓 밑면은 상처가 나면
갈색으로 변한다.7/29

07_ **다 자란 버섯**
작은 군락지 모습.
              7/29

08_ 늙은 버섯
물 내리는 모습.   8/13

09_ 상세 모습
어린 버섯.   9/4

10_ 상세 모습
어린 버섯과 젊은 버
섯.   9/4

11_ 상세 모습
다 자란 버섯.   8/13

12_ 상세 모습
젊은 버섯과 다 자란
버섯 갓 비교.   7/29

13_ 상세 모습
다 자란 버섯의 갓 밑
면.   7/29

Retiboletus nigerrimus (Heim) M. Binder & Bres. = *Tylopilus nigerrimus* (Heim) Hongo & Endo
= *Boletus nigerrimus* Heim

검은망그물버섯 (검은쓴맛그물버섯)

갓과 자루가 검어진다. 8월 24일

🔍 한눈에 보기

갓 윗면
검은회색~검은자주색, 밋밋함

갓 밑면
관구멍, 흰회색, 상처는 검은색으로 변함

자루 겉면
노란녹색~노란회색, 선명하고 거친 그물무늬, 검은회색 얼룩이 생김

자른 면
회색 ⇨ 검은회색(2단계 변색)

육질
두툼함

맛
조금 알싸한 맛(독성)

● **발생 시기·장소 |** 여름~가을, 혼합림(넓은잎나무, 소나무) 땅 위에 1개씩 또는 여러 개가 무리지어 올라온다.

● **분포 |** 한국, 일본, 중국, 시베리아, 북아메리카에 등지에 분포한다.

● **특징 |** 갓이 검고 갓 밑면이 회색이며 상처가 나면 검은색으로 변한다.

● **생김새 |** 갓 지름 6~14㎝의 중소형. **갓**은 어릴 때 둥그스름하다가 점차 밑면이 꽉 찬 둥근 찐빵모양처럼 되며, 다 자라면 높이가 낮아져 가운데가 편평해진다. 윗면은 검은회색~검은자주색이며 밋밋하다. 갓살은 흰회색이고 두툼하며 조금 알싸한 맛(독성)이 난다. 상처가 나면 회색이 되었다가 검은회색이 되어 2단계로 색이 변한다. **갓 밑면**에는 수많은 미세 관구멍이 있으며, 관구멍은 깊이 5~20㎜이고 흰회색이다. 상처가 나면 검은색으로 변한다. **자루**는 길이 5~12㎝, 굵기 1~2.5㎝이며 밑동이 좀 더 굵다. 겉면은 노란녹색~노란회색으로 선명하고 거친 섬유결모양의 그물무늬가 있으며 점차 검은회색 얼룩이 생긴다. **포자**는 9~13×3~5㎛ 크기이고 붉은갈색~올리브갈색이다.

 식용 불가

 일반 독성
(환각, 환시)

● **그물버섯과 망그물버섯속**
(속명 바뀜)

● **한해살이**

● **중간큰키 – 중소형**

01_ **어린 버섯**
솔잎과 넓은잎 낙엽 위에 올라온 모습.   8/1

02_ **어린 버섯**
무리지어 올라온 모습.   8/1

03_ **어린 버섯**
자루에 섬유결모양의 그물무늬가 있다.8/23

04_ **젊은 버섯**
갓이 좀 더 커졌다.   8/25

05_ **젊은 버섯**
군락지 모습.   9/2

06_ 젊은 버섯
자루에 점차 검은회색
얼룩이 생긴다. 9/24

07_ 젊은 버섯
넓은잎나무 낙엽 위에
올라온 버섯들.

08_ 다 자란 버섯
한곳에 뭉쳐 있는 모
습. 8/24

09_ 다 자란 버섯
바위 밑에 있는 버섯.
8/1

10_ 늙은 버섯
갓 가운데가 편평해진
다. 8/24

11_ 늙은 버섯
갓 가장자리가 살짝 구
불거린다. 8/1

12_ 늙은 버섯
물 내린 모습. 8/18

13_ 늙은 버섯
기생균에 감염되어 허
옇게 된 늙은 버섯. 8/1

14_ 상세 모습
뭉쳐 올라온 아주 어린
버섯들. 8/23

15_ 상세 모습
어린 버섯부터 다 자란
버섯까지. 8/23

16_ 상세 모습
갓 밑면에 상처가 없는
젊은 버섯 전체. 9/1

17_ 상세 모습
갓 밑면이 검어진 다
자란 버섯. 9/2

18_ 상세 모습
갓 밑면이 검어진 늙은
버섯. 7/9

19_ 상세 모습
검은색으로 변하고 있
는 젊은 버섯 속. 8/13

20_ 상세 모습
젊은 버섯 갓 밑면.
8/13

21_ 상세 모습
검은색이 짙어진 젊은
버섯 속. 6/24

매운그물버섯

갓 밑면의 관구멍이 크다. 9월 4일

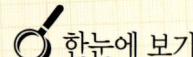 한눈에 보기

갓 윗면
노란갈색~붉은노란갈색

갓 밑면
관구멍, 노란갈색 ⇨ 갈색

자루 겉면
연노란갈색

밑동
노란 균사

육질
두툼함

맛
쓴맛, 매운맛

● **발생 시기·장소** | 여름~가을, 소나무숲~풀밭 땅 위에 1개씩 또는 여러 개가 무리지어 올라온다.

● **분포** | 한국, 미국 등지에 분포한다.

● **특징** | 전체가 노란갈색이며, 갓 밑면의 관구멍이 크다.

● **생김새** | 갓 지름 2~7㎝의 중소형. **갓**은 어릴 때 둥그스름하다가 점차 밑면이 꽉 찬 둥근 찐빵모양처럼 되며, 다 자라면 높이가 낮아져 가운데가 편평해진다. 윗면은 노란갈색~붉은노란갈색이며, 습하면 조금 끈적해진다. 갓살은 살색이고 두툼하며 쓴맛이 난다. **갓 밑면**에 수많은 미세 관구멍이 있으며, 관구멍은 다각형으로 내린형이고 1㎜당 1~2개 크기이며 깊이는 최대 1㎝이다. 노란갈색이나 늙으면 갈색이 된다. **자루**는 길이 4~12㎝, 굵기 5~20㎜이고 밑동이 가늘며, 겉면이 연노란갈색이고 밑동에 노란 균사가 있다. **포자**는 8~11×3~4㎛ 크기의 타원형이다.

 식용
(떨어지는 맛)

● 그물버섯과 매운그물버섯속

● 한해살이

● 중간키 – 중소형

● 다른 이름 : 매운진득그물버섯

이용방법

01_ 다 자란 버섯
갓 가운데가 편평해진
모습.   9/4

02_ 늙은 버섯
옆에서 본 모습. 8/18

03_ 상세 모습
갓 밑면이 노란색인 다
자란 버섯.   8/18

04_ 상세 모습
갓 밑면이 갈색이 된
늙은 버섯.   9/4

05_ 상세 모습
다 자란 버섯 속. 9/4

06_ 상세 모습
다 자란 버섯 갓 밑면.
              9/4

Boletellus russellii (Frost) E. J. Gilb.

털밤그물버섯

자루가 붉은갈색이고, 거친 그물무늬가 있다. 8월 15일

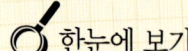 **한눈에 보기**

갓 윗면
흰붉은갈색~연한 황토색, 건조해 조금 갈라짐

갓 밑면
관구멍, 연노란색 ⇒ 올리브갈색

자루 겉면
붉은갈색, 깊게 파인 그물무늬

육질
두툼하고 사각사각함

맛
담백한 맛

● **발생 시기·장소 |** 여름~가을, 넓은잎나무숲(졸참나무)~소나무숲 땅 위에 1개씩 또는 여러 개씩 흩어져 올라온다.

● **분포 |** 한국, 일본, 동아시아, 북아메리카 등지에 분포한다.

● **특징 |** 갓이 건조하며, 자루는 붉은갈색이고 깊게 파인 그물무늬가 있다.

● **생김새 |** 갓 지름 4~10㎝의 중소형. **갓**은 어릴 때 둥그스름하다가 점차 밑면이 꽉 찬 둥근 찐빵모양처럼 되며, 다 자라면 높이가 낮아져 가운데가 편평해진다. 윗면은 흰붉은갈색~연한 황토색이고 건조하며 겉껍질이 조금 갈라지기도 한다. 갓살은 노란색이며 두툼하고 육질이 사각사각한 느낌이다. **갓 밑면**에는 수많은 미세 관구멍이 있으며, 관구멍은 다각형으로 어릴 때 연노란색이나 점차 올리브갈색이 된다. **자루**는 길이 8~16㎝, 굵기 1~2㎝이며 밑동이 좀 더 굵다. 겉면은 붉은갈색이고 섬유결모양의 깊게 파인 그물무늬가 있어 울퉁불퉁하며 조금 끈적거린다. **포자**는 15~20×7~11㎛ 크기의 긴 타원형이고 올리브갈색이다.

 식용
(괜찮은 맛)

● **그물버섯과 밤그물버섯속**
(과명 바뀜)

● **한해살이**

● **중간큰키 – 중소형**

이용방법

식용 >>>

요리 방법과 맛_ 씹히는 맛이 사각사각하고 담백하다. 숙회, 볶음, 조림, 구이, 찌개 등으로 먹는다.

01_ 젊은 버섯
자루가 굽은 모양이다.
9/15

02_ 다 자란 버섯
솔잎과 넓은잎 낙엽 위
에 올라온 모습. 9/28

03_ 다 자란 버섯
갓이 건조해서 조금 갈
라지기도 한다. 9/20

04_ 늙은 버섯
옆에서 본 모습. 8/25

05_ **늙은 버섯**
　　물 내리는 모습.　7/23

06_ **상세 모습**
　　어린 버섯.　　　9/15

07_ **상세 모습**
　　젊은 버섯.　　　8/21

08_ **상세 모습**
　　다 자란 버섯.　7/23

09_ **상세 모습**
　　다 자란 버섯의 갓 밑
　　면.　　　　　　8/15

090

Boletellus elatus Nagas. = *Boletellus elatus* Nagasawa

긴대밤그물버섯 (키다리밤그물버섯)

갓이 작고 자루가 매우 길다. 8월 2일

 한눈에 보기

갓 윗면과 자루
갈색~밤갈색~붉은갈색

갓 밑면
관구멍, 노란색 ⇨ 노란녹색~올리브녹색

육질
연함

● **발생 시기·장소 |** 여름~가을, 소나무숲~혼합림(참나무, 소나무) 땅 위에 1개씩 또는 여러 개가 모여서 올라온다.

● **분포 |** 한국, 일본 등지에 분포한다.

● **특징 |** 갓과 자루 색이 같으며, 갓이 작고 자루는 매우 길다.

● **생김새 |** 갓 지름 3~9㎝의 중소형이며 18㎝까지 크기도 한다. **갓**은 어릴 때 둥그스름하다가 점차 밑면이 꽉 찬 둥근 찐빵모양처럼 되며, 다 자라면 높이가 낮아져 가운데가 편평해진다. 윗면은 갈색~밤갈색~붉은갈색이며, 어릴 때는 약간 벨벳 같으며 습하면 조금 끈적해진다. 갓살은 연노란색이며 육질이 연하다. **갓 밑면**에는 수많은 미세 관구멍이 있으며, 관구멍은 끝붙은형으로 어릴 때는 노란색이나 점차 노란녹색~올리브녹색이 된다. **자루**는 길이 9~23㎝, 굵기 6~12㎜로 매우 길고 윗동이 좀 더 가늘다. 밑동은 굵고 굽었으며 흰 균사가 붙어 있다. 겉면은 갓과 같은 색이며 부드러운 잔털이 있다. **포자**는 16~19×9~11㎛ 크기의 타원형이다.

식용 불가
(독성분 여부 미상)

● **그물버섯과 밤그물버섯속**
(과명 바뀜)

● **한해살이**

● **큰키-중소형**

01_ **젊은 버섯**
  갓이 밤갈색인 버섯.
                    9/1

02_ **젊은 버섯**
  밑동이 굽어 반쯤 누운
  버섯.   9/1

03_ **다 자란 버섯**
  비에 젖은 버섯.   8/2

04_ **다 자란 버섯**
  밑동이 굵고 구부러진
  다.   8/2

05_ **다 자란 버섯**
  나란히 올라온 버섯.
                    8/2

06_ 다 자란 버섯
윗동이 좀 더 가늘다.
8/2

07_ 늙은 버섯
늙어서 갓색이 흐려진
모습.   9/16

08_ 상세 모습
어린 버섯.   9/1

09_ 상세 모습
다 자란 버섯.   8/2

10_ 상세 모습
밑동에 흰 균사가 붙어
있다.   9/10

11_ 상세 모습
늙은 버섯의 갓 밑면.
8/2

Boletellus obscurecoccineus (v. Höhn.) Sing.

좀노란밤그물버섯 (좀노란그물버섯)

갓이 잘게 갈라진 붉은 벨벳 같다. 7월 23일

🔍 한눈에 보기

갓 윗면
진분홍색~자주붉은색~붉은갈색,
잘게 갈라진 벨벳 같음

갓 밑면
관구멍, 노란색 ⇒ 노란녹색

자루 겉면
흰 바탕, 갓과 같은 색 얼룩

육질
두툼함

냄새
향긋한 냄새

맛
쓴맛

● **발생 시기·장소** | 여름~가을, 넓은잎나무숲~소나무숲~혼합림(소나무, 넓은잎나무)의 땅 위에 1개씩 또는 여러 개가 줄지어 올라온다.

● **분포** | 한국, 일본, 중국, 뉴기니, 아프리카 등 전 세계에 분포한다.

● **특징** | 갓이 잘게 갈라진 붉은 벨벳 같고, 갓 밑면은 노랗다.

● **생김새** | 갓 지름 3~7㎝의 중소형. **갓**은 어릴 때 둥그스름하다가 점차 밑면이 꽉 찬 둥근 찐빵모양처럼 되며, 다 자라면 높이가 낮아져 가운데가 편평해진다. 윗면은 진분홍색~자주붉은색~붉은갈색이고 벨벳 같으며 점차 겉껍질이 잘게 갈라진다. 갓살은 연노란색이고 두툼하다. **갓 밑면**에는 수많은 미세 관구멍이 있으며, 관구멍은 홈형이고 다각형이다. 어릴 때는 노란색이다가 노란녹색이 된다. **자루**는 길이 3~8㎝, 굵기 5~12㎜이며, 겉면이 흰색으로 갓과 같은 색 얼룩이 있고 섬유결모양의 세로줄무늬가 있다. 윗동에는 점 같은 잔 거스러미가 있다. **포자**는 14.5~19.5×6~7.5㎛ 크기의 긴 타원형이다.

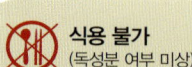 **식용 불가**
(독성분 여부 미상)

● **그물버섯과 밤그물버섯속**
(과명 바뀜)

● **한해살이**

● **중간작은키 – 중소형**

01_ 어린 버섯
아주 어린 버섯이 올라
오는 모습.   7/11

02_ 젊은 버섯
솔잎과 넓은잎 낙엽 위
에 올라온 모습. 8/25

03_ 젊은 버섯
갓이 기형이다.   8/2

04_ 젊은 버섯
쓰러진 나무 밑에 올라
온 버섯.   8/24

05_ 다 자란 버섯
자루가 굽은 버섯.
            8/24

06_ 다 자란 버섯
위에서 본 모습. 7/23

07_ 늙은 버섯
하얗게 물 내린 모습.
            8/28

08_ 상세 모습
다 자란 버섯.   7/23

Boletellus chrysenteroides (Snell) Snell

비로드밤그물버섯

갓이 갈라진 갈색 벨벳 같다. 8월 13일

상세 모습
상처가 푸른녹색으로 변한 다
자란 버섯의 갓 밑면.   8/13

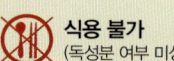 **한눈에 보기**

갓 윗면
진갈색 ⇨ 연갈색, 벨벳 느낌

갓 밑면
관구멍, 노란색 ⇨ 노란녹색, 상처
는 푸른녹색으로 변함

자루 겉면
갈색, 세로줄무늬와 잔 거스러미

윗동
노란갈색 ⇨ 붉은갈색

자른 면
푸른녹색으로 변색

육질
두툼함

● **발생 시기·장소** | 여름~가을, 넓은잎나무숲(참나무) 땅 위에 1개씩 또는 여러 개씩 흩어져 올라온다.

● **분포** | 한국, 일본, 북아메리카 등지에 분포한다.

● **특징** | 갓이 벨벳 같고 진갈색에서 점차 연갈색이 되며, 갓 밑면에 상처가 나면 푸른녹색으로 변한다.

● **생김새** | 갓 지름 2~10㎝의 중소형. **갓**은 어릴 때 둥그스름하다가 점차 밑면이 꽉 찬 둥근 찐빵모양처럼 되며, 다 자라면 높이가 낮아져 가운데가 편평해진다. 윗면은 어릴 때 진갈색이다 점차 연갈색이 되고 벨벳 같으며, 종종 겉껍질이 잘게 갈라진다. 갓살은 연노란색으로 두툼하며, 자른 면은 푸른녹색으로 변한다. **갓 밑면**에는 수많은 미세 관구멍이 있으며, 관구멍은 끝붙은형~완전붙은형으로, 1㎜당 1~2개 크기이고 깊이는 최대 1㎝이다. 어릴 때는 노란색이나 점차 노란녹색이 된다. 상처가 나면 푸른녹색으로 변한다. **자루**는 길이 2~13㎝, 굵기 최대 1.5㎝로 겉면이 갈색이며 섬유결모양의 세로줄무늬와 갈색 점 같은 미세한 잔 거스러미가 있다. 윗동은 노란갈색이다 점차 붉은갈색이 된다. **포자**는 10~17×5~8㎛ 크기의 타원형이고 노란색이다.

식용 불가
(독성분 여부 미상)

● **그물버섯과 밤그물버섯속**
(과명 바뀜)

● **한해살이**

● **중간키 – 중소형**

093

emodensis (Berk.) Sing.

가죽밤그물버섯

갓이 큰 비늘처럼 갈라진다. 7월 20일

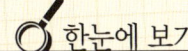 **한눈에 보기**

갓 윗면
갈색~붉은갈색, 종종 붉은포도주색
얼룩, 두껍고 큰 비늘처럼 갈라짐

갓 밑면
관구멍, 노란색 ⇨ 진갈색, 상처는
푸른녹색으로 변함

갓 가장자리
너덜거림

자루 겉면
갈색, 세로줄무늬

자른 면
푸른색으로 변색

육질
두툼하고 부드러움

맛
담백한 맛

● **발생 시기·장소 |** 여름~가을, 넓은잎나무숲~소나무숲~혼합림(넓은잎나무, 소나무)의 땅 위에 1개씩 또는 여러 개가 무리지어 올라온다.

● **분포 |** 한국, 일본, 타이완, 중국, 인도, 보르네오 등지에 분포한다.

● **특징 |** 갓이 갈색의 두껍고 큰 비늘처럼 갈라져 있고, 종종 큰 비늘과 드러난 살이 붉은포도주색으로 얼룩진다.

● **생김새 |** 갓지름 5~10㎝의 중소형. **갓**은 어릴 때 둥그스름하다가 점차 밑면이 꽉 찬 둥근 찐빵모양처럼 되며, 다 자라면 높이가 낮아져 가운데가 편평해진다. 윗면은 갈색~붉은갈색 껍질이 두껍고 큰 비늘처럼 갈라진 모양이며, 종종 큰 비늘 끝과 갈라진 살이 붉은포도주색으로 얼룩진다. 갓 가장자리에는 갓 밑면을 덮고 있던 외피막 조각이 붙어 있다 떨어져나간다. 갓살은 연노란색으로 두툼하고 부드러우며, 자른 면이 푸른색으로 변한다. **갓 밑면**에는 수많은 미세 관구멍이 있으며, 관구멍은 올린형~내린형이고 1㎜당 1~2개 크기이다. 어릴 때 노란색이다 점차 진갈색이 되며, 상처가 나면 푸른녹색으로 변한다. **자루**는 길이 7~14㎝, 굵기 7~14㎜로 겉면이 갈색이고, 윗동과 밑동은 붉은색이다. 섬유결모양의 세로줄무늬가 있고, 상처가 나면 푸른색으로 변한다. **포자**는 22~24×12~13.5㎛ 크기의 타원형이다.

 식용
(괜찮은 맛)

● **그물버섯과 밤그물버섯속**
(과명 바뀜)

● **한해살이**

● **중간큰키 – 중형**

식용 >>>

요리 방법과 맛_ 육질이 부드럽고 맛이 담백해서 먹을 만하다. 숙회, 볶음, 조림, 구이 등으로 먹는다.

01_ 어린 버섯
넓은잎 낙엽 위에 올라
온 모습.   7/20

02_ 어린 버섯
갓이 둥그스름하다.
          7/23

03_ 어린 버섯
드러난 살이 붉은포도
주색이다.   7/20

04_ 어린 버섯
바위틈에 올라온 모습.
          7/20

05_ 어린 버섯
갓 가장자리가 너덜거
린다.   7/20

06_ 어린 버섯
갓 윗면이 지저분하게
부서진 모습.   7/20

07_ 젊은 버섯
붉은포도주색 얼룩이
보인다.   7/23

08_ 젊은 버섯
한데 올라와 자라는 버
섯들.   7/23

09_ 젊은 버섯
　　작은 군락지 모습.
　　　　　　　　7/20

10_ 다 자란 버섯
　　옆에서 본 모습. 7/23

11_ 늙은 버섯
　　군데군데 붉은포도주
　　색으로 얼룩져 있다.
　　　　　　　　7/20

12_ 상세 모습
　　아주 어린 버섯부터 늙
　　은 버섯까지. 어릴 때
　　는 갓 밑면이 외피막으
　　로 덮여 있다가 자라면
　　찢어져 너덜거린다.
　　　　　　　　7/20

13_ 상세 모습
　　어린 버섯과 젊은 버
　　섯. 　　　　　7/23

14_ 상세 모습
　　다 자란 버섯. 　7/23

15_ 상세 모습
　　늙은 버섯. 　　7/20

16_ 상세 모습
　　젊은 버섯의 갓 밑면과
　　자루. 　　　　7/23

Pulveroboletus ravenelii (Berk. et Curt.) Murr.

분말그물버섯 (노란분말그물버섯)

갓이 노란 비늘가루로 덮여 있다. 8월 18일

한눈에 보기

갓 윗면
노란색~연푸른노란색 비늘가루

갓 가장자리
너덜거림

갓 밑면
관구멍, 레몬색 ⇨ 짙은 녹갈색

자루 겉면
노란색~연푸른노란색 비늘가루

상처의 변색
곧바로 검푸른녹색으로 변색

육질
부드러우며 아삭함

맛
고구마맛

● **발생 시기·장소** | 여름~가을, 넓은잎나무숲~소나무숲~혼합림(넓은잎나무, 소나무)의 땅 위에 1개씩 또는 여러 개씩 흩어져 올라온다.

● **분포** | 한국, 일본, 타이완, 타이, 말레이시아 등 동아시아와 북아메리카에 분포한다.

● **특징** | 갓이 노란 비늘가루로 덮여 있으며, 자루도 노란색이다.

● **생김새** | 갓 지름 3~12㎝의 중소형. **갓**은 어릴 때 둥그스름하다가 점차 밑면이 꽉 찬 둥근 찐빵모양처럼 되며, 다 자라면 높이가 낮아져 가운데가 편평해진다. 윗면은 노란색~연푸른노란색 비늘가루로 덮여 있으며, 한가운데가 갈라져 레몬회갈색의 작은 비늘처럼 되기도 한다. 습하면 조금 끈적해진다. 갓이 펴지면 갓 밑면을 덮고 있던 외피막 조각들이 가장자리에 매달려 너덜거리며 금방 떨어진다. 갓살은 연노란색이고 자른 면이 바로 검푸른녹색으로 변한다. 어릴 때는 단단하나 점차 육질이 부드러워진다. **갓 밑면**에는 수많은 미세 관구멍이 있으며, 관구멍은 끝붙은형~완전붙은형으로 1㎜당 3~5개 크기이고 다각형이다. 어릴 때는 레몬색이다가 점차 짙은 녹갈색이 되고, 상처가 나면 바로 검푸른녹색으로 변한다. **자루**는 길이 3~10㎝, 굵기 5~15㎜로 겉면은 갓과 같은 색이고 비늘가루로 덮여 있다. 자루 윗동에는 턱받이 흔적이 있다. **포자**는 8~13×4.2~6.3㎛ 크기의 긴 아몬드모양이고 노란녹갈색이다.

 식용
(괜찮은 맛)

 약용
(류머티즘 관절염, 외상 치료, 항종양)

● 그물버섯과 분말그물버섯속

● 한해살이

● 중간큰키 – 중소형

이용방법

식용 >>>

요리 방법과 맛_ 손에 노란 비늘가루가 많이 묻어나고 삶으면 노란 물이 나오므로 여러 번 헹군다. 조금 미끌거리면서도 아삭하고 연한 고구마맛이 난다. 숙회, 볶음, 조림, 구이, 된장찌개 등으로 먹는다.

약용 >>>

성분과 효능_ 유리 아미노산(단백질 합성, 면역력 강화) 25종이 함유되어 있다. 손발 마비 치료제인 서근환(舒筋丸)의 원료로 손발 마비, 류머티즘 관절염, 신경통을 낫게 하며 종양을 억제하는 효능이 있다. 상처에서 피가 날 때 포자 가루를 바르기도 한다.

01_ 어린 버섯
어릴 때는 갓 밑면이
막으로 덮여 있다.
8/18

02_ 어린 버섯
갓 윗면이 비늘처럼 되
어 있다.   8/1

03_ 젊은 버섯
자루가 굽은 모습. 8/1

04_ 젊은 버섯
솔잎과 넓은잎 낙엽 위
에 올라온 버섯. 8/16

05_ 다 자란 버섯
갓이 편평해진 모습.
8/18

06_ 늙은 버섯
갓 윗면의 비늘가루가
떨어져나간 모습. 8/1

07_ **상세 모습**
    어린 버섯과 다 자란
    버섯.   8/1

08_ **상세 모습**
    다 자란 버섯.   9/20

09_ **상세 모습**
    늙은 버섯.   8/18

10_ **상세 모습**
    상처가 푸른녹색으로
    변한 다 자란 버섯. 8/1

11_ **상세 모습**
    다 자란 버섯의 갓 밑
    면.   8/16

Pulveroboletus auriflammeus (Berk. & Curt.) Sing

주홍분말그물버섯

주홍색 비늘가루로 덮여 있다. 8월 16일

한눈에 보기

갓
주홍색 비늘가루

갓 밑면
관구멍, 연노란색 ⇒ 연노란녹색

자루 겉면
주홍색, 깊은 세로주름

육질
조금 두툼함

● **발생 시기·장소** | 여름~가을, 넓은잎나무숲(졸참나무)~소나무숲~혼합림(넓은잎나무, 소나무)~덤불숲~공원 땅 위에 1개 또는 여러 개가 모여서 올라온다.

● **분포** | 한국, 일본 등지에 분포한다.

● **특징** | 갓과 자루가 주홍색 비늘가루로 덮여 있으며, 자루에 깊게 세로주름이 있다.

● **생김새** | 갓 지름 2.5~9㎝의 중소형. **갓**은 어릴 때 둥그스름하다가 점차 밑면이 꽉 찬 둥근 찐빵모양처럼 되며, 다 자라면 높이가 낮아져 가운데가 편평해진다. 윗면은 선명한 주홍색 비늘가루로 덮여 있고 습하면 조금 끈적해진다. **갓 밑면**에는 수많은 미세 관구멍이 있으며, 관구멍은 다각형으로 어릴 때는 연노란색이다 점차 연노란녹색이 된다. **자루**는 길이 5~9㎝, 굵기 5~13㎜이고 밑동이 가늘다. 겉면은 주홍색이고, 밑동 위로 섬유결모양의 깊은 세로주름이 있다. **포자**는 8~12×3~5㎛ 크기이다.

 식용 불가
(독성분 여부 미상)

● 그물버섯과 분말그물버섯속

● 한해살이

● 중간작은키 – 중소형

01_ **어린 버섯**
솔잎 낙엽 위에 올라온
모습. 8/15

02_ **젊은 버섯**
모여 올라온 모습. 8/24

03_ **젊은 버섯**
상처가 나도 색이 변하
지 않는다. 8/15

04_ **젊은 버섯**
동물이 베어 먹은 흔
적. 8/15

05_ **상세 모습**
어린 버섯부터 젊은 버
섯까지. 8/15

06_ **상세 모습**
젊은 버섯. 자루에 세
로주름이 있다. 8/15

07_ **상세 모습**
다 자란 버섯. 8/15

08_ **상세 모습**
다 자란 버섯의 갓 밑
면 모습. 관구멍이 다
각형이다. 8/15

Aureoboletus thibetanus (Pat.) Hongo & Naga.

적색신그물버섯

갓과 자루가 조금 끈적거리고 신맛이 난다. 7월 14일

한눈에 보기

갓 윗면
연붉은갈색~붉은갈색, 조금 주름이 있고 조금 끈적거림

갓 밑면
관구멍, 노란색 ⇨ 노란녹색

자루 겉면
흰붉은색, 세로줄무늬, 조금 끈적거림

육질
조금 두툼하고 아삭함

맛
조금 신맛

● **발생 시기·장소 |** 여름~가을, 넓은잎나무숲(졸참나무, 상수리나무)~소나무숲~혼합림(넓은잎나무, 소나무)의 땅 위에 1개씩 또는 여러 개가 줄지어 올라온다.

● **분포 |** 한국, 일본, 중국 남부, 동남아시아, 뉴기니 등지에 분포한다.

● **특징 |** 갓과 자루가 불그스름하고 조금 끈적하며, 자루에 세로줄무늬가 있다.

● **생김새 |** 갓 지름 3~5.5㎝의 소형. **갓**은 어릴 때 둥그스름하다가 점차 밑면이 꽉 찬 둥근 찐빵모양처럼 되며, 다 자라면 높이가 낮아져 가운데가 편평해진다. 윗면은 연붉은갈색~붉은갈색이고 주름이 조금 있으며 조금 끈적거린다. 갓살은 흰색이고 조금 두툼하며 조금 신맛이 난다. **갓 밑면**에 수많은 미세 관구멍이 있으며, 관구멍은 완전붙은형~홈형이다. 어릴 때는 노란색이다. 점차 노란녹색이 된다. **자루**는 길이 5~7㎝, 굵기 7~10㎜이고 윗동이 좀 더 가늘다. 겉면은 흰붉은색이고 섬유결모양의 세로줄무늬가 있으며 조금 끈적거린다. **포자**는 11.5~15×4.5~6㎛ 크기의 타원형에 가까운 둥그스름한 아몬드모양이다.

 식용
(평범한 맛)

● 그물버섯과 신그물버섯속

● 한해살이

● 작은키 – 소형

● 다른 이름 : 황금구멍그물버섯
(Golden – pored Bolete)

이용방법

식용 >>>

요리 방법과 맛_ 아삭하게 씹히고 담백하면서 조금 신맛이 난다. 숙회, 볶음, 조림, 구이, 찌개 등으로 먹는다.

01_ 어린 버섯
　　빗물에 젖은 모습.
　　　　　　　　　　7/14

02_ 다 자란 버섯
　　갓이 편평해지고 있다.
　　　　　　　　　　7/14

03_ 다 자란 버섯
　　갓과 자루가 불그스름
　　하다.　　　　　7/14

04_ 다 자란 버섯
　　군락지 모습.　　7/14

05_ 늙은 버섯
　　기생균에 감염되어 허
　　옇게 된 모습. 8/17

06_ 상세 모습
　　젊은 버섯.　　　7/14

07_ 상세 모습
　　다 자란 버섯.　　8/17

녹색쓴맛그물버섯

자루에 진하지 않은 그물무늬가 있다. 8월 3일

🔍 한눈에 보기

갓 윗면
올리브색~노란올리브색~노란겨자색~노란오렌지색, 옅은 색 테두리, 조금 벨벳 같음

갓 밑면
관구멍, 연분홍색

자루 겉면
연노란색, 붉은색~노란갈색~올리브색 얼룩, 그물무늬

육질
조금 두툼함

맛
아주 쓴맛

● **발생 시기·장소 |** 여름~가을, 넓은잎나무숲(졸참나무)~소나무숲~혼합림(넓은잎나무, 소나무)의 땅 위에 1개씩 또는 여러 개씩 흩어져 올라온다.

● **분포 |** 한국, 일본, 중국 원난[雲南], 보르네오 등지에 분포한다.

● **특징 |** 갓이 올리브색 계통이고 허연 테두리가 있으며, 자루에 진하지 않은 그물무늬가 있다.

● **생김새 |** 갓 지름 4.5~8㎝의 중소형. **갓**은 어릴 때 둥그스름하다가 점차 밑면이 꽉 찬 둥근 찐빵모양처럼 되며, 다 자라면 높이가 낮아져 가운데가 편평해진다. 윗면은 올리브색~노란올리브색~노란겨자색~노란오렌지색이고, 갓 가장자리가 옅은 색이며 약간 벨벳 같다. 갓살은 연노란색이고 조금 두툼하며 아주 쓴맛이 난다. **갓 밑면**에는 수많은 미세 관구멍이 있으며, 관구멍은 끝붙은형~떨어진형으로 지름 1~2㎜이고 연분홍색이다. **자루**는 길이 9㎝ 정도, 굵기 7~20㎜이고 윗동이 좀 더 가늘다. 겉면이 연노란색으로 점차 붉은색~노란갈색~올리브색 얼룩이 생기며, 섬유결모양의 그물무늬가 있다. **포자**는 9.5~14×4~6㎛ 크기의 타원형이고 연한 올리브색이다.

🚫 **식용 불가**
(아주 쓴맛)

☠ **약간 독성**
(위장장애)

● **그물버섯과 쓴맛그물버섯속**
● **한해살이**
● **작은중간키 – 중소형**

01_ **어린 버섯**
갓 가장자리가 희다.
7/13

02_ **젊은 버섯**
갓이 노란올리브색인
버섯. 8/3

03_ **다 자란 버섯**
갓이 노란겨자색인 버
섯. 8/25

04_ **다 자란 버섯**
갓이 노란오렌지색인
버섯. 8/22

05_ **늙은 버섯**
갓이 말라간다. 7/12

06_ **상세 모습**
어린 버섯 속과 늙은
버섯의 갓 모습. 7/13

07_ **상세 모습**
젊은 버섯 전체와 다
자란 버섯의 갓 모습.
7/12

08_ **상세 모습**
젊은 버섯의 갓 밑면과
자루. 8/3

은빛쓴맛그물버섯

자루가 은자주색을 띤다. 8월 21일

한눈에 보기

갓과 자루
은자주색~자주갈색~은자주갈색

갓 밑면
관구멍, 은자주갈색, 상처는 검은색으로 변함

육질
두툼하고 단단함

맛
아주 쓴맛

● **발생 시기·장소 |** 여름~가을, 혼합림(넓은잎나무, 소나무) 땅 위에 1개씩 또는 여러 개가 무리지어 올라온다.

● **분포 |** 한국·일본 등 동아시아, 북아메리카 등지에 분포한다.

● **특징 |** 갓과 자루는 은자주색~자주갈색~은자주갈색이고, 갓 밑면은 은자주갈색이다.

● **생김새 |** 갓 지름 5~20㎝의 중대형. **갓**은 어릴 때 둥그스름하다가 점차 밑면이 꽉 찬 둥근 찐빵모양처럼 되며, 다 자라면 높이가 낮아져 가운데가 편평해진다. 윗면은 은자주색~자주갈색~은자주갈색이다. 갓살은 두툼하다. **갓 밑면**에는 수많은 미세 관구멍이 있으며, 관구멍은 어릴 때는 끝붙은형이나 점차 떨어진형이 된다. 색은 은자주갈색이나 상처가 나면 천천히 검은색으로 변한다. **자루**는 길이 5~11㎝, 굵기 1~3㎝로 겉면이 은자주색~자주갈색이고 점 같은 잔거스러미가 있다. 자루 살은 흰은자주색으로 두툼하고 단단하다. **포자**는 11.5~15×3.5~4㎛ 크기이다.

 식용 불가
(한때 식용으로 잘못 알려짐. 아주 쓴맛)

 약간 독성
(위장장애)

● 그물버섯과 쓴맛그물버섯속

● 한해살이

● 중간큰키 – 중대형

● 한때 식용으로 잘못 알려졌으나 맛이 아주 쓰고 위장장애를 일으키므로 먹지 말아야 한다.

01_ 상세 모습
갓 밑면이 검어진 어린
버섯.   9/15

02_ 상세 모습
갈색이 된 늙은 버섯의
갓 밑면.   8/21

03_ 상세 모습
젊은 버섯의 갓 밑면과
자루.   8/21

제주쓴맛그물버섯

갓이 벨벳 같다. 7월 18일

● **발생 시기·장소 |** 여름~가을, 넓은잎나무숲~혼합림(넓은잎나무, 소나무)의 땅 위에 1개씩 또는 여러 개가 뭉쳐서 올라온다.

● **분포 |** 한국(주로 가야산, 다도해해상국립공원, 두륜산, 만덕산, 모악산, 무등산, 방태산, 속리산, 아차산, 영축산, 운문산, 지리산, 천성산, 한라산), 일본, 타이완, 중국, 뉴기니 등지에 분포한다.

● **특징 |** 갓이 벨벳 같고, 갓 밑면은 흰색~노란색에서 연붉은갈색으로 변한다.

● **생김새 |** 갓 지름 6~11㎝의 중형. **갓**은 어릴 때 둥그스름하다가 점차 밑면이 꽉 찬 둥근 찐빵 모양처럼 되며, 다 자라면 높이가 낮아져 가운데가 편평해진다. 윗면은 올리브갈색~분홍갈색~붉은갈색이고 벨벳 같다. 갓살은 흰색이며 두툼하고 단단하다. **갓 밑면**에는 수많은 미세 관구멍이 있으며, 관구멍은 1~1.5㎜ 크기이고 깊이 6~12㎜이며 다각형이다. 어릴 때는 흰색~노란색이다 점차 연붉은갈색이 된다. **자루**는 길이 6~11㎝, 굵기 1.5~2.5㎝이고 밑동이 굵다. 겉면은 분홍갈색~황토갈색이고 종종 섬유결모양의 옅은 그물무늬가 있다. **포자**는 7.5~9.5×3.5~4㎛ 크기의 타원형~아몬드모양이고 어두운 연붉은색이다.

 식용 불가
(아주 쓴맛)

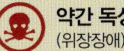 **약간 독성**
(위장장애)

● 그물버섯과 쓴맛그물버섯속

● 한해살이

● 중간키 – 중형

01_ **어린 버섯**
갓이 갈색이다.   7/8

02_ **어린 버섯**
갓이 분홍갈색이다.
9/24

03_ **어린 버섯**
한곳에 모여 나온 모
습.   9/24

04_ **젊은 버섯**
갓이 갈라져 흰색 갓살
이 보인다.   8/24

05_ **다 자란 버섯**
갓 밑면의 관구멍은 흰
색~노란색이다 차츰
갈색이 된다.   7/11

06_ **늙은 버섯**
기생균에 감염되어 허
옇게 된 모습.
7/13

07_ **상세 모습**
갓 밑면이 갈색이 된
다 자란 버섯.   7/11

08_ **상세 모습**
다 자란 버섯. 갓 밑면
이 좀 더 짙은 갈색이
되었다.   8/24

Tylopilus alboater (Schwein.) Murr. = *Tylopilus alboater* (Peck) Sing.

융단쓴맛그물버섯

갓에 희끗한 얼룩이 있다. 9월 17일

🔍 한눈에 보기

갓 윗면
검은회갈색, 종종 희끗한 얼룩, 융단 느낌

갓 밑면
관구멍, 흰색 ⇨ 분홍색 ⇨ 검은색, 상처는 붉은색 ⇨ 검은색(2단계 변색)

자루 겉면
검은회갈색, 때로 희끗한 얼룩

자른 면의 변색
분홍색 ⇨ 검은회색(2단계 변색)

육질
두툼함

냄새
군밤 냄새

맛
군밤맛

● **발생 시기·장소 |** 여름~가을, 넓은잎나무숲(참나무)~소나무숲~혼합림(넓은잎나무, 소나무)의 땅 위에 1개씩 또는 여러 개씩 흩어져 올라온다.

● **분포 |** 한국, 일본, 중국, 북아메리카 등지에 분포한다.

● **특징 |** 갓은 검은회갈색이며, 상처가 나면 붉은색이 되었다가 검은색으로 변한다.

● **상세 설명 |** 갓지름 3~20㎝의 중대형. **갓**은 어릴 때 둥그스름하다가 점차 밑면이 꽉 찬 둥근 찐빵모양처럼 되며, 다 자라면 높이가 낮아져 가운데가 편평해진다. 윗면은 검은회갈색이고 벨벳 같으며 종종 희끗한 얼룩이 생긴다. 갓살은 어릴 때 흰색이고 점차 분홍색이 되며 두툼하다. 자른 면은 분홍색이 되었다가 검은회색이 되어 2단계로 변한다. **갓 밑면**에는 수많은 미세 관구멍이 있으며, 관구멍은 1㎜당 2개 크기이고 깊이는 최대 1㎝이다. 어릴 때는 흰색이다 점차 분홍색이 되었다가 검은색이 된다. 상처가 나면 붉은색이 되었다가 검은색이 되어 2단계로 색이 변한다. **자루**는 길이 4~11㎝, 굵기 2~4㎝로 겉면이 갓과 같은 색이고 때로 희끗한 얼룩이 생긴다. **포자**는 7~11×3.5~5㎛ 크기의 타원형이고 노란회색이다.

 식용
(괜찮은 맛)

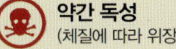 **약간 독성**
(체질에 따라 위장장애)

● **그물버섯과 쓴맛그물버섯속**

● **한해살이**

● **중간키 - 중대형**

이용방법

요리 방법과 맛_ 살이 조금 퍽퍽하지만 군밤맛과 향이 나서 먹을 만하다. 삶으면 검은 물이 나오므로 여러 번 헹군다. 숙회, 볶음, 조림, 구이 등으로 먹는다.

01_ 젊은 버섯
자루에도 희끗한 얼룩이 있다.　　9/17

02_ 상세 모습
어린 버섯.　　9/17

03_ 상세 모습
어린 버섯 속. 자른 면이 붉은색에서 검은색으로 변하고 있다.
　　9/17

04_ 상세 모습
어린 버섯 속. 자른 면이 좀 더 검게 변했다.
　　9/17

05_ 이용
숙회. 군밤맛이 난다.
　　9/17

흑자색쓴맛그물버섯

갓이 검은 벨벳 같다. 8월 1일

한눈에 보기

갓 윗면
흑자색~흑갈색, 잘게 갈라진 벨벳 느낌

갓 밑면
관구멍, 흰회색 ⇨ 붉은회색, 상처는 붉은색 ⇨ 검은색(2단계 변색)

자루 겉면
흑자색~흑갈색, 벨벳 느낌, 그물무늬

자른 면
붉은색 ⇨ 검은색(2단계 변색)

육질
두툼함

맛
아주 쓴맛

● **발생 시기·장소 |** 여름~가을, 넓은잎나무숲~소나무숲~혼합림(넓은잎나무, 소나무)의 땅 위에 1개씩 또는 여러 개가 모여서 올라온다.

● **분포 |** 한국, 일본, 동남아시아 등지에 분포한다.

● **특징 |** 갓과 자루가 검은 벨벳 같고 잘게 갈라지며, 자른 면이 붉은색을 거쳐 검은색이 되어 2단계로 색이 변한다.

● **생김새 |** 갓 지름 3~8㎝의 중형. **갓**은 어릴 때 둥그스름하다가 점차 밑면이 꽉 찬 둥근 찐빵 모양처럼 되며, 다 자라면 높이가 낮아져 가운데가 편평해진다. 윗면은 흑자색~흑갈색이고 벨벳 같으며 잘게 갈라진다. 갓살은 흰회색이고 두툼하며, 자른 면은 붉은색을 거쳐 검은색이 되어 2단계로 색이 변한다. **갓 밑면**에는 수많은 미세 관구멍이 있으며, 관구멍은 완전붙은형~떨어진형으로 어릴 때는 흰회색이나 점차 붉은회색이 된다. 상처가 나면 붉은색이 되었다가 검은색이 되어 2단계로 색이 변한다. **자루**는 길이 3~7㎝, 굵기 5~15㎜로 겉면은 갓과 같은 색이고 벨벳 같으며 섬유결모양의 그물무늬가 있다. **포자**는 8.5~11×3.5~4.㎛ 크기의 타원형이고 검은 갈색이다.

식용 불가
(아주 쓴맛)

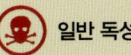
일반 독성

● **그물버섯과 쓴맛그물버섯속**
(과명 바뀜)

● **한해살이**

● **중간작은키 – 중형**

● 일반 독성을 가진 독버섯으로 먹으면 안 된다. 환각성 독버섯인 검은망그물버섯(검은쓴맛그물버섯, p.232)과 색과 모양에서 혼동하기 쉬우나 흑자색쓴맛그물버섯은 갓이 벨벳 같고 자른 면이 붉은색을 거쳐 검은색이 되어 2단계로 색이 변하지만, 검은망그물버섯은 갓이 밋밋하고 상처가 바로 검은색으로 변한다.

01_ **젊은 버섯**
어린 버섯과 함께 있는 모습.   8/23

02_ **다 자란 버섯**
갓이 커져서 쓰러진 모습.   7/7

03_ **다 자란 버섯**
갓이 잘게 갈라진다.
8/1

04_ **늙은 버섯**
늙어서 갓이 갈라진 버섯.   6/24

05_ **상세 모습**
어린 버섯부터 다 자란 버섯까지.   8/1

06_ **상세 모습**
갓 밑면에 상처가 없는 다 자란 버섯.   8/24

07_ **상세 모습**
상처가 검은색으로 변한 갓 밑면.   7/20

08_ **상세 모습**
흑자색쓴맛그물버섯(왼쪽)과 검은망그물버섯(오른쪽) 속 비교. 검은망그물버섯은 자른 면이 바로 검게 변한다.   8/15

Heimioporus japonicus (Hongo) E. Horak = *Heimiella japonica* Hongo

일본연지그물버섯

자루에 그물무늬가 뚜렷하다. 7월 14일

한눈에 보기

갓 윗면
선명한 연지색~연지갈색

갓 밑면
관구멍, 연노란색~연한 올리브색

자루 걸면
선명한 연지색~연지갈색, 선명한 그물무늬, 잔 거스러미

자른 면
거의 없으나 간혹 조금 푸른색으로 변색

육질
두툼함

● **발생 시기·장소 |** 여름~가을, 넓은잎나무숲~소나무숲~혼합림(넓은잎나무, 소나무)의 땅 위에 1개씩 또는 여러 개가 무리지어 올라온다.

● **분포 |** 한국, 일본 등지에 분포한다.

● **특징 |** 갓과 자루가 선명한 연지색(진분홍색)~연지갈색이고 상처가 나도 색이 거의 변하지 않는다.

● **생김새 |** 갓 지름 5~8cm의 중소형. **갓**은 어릴 때 둥그스름하다가 점차 밑면이 꽉 찬 둥근 찐빵모양처럼 되며, 다 자라면 높이가 낮아져 가운데가 편평해진다. 윗면은 선명한 연지색(진분홍색)~연지갈색이고, 어릴 때 조금 끈적하다. 갓살은 연노란색으로 조금 두툼하며, 간혹 자른 면이 조금 푸른색으로 변한다. **갓 밑면**에는 수많은 미세 관구멍이 있으며, 관구멍은 올린형~끝붙은형으로 1mm당 2~3개 크기이고 깊이는 8~15mm이다. 색은 연노란색~연한 올리브색이고, 모양은 둥글거나 다각형이다. **자루**는 길이 6~13cm, 굵기 7~12mm로 겉면이 갓과 같은 색이고 윗동이 때때로 연노란색이다. 선명한 섬유결모양의 그물무늬와 점 같은 잔 거스러미가 있다. **포자**는 9.5~15×7~8µm 크기의 타원형이고 올리브색이다.

 식용 불가

 일반 독성
(환각)

● **그물버섯과 연지그물버섯속**
(과명 바뀜)

● **한해살이**

● **중간키 – 중소형**

01_ **젊은 버섯**
옆에서 본 모습. 8/15

02_ **젊은 버섯**
갓은 선명한 연지색이
다.   8/25

03_ **다 자란 버섯**
조금 편평해진 모습.
              9/24

04_ **다 자란 버섯**
갓 가장자리가 갈라진
다.   8/15

05_ **늙은 버섯**
갓 밑면의 관구멍은 연
노란색~연한 올리브
색이다.   8/21

06_ **늙은 버섯**
물 내리는 모습. 8/15

07_ **상세 모습**
다 자란 버섯.   9/24

08_ **상세 모습**
기생균에 감염된 다 자
란 버섯의 속.   8/15

Gyroporus pur(pru??)purinus (Snell) Sing.

자주둘레그물버섯

갓이 자주색 벨벳 같고 갓 둘레가 선명하다. 8월 26일

한눈에 보기

갓 윗면
자주색~연자주색~연분홍자주색,
벨벳 느낌

갓 밑면
관구멍, 흰색~크림색~노란크림
색, 상처는 갈색으로 변색

자루 겉면
자주색~자주갈색

육질
조금 두툼함

맛
조금 쓴맛

● **발생 시기·장소** | 여름~가을, 넓은잎나무숲~소나무숲~혼합림(넓은잎나무, 소나무)의 땅 위에 1개씩 또는 여러 개가 모여서 올라온다.

● **분포** | 한국, 북아메리카 등지에 분포한다.

● **특징** | 갓과 자루가 자주색이며, 갓 밑면의 관구멍에 상처가 나면 갈색으로 변한다.

● **생김새** | 갓 지름 2~8cm의 중소형이며 15cm까지 자라는 것도 있다. **갓**은 어릴 때 둥그스름하다가 점차 밑면이 꽉 찬 둥근 찐빵모양처럼 되며, 다 자라면 높이가 낮아져 가운데가 편평해지고 늙으면 조금 오목해진다. 갓 가장자리가 선명하고 밑면이 많이 부풀어 갓 가장자리선이 처진 것처럼 보인다. 윗면은 자주색~연자주색~연분홍자주색이고 벨벳 같다. 갓살은 흰색이고 조금 두툼하며 약간 쓴맛이 난다. **갓 밑면**에는 수많은 미세 관구멍이 있으며, 관구멍은 끝붙은형~완전붙은형으로 1mm당 1~4개 크기이고 깊이는 최대 8mm이다. 색은 흰색~크림색~노란크림색이나 상처가 나면 갈색으로 변한다. **자루**는 길이 3~6cm, 굵기 3~8mm이고 겉면이 자주색~자주갈색이며, 자루 살은 흰색이다. **포자**는 8~11×5~7㎛ 크기의 타원형이고 노란색이다.

 식용 (조금 떨어지는 맛)

● **둘레그물버섯과 둘레그물버섯속** (과명 바뀜)

● **한해살이**

● **작은키-중소형**

이용방법

식용 >>>

요리 방법과 맛_ 아삭아삭 씹히는 맛이 좋으나 조금 쓴맛이 있으므로 소금물에 삶아서 물에 오래 우려내야 한다. 숙회, 볶음, 조림, 구이로 먹는다.

01_ **어린 버섯**
갓에 희끗한 얼룩이 조금 있다. 9/7

02_ **어린 버섯**
한곳에 올라온 어린 버섯. 왼쪽 버섯은 기생균에 감염되어 하얗다. 9/24

03_ **젊은 버섯**
넓은잎 낙엽 위에 올라온 모습. 8/13

04_ **젊은 버섯**
한곳에 올라온 버섯. 7/30

05_ **젊은 버섯**
갓이 연자주색을 띠는 것도 있다. 8/29

06_ **다 자란 버섯**
소나무와 넓은잎나무의 혼합림에 올라온 버섯들. 8/29

07_ 상세 모습
　아주 어린 버섯.　9/7

08_ 상세 모습
　어린 버섯과 젊은 버
　섯.　　　　　8/26

09_ 상세 모습
　젊은 버섯.　9/24

10_ 상세 모습
　다 자란 버섯.　8/13

11_ 상세 모습
　다 자란 버섯과 늙어가
　는 버섯.　　　8/29

12_ 상세 모습
　상처가 갈색으로 변해
　가는 갓 밑면.　8/13

13_ 상세 모습
　상처가 갈색으로 변한
　갓 밑면.　　　7/30

14_ 이용
　소금으로 간한 볶음.
　아삭하면서 조금 쌉쌀
　하다.
　　　　　　　7/30

104

Gyroporus castaneus (Bull.) Quél. = *Gyroporus castaneus* (Bull. ex Fr.) Quél.

흰둘레그물버섯

밑면이 부풀어 둘레선처럼 보인다. 9월 5일

🔍 한눈에 보기

갓 윗면
노란갈색~주황갈색~밤갈색, 벨벳
느낌

갓 밑면
관구멍, 흰색 ⇨ 연노란색

자루 겉면
노란갈색~주황갈색~밤갈색

육질
두툼하고 단단함

맛
아주 쓴맛

● **발생 시기·장소 |** 여름~가을, 넓은잎나무숲(참나무, 졸참나무, 잣밤나무)~소나무숲 땅 위에 1개씩 또는 여러 개씩 흩어져 올라오며 변성이 많다.

● **분포 |** 한국, 일본, 중국 등 전 세계에 분포한다.

● **특징 |** 갓이 갈색 벨벳 같고 갓 둘레가 선명하다.

● **생김새 |** 갓 지름 3~10㎝의 중소형. **갓**은 어릴 때 둥그스름하다가 점차 밑면이 꽉 찬 둥근 찐빵모양처럼 되며, 다 자라면 높이가 낮아져 가운데가 편평해지고 늙으면 조금 오목해진다. 갓 가장자리가 선명하고 밑면이 많이 부풀어 갓 가장자리선이 처진 것처럼 보인다. 윗면은 노란갈색~주황갈색~밤갈색이며 벨벳 같다. 갓살은 흰색이고 두툼하며 단단하다. **갓 밑면**에는 수많은 미세 관구멍이 있으며, 관구멍은 끝붙은형으로 1㎜당 1~3개 크기이고 깊이는 최대 8㎜이다. 어릴 때는 흰색이다 점차 연노란색이 된다. **자루**는 길이 3~9㎝, 굵기 5~15㎜이고 밑동이 조금 뾰족한 것도 있다. 겉면은 갓과 같은 색이고, 살은 흰색이다. **포자**는 7.5~10×4.5~5.5㎛ 크기의 타원형이고 노란색이다.

 식용 불가
(한때 식용으로 잘못 알려짐. 아주 쓴맛)

 약간 독성
(위장장애)

● **둘레그물버섯과 둘레그물버섯속**
(과명 바뀜)

● **한해살이**

● **중간작은키 - 중소형**

● **다른 이름 : 밤색그물버섯**

01_ 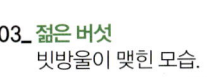 어린 버섯
   밤갈색을 띠는 어린 버
   섯.   7/15

02_ 젊은 버섯
   갓이 둥근 모양이다.
                         7/7

03_ 젊은 버섯
   빗방울이 맺힌 모습.
                         7/7

04_ 젊은 버섯
   갓 밑면이 많이 부푼
   다.   7/9

05_ 젊은 버섯
   한곳에 모여 올라온 밤
   갈색 버섯.   7/26

06_ 다 자란 버섯
   갓이 노란갈색인 버섯.
                         7/9

07_ 다 자란 버섯
   비탈지에 올라온 버섯.
                         7/15

08_ 상세 모습
   어린 버섯부터 늙은 버
   섯까지.   9/5

비단그물버섯

Suillus luteus (L.) Rouss. = *Suillus luteus* (L. ex Fr.) S. F. Gray

건조하면 갓이 비단처럼 반짝인다. 6월 13일

한눈에 보기

갓 윗면
노란갈색~붉은갈색~어두운 갈색, 습하면 끈적하고 건조하면 비단 같음

갓 밑면
관구멍, 연올리브노란색 ⇨ 노란올리브갈색

자루 겉면
연노란색, 자주갈색 끈적점

턱받이
있음

육질
두툼하고 아삭함

맛
조금 달달한 맛, 약간 쓴맛

● **발생 시기·장소 |** 여름~가을, 소나무숲 땅 위에 1개씩 또는 여러 개가 무리지어 올라온다.

● **분포 |** 한국·북아메리카 등 북반구 온대 이북, 남반구 등지에 분포한다.

● **특징 |** 갓이 끈적하고 비단 같으며, 자루에 턱받이가 있다.

● **생김새 |** 갓 지름 5~15㎝의 중대형. **갓**은 어릴 때 둥그스름하다가 점차 밑면이 꽉 찬 둥근 찐빵모양처럼 되며, 다 자라면 높이가 낮아져 가운데가 편평해진다. 윗면은 노란갈색~붉은갈색~어두운 갈색이다. 습하면 끈적하고, 건조하면 비단처럼 반짝인다. 갓이 펴지면 갓 밑면을 덮고 있던 외피막 조각들이 가장자리에 매달려 너덜거리기도 한다. 갓살은 두툼하다. **갓 밑면**에는 수많은 미세 관구멍이 있으며, 관구멍은 완전붙은형 또는 내린형으로 지름이 1㎜ 이하이고 깊이는 4~15㎜이다. 어릴 때는 연올리브노란색이다가 점차 노란올리브갈색이 된다. **자루**는 길이 3~8㎝, 굵기 10~25㎜로 겉면이 연노란색이며, 자주갈색의 잔 거스러미 같은 끈적점이 있어서 진이 나온다. 갓이 펴지면서 윗동에 짧은 치마모양의 턱받이가 생기나 잘 떨어져나간다. **포자**는 7~9×2.5~3㎛ 크기의 긴 아몬드모양이고 노란갈색이다.

 식용
(괜찮은 맛)

 약용
(항종양, 골절 치료)

 약간 독성
(생식 또는 과식시 중독)

● 비단그물버섯과 비단그물버섯속
(과명 바뀜)

● 한해살이

● 중간키 – 중대형

● 다른 이름 : 진득그물버섯

이용방법

● 약간 독성이 있어 생으로 먹거나 과식하면 체질에 따라 위장장애가 일어나기도 하므로 주의한다.

식용 >>>
요리 방법과 맛_ 미끌미끌하면서 아삭하고, 조금 달달하면서 약간 쓴맛이 있어 소금물에 삶아서 물에 오래 우려내야 한다. 숙회, 볶음, 조림, 구이, 찌개 등으로 먹는다.

약용 >>>
성분과 효능_ 유리 아미노산(단백질 합성, 면역력 강화) 22종이 함유되어 있다. 골절을 치료하고, 종양을 억제하는 효능이 있다.

01_ 젊은 버섯
조금 옆에서 본 모습.
9/2

02_ 젊은 버섯
나란히 올라와 자라는 모습.
9/2

03_ 다 자란 버섯
작은 군락지.
6/15

04_ 다 자란 버섯
습하면 끈적해진다.
6/11

05_ 다 자란 버섯
자루에 턱받이 흔적이 있는 버섯.
6/13

06_ **상세 모습**
　　젊은 버섯.　　　6/15

07_ **상세 모습**
　　다 자란 버섯.　　6/11

08_ **상세 모습**
　　젊은 버섯의 갓.　9/2

09_ **상세 모습**
　　어린 버섯과 늙은 버섯
　　의 갓 비교.　　6/13

10_ **상세 모습**
　　젊은 버섯의 갓 밑면과
　　턱받이.　　　　9/2

11_ **상세 모습**
　　늙은 버섯의 갓 밑면.
　　　　　　　　6/11

12_ **이용**
　　채취한 버섯.　　6/11

13_ **상세 모습**
　　숙회. 미끌미끌하고 아
　　삭하다.　　　　6/11

Suillus granulatus (L. ex Fr.) O. Kuntze(Rouss.)

젖비단그물버섯

갓이 비단 같고 상처가 나면 흰노란색 젖이 나온다. 6월 15일

한눈에 보기

갓 윗면
갈색~노란갈색~붉은갈색, 습하면 끈적하고 건조하면 비단 같음

갓 밑면
관구멍, 노란색 ⇨ 노란갈색

자루 겉면
흰노란색~노란색, 갈색~붉은갈색 끈적점

윗동의 상처
젊을 때 흰노란색 젖 분비

육질
두툼하고 아삭함

냄새
때로 과일냄새

맛
담백하고 달달한 맛

● **발생 시기·장소 |** 여름~가을, 소나무숲 땅 위에 1개씩 또는 여러 개가 뭉쳐서 무리지어 올라온다.

● **분포 |** 한국, 북동아메리카 등 온대 이북에 분포한다.

● **특징 |** 갓이 습하면 끈적하고 건조하면 비단 같으며, 젊을 때는 상처가 나면 갓 밑면과 자루 윗동에서 흰노란색 젖이 나온다.

● **생김새 |** 갓 지름 4~10㎝의 중소형. **갓**은 어릴 때 둥그스름하다가 점차 밑면이 꽉 찬 둥근 찐 빵모양처럼 되며, 다 자라면 높이가 낮아져 가운데가 편평해진다. 윗면은 갈색~노란갈색~붉은 갈색이며, 습하면 조금 끈적해지고 건조하면 비단처럼 반짝인다. 갓이 펴지면 갓 밑면을 덮고 있던 외피막 조각들이 가장자리에 매달려 너덜거리기도 한다. 갓살은 두툼하고 아삭하며 때로 과일냄새가 난다. **갓 밑면**에는 수많은 미세 관구멍이 있으며, 관구멍은 방사상의 내린형이고 깊이가 최대 5㎜이다. 어릴 때는 노란색이나 점차 노란갈색이 되고, 젊을 때는 상처가 나면 흰노란색 젖이 나온다. **자루**는 길이 4~9㎝, 굵기 5~15㎜로 겉면이 흰노란색~노란색이며, 갈색~붉은갈색의 잔 거스러미 같은 끈적점이 있어 진이 나온다. 젊을 때는 윗동에 상처가 나면 흰노란색 젖이 나오며 때로 턱받이 흔적이 있다. **포자**는 7~10×3.5~4㎛ 크기의 타원형이고 노란갈색이다.

식용
(괜찮은 맛)

약용
(골절 치료, 항종양)

약간 독성

● **비단그물버섯과 비단그물버섯속**
(과명 바뀜)

● **한해살이**

● **중간키 – 중소형**

● **다른 이름 : 젖그물버섯, 솔버섯**

이용방법

● 약간 독성이 있어 덜 익힌 것을 먹거나 과식하면 체질에 따라 위장장애를 일으키므로 주의한다.

식용 >>>

요리 방법과 맛_ 미끌미끌하면서 아삭하고, 과일향이 나면서 달달해서 먹을 만하다. 숙회, 볶음, 조림, 구이, 찌개 등으로 먹는다.

약용 >>>

성분과 효능_ 유리 아미노산(단백질 합성, 면역력 강화) 23종이 함유되어 있으며, 골절을 치료하고 종양을 억제하는 효능이 있다.

01_ 어린 버섯
　솔잎 낙엽 위로 올라오는 모습.　6/10

02_ 어린 버섯
　습하면 갓이 끈적해진다.　8/31

03_ 어린 버섯
　갓에 윤기가 있다.
　　　　　8/29

04_ 어린 버섯
　뭉쳐 올라오는 경우가 많다.　8/31

05_ 어린 버섯
　작은 군락지 모습.
　　　　　9/16

06_ 젊은 버섯
　건조하면 갓이 비단처럼 반짝인다.　6/15

07_ 젊은 버섯
동물이 갉아먹은 흔적.
6/10

08_ 다 자란 버섯
갓이 편평해진 모습.
8/31

09_ 다 자란 버섯
돌 틈 사이의 작은 군
락지. 9/16

10_ 다 자란 버섯
잡목 수풀에 군락을 이
룬 버섯들. 8/31

11_ 늙은 버섯
옆에서 본 모습. 9/16

12_ 늙은 버섯
갓에 구멍이 난 모습.
8/31

13_ 늙은 버섯
기생균에 감염되어 하
얗게 된 버섯이 보인
다. 7/7

14_ 늙은 버섯
늙어서 물 내리는 버
섯. 6/10

황소비단그물버섯

갓이 황소털색이고 윤기가 난다. 9월 1일

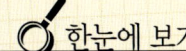 한눈에 보기

갓 윗면
황소털색(연붉은갈색), 습하면 끈적하고 건조하면 비단 같음

갓 밑면
관구멍, 노란녹색 ⇨ 올리브갈색

자루 겉면
연노란갈색

육질
두툼하고 부드러움

맛
감칠맛

● **발생 시기·장소 |** 여름~가을, 소나무숲~혼합림(소나무, 넓은잎나무)의 바람 잘 드는 산성 땅 위에 1개씩 또는 여러 개가 뭉쳐서 줄지어 올라온다.

● **분포 |** 한국(주로 가야산, 다도해해상국립공원, 두륜산, 발왕산, 방태산, 소백산, 속리산, 오대산, 운문산, 월출산, 천성산), 일본, 중국, 북아메리카, 유럽 등지에 분포한다.

● **특징 |** 갓이 황소털색이고 비단 같으며, 관구멍은 큰 다각형으로 노란녹색에서 올리브갈색으로 변한다.

● **생김새 |** 갓 지름 3~10㎝의 중소형. **갓**은 어릴 때 둥그스름하다가 점차 밑면이 꽉 찬 둥근 찐빵모양처럼 되며, 다 자라면 편평해진다. 윗면은 황소털색(연붉은갈색)으로 습하면 조금 끈적해지고, 건조하면 비단처럼 반짝인다. 갓살은 크림색~연노란붉은갈색이며 두툼하고 부드럽다. **갓 밑면**에는 수많은 관구멍이 있으며, 관구멍은 완전붙은형~내린형이고 큰 다각형이고, 어릴 때는 노란녹색이다 점차 올리브갈색이 된다. **자루**는 길이 3~6㎝, 굵기 4~12㎜이고 겉면이 연노란갈색이다. **포자**는 7~11×3~5㎛ 크기의 아몬드모양이고 노란녹갈색이다.

 식용
(뛰어난 맛)

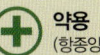 **약용**
(항종양)

● 비단그물버섯과 비단그물버섯속
(과명 바뀜)

● 한해살이

● 작은키 - 중소형

이용방법

식용 >>>

요리 방법과 맛_ 육질이 부드럽고 미끌미끌하면서 사각사각 씹히며 감칠맛이 난다. 숙회, 볶음, 조림, 구이, 찌개, 전골 등으로 먹는다.

약용 >>>

성분과 효능_ 유리 아미노산(단백질 합성, 면역력 강화) 29종, 지방산 10종, 글루코오스(포도당), 아라비톨(당알코올), 만니톨(이뇨효과), 트레할로스(산패 방지), 펙틴(장 정화), 셀룰로오스(섬유질), 리그닌(식물성 에스트로겐), 글리세롤이 함유되어 있다. 종양을 억제하는 효능이 있다.

01_ 어린 버섯
줄지어 올라온 어린 버섯.　　　　　9/1

02_ 젊은 버섯
뭉쳐 올라오는 경우가 많다.　　　　9/1

03_ 다 자란 버섯
줄지어 올라온 군락지.
　　　　　　　　9/1

04_ 다 자란 버섯
바람이 잘 통하는 산성 땅을 좋아한다.　9/28

05_ 늙은 버섯
　　물 내리는 모습.　6/12

06_ 늙은 버섯
　　관구멍이 큰 다각형이
　　다.　　　　　6/12

07_ 늙은 버섯
　　동물이 갉아먹은 흔적.
　　　　　　　　6/15

08_ 상세 모습
　　다 자란 버섯.　9/28

09_ 상세 모습
　　늙은 버섯.　　6/10

10_ 상세 모습
　　젊은 버섯의 갓 밑면.
　　　　　　　　9/1

11_ 이용
　　채취한 버섯.　9/28

12_ 이용
　　다듬어놓은 버섯.
　　　　　　　　9/1

13_ 이용
　　숙회. 사각사각하고 감
　　칠맛이 난다.　6/11

14_ 이용
　　소금으로 간한 볶음.
　　육질이 부드럽다.　9/1

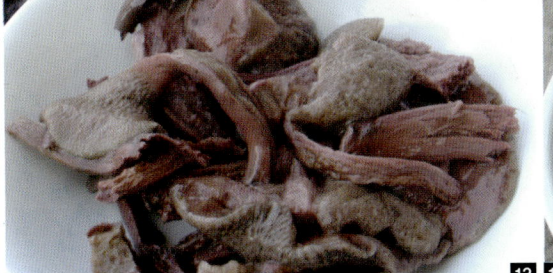

Suillus pictus (Peck) Sm. & Thiers = *Suillus pictus* (Peck) A. H. Smith & Thiers

붉은비단그물버섯

갓과 자루가 붉은 섬유비늘로 덮여 있다. 8월 31일

한눈에 보기

갓과 자루
붉은벽돌색~붉은갈색 섬유비늘로 덮임

갓 밑면
관구멍, 노란색 ⇒ 노란갈색, 상처는 갈색 ⇒ 어두운 갈색(2단계 변색)

턱받이
흰자주회색

자른 면
조금 붉은색으로 변함

육질
두툼하고 단단함

맛
담백한 맛

● **발생 시기·장소 |** 여름~가을, 소나무숲 땅 위에 1개씩 또는 여러 개가 뭉쳐서 줄지어 올라온다.

● **분포 |** 한국, 서아메리카를 제외한 아메리카 전 지역에 분포한다.

● **특징 |** 갓이 붉은 섬유비늘로 덮여 있고, 갓 밑면에 상처가 나면 갈색이 되었다가 어두운 갈색이 되어 2단계로 색이 변한다.

● **생김새 |** 갓 지름 5~10㎝의 중소형. **갓**은 어릴 때 원뿔모양에서 점차 밑면이 꽉 찬 둥근 찐빵 모양처럼 되며 다 자라면 편평해진다. 윗면은 붉은벽돌색~붉은갈색 섬유비늘로 덮여 있다. 갓이 펴지면 갓 밑면을 덮고 있던 외피막 조각들이 가장자리에 매달려 너덜거리나 금방 떨어진다. 갓살은 연노란색으로 두툼하고 단단하며, 자른 면은 천천히 조금 붉은색으로 변한다. **갓 밑면**에는 수많은 미세 관구멍이 있으며, 관구멍은 방사상의 내린형으로 지름 0.5~5㎜이고 깊이는 최대 8㎜이다. 어릴 때는 노란색이나 점차 노란갈색이 되며, 상처가 나면 갈색이 되었다가 어두운 갈색이 되어 2단계로 색이 변한다. **자루**는 길이 3~8㎝, 굵기 8~15㎜로 겉면이 갓과 같은 색 섬유비늘로 덮여 있으며, 갓이 펴지면 윗동에 흰자주회색 턱받이가 생기나 잘 떨어져나간다. **포자**는 8~12×3.5~5㎛ 크기의 타원형이다.

 식용
(평범한 맛)

● **비단그물버섯과 비단그물버섯속**
(과명 바뀜)

● **한해살이**

● **중간작은키 – 중소형**

이용방법

식용 > > >

요리 방법과 맛_ 미끌미끌하면서 씹는 맛이 있고 담백하다. 숙회, 볶음, 조림, 구이, 찌개 등으로 먹는다.

01_ **어린 버섯**
　원뿔모양의 어린 버섯.
　　　　　　　8/31

02_ **어린 버섯**
　군락지 모습.
　　　　　　8/30

03_ **어린 버섯**
　좀 더 자란 모습. 8/30

04_ **젊은 버섯**
　옆에서 본 모습.　8/31

05_ **젊은 버섯**
　줄지어 자라는 모습.
　　　　　　　8/31

06_ **다 자란 버섯**
　갓이 붉은갈색인 버섯
　도 있다.　　　8/31

07_ **다 자란 버섯**
　옆에서 본 모습.　8/31

08_ 다 자란 버섯
군락지 모습.　8/31

09_ 상세 모습
아주 어린 버섯부터 다
자란 버섯까지.　8/31

10_ 상세 모습
늙어가는 버섯.　9/20

11_ 상세 모습
상처가 갈색으로 변한
젊은 버섯의 갓 밑면.
　8/31

12_ 상세 모습
다 자란 버섯의 갓 밑
면.　8/31

13_ 상세 모습
상처가 어두운 갈색으
로 변한 다 자란 버섯
의 갓 밑면.　8/31

Phylloporus bellus var. *cyanescens* Corner = *Phylloporus bellus* (Mass.) Corner var. *cyanescens* Corner

청변민그물버섯 (회갈색민그물버섯)

갓 밑면에 관구멍이 없고 노란 주름살이 있다. 7월 21일

한눈에 보기

갓 윗면
붉은노란색~붉은갈색

갓 밑면
주름살, 노란색 ⇒ 올리브갈색, 상처는 푸른녹색으로 변색

자루 겉면
노란색~노란갈색

육질
조금 두툼함

● **발생 시기·장소 |** 여름~가을, 넓은잎나무숲~정원 땅 위에 1개씩 또는 여러 개씩 흩어져 올라온다.

● **분포 |** 한국(주로 소백산, 운문산, 지리산, 천성산), 일본, 북아메리카 등지에 분포한다.

● **특징 |** 갓 밑면에 관구멍이 없고 노란 주름살이 자루 윗동에 이어져 있으며, 상처가 나면 푸른녹색으로 변한다.

● **생김새 |** 갓 지름 4~8㎝의 소형. **갓**은 둥근 산모양이다가 점차 편평해지고 늙으면 오목해진다. 윗면은 붉은노란색~붉은갈색이고 건조하면 갈라지기도 한다. 갓살은 연노란색이며 조금 두툼하다. **갓 밑면**은 주름살로 되어 있으며, 주름살은 내린형으로 자루 윗동에 이어져 있고, 어릴 때는 빽빽하나 점차 성글어진다. 색은 노란색에서 점차 올리브갈색이 되며, 상처가 나면 푸른녹색으로 변한다. **자루**는 길이 4~8㎝이고 밑동이 좀 더 가늘며, 겉면이 노란색~노란갈색이다. **포자**는 10.5~14.5×4~5.5㎛ 크기의 긴 타원형이고 노란색이다.

 식용 불가

 일반 독성 (위장장애)

● 그물버섯과 민그물버섯속
● 한해살이
● 작은키 – 소형

01_ **젊은 버섯**
조금 옆에서 본 모습.
7/14

02_ **다 자란 버섯**
넓은 낙엽 위에 있는
모습.   7/21

03_ **늙은 버섯**
갓이 오목해진다. 7/21

04_ 상세 모습
젊은 버섯.   7/14

05_ 상세 모습
다 자란 버섯.   8/8

06_ 상세 모습
젊은 버섯부터 다 자란
버섯까지.   7/21

07_ 상세 모습
다 자란 버섯의 주름
살. 주름살이 자루 윗
동으로 이어진다. 8/8

08_ 상세 모습
상처가 푸른녹색으로
변한 주름살.   7/21

09_ 상세 모습
상처의 푸른녹색이 점
점 번지고 있다. 7/21

능이버섯

Sarcodon asparatus (Berk.) S. Ito = *Sarcodon imbricatus* (L) P. Karst.

갓우물이 자루까지 깊게 파여 있다. 10월 13일

🔍 한눈에 보기

갓 윗면
연붉은갈색 ⇨ 검은갈색 ⇨ 검은색,
이빨비늘이 나이테모양으로 덮임

갓우물
자루까지 깊게 파임

갓 밑면
노루털침이 빽빽함, 흰회갈색 ⇨ 검
은회갈색

자루
흰회갈색 ⇨ 검은회갈색, 갓 밑면보
다 짧은 노루털침이 빽빽함

육질
두툼하고 탄력 있음

냄새
깊고 향긋한 냄새

맛
감칠맛, 달달한 맛

● **발생 시기·장소 |** 여름~가을, 6~8부 능선의 넓은잎나무숲(주로 신갈나무, 졸참나무, 굴참나무, 상수리나무, 물박달나무)의 비탈진 자갈땅이나 계곡가 낙엽 위에 1개씩 또는 여러 개가 뭉쳐서 줄지어 올라온다.

● **분포 |** 한국, 일본 등지에 분포한다.

● **특징 |** 갓우물이 자루까지 깊게 파여 있고, 갓에 이빨비늘이 나이테모양으로 빽빽하게 덮여 있으며, 갓 밑면~자루에도 노루털침이 빽빽하다.

● **생김새 |** 갓 지름 10~20㎝의 대형이며 30㎝까지 자라는 것도 있다. **갓**은 한가운데에 자루까지 깊게 파인 갓우물이 있고, 점차 가장자리가 넓고 편평해져 낮은 깔때기처럼 된다. 윗면은 어릴 때 연붉은갈색이다가 점차 검은갈색이 된다. 날카로운 이빨비늘이 규칙적인 나이테모양으로 빽빽이 있으며, 늙어서 물이 내리면 갓이 완전히 검은색이 되고 이빨비늘은 흰회색으로 변한다. 갓살은 연붉은색으로 두툼하고 탄력 있다. **갓 밑면**은 길이 5~15㎜의 수많은 노루털침으로 덮여 있으며, 어릴 때는 흰회갈색이나 점차 검은회갈색이 된다. **자루**는 길이 3~6㎝, 굵기 1.5~3.5㎝로 굵고 짧다. 겉면에 갓 밑면보다 짧은 노루털침이 빽빽이 덮여 있으며, 늙으면 겉껍질이 갈라져 이빨비늘처럼 되기도 한다. **포자**는 5~6.5㎛ 크기의 공모양이고 연갈색이다.

 식용
(아주 뛰어난 맛)

 약용
(고지혈증)

 약간 독성
(생식시 위장장애)

● **능이버섯과 능이버섯속**
(과명 바뀜)

● **한해살이**

● **작은키 – 대형**

● **다른 이름 : 능이(能栮), 향이(香栮), 향버섯**

이용방법

● 약간 독성이 있어 생으로 먹으면 위장장애가 일어나므로 반드시 완전히 익혀 먹어야 한다.
● 개능이와 혼동하기 쉽고 유전자가 같은 것으로 알려져 있는데 능이버섯은 갓우물이 깊고 이빨비늘과 노루털침이 빽빽하지만, 개능이는 갓우물이 얕고 갓의 이빨비늘과 자루의 노루털침이 성글다.

식용 >>>
요리 방법과 맛_ 1 능이, 2 표고, 3 송이라고 할 만큼 귀하고 맛이 뛰어난 버섯이다. 씹으면 쫄깃하고 꼬들꼬들하며 깊은 향이 난다. 감칠맛과 달달한 맛이 있어 삶은 물을 다시국물로 사용한다. 숙회, 볶음, 조림, 구이, 된장찌개, 전골, 부침 등으로 먹는다. 잘게 찢어서 말려두었다가 물에 불려 요리하거나, 가루를 내서 부침을 해 먹기도 한다.

약용 >>>
성분과 효능_ 유리 아미노산(단백질 합성, 면역력 강화) 23종, 지방산 10종, 에르고스테롤(비타민 D로 전환되는 물질), 글루코오스(포도당), 만니톨(당알코올), 트레할로스(산패 방지), 키틴(항종양)이 함유되어 있다. 천식, 고지혈증, 당뇨, 감기, 고기 먹고 체한 데 약으로 쓰며, 종양을 억제하는 효능이 있다.

01_ 젊은 버섯
비탈진 자갈밭에 함께 올라온 버섯들. 10/3

02_ 젊은 버섯
군락지의 버섯들. 10/3

03_ 다 자란 버섯
  갓이 깔때기모양이다.
  10/3

04_ 다 자란 버섯
  갓이 커져서 뒤틀렸다.
  10/3

05_ 다 자란 버섯
  갓이 뒤틀려 가시 같은
  밑면이 보인다.   10/3

06_ 다 자란 버섯
  갓이 뒤집혀 서 있는
  것처럼 보인다. 10/18

07_ 늙은 버섯
  한곳에서 나와 늙어가
  는 버섯들.   10/15

08_ 늙은 버섯
  물 내리기 직전의 늙은
  버섯.   10/15

09_ 늙은 버섯
  물 내리기 시작한 모
  습.   10/15

10_ 늙은 버섯
    쓰러진 나무토막 밑의
버섯들.   10/6

11_ 늙은 버섯
    잡목 밑에 뭉쳐 올라와
늙어가는 버섯들.
          10/15

12_ 늙은 버섯
    완전히 물 내려서 사그
라지는 모습.   10/15

13_ 늙은 버섯
    줄지어 올라와 물 내린
늙은 버섯들.   10/15

14_ 서식지
    넓은잎나무숲의 자갈
이 있는 비탈에 난다.
          4/5

15_ 상세 모습
　　젊은 버섯. 자루까지
　　노루털침으로 덮여 있
　　다.　　　　　10 / 3

16_ 상세 모습
　　어린 버섯부터 다 자란
　　버섯까지.　　10 / 3

17_ 상세 모습
　　젊은 버섯의 갓 밑면.
　　　　　　　　10 / 6

18_ 이용
　　채취한 버섯. 10 / 3

19_ 이용
　　소금으로 간한 볶음.
　　꼬들꼬들하고 향이 그
　　윽하다.　　　10 / 6

20_ 이용
　　버섯을 잘라서 말리는
　　모습.　　　　10 / 15

21_ 이용
　　말려 빻은 버섯가루.
　　　　　　　　12 / 27

22_ 이용
　　버섯가루 부침.　12 / 27

개능이

두꺼운 이빨비늘이 성글게 나 있다. 8월 17일

한눈에 보기

갓 윗면
어두운 갈색 ⇨ 검은갈색, 두꺼운 이빨비늘이 성글게 있음

갓 밑면
흰회색 ⇨ 회색~회갈색, 노루털침이 빽빽함

자루 겉면
노루털침이 성글게 있음

육질
두툼하고 탄력 있음

냄새
조금 매운 냄새

맛
쓴맛

● **발생 시기·장소 |** 여름~가을, 주로 소나무숲~혼합림(넓은잎나무, 소나무)의 모래 섞인 땅 위에 1개씩 또는 여러 개가 무리지어 올라온다.

● **분포 |** 한국(주로 가야산, 다도해해상국립공원, 영축산, 운문산, 천성산), 일본, 중국, 북아메리카, 아프리카, 유럽, 오스트레일리아 등지에 분포한다.

● **특징 |** 갓우물이 얕고, 갓 한가운데에 난 이빨비늘은 크고 두껍다.

● **생김새 |** 갓 지름 5~20㎝의 대형. **갓**은 어릴 때 낮은 산모양에서 점차 편평하게 펴지며, 얕은 갓우물이 파여 얕은 깔때기처럼 된다. 윗면은 어릴 때 어두운 갈색에서 점차 색이 짙어져 검은 갈색이 된다. 두꺼운 이빨비늘이 성글게 있으며, 갓 한가운데에 난 이빨비늘은 좀 더 크고 두껍다. 갓살은 연붉은갈색이며 섬유무늬가 있는 것도 있다. 육질이 두툼하고 탄력 있으며, 조금 매운 냄새와 쓴맛이 있다. **갓 밑면**은 자루까지 수많은 노루털침으로 덮여 있으며, 어릴 때는 흰회색이다 점차 회색~회갈색이 된다. 노루털침 길이는 1~10㎜이다. **자루**는 길이 2.5~8㎝, 굵기 1~3㎝로 굵고 짧으며, 겉면에 짧은 노루털침이 조금 성글게 덮여 있다. **포자**는 7~8×5~5.5㎛ 크기의 타원형이고 갈색이다.

 식용 부적합(쓴맛)

 약용(고지혈증)

● **능이버섯과 능이버섯속**(과명 바뀜)
● **한해살이**
● **작은키 – 대형**
● **다른 이름 : 노루털버섯, 수능이**

이용방법

01_ 어린 버섯
젊은 버섯과 함께 있는 모습.　　　　8/1

02_ 젊은 버섯
주변에 솔잎이 떨어져 있나.　　　　8/17

03_ 다 자란 버섯
넓은잎나무숲에서도 볼 수 있다.　　8/17

04_ 늙은 버섯
늙어가는 모습.　　8/1

05_ 늙은 버섯
늙어서 물 내리는 모습.　　　　8/17

06_ 상세 모습
갓 밑면이 흰회색인 젊은 버섯.　　8/1

Hydnellum concrescens (Pers.) Banker = *Hydnellum zonatum* (Batsch) P. Karst.

고리갈색깔때기버섯

갓에 고리무늬가 있고 깔때기모양이다. 7월 26일

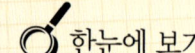 **한눈에 보기**

갓 윗면
갈색~진갈색, 벨벳 또는 비단 같음

갓 무늬
방사상 주름과 고리무늬

갓 밑면
노루털침, 짙은 갈색

자루 겉면
갈색, 벨벳 같음

육질
얇은 가죽질

● **발생 시기·장소** | 여름~가을, 소나무숲 땅 위에 1개씩 또는 여러 개가 맞붙어서 한 덩어리처럼 올라온다.

● **분포** | 한국(주로 가야산, 방태산, 오대산, 운문산, 신불산, 천성산), 일본 등 전 세계에 분포한다.

● **특징** | 작고 낮은 깔때기 같은 버섯들이 여러 개 뭉쳐 나오고, 갓에 고리무늬가 있다.

● **생김새** | 갓 지름 1~4㎝의 소형이며, 주로 여러 개가 맞붙어서 한 덩어리처럼 올라온다. **갓**은 한가운데가 오목하고 가장자리가 편평하여 낮은 깔때기처럼 되며 가장자리가 톱니 같다. 윗면은 갈색~진갈색이고 가장자리로 갈수록 연갈색이며, 벨벳 또는 비단 같고 부드러운 방사상 주름과 고리무늬가 있다. 갓살은 얇은 가죽질이다. **갓 밑면**은 1~3㎜ 길이의 수많은 노루털침으로 덮여 있고 짙은 갈색이다. **자루**는 길이 1~3㎝, 굵기 5~20㎜로 점차 밑동이 굵어진다. 겉면은 갈색이며 벨벳 같고, 자루 살은 해면 같다. **포자**는 4~7㎛ 크기의 공모양이다.

 식용 부적합
(가죽질, 독성분 여부 미상)

● 능이버섯과 갈색깔때기버섯속
(과명 바뀜)

● 한해살이

● 작은키 – 소형

01_ **젊은 버섯**
여러 개가 한 덩어리처럼 뭉쳐 올라온다.
7/26

02_ **늙은 버섯**
갓 가장자리가 톱니 같다.
9/23

03_ **늙은 버섯**
작은 군락지 모습.
9/23

04_ **상세 모습**
젊은 버섯의 갓 윗면과 밑면.
9/23

05_ **상세 모습**
다 자란 버섯. 9/23

06_ **상세 모습**
밑동이 굵어진 버섯.
7/26

굴뚝버섯 (흰굴뚝버섯)

갓이 점차 검어진다. 10월 28일

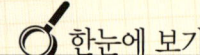 한눈에 보기

갓 윗면
흰회색 ⇨ 검은회색, 짧은 털로 덮임, 물체가 닿으면 연붉은자주색으로 변함

갓 밑면
흰색 ⇨ 회색, 관구멍모양, 상처는 붉은자주색으로 변함

자루 겉면
흰색 ⇨ 회색, 짧은 털이 있음

자른 면
연붉은자주색

육질
조금 두툼하고 단단함

맛
쓴맛

● **발생 시기·장소 |** 여름~가을, 소나무숲~혼합림(소나무, 넓은잎나무)의 땅 위에 1개씩 또는 여러 개가 무리지어 올라온다.

● **분포 |** 한국, 일본, 북아메리카 등지에 분포한다.

● **특징 |** 갓이 굴뚝에서 나온 것처럼 흰회색~검은회색이 되며, 물체가 닿으면 연붉은자주색으로 변한다.

● **생김새 |** 갓 지름 5~15㎝의 중대형. **갓**은 가장자리가 둥글고 편평한 모양으로 윗면은 흰회색에서 점차 검은회색으로 변하며 짧은 털로 덮여 있다. 물체가 닿으면 연붉은자주색으로 변한다. 갓살은 흰색이고 자른 면은 연붉은자주색으로 변한다. 육질이 조금 두툼하고 단단하며 쓴맛이 난다. **갓 밑면**은 수많은 미세 관구멍으로 되어 있으며, 관구멍은 미로형으로 깊이가 1~2㎜이고 모양은 둥글다. 어릴 때는 흰색이나 점차 회색이 되고, 상처가 나면 붉은자주색으로 변한다. **자루**는 길이 2~10㎝, 굵기 10~25㎜이고, 겉면은 어릴 때 흰색이다가 점차 회색이 되며 짧은 털이 있다. **포자**는 4.5×6㎛ 크기의 공모양이다.

 식용
(조금 떨어지는 맛, 쓴맛)

 약용
(천식)

 약간 독성
(체질에 따라 설사)

● 능이버섯과 굴뚝버섯속(과명 바뀜)

● 한해살이

● 중간작은키-중대형

● 다른 이름 : 굽더덕이, 검은가죽버섯

이용방법

● 약간 독성이 있어 덜 익힌 것을 먹거나 과식하면 체질에 따라 설사를 하게 되므로 주의한다.

식용 >>>
요리 방법과 맛_ 육질이 단단하고 씹는 맛이 있으며, 쓴맛이 있어 소금물에 삶아서 물에 오래 우려내야 한다. 숙회, 매운 양념무침, 볶음, 구이 등으로 먹는다.

약용 >>>
성분과 효능_ 유리 아미노산(단백질 합성, 면역력 강화) 27종, 에르고스테롤(비타민 D로 전환되는 물질), 아라비톨(당알코올), 만니톨(이뇨효과), 포도당, 트레할로스(산패 방지), 키틴(항종양), 펙틴(장 정화), 리그닌(식물성 에스트로겐)을 함유하고 있다. 천식, 알레르기에 효능이 있다.

01_ **젊은 버섯**
솔잎과 넓은잎 낙엽 위에 있는 버섯.   10/28

02_ **다 자란 버섯**
갓에 어떤 물체가 닿으면 붉어진다.   10/28

03_ **상세 모습**
다 자란 버섯.   10/28

04_ **상세 모습**
젊은 버섯부터 늙은 버섯까지.   10/28

05_ **상세 모습**
젊은 버섯 속.   10/28

06_ **이용**
채취한 버섯.   10/28

07_ **이용**
버섯 말리는 모습.
11/22

Albatrellus confluens (Alb. & Schw.) Kotl. & Pouz. = *Polyporus confluens* (Alb. & Schw) Fr.

다발방패버섯 (다발구멍장이버섯)

여러 개가 맞붙어 올라오며 부드러운 모양이다. 9월 13일

🔍 한눈에 보기

갓 윗면
흰노란색~노란크림색~붉은크림색

갓 밑면
아주 미세한 관구멍, 흰색

자루 겉면
흰색, 갓 가운데보다 옆으로 붙음, 노란갈색 얼룩

육질
두툼하고 단단함

냄새
강한 냄새

맛
담백하고 조금 배추맛

● **발생 시기·장소 |** 여름~가을, 소나무숲~혼합림(소나무, 넓은잎나무) 땅 위에 1개씩 또는 여러 개가 맞붙어서 다발처럼 올라온다.

● **분포 |** 한국, 일본, 중국, 북아메리카, 유럽 등지에 분포한다.

● **특징 |** 전체가 둥글둥글한 모양이고 여러 개가 맞붙어 다발 같으며, 자루가 조금 옆으로 붙기도 한다.

● **생김새 |** 갓 지름 3~20cm의 중대형이며, 여러 개가 맞붙어 30cm까지 되기도 한다. **갓**은 모양이 조금 불분명하며, 어릴 때는 낮은 산모양 또는 자루가 옆으로 붙은 주걱모양이다 점차 편평하게 펴지고 조금 오목해진다. 가장자리는 둥글게 말려 있다가 점차 펴져서 물결모양이 된다. 윗면은 흰노란색~노란크림색~붉은크림색이다. 갓살은 흰색~크림색으로 두툼하고 단단하며, 가장자리는 얇고 냄새가 강하다. **갓 밑면**은 수많은 미세 관구멍으로 되어 있으며, 관구멍은 내린형이고 1mm당 3~5개 크기로 아주 미세하며 깊이는 최대 5mm이다. 색은 흰색이며 때로는 흰녹색~흰노란색이 되기도 한다. **자루**는 길이 3~6cm, 굵기 1~3cm이며 대개 갓 가운데보다 조금 옆으로 붙는다. 겉면은 흰색이며 노란갈색 얼룩이 잘 생긴다. **포자**는 4~5.5×2.5~4μm 크기의 타원형이고 흰색이다.

🍴 **식용**
(괜찮은 맛)

➕ **약용**
(결핵)

● 방패버섯과 방패버섯속(과명 바뀜)

● 한해살이

● 작은키 - 중대형

이용방법

01_ 어린 버섯
아주 어린 버섯이 올라오는 모습.　　9/2

02_ 어린 버섯
나무토막 밑에 올라온 어린 버섯.　　9/5

03_ 어린 버섯
군락지.　　8/30

04_ 어린 버섯
어린 버섯이 뭉쳐 올라오는 모습.　　8/25

05_ 어린 버섯
혼자 나온 것도 있다.　　9/1

06_ **젊은 버섯**
갓이 노르스름하다.
9/21

07_ **젊은 버섯**
갓색이 짙은 버섯도 있
다.   8/12

08_ **젊은 버섯**
색이 흐린 버섯. 10/3

09_ **젊은 버섯**
버섯이 줄지어 난 모
습.   9/13

10_ **다 자란 버섯**
갓 가장자리가 물결모
양이다.   8/1

11_ **늙은 버섯**
갓이 조금 오목하다.
10/19

12_ **상세 모습**
어린 버섯.   9/2

13_ **상세 모습**
젊은 버섯.   8/30

14_ 상세 모습
밑동이 굵어진 다 자란
버섯.　　　　 9/21

15_ 상세 모습
다 자란 버섯.　 10/12

16_ 상세 모습
자루가 한쪽으로 난 다
자란 버섯.　　 10/19

17_ 상세 모습
젊은 버섯의 갓. 10/12

18_ 상세 모습
다 자란 버섯의 갓.
　　　　　　　 9/13

19_ 이용
채취한 버섯. 살이 단
단해서 되도록 어린 버
섯이 좋다.　　 8/25

20_ 이용
숙회. 미끄덩거리면서
오돌오돌하다.　 9/2

Albatrellus dispansus (Lloyd) Canf. & Gilbn. =*Polyporus dispansus*

꽃방패버섯 (꽃구멍장이버섯)

작은 버섯들이 뭉쳐서 꽃처럼 된다. 8월 15일

🔍 한눈에 보기

갓 윗면
노란갈색, 꽃모양

갓 밑면
관구멍, 흰색

자루 겉면
노란회색, 짧은 가지처럼 여러 갈래로 갈라짐

육질
얇고 잘 부서짐

냄새
향긋한 냄새

맛
매운맛(독성)

● **발생 시기·장소** | 여름~가을, 넓은잎나무숲~소나무숲~혼합림(넓은잎나무, 소나무)의 땅 위에 1개씩 또는 여러 개가 맞붙어서 한 덩어리처럼 올라온다.

● **분포** | 한국, 일본, 중국, 북아메리카 등지에 분포한다.

● **특징** | 작은 버섯들이 모여 노란갈색의 커다란 꽃모양이 되며 갓살이 잘 부스러진다.

● **생김새** | 갓 지름 5~15㎝의 중대형. **갓**은 갓모양이 조금 불분명하며, 찌그러진 주걱이나 부채모양의 버섯들이 기와처럼 겹쳐져서 큰 꽃처럼 된다. 가장자리는 물결모양이고 깊게 갈라지며 점차 주름이 생긴다. 윗면은 노란갈색이고 밋밋하거나 비늘가루가 있다. 갓살은 흰색이고 두께가 2~3㎜이며, 얇고 잘 부서지며 매운맛이 난다. **갓 밑면**은 수많은 미세 관구멍으로 되어 있으며, 관구멍은 내린형으로 1㎜당 2~3개 크기이고 흰색이다. 모양은 둥그스름하거나 불분명하다. **자루**는 길이가 짧고 뭉툭하며, 여러 갈래로 갈라지고 전체 높이가 5~15㎝가 된다. 겉면은 노란회색이다. **포자**는 3~4㎛ 크기의 공모양이고 색이 없다.

 식용 부적합
(매운맛)

 약용
(항종양)

 약간 독성
(위장장애)

● **방패버섯과 방패버섯속**(과명 바뀜)

● **한해살이**

● **중간큰키 – 중대형**

● **다른 이름 : 박쥐춤버섯**

이용방법

01_ 어린 버섯
한덩어리가 되어 큰 꽃
같다.   9/1

02_ 어린 버섯
갓 가장자리가 물결모
양이다.   8/24

03_ 젊은 버섯
버섯이 줄지어 있는 군
락지 모습.   8/21

04_ 다 자란 버섯
갓살이 잘 부스러진다.
                     8/21

05_ 늙은 버섯
물 내리는 모습. 10/18

06_ 상세 모습
어린 버섯.   9/16

07_ 상세 모습
젊은 버섯.   8/15

끈적버섯

Cortinarius violaceus (L.) Gray

전체가 검은 보라색이다. 9월 14일

상세 모습
어린 버섯부터 다 자란 버섯의
주름살과 자루.　　　9/14

● **발생 시기·장소 |** 여름~가을, 넓은잎나무숲(떡갈나무, 자작나무, 너도밤나무)~소나무숲~혼합림(넓은잎나무, 소나무)의 땅 위에 1개씩 또는 여러 개가 모여서 올라온다.

● **분포 |** 한국, 일본, 북아메리카, 유럽, 오스트레일리아, 뉴질랜드 등지에 분포한다.

● **특징 |** 전체가 검은보라색이며, 갓과 자루가 솜털비늘로 덮여 있다.

● **생김새 |** 갓 지름 3.5~15㎝의 중대형. **갓**은 어릴 때 반원모양에서 점차 둥근 산모양이 되며 늙으면 편평해진다. 윗면은 검은보라색이고 솜털비늘로 덮여 있다. 갓살은 보라색이고 두툼하다. **갓 밑면**은 주름살로 되어 있으며, 주름살은 끝붙은형~올린형으로 조금 성기다. 어릴 때는 보라색이나 점차 검은갈색으로 변한다. **자루**는 길이 6~12㎝, 굵기 1~2㎝이며 밑동이 굵고 뭉툭하다. 겉면은 갓과 같거나 조금 옅은 색이며 솜털비늘로 덮여 있다. **포자**는 7~8.5×12~15㎛ 크기의 아몬드모양이고 녹슨 갈색이다.

01_ 다 자란 버섯
　　보기 드물다.　9/14

02_ 상세 모습
　　어린 버섯부터 다 자란 버섯까지.
　　　　　　　　　　9/14

푸른끈적버섯

전체가 푸른연자주색이고 끈적하다. 7월 14일

한눈에 보기

갓 윗면
푸른연자주색, 끈적한 점액으로 덮임

갓 밑면
주름살, 푸른연자주색 ⇨ 붉은갈색

자루 겉면
연자주색, 끈적한 점액으로 덮임

육질
조금 얇고 연함

● **발생 시기·장소** | 여름~가을, 넓은잎나무숲~혼합림(넓은잎나무, 소나무)의 땅 위에 1개씩 또는 여러 개가 모여서 올라온다.

● **분포** | 한국, 일본, 중국, 러시아, 유럽 등지에 분포한다.

● **특징** | 갓은 푸른연자주색이고, 갓과 자루는 끈적한 점액으로 덮여 있다.

● **생김새** | 갓 지름 2.5~5㎝의 소형. **갓**은 어릴 때는 반원모양이고 점차 둥근 산모양이 되며 늙으면 편평해진다. 윗면은 푸른연자주색이고 한가운데는 갈색이며, 끈적한 점액으로 덮여 있다. 갓살은 연자주색이며 조금 얇고 연하다. **갓 밑면**은 주름살로 되어 있으며, 주름살은 끝붙은형~올린형이고 간격은 5~6㎜로 성기다. 어릴 때는 푸른연자주색이나 점차 붉은갈색으로 변한다. **자루**는 길이 4~7㎝, 굵기 5~10㎜로 밑동이 곤봉모양이고, 겉면은 연자주색이나 밑동이 점차 어두운 갈색이 되며 끈적한 점액으로 덮여 있다. **포자**는 8~9×7~7.5㎛ 크기의 달걀모양이며, 표면에 잔 사마귀가 있다.

식용
(조금 떨어지는 맛)

약용
(항종양)

● 끈적버섯과 끈적버섯속

● 한해살이

● 중간작은키 – 소형

이용방법

01_ 어린 버섯
어린 버섯 올라오는 모습.   8/29

02_ 젊은 버섯
갓 한가운데는 갈색이다.   8/29

03_ 젊은 버섯
바위 옆에 올라온 버섯.   8/23

04_ 다 자란 버섯
비에 젖은 갓에 낙엽 찌꺼기가 붙어 있다.   7/14

05_ 늙은 버섯
늙어가는 모습.   9/5

06_ 상세 모습
아주 어린 버섯부터 젊은 버섯까지.   8/29

07_ 상세 모습
젊은 버섯.   7/14

08_ 상세 모습
늙은 버섯.   9/5

09_ 이용
소금으로 간한 볶음. 조금 쌉쌀하고 오돌오돌하다.   8/29

풍선끈적버섯

갓은 갈색이고, 주름살과 자루는 자주색이다. 9월 14일

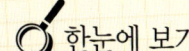 한눈에 보기

갓 윗면
갈색~황토갈색

갓 밑면
주름살, 자주색 ⇨ 붉은갈색, 상처는 검은자주색으로 변색

자루 겉면
자주색, 밑동은 풍선모양

육질
두툼함

냄새
조금 불쾌한 냄새

맛
별다른 맛이 없음

● **발생 시기·장소** | 여름~가을, 넓은잎나무숲~소나무숲 땅 위에 1개씩 또는 여러 개가 뭉쳐서 올라온다.

● **분포** | 한국, 일본 등 북반구 온대 이북에 분포한다.

● **특징** | 갓이 갈색~황토갈색이고, 자루 밑동이 풍선모양이다.

● **생김새** | 갓 지름 3~13㎝의 중소형. **갓**은 어릴 때는 반원모양이고 점차 둥근 산모양처럼 되었다가 편평해지며 늙으면 조금 오목해진다. 윗면은 갈색~황토갈색이며, 가장자리는 연갈색이 되었다가 점차 자주색이 된다. 습하면 끈적해진다. 갓살은 연자주색이고 두툼하며 조금 불쾌한 냄새가 난다. **갓 밑면**은 주름살로 되어 있으며, 주름살은 끝붙은형이고 조금 빽빽하다. 어릴 때는 자주색이다 점차 붉은갈색으로 변하고, 상처가 나면 검은자주색으로 변한다. **자루**는 길이 3~10㎝, 굵기 8~13㎜로 밑동이 풍선처럼 둥글게 부풀어 있고 겉면이 자주색이며, 자루 속은 해면 같다. **포자**는 9.5~10.5×5~6.5㎛ 크기의 타원형~아몬드모양이고 붉은갈색이다.

 식용 불가
(한때 식용으로 잘못 알려짐)

 일반 독성

● 끈적버섯과 끈적버섯속

● 한해살이

● 중간키 – 중소형

● 한때 식용으로 잘못 알려졌던 독버섯으로 치명적인 독성분이 함유된 것으로 밝혀졌으므로 절대 먹어선 안 된다.

독성분과 중독 증상 >>>

오렐라닌_ 많이 먹으면 죽는다. 3~17일 뒤 신장에 이상이 생겨 잦은 소변, 심한 갈증, 신장 통증 등이 나타난다.

01_ 어린 버섯
어린 버섯 올라오는 모습.　　10/6

02_ 어린 버섯
옆에서 본 모습.　10/6

03_ 어린 버섯
어린 버섯들과 다 자란
버섯(오른쪽)　10/6

04_ 젊은 버섯
여러 개씩 뭉쳐서 올라
온다.　　9/14

05_ 젊은 버섯
작은 군락지.　　9/14

06_ 다 자란 버섯
습하면 갓이 끈적해진
다.　　　　　　8/3

07_ 다 자란 버섯
옆에서 본 모습.　10/6

08_ 늙은 버섯
물 내리는 모습.　9/29

09_ 상세 모습
어린 버섯부터 다 자란
버섯까지.　　　9/14

10_ 상세 모습
다 자란 버섯부터 늙은
버섯까지.　　　8/3

11_ 상세 모습
젊은 버섯의 주름살.
　　　　　　　8/3

119

Cortinarius allutus Fr. = *Cortinarius allutus* Fr. ss. Mos. *non* Lange

적갈색끈적버섯

갓이 점차 적갈색이 된다. 9월 21일

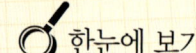 **한눈에 보기**

갓 윗면
노란갈색 ⇨ 적갈색

갓 밑면
주름살, 크림색 ⇨ 노란갈색 ⇨ 적갈색

자루 겉면
크림색~노란크림색, 적갈색 얼룩

육질
조금 두툼함

냄새
때로 흙냄새

맛
달달한 맛

● **발생 시기·장소** | 여름~가을, 넓은잎나무숲(참나무, 너도밤나무)~소나무숲 땅 위에 1개씩 또는 여러 개가 무리지어 올라온다.

● **분포** | 한국, 일본, 유럽 등지에 분포한다.

● **특징** | 갓이 노란갈색에서 점차 적갈색이 되며, 자루 밑동이 풍선처럼 부풀어 있다.

● **생김새** | 갓 지름 4~10㎝의 중형. **갓**은 어릴 때 반원모양에서 점차 둥근 산모양이 되며, 늙으면 편평해진다. 윗면은 노란갈색이나 점차 적갈색이 되며, 갓이 펴지면 가장자리에 주름살을 덮고 있던 흰색 비단실 같은 외피막 조각이 남기도 하는데 점차 떨어져나간다. 갓살은 흰색으로 육질이 조금 두툼하며 때로 흙냄새가 난다. **갓 밑면**은 주름살이 빽빽하고, 어릴 때는 크림색이나 점차 노란갈색이 되었다가 적갈색으로 변한다. **자루**는 길이 3~8㎝, 굵기 8~15㎜이고 밑동이 풍선처럼 부풀어 있다. 겉면은 크림색~노란크림색이고 적갈색 얼룩이 있다. **포자**는 9~12× 6.5~7.5㎛ 크기의 타원형이고 밝은 갈색이다.

 식용
(괜찮은 맛)

● **끈적버섯과 끈적버섯속**

● **한해살이**

● **중간큰키-중형**

이용방법

01_ 어린 버섯
  조금 굽어 올라온 모습.   9/21

02_ 젊은 버섯
  갓에 구멍이 난 모습.
                    9/21

03_ 다 자란 버섯
  위에서 본 모습. 9/21

04_ 다 자란 버섯
  여러 개가 뭉쳐서 올라온 모습.   9/21

05_ 상세 모습
  어린 버섯부터 다 자란버섯까지.   9/21

06_ 이용
  숙회. 아삭하고 달달하다.   9/21

황소끈적버섯

갓이 황소털색이다. 7월 22일

상세 모습
어린 버섯.　　　7/22

● **발생 시기·장소 |** 여름~가을, 소나무숲 땅 위에 1개씩 또는 여러 개가 무리지어 올라온다.

● **분포 |** 한국, 일본, 중국 등 북반구 온대 이북에 분포한다.

● **특징 |** 갓이 황소털색이고 끈적거림이 없으며 자루가 흰색이다.

● **생김새 |** 갓 지름 4~7㎝의 중소형. **갓**은 어릴 때 반원모양이나 점차 둥근 산모양이 되며 늙으면 편평해진다. 윗면은 황소털색이고 끈적거림이 없다. **갓 밑면**은 주름살로 되어 있으며, 주름살은 끝붙은형이고 조금 성기다. 어릴 때는 연한 황소털색이나 점차 황소털색으로 변한다. **자루**는 길이 5~8.5㎝, 굵기 7~12㎜이고 밑동이 곤봉모양이다. 겉면은 흰색으로 어릴 때는 밑동이 연한 황소털색을 띠다가 점차 황소털색이 된다. 자루 중간쯤에 어릴 때 주름살을 덮고 있던 외피막 흔적이 남기도 하나 곧 떨어진다. **포자**는 8~10×4.5~6㎛ 크기의 타원형~아몬드모양이다.

 식용 불가
(독성분 여부 미상)

● **끈적버섯과 끈적버섯속**
● **한해살이**
● **작은중간키 - 중소형**

01 02

01_ 젊은 버섯
끈적거림이 없다.　7/22

02_ 다 자란 버섯
한데 뭉쳐 올라온 버섯들.　7/22

Cortinarius tenuipes (Hongo) Hongo = *Cortinarius multiformis* Fr.

노랑끈적버섯

갓 가운데가 짙고, 습하면 끈적해진다. 9월 1일

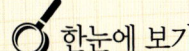

한눈에 보기

갓 윗면
연노랑갈색 ⇨ 노랑갈색, 가운데가
조금 짙은 색

갓 밑면
주름살, 흰색 ⇨ 연노랑갈색

자루 겉면
흰색, 연노랑갈색 얼룩, 구부정하게
굽음

육질
두툼하고 단단함

맛
달달하면서 감칠맛

● **발생 시기·장소 |** 여름~가을, 넓은잎나무숲(참나무, 상수리나무, 졸참나무, 굴참나무)~혼합림
(넓은잎나무, 소나무) 땅 위에 1개씩 또는 여러 개가 모여서 줄지어 올라온다.

● **분포 |** 한국, 일본 등지에 분포한다.

● **특징 |** 갓이 노랑갈색이고, 습하면 끈적거리며, 자루가 구부정하게 굽는다.

● **생김새 |** 갓 지름 4~9㎝의 중소형. **갓**은 어릴 때 반원모양이다 점차 둥근 산모양이 되며 늙으
면 편평해진다. 윗면은 연노랑갈색이나 점차 노랑갈색이 되고, 가운데가 조금 짙은 색이며 습하
면 끈적해진다. 갓이 펴지면 가장자리에 주름살을 덮고 있던 흰색 비단실 같은 외피막 조각이
남기도 하나 점차 떨어져나간다. 갓살은 두툼하고 단단하다. **갓 밑면**은 주름살로 되어 있으며,
주름살은 끝붙은형이고 조금 빽빽하다. 어릴 때는 흰색이나 점차 연노랑갈색으로 변한다. **자루**
는 길이 6~7㎝, 굵기 7~11㎜이고 구부정하게 구부러진다. 겉면은 어릴 때 흰색이고 점차 연노
랑갈색 얼룩이 생기며 섬유질이다. **포자**는 7~9.5×3.5~5㎛ 크기의 타원형이고 갈색이다.

식용
(괜찮은 맛)

● 끈적버섯과 끈적버섯속

● 한해살이

● 중간키 – 중소형

● 다른 이름 : 노란끈적버섯

이용방법

01_ 젊은 버섯
여러 개가 모여서 줄지어 나온다.　10/15

02_ 다 자란 버섯
다 자란 버섯과 늙은 버섯.　10/10

03_ 늙은 버섯
군락지 모습.　10/13

04_ 늙은 버섯
갓이 오목해진 모습.
10/10

05_ 상세 모습
자루가 살짝 굽은 젊은 버섯.　10/10

06_ 상세 모습
어린 버섯과 다 자란 버섯 비교.　9/1

Cortinarius turmalis (Fr.) Fr. = *Cortinarius claricola* var. *trumalis*

끈적버섯아재비

갓 한가운데가 갈색이다. 10월 11일

 한눈에 보기

갓 윗면
맑은 황토색, 한가운데는 갈색

갓 밑면
주름살, 흰색 ⇨ 갈색

자루 겉면
흰색

육질
조금 두툼함

맛
담백함

● **발생 시기·장소** | 여름~가을, 소나무숲~혼합림(넓은잎나무, 소나무) 땅 위에 1개씩 또는 여러 개가 줄지어 올라온다.

● **분포** | 한국, 일본, 북아메리카, 유럽 등지에 분포한다.

● **특징** | 갓 한가운데가 갈색이며, 주름살은 흰색에서 갈색이 된다.

● **생김새** | 갓 지름 4~8㎝의 중소형. **갓**은 어릴 때 반원모양에서 점차 둥근 산모양이 되며, 늙으면 편평해진다. 윗면은 맑은 황토색이고 한가운데는 갈색이며, 습하면 끈적해진다. 갓이 퍼지면 가장자리에 주름살을 덮고 있던 흰색 비단실 같은 외피막 조각이 남기도 하나 점차 떨어져 나간다. 갓살은 흰색이며 육질이 조금 두툼하다. **갓 밑면**은 주름살로 되어 있으며, 주름살은 올린형이고 조금 빽빽하다. 어릴 때는 흰색이나 점차 갈색이 된다. **자루**는 길이 4~10㎝, 굵기 6~10㎜이며 밑동이 좀 더 가늘고 겉면은 흰색이다. **포자**는 7~9.5×4~5㎛ 크기의 타원형이고 노란갈색이다.

식용 불가
(독성분 여부 미상)

● 끈적버섯과 끈적버섯속

● 한해살이

● 중간키 – 중소형

01_ **어린 버섯**
어린 버섯이 줄지어 올
라온 모습.   10/11

02_ **어린 버섯**
습하면 갓이 끈적해진
다.   10/11

03_ **다 자란 버섯**
갓이 점차 펴진다.
        9/16

04_ **다 자란 버섯**
작은 군락지 모습.
        9/16

05_ **늙은 버섯**
늙은 버섯.   6/5

06_ **늙은 버섯**
버섯 채취한 자리에 남
아 있는 노란 포자가루
흔적.   6/5

07_ **늙은 버섯**
자루가 노란 포자가루
로 물든 버섯.   6/5

08_ **상세 모습**
습할 때의 젊은 버섯.
        10/11

09_ **상세 모습**
건조할 때의 늙은 버
섯.   9/16

노란턱돌버섯

갓에 돌가루 같은 사마귀가 붙어 있다. 9월 23일

한눈에 보기

갓과 자루
노란진갈색, 돌가루 같은 사마귀

갓 밑면
주름살, 노란갈색 ⇨ 노란진갈색

턱받이
노란색

육질
조금 두툼함

● **발생 시기·장소** | 여름~가을, 넓은잎나무숲~소나무숲~혼합림(넓은잎나무, 소나무)의 땅 위에 1개씩 또는 여러 개씩 흩어져 올라온다.

● **분포** | 한국, 일본, 러시아 등지에 분포한다.

● **특징** | 갓과 자루에 노란 돌가루 같은 사마귀가 있고, 자루에 노란 턱받이가 있다.

● **생김새** | 갓 지름 5~8㎝의 중소형. **갓**은 어릴 때 반원모양~종모양이다 점차 가장자리가 편평해지며, 늙으면 가운데가 오목해져 낮은 깔때기처럼 된다. 윗면은 노란진갈색으로 방사상의 잔주름이 있으며, 노란 돌가루 같은 사마귀가 붙어 있다. 갓이 펴지면 주름살을 덮고 있던 노란 외피막 조각들이 가장자리에 매달려 너덜거리나 곧 떨어진다. 갓살은 조금 두툼하다. **갓 밑면**은 주름살로 되어 있으며, 주름살은 완전붙은형이고, 조금 성기다. 어릴 때는 노란갈색이다 점차 노란진갈색으로 변한다. **자루**는 길이 4~8㎝, 굵기 6~15㎜이고 밑동이 불룩하다. 겉면은 갓과 같은 색이며, 돌가루 같은 사마귀가 붙어 있다. 갓이 펴지면서 치마모양의 노란 턱받이가 생겨 오래간다. **포자**는 11~14×7.7~10.5㎛ 크기의 아몬드모양이고 노란색이다.

식용 불가
(독성분 여부 미상)

● 끈적버섯과 돌버섯속

● 한해살이

● 작은중간키 – 중소형

01_ **어린 버섯**
빗물에 젖은 모습.
9/23

02_ **다 자란 버섯**
방사상의 잔주름이 있
다.　　　　　 7/16

03_ **늙은 버섯**
갓이 오목해진다. 7/16

04_ **늙은 버섯**
돌에 기대어 자란 늙은
버섯.　　　　　 7/16

05_ **늙은 버섯**
자루에 턱받이가 붙어
있는 모습.　　 9/12

06_ **상세 모습**
어린 버섯부터 젊은 버
섯까지.　　　　 9/23

07_ **상세 모습**
다 자란 버섯.　 7/16

08_ **상세 모습**
늙은 버섯.　　　 9/12

주름버섯

빗물에 포자가 흘러내려 자주갈색으로 물든 모습. 9월 23일

🔍 한눈에 보기

갓 윗면
흰색 ⇨ 연붉은갈색, 상처는 조금 붉은색으로 변색

갓 밑면
주름살, 연붉은색 ⇨ 자주갈색~검은갈색

자루 겉면
흰색, 상처는 연붉은색 ⇨ 갈색(2단계 변색)

턱받이
흰색

육질
조금 얇음

맛
송이버섯과 비슷한 맛

● **발생 시기·장소** | 봄~가을, 들판~풀밭~잔디밭의 기름진 땅 위에 둥글게 무리지어 올라온다.

● **분포** | 한국, 일본, 중국, 북아메리카, 유럽, 시베리아 등지에 분포한다.

● **특징** | 어릴 때부터 주름살이 붉고 상처가 나면 조금 붉은색으로 변하며 자루가 밋밋하다.

● **생김새** | 갓 지름 3~10㎝의 중소형. **갓**은 어릴 때 반원모양이나 점차 편평해진다. 윗면은 어릴 때 흰색에서 점차 연붉은갈색이 되고, 마르면 비단조각 같은 비늘이 생긴다. 갓살은 흰색이고 육질이 조금 얇으며, 상처가 나면 약간 붉은색으로 변한다. **갓 밑면**은 주름살로 되어 있으며, 주름살은 떨어진형이고 빽빽하다. 어릴 때는 연붉은색이나 점차 자주갈색~검은갈색이 된다. **자루**는 길이 5~10㎝, 굵기 7~18㎜로 겉면이 흰색이고, 갓이 펴지면서 윗동에 치마모양의 흰색 턱받이가 생긴다. 자루 살은 흰색이며, 상처가 나면 연붉은색에서 갈색이 되어 2단계로 색이 변한다. **포자**는 6~9.5×4.5~7.5㎛ 크기의 타원형이고 자주갈색이다.

 식용 가능하나 부적합
(유럽에서는 식용)

 약간 독성
(생식시 암 유발)

● 주름버섯과 주름버섯속
● 한해살이
● 중간키－중소형
● 다른 이름 : 들버섯

01_ 다 자란 버섯
둥글게 무리지어 올라온다.   9/23

02_ 상세 모습
다 자란 버섯. 자루의 상처가 갈색으로 변했다.   6/29

03_ 상세 모습
젊은 버섯부터 다 자란 버섯까지.   9/23

Agaricus arvensis Schaeff. = *Agaricus arvensis* (Schaeff.) ex Fr.

흰주름버섯

자루에 굵은 솜털비늘이 있다. 7월 8일

🔍 한눈에 보기

갓 윗면
흰크림색 ⇨ 노란크림색

갓 밑면
주름살, 흰색 ⇨ 붉은회색 ⇨ 검은갈색

자루 겉면
흰크림색, 굵은 솜털비늘, 상처는 노란색으로 변색

턱받이
흰색, 2겹 턱받이

자루 속
비어 있음

육질
조금 얇음

냄새
때로 아몬드냄새나 달콤한 냄새

맛
닭고기맛, 감칠맛

● **발생 시기·장소 |** 여름~가을, 풀밭~잔디밭~대나무밭 근처 땅 위에 1개씩 올라온다.

● **분포 |** 한국, 북한, 일본, 중국, 시베리아, 영국 등지에 분포한다.

● **특징 |** 어릴 때는 주름살이 희지만 상처가 나면 노란색으로 변하며, 자루에 2겹 턱받이와 굵은 솜털비늘이 있다.

● **생김새 |** 갓 지름 8~20㎝의 중대형. **갓**은 어릴 때 반원모양에서 점차 산모양이 되었다가 편평해지며 늙으면 조금 오목해진다. 윗면은 흰크림색에서 점차 노란크림색이 되고 비늘조각이 조금 있다. 상처가 나면 노란색으로 변한다. 갓이 펴지면 갓 밑면을 덮고 있던 외피막 조각들이 가장자리에 매달려 너덜거린다. 갓살은 어릴 때 흰색이다 점차 노란색으로 변하며, 육질이 조금 얇고 때로 아몬드냄새나 달콤한 냄새가 난다. **갓 밑면**은 주름살로 되어 있으며, 주름살은 떨어진형으로 빽빽하다. 어릴 때는 흰색이나 점차 붉은회색이 되고, 늙으면 검은갈색으로 변한다. **자루**는 길이 5~20㎝, 굵기 1~3㎝이고 굽어 있으며 밑동이 불룩하다. 겉면은 흰크림색이고 굵은 솜털비늘이 붙어 있으며 상처가 나면 노란색으로 변한다. 갓이 펴지면서 윗동에 긴 치마모양의 흰색 2겹 턱받이가 생긴다. 자루 속은 비어 있다. **포자**는 7.5~10×4.5~5㎛ 크기의 타원형이고 자주갈색이다.

 식용 가능하나 부적합
(유럽에서 식용)

 약간 독성
(생식시 암 유발)

● **주름버섯과 주름버섯속**

● **한해살이**

● **큰키-중대형**

● **다른 이름 : 큰들버섯, 말버섯**

01_ 젊은 버섯
갓에 비늘조각이 조금 있다.   7/8

02_ 젊은 버섯
자루의 턱받이가 흰색 이다.   6/30

03_ 다 자란 버섯
갓이 점차 편평해진다.
6/30

04_ 늙은 버섯
갓 가장자리가 갈라진
다.   6/30

05_ 상세 모습
젊은 버섯.   7/8

06_ 상세 모습
젊은 버섯을 밑에서 본
모습.   7/8

07_ 상세 모습
다 자란 버섯을 밑에서
본 모습.   6/30

08_ 상세 모습
늙은 버섯을 밑에서 본
모습.   7/8

담황색주름버섯

Agaricus silvicola (Vitt.) Sacc.

갓이 어릴 때 흰색에서 점차 담황색이 된다. 7월 6일

🔍 한눈에 보기

갓 윗면
흰색 ⇨ 담황색

갓 밑면
주름살, 흰색 ⇨ 분홍색 ⇨ 검은갈색

자루 겉면
담황색

턱받이
흰색, 2겹 턱받이

육질
조금 얇음

맛
고기맛

● **발생 시기·장소** | 여름~가을, 넓은잎나무숲~소나무숲 땅 위에 1개씩 또는 여러 개가 모여서 올라온다.

● **분포** | 한국, 일본, 중국, 북아메리카, 유럽 등지에 분포한다.

● **특징** | 갓과 자루가 담황색이며 2겹으로 된 턱받이가 있다.

● **생김새** | 갓 지름 5~12㎝의 중형. **갓**은 어릴 때 종모양에서 점차 둥근 산모양이 되었다가 편평해지며 늙으면 조금 오목해진다. 윗면은 흰색에서 점차 담황색이 되며, 갓살은 갈색이고 육질이 조금 얇다. **갓 밑면**은 주름살로 되어 있으며, 주름살은 떨어진형이고 빽빽하다. 어릴 때는 흰색이나 점차 분홍색이 되었다가 검은갈색이 된다. **자루**는 길이 6~15㎝, 굵기 6~15㎜이고 밑동이 굵다. 겉면은 담황색이며, 갓이 펴지면서 윗동에 치마모양의 2겹으로 된 흰색 턱받이가 생긴다. **포자**는 5.5~6×3.5~4㎛ 크기의 타원형이고 자주갈색이다.

 식용 불가
(한때 식용으로 잘못 알려짐)

 약간 독성
(생식시 암 유발)

● 주름버섯과 주름버섯속

● 한해살이

● 중간큰키 - 중형

● 다른 이름 : 숲긴대들버섯

주의사항

● 육질이 부드럽고 고기맛이 나서 한때 식용으로 알려졌으나 아가리틴(열에 파괴되는 발암물질)이 함유되어 있어 조리할 때 독성분을 들이마실 수 있으며, 날로 먹거나 덜 익혀 먹으면 중독되므로 먹지 않는다.

01_ 늙은 버섯
갓살이 갈라진 버섯.
7/6

02_ 늙은 버섯
주름살이 검은갈색이
된다. 7/6

Agaricus placomyces (Peck) var. *placomyces* = *Agaricus placomyces* Peck

주름버섯아재비

갓에 비늘이 있다. 8월 19일

● **발생 시기·장소 |** 여름~가을, 혼합림(넓은잎나무, 잡목) 땅 위에 1개씩 또는 여러 개가 모여서 올라온다.

● **분포 |** 한국, 일본, 중국, 북아메리카, 시베리아 등지에 분포한다.

● **특징 |** 갓이 회갈색~짙은 갈색 비늘로 덮여 있고, 불쾌한 악취가 난다.

● **생김새 |** 갓 지름 5~15㎝의 중대형. **갓**은 어릴 때 반원모양에서 점차 둥근 산모양이 되었다가 편평해지며 늙으면 조금 오목해진다. 윗면은 흰색이고 회갈색~짙은 갈색 비늘로 덮여 있으며, 상처가 나면 연갈색으로 변한다. 갓살은 흰색이며 육질이 조금 얇다. **갓 밑면**은 주름살로 되어 있으며, 주름살은 떨어진형이고 빽빽하다. 어릴 때는 흰색이나 점차 연붉은색이 되며, 늙으면 검은갈색이 된다. **자루**는 길이 5~15㎝, 굵기 6~15㎜이고 밑동이 굵다. 겉면은 흰색이고 솜털비늘이 있으며, 상처가 나면 연노란색에서 갈색이 되어 2단계로 색이 변한다. 갓이 펴지면서 윗동에 치마모양의 흰색 턱받이가 생긴다. **포자**는 4.5~5.5×3~3.5㎛ 크기의 타원형이고 밤갈색이다.

 식용 불가
(한때 식용으로 잘못 알려짐)

 약간 독성
(생식 또는 과식시 위장장애)

● 주름버섯과 주름버섯속

● 한해살이

● 중간큰키 – 중대형

● 다른 이름 : 모양들버섯

01_ **젊은 버섯**
2개가 함께 자라는 모습.　8/9

02_ **늙은 버섯**
위에서 본 모습.　8/19

03_ **늙은 버섯**
갓 가장자리가 갈라진 모습.　8/19

04_ **상세 모습**
젊은 버섯.　9/24

05_ **상세 모습**
늙은 버섯.　8/19

06_ **상세 모습**
젊은 버섯의 주름살과 외피막 흔적.　8/9

07_ **상세 모습**
검은갈색으로 변한 다 자란 버섯의 주름살.
8/19

Agaricus silvaticus Schaeff. = *Agaricus silvaticus* Schaeff. ex Fr.

숲주름버섯

상처가 나면 붉은색으로 변한다. 6월 26일

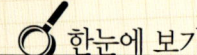 한눈에 보기

갓 윗면
흰색, 연붉은갈색 섬유비늘, 상처는 붉은색으로 변색

갓 밑면
주름살, 분홍색 ⇨ 검은갈색

자루 겉면
흰색, 굵은 솜털비늘

턱받이
흰색

육질
조금 얇음

● **발생 시기·장소** | 여름~가을, 소나무숲 땅 위에 1개씩 올라온다.

● **분포** | 한국, 일본, 중국, 북아메리카, 영국, 유럽 등지에 분포한다.

● **특징** | 소나무숲에 나고, 갓에 연붉은갈색의 섬유비늘이 있으며, 상처가 나면 붉은색으로 변한다.

● **생김새** | 갓 지름 4~12㎝의 중소형. 갓은 어릴 때 반원모양에서 점차 둥근 산모양이 되었다가 편평해지며 늙으면 조금 오목해진다. 윗면은 흰색이며 연붉은갈색 섬유비늘로 덮여 있다. 갓 살은 흰색이고 육질이 조금 얇으며, 상처가 나면 붉은색으로 변한다. **갓 밑면**은 주름살로 되어 있으며, 주름살은 끝붙은형이고 빽빽하다. 어릴 때는 분홍색이나 점차 검은갈색으로 변한다. **자루**는 길이 6~12㎝, 굵기 8~16㎜이고 겉면이 흰색이며 굵은 솜털비늘로 덮여 있다. 갓이 펴지면서 윗동에 치마모양의 흰색 턱받이가 생긴다. 자루 속은 비어 있다. **포자**는 5~6×3~3.4㎛ 크기의 타원형이고 진한 갈색이다.

 식용 절대 불가

 준맹독성
(생식시 암 유발)

● 주름버섯과 주름버섯속

● 한해살이

● 작은중간키 – 중소형

● 다른 이름 : 숲들버섯

01_ 다 자란 버섯
소나무숲에서 볼 수 있다. 6/26

02_ 늙은 버섯
갓이 조금 오목해진 모습. 7/7

03_ 늙은 버섯
옆에서 본 모습. 7/7

04_ 상세 모습
다 자란 버섯. 6/26

05_ 상세 모습
젊은 버섯의 주름살. 7/13

진갈색주름버섯

갓이 진갈색 섬유비늘로 덮여 있다. 6월 29일

🔍 한눈에 보기

갓 윗면
흰색, 진갈색 섬유비늘

갓 밑면
주름살, 분홍색 ⇨ 진갈색

자루 겉면
윗동은 분홍색, 밑동은 흰색, 굵은 솜털비늘

턱받이
흰색

육질
조금 얇고 잘 부서짐

맛
밍밍한 맛

● **발생 시기·장소** | 여름~가을, 산기슭이나 산등성이의 넓은잎나무숲~소나무숲~혼합림(넓은 잎나무, 소나무) 땅 위에 1개씩 또는 여러 개씩 흩어져 올라온다.

● **분포** | 한국, 일본, 중국, 동남아시아, 북아메리카, 유럽 등지에 분포한다.

● **특징** | 갓이 진갈색 섬유비늘로 덮여 있으며, 자루에는 굵은 솜털비늘이 있고 윗동이 분홍색 이다.

● **생김새** | 갓 지름 5~20㎝의 중대형. **갓**은 어릴 때 반원모양에서 점차 둥근 산모양이 되었다 가 편평해지며 늙으면 조금 오목해진다. 윗면은 흰색이고 진갈색 섬유비늘로 덮여 있다. 갓살은 흰색에서 점차 자주갈색이 되며, 육질이 조금 얇고 잘 부서지며 맛이 밍밍하다. **갓 밑면**은 주름 살로 되어 있으며, 주름살은 떨어진형이고 빽빽하다. 어릴 때는 분홍색을 띠다 점차 진갈색이 된다. **자루**는 길이 5~20㎝, 굵기 8~20㎜로 윗동은 분홍색이고 밑동은 흰색이며 굵은 솜털비 늘이 있다. 갓이 펴지면서 윗동에 치마모양의 흰색 턱받이가 생긴다. **포자**는 5~6×3~3.5㎛ 크 기의 타원형이고 회자주갈색이다.

 식용 불가 (한때 식용으로 잘못 알려짐)

 약간 독성 (체질에 따라 위장장애)

● 주름버섯과 주름버섯속

● 한해살이

● 큰키 – 중대형

01_ **어린 버섯**
갓이 조금 펴진 모습.
9/21

02_ **젊은 버섯**
솔잎과 넓은잎 낙엽 위
에 있는 모습.　6/28

03_ **다 자란 버섯**
작은 군락지 모습.
9/21

04_ **다 자란 버섯**
갓이 완전히 펴졌다.
9/21

05_ **늙은 버섯**
갓살이 부서진 모습.
9/21

06_ **상세 모습**
젊은 버섯.　6/28

07_ **상세 모습**
늙은 버섯.　6/29

낭피버섯

갓이 노란황토색 비늘가루로 덮여 있다. 9월 11일

젊은 버섯
비늘가루가 조금 떨어져나간
모습.   9/11

🔍 **한눈에 보기**

갓과 자루
노란황토색 비늘가루로 덮임

갓 밑면
주름살, 흰색

턱받이
크림색

육질
연함

맛
조금 아린 맛

● **발생 시기·장소** | 여름~가을, 넓은잎나무숲~소나무숲 땅 위에 1개씩 또는 여러 개가 무리지어 올라온다.

● **분포** | 한국 등 북반구에 분포한다.

● **특징** | 갓과 자루가 노란황토색 비늘가루로 덮여 있다.

● **생김새** | 갓 지름 2~5㎝의 소형. **갓**은 뭉툭한 원뿔모양에서 점차 둥근 산모양이 되었다가 가장자리가 편평해지며, 늙으면 가장자리가 갈라져 꽃모양이 된다. 윗면은 노란황토색 비늘가루로 덮여 있으며, 잘 떨어져서 얼룩덜룩해진다. 갓이 펴지면 가장자리에 외피막 조각이 매달려 너덜거리나 점차 떨어져나간다. 갓살은 노란색이고 육질이 연하다. **갓 밑면**은 주름살로 되어 있으며, 주름살은 끝붙은형~완전붙은형이고 빽빽하며 흰색이다. **자루**는 길이 3~6㎝, 굵기 3~8㎜이며 밑동이 좀더 굵다. 겉면은 노란황토색 비늘가루로 덮여 있다. 갓이 펴지면 윗동에 크림색 턱받이가 생기나 금방 떨어져나간다. 자루 속은 비어 있다. **포자**는 5~6×2.8~3.5㎛ 크기의 타원형이고 흰색이다.

🍴 **식용**
(조금 떨어지는 맛)

● **주름버섯과 낭피버섯속**
● **한해살이**
● **중간큰키 – 중대형**
● **다른 이름 : 참낭피버섯, 주름우산버섯**

이용방법

식용 >>>
요리 방법과 맛_ 아린 맛이 있어 삶아서 물에 오래 우려내야 한다. 숙회, 볶음, 조림, 구이 등으로 먹는다.

Lyophyllum fumosum (Pers.) Orton = *Lyophyllum fumosum* (Pers. Fr.) P. D. Otron = *Lyophyllum cinerascens*

연기색만가닥버섯 (만가닥버섯)

연기색(그을린 회색) 버섯들이 뭉쳐서 올라온다. 9월 1일

🔍 **한눈에 보기**

갓 윗면
연기색(그을린 회색)

갓 밑면
주름살, 흰색 ⇒ 옅은 연기색

자루 겉면
흰색~옅은 연기색

육질
조금 두툼하고 부드러움

맛
감칠맛

● **발생 시기·장소 |** 여름~가을, 넓은잎나무숲~혼합림이 있는 구릉지의 움푹 파인 곳 양지바른 마사토 위에 여러 개가 맞붙어서 한 덩어리처럼 올라온다.

● **분포 |** 한국, 중국 등 북반구 온대지역에 분포한다.

● **특징 |** 여러 개가 맞붙어서 뭉쳐 올라오며, 갓이 연기색(그을린 회색)이다.

● **생김새 |** 갓 지름 1.5~15㎝의 중소형. **갓**은 어릴 때 반원모양에서 점차 둥근 산모양이 되었다가 편평해지며 늙으면 조금 오목해진다. 윗면은 연기색(그을린 회색)이다. 갓살은 흰색이고 육질이 조금 두툼하며 부드럽다. **갓 밑면**은 주름살로 되어 있으며, 주름살은 완전붙은형~홈형이고 빽빽하다. 어릴 때 흰색이나 점차 옅은 연기색이 된다. **자루**는 길이 1~10㎝, 굵기 4~27㎜이며 여러 개의 밑동이 한데 뭉쳐서 덩어리뿌리처럼 된다. 겉면은 흰색~옅은 연기색이다. **포자**는 5~6.3×4.3~5㎛ 크기의 둥그스름한 모양이고 흰색이다.

 식용
(아주 뛰어난 맛)

 약용
(항종양)

● **만가닥버섯과 만가닥버섯속**
(과명 바뀜)

● **한해살이**

● **중간키 - 중소형**

이용방법

01_ 어린 버섯
뭉쳐 나오는 모습.
8/18

02_ 어린 버섯
자루가 제법 길게 올라왔다.
9/2

03_ 어린 버섯
군락지.
9/19

04_ 어린 버섯
뭉쳐서 한 덩어리처럼 보인다.
9/5

05_ 젊은 버섯
갓은 연기색(그을린 회색)이다.
8/1

06_ 다 자란 버섯
바위 옆에 올라온 모습.　9/5

07_ 늙은 버섯
갓이 오목해진 모습.
10/11

08_ 상세 모습
어린 버섯 전체.　8/25

09_ 상세 모습
젊은 버섯 전체.　9/15

10_ 이용
채취한 버섯.　9/15

11_ 이용
다듬은 버섯.　9/2

12_ 이용
숙회. 부드럽고 감칠맛이 난다.　9/16

13_ 이용
소금으로 간한 볶음. 볶으면 물이 많이 나오고 질겅질겅해진다.
9/5

땅찌만가닥버섯

갓이 회갈색이다. 9월 4일

한눈에 보기

갓 윗면
회갈색 ⇨ 맑은 회갈색

갓 밑면
주름살, 흰색~크림색

자루 겉면
흰색

육질
조금 얇음

맛
담백한 맛

● **발생 시기·장소 |** 여름~늦가을, 넓은잎나무숲(졸참나무)~혼합림(넓은잎나무, 소나무)의 땅 위에 여러 개가 맞붙어서 한 덩어리처럼 올라온다.

● **분포 |** 한국, 일본, 동아시아 등지에 분포한다.

● **특징 |** 여러 개가 맞붙어서 뭉쳐 올라오며, 갓은 회갈색이고 자루는 흰색이다.

● **생김새 |** 갓 지름 2~8.1㎝의 중소형. **갓**은 어릴 때 반원모양이고 가장자리가 안으로 말려 있으며, 점차 둥근 산모양이 되었다가 편평해진다. 윗면은 어릴 때는 회갈색을 띠나 점차 맑은 회갈색이 된다. 갓살은 흰색이고 육질이 조금 얇으며 담백한 맛이다. **갓 밑면**은 주름살로 되어 있으며, 주름살은 내린형~홈형으로 빽빽하고 흰색~크림색이다. **자루**는 길이 3~8㎝, 굵기 1~2㎝이며 여러 개의 밑동이 한데 뭉쳐서 덩이뿌리처럼 되고 겉면이 흰색이다. **포자**는 4~6㎛ 크기의 공모양이다.

 식용
(뛰어난 맛)

 약용
(항종양)

● **만가닥버섯과 만가닥버섯속**
(과명 바뀜)

● **한해살이**

● **작은중간키 – 중소형**

● **다른 이름 : 땅지버섯, 땅지네버섯**

이용방법

식용 >>>

요리 방법과 맛_ 아삭아삭하고 쫄깃하며 담백한 맛이다. 숙회, 볶음, 조림, 구이, 찌개, 전골 등으로 먹는다.

약용 >>>

성분과 효능_ 에르고스테롤(비타민 D로 전환되는 물질), 비타민 B_1 · B_2 · B_3, 트레할로스(산패 방지), 만니톨(이뇨효과), 글루코오스(포도당), 헤미셀룰로오스(자일리톨 원료), 키틴(항종양), 펙틴(장 정화)이 함유되어 있다. 종양을 억제하는 효능이 있다.

01_ **상세 모습**
어린 버섯부터 젊은 버섯까지.　9/4

02_ **상세 모습**
젊은 버섯.　9/4

03_ **상세 모습**
젊은 버섯의 갓.　9/4

04_ **상세 모습**
서로 맞붙어 기형이 된 다 자란 버섯의 갓.　9/4

05_ **상세 모습**
어린 버섯 속.　9/4

06_ **이용**
채취한 버섯.　9/4

07_ **이용**
다듬은 버섯.　9/4

08_ **이용**
소금으로 간한 볶음. 아삭하고 쫄깃하며 담백하다.　9/4

Lyophyllum decastes (Fr.:Fr.) Sing. =*Lyophyllum decastes* (Fr.) Sing. =*Lyophyllum decastes* (Fr. ex Fr.) Sing.

잿빛만가닥버섯

갓은 갈색에서 늙으면 잿빛이 된다. 9월 14일

상세 모습
다 자란 버섯.　　9/14

🔍 한눈에 보기

갓 윗면
갈색~올리브갈색 ⇨ 잿빛

갓 밑면
주름살, 흰회색 ⇨ 회황토색

자루 겉면
흰색, 갈색~회갈색 얼룩

육질
조금 얇음

냄새
밀가루냄새

맛
감칠맛, 닭고기맛

● **발생 시기·장소** | 여름~가을, 넓은잎나무숲~혼합림(넓은잎나무, 소나무)~숲속~정원~밭둑~길가 땅 위에 1개씩 또는 여러 개가 맞붙어서 한 덩어리처럼 올라온다.

● **분포** | 한국, 일본, 중국 등 북반구 온대지역에 분포한다.

● **특징** | 갓은 갈색~올리브갈색에서 늙으면 잿빛이 되며 밀가루냄새가 난다.

● **생김새** | 갓 지름 4~9㎝의 중소형. **갓**은 어릴 때 반원모양이고 가장자리가 안으로 말려 있으며, 점차 둥근 산모양이 되었다가 편평해지고 늙으면 조금 오목해진다. 윗면은 갈색~올리브갈색이며 늙으면 잿빛이 된다. 갓살은 흰색이고 육질이 조금 얇으며 밀가루냄새가 난다. **갓 밑면**은 주름살로 되어 있으며, 주름살은 완전붙은형~홈형~끝붙은형 등 여러 가지이고 빽빽하다. 어릴 때는 흰회색이나 늙으면 회황토색이 된다. **자루**는 길이 5~8㎝, 굵기 7~10㎜로 겉면이 흰색이고 갈색~회갈색 얼룩이 있다. **포자**는 6~7×6~8㎛ 크기의 타원형이고 흰색이다.

 식용
(괜찮은 맛)

 약용
(항종양)

● 만가닥버섯과 만가닥버섯속
● 한해살이
● 작은중간키 – 중소형
● 다른 이름 : 방망이만가닥버섯

이용방법

식용 >>>
요리 방법과 맛_ 감칠맛이 있고 닭고기맛이 난다. 숙회, 볶음, 구이, 튀김, 조림, 찌개, 전골, 찜, 죽 등으로 먹는다.

약용 >>>
성분과 효능_ 비타민 D, 라이오필란 A(항종양)가 함유되어 있다. 종양을 억제하는 효능이 있다.

송이버섯

20년 이상 된 소나무 밑에서 볼 수 있다. 9월 22일

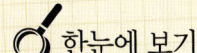 **한눈에 보기**

갓 윗면
갈색, 갈색 섬유비늘

갓 밑면
주름살, 흰색 ⇨ 갈색 얼룩이 생김

자루 겉면
흰색, 갈색 섬유비늘

육질
두툼하고 단단함

냄새
소나무냄새

맛
감칠맛

● **발생 시기·장소 |** 가을, 20년 이상 된 소나무숲(때로 가문비나무숲, 솔송나무숲, 구상나무숲)의 양지바르고 물이 잘 빠지는 축축한 마사토 위에 1개씩 또는 여러 개가 줄지어 올라온다.

● **분포 |** 한국, 일본, 중국, 타이완 등 동아시아에 분포한다.

● **특징 |** 소나무숲에 나며, 갓과 자루에 갈색 섬유비늘이 있다.

● **생김새 |** 갓 지름 8~25㎝의 중대형. **갓**은 어릴 때 반원모양에서 점차 둥근 산모양이 되었다가 편평해지며, 윗면은 갈색이고 갈색 섬유비늘로 덮여 있다. 갓살은 흰색이고 육질은 두툼하며 단단하다. **갓 밑면**은 주름살로 되어 있으며, 주름살은 홈형이고 빽빽하다. 어릴 때 흰색이고 점차 갈색 얼룩이 생긴다. **자루**는 길이 10~20㎝, 굵기 1.5~3㎝로 겉면이 흰색이며 갈색 섬유비늘로 덮여 있다. 갓이 펴지면서 윗동에 솜털 같은 턱받이가 생기나 잘 떨어져나간다. **포자**는 6.5~7.5×4.5~5.5㎛ 크기의 타원형~공모양이고 흰색이다.

 식용
(아주 뛰어난 맛)

 약용
(항종양)

● 송이버섯과 송이버섯속

● 한해살이

● 큰키 ─ 중대형

● 다른 이름 : 송이(松栮, 생약명)

식용 >>>

요리 방법과 맛_ 능이버섯, 표고버섯과 함께 귀하고 맛있는 3대 버섯으로 꼽힌다. 깊은 솔향, 쫄깃한 육질, 감칠맛으로 이름이 높으며, 물에 오래 담가두거나 껍질을 벗겨내면 향이 떨어지므로 깨끗이 씻어서 그대로 먹는 것이 좋다. 생회, 구이, 볶음, 튀김, 조림, 찌개, 전골, 찜, 죽 등으로 먹는다.

약용 >>>

성분과 효능_ 비타민 B_1·B_2, 에르고스테롤(비타민 D로 전환되는 물질), 만니톨(이뇨효과), 베타글루칸(항종양), 크리스틴(항종양), 탄수화물, 지방, 단백질, 칼륨이 함유되어 있다. 한방에서는 송이라 하며 『동의보감』에서는 '산중의 늙은 소나무에 나는 송기'라 하여 최고의 버섯으로 쳤으며 "피를 맑게 하고, 위와 폐를 튼튼히 하며, 염증을 없애고, 기를 북돋우며, 설사를 멎게 한다"고 하였다. 심장병, 고혈압, 기관지염, 위장병, 기력회복, 산후 복통, 거친 피부에 약으로 쓰며 종양을 억제하는 효능이 있다.

01_ 어린 버섯
솔잎 낙엽 위로 올라오는 모습.　　9/22

02_ 어린 버섯
갓 올라온 모습.　9/22

03_ 어린 버섯
채취하기 위해 주변 땅을 파헤친 모습.　9/22

04_ 서식지
산등성이 소나무 밑의 바람이 잘 통하는 마사토에 난다. 9/3

05_ 상세 모습
어린 버섯. 9/22

06_ 상세 모습
어린 버섯의 겉과 속 비교. 9/22

07_ 이용
채취한 버섯. 9/22

08_ 이용
송이버섯국. 갖은 채소와 함께 끓인다. 9/22

09_ 이용
생회. 참기름과 소금을 발라 먹는다. 10/8

흰갈색송이

송이버섯과 달리 갓과 자루에 섬유비늘이 없다. 10월 19일

🔍 한눈에 보기

갓 윗면
흰갈색~갈색~밤갈색

갓 밑면
주름살, 흰색, 갈색 얼룩이 생김

자루 겉면
흰색, 연갈색 얼룩

육질
두툼하고 단단함

맛
쓴맛

● **발생 시기·장소** | 여름~가을, 소나무숲~혼합림(넓은잎나무, 소나무)의 땅 위에 1개씩 또는 여러 개가 줄지어 올라온다.

● **분포** | 한국, 일본, 중국, 유럽, 오스트레일리아 등지에 분포한다.

● **특징** | 갓이 흰갈색~갈색~밤갈색을 띠며, 자루에 연갈색 얼룩이 있다.

● **생김새** | 갓 지름 3~10㎝의 중소형. **갓**은 어릴 때 반원모양에서 점차 둥근 산모양이 되었다가 편평해지며 가운데가 조금 볼록하다. 윗면은 흰갈색~갈색~밤갈색을 띠며 습하면 조금 끈적해진다. 갓살은 흰색이며 육질은 두툼하고 단단하다. **갓 밑면**은 주름살로 되어 있으며, 주름살은 끝붙은형이고 빽빽하다. 어릴 때는 흰색이고 점차 갈색 얼룩이 생긴다. **자루**는 길이 4~10㎝, 굵기 1~2.2㎝로 겉면이 흰색이고 연갈색 얼룩이 있다. **포자**는 4~6×3~4㎛ 크기의 타원형이고 흰색이다.

 식용 불가
(한때 식용으로 잘못 알려짐)

 일반 독성
(생식이나 과식시 구토와 설사, 심하면 호흡곤란)

- - - - - - - - - - - - -
● 송이버섯과 송이버섯속
- - - - - - - - - - - - -
● 한해살이
- - - - - - - - - - - - -
● 중간키 - 중소형

주의사항

● 한때 식용으로 잘못 알려졌던 독버섯으로 치명적인 독성분이 함유된 것으로 밝혀졌으므로 절대 먹어선 안 된다. 소나무숲에 줄지어 나기도 하고 어릴 때 모습이 송이버섯과 비슷하여 혼동하기 쉬우나, 흰갈색송이는 송이버섯과 달리 갓과 자루에 섬유비늘이 없다.

독성분과 중독 증상 >>>

무스카린 _ 많이 먹으면 죽는다. 부교감신경이 흥분되어 심한 땀흘림, 구토, 설사, 눈동자 작아짐, 호흡곤란, 맥박수 떨어짐 등의 증상이 나타나므로 재빨리 위세척과 혈액투석 등을 받아야 한다.

콜린 _ 먹으면 30분~3시간 뒤 구토, 복통, 설사, 춥고 떨림, 저혈압, 혈류 증가, 심장박동수 떨어짐, 눈동자 작아짐 등의 증상이 나타난다. 몸 안에 들어가면 아세틸콜린으로 바뀐다. 무스카린보다 독성이 약하나 비슷한 증상을 보인다. 해독제는 아드레날린.

01_ 어린 버섯
소나무숲에 나는 송이버섯과 달리 혼합림에도 난다.　10/19

02_ 어린 버섯
송이버섯처럼 소나무숲에도 난다.
　10/19

03_ 어린 버섯
송이버섯처럼 줄지어 난다.
　10/19

04_ 젊은 버섯
갓 가장자리가 갈라졌다.　10/19

05_ 다 자란 버섯
동물이 베어 먹은 흔적.　10/19

06_ **다 자란 버섯**
　　가운데가 조금 오목해
　　진 버섯.　　　10/19

07_ **다 자란 버섯**
　　흙과 낙엽 조각이 붙어
　　있다.　　　　10/19

08_ **늙은 버섯**
　　나무 잔뿌리 근처에 있
　　는 버섯.　　　10/19

09_ **늙은 버섯**
　　갓 가장자리가 굽었다.
　　　　　　　　10/19

10_ **늙은 버섯**
　　잡목 사이에 있는 버섯.
　　　　　　　　10/19

11_ **늙은 버섯**
　　줄지어 난 버섯. 10/19

12_ **상세 모습**
　　다 자란 버섯.　 10/19

13_ **상세 모습**
　　어린 버섯부터 다 자란
　　버섯까지.　　　10/19

14_ **상세 모습**
　　늙은 버섯을 밑에서 본
　　모습.　　　　10/19

Tricholoma sejunctum (Sowerby) Quél. = *Tricholoma sejunctum* (Sow. ex Fr.) Quél

쓴송이

갓이 노랗고 갓꼭지가 있다. 9월 11일

한눈에 보기

갓 윗면
노란색, 어두운 녹색의 섬유무늬

갓 밑면
주름살, 흰색~노란색

자루 겉면
흰색~노란색

자루 속
비어 있음

육질
조금 두툼함

냄새
때로 밀가루 냄새

맛
쓴맛

● **발생 시기·장소 |** 여름~가을, 넓은잎나무숲~소나무숲 땅 위에 1개씩 또는 여러 개가 모여서 줄지어 올라온다.

● **분포 |** 한국(주로 가야산, 운문산, 지리산, 천성산), 일본, 시베리아, 북아메리카, 유럽 등지에 분포한다.

● **특징 |** 갓이 노란색이고 어두운 녹색의 섬유무늬가 있으며 자루 속은 비어 있다.

● **생김새 |** 갓 지름 4~10㎝의 중소형. **갓**은 산모양에서 점차 편평해지며 뾰족한 갓꼭지가 있다. 윗면은 노란색이고 어두운 녹색의 방사상 섬유무늬가 있으며, 습하면 조금 끈적해진다. 갓살은 흰색이며 육질이 조금 두툼하고, 쓴맛이 나며 때로 밀가루 냄새도 난다. **갓 밑면**은 주름살로 되어 있으며, 주름살은 끝붙은형이고 조금 빽빽하며 흰색~노란색이다. **자루**는 길이 5~13㎝, 굵기 1~2㎝이며 밑동이 조금 불룩하다. 겉면은 흰색~노란색이고, 자루 속은 비어 있다. **포자**는 5~7㎛ 크기의 공모양이다.

식용 가능하나 부적합
(쓴맛)

약용
(항종양)

약간 독성
(생식이나 과식시 복통, 구토, 설사)

● 송이버섯과 송이버섯속

● 한해살이

● 중간키 – 중소형

● 다른 이름 : 풀빛무리버섯

이용방법

01_ 젊은 버섯
　작은 군락지.　　9/11

02_ 다 자란 버섯
　줄지어 올라온 버섯.
　　　　　　9/11

03_ 다 자란 버섯
　뾰족한 갓꼭지가 있다.
　　　　　　9/11

04_ 늙은 버섯
　갓 가장자리가 갈라진
　모습.　　9/11

05_ 상세 모습
　어린 버섯부터 다 자란
　버섯까지.
　　　　　　9/11

06_ 상세 모습
　다 자란 버섯과 늙은
　버섯의 갓.
　　　　　　9/11

할미송이

갓 한가운데에 회갈색 비늘가루가 있다. 8월 24일

한눈에 보기

갓 윗면
갈색~올리브갈색~흰회색, 한가운데에 회갈색 비늘가루

갓 밑면
주름살, 흰색, 붉은 얼룩이 생김

자루 겉면
흰색~올리브색, 회색 비늘조각

상처의 변색
붉은갈색

육질
조금 두툼함

냄새
비누 냄새

맛
쓴맛

● **발생 시기·장소 |** 여름~가을, 넓은잎나무숲~소나무숲~혼합림(넓은잎나무, 소나무)의 땅 위에 1개씩 또는 여러 개가 모여서 올라온다.

● **분포 |** 한국, 일본, 중국 등 북반구 온대 이북에 분포한다.

● **특징 |** 갓은 갈색~올리브갈색~흰회색 등 색이 다양하고, 한가운데에 회갈색 비늘가루가 붙어 있다.

● **생김새 |** 갓 지름 3.5~7㎝의 중소형. **갓**은 어릴 때 반원모양에서 점차 둥근 산모양이 되었다가 편평해지며 늙으면 조금 오목해진다. 윗면은 갈색~올리브갈색~흰회색 등 색이 다양하며, 한가운데에 회갈색 비늘가루가 붙어 있다. 갓살은 흰색이며 육질이 조금 두툼하다. 상처가 나면 붉은갈색으로 변한다. **갓 밑면**은 주름살로 되어 있으며, 주름살은 홈파진형이고 조금 성기다. 어릴 때 흰색이고 점차 붉은 얼룩이 생긴다. **자루**는 길이 2.5~8㎝, 굵기 8~15㎜로 겉면이 흰색~올리브색이고 회색 비늘조각으로 덮여 있다. **포자**는 5~6.5×2.5~4.5㎛ 크기의 타원형이고 흰색이다.

 식용 가능하나 부적합
(쓴맛)

 일반 독성
(생식이나 과식시 위장장애)

● 송이버섯과 송이버섯속
● 한해살이
● 작은중간키 – 중소형

01_ **젊은 버섯**
올리브갈색을 띠는 버섯. 동물이 베어 먹은 흔적이 있다.   8/24

02_ **젊은 버섯**
한데 모여 자라고 있는 버섯.   8/24

03_ **다 자란 버섯**
갓이 편평해지고 있다.
    8/24

04_ **다 자란 버섯**
작은 군락지.
    8/24

05_ **늙은 버섯**
옆에서 본 모습. 8/24

06_ **상세 모습**
젊은 버섯과 다 자란 버섯.   8/24

07_ **상세 모습**
어린 버섯(아래 가운데)부터 다 자란 버섯(오른쪽)까지.   8/24

08_ **상세 모습**
다 자란 버섯 밑면의 주름살.   8/24

꽃송이버섯

노란색 꽃양배추 모양이다. 9월 8일

이용
숙회. 쫄깃하고 담백하다. 9/8

한눈에 보기

갓
흰색~연노란색 ⇨ 노란갈색

육질
얇고 부드러움

냄새
소나무 냄새

맛
담백한 맛

● **발생 시기·장소 |** 가을, 높은 산에 있는 소나무~일본잎갈나무(낙엽송) 뿌리 근처의 땅 위나 그루터기 위에 1개씩 올라온다.

● **분포 |** 한국, 일본, 중국, 북아메리카, 유럽, 오스트레일리아 등지에 분포한다.

● **특징 |** 갓이 흰색~연노란색인데 점차 노란갈색이 되며 전체가 꽃양배추 모양이다.

● **생김새 |** 전체 지름과 높이가 모두 10~25㎝로 중대형. **갓**은 가장자리가 물결모양으로 전체가 꽃양배추 같다. 윗면은 흰색~연노란색이고 점차 노란갈색이 된다. 갓살은 얇고 부드럽다. **갓 밑면**은 밋밋하며 미세한 자실층이 발달해 있다. **자루**는 길이 2~5㎝, 굵기 2~4㎝로 뭉툭한 덩어리모양이고 자루 살은 흰색이다. **포자**는 5~7×3~5㎛ 크기의 타원형이고 흰색이다.

식용
(괜찮은 맛)

약용
(항종양, 천식, 알레르기)

● 꽃송이버섯과 꽃송이버섯속

● 한해살이

● 중간큰키 – 중대형

● 다른 이름 : 꽃양배추버섯
 (Cauliflower Mushroom)

이용방법

식용 >>>
요리 방법과 맛_ 송이 향이 나며, 쫄깃하고 담백하여 먹을 만하다. 숙회, 볶음, 튀김, 조림, 찌개, 전골, 찜, 죽 등으로 먹는다.

약용 >>>
성분과 효능_ 베타글루칸(항종양), 항균 성분이 함유되어 있다. 천식, 알레르기, 종양을 억제하는 효능이 있다.

Tricholomopsis rutilans (Schaeff.) Sing. = *Tricholomopsis rutilans* (Schaeff. ex Fr.) Sing.

솔버섯

갓과 자루가 붉은갈색의 미세한 비늘가루로 덮여 있다. 9월 18일

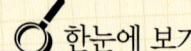 **한눈에 보기**

갓 윗면과 자루 겉면
노란색, 붉은갈색 비늘가루

갓 밑면
주름살, 노란색

육질
조금 두툼함

냄새
흙냄새, 썩은 나무냄새

맛
담백한 맛

● **발생 시기·장소** | 여름~가을, 소나무 썩은 것, 그루터기 위나 그 주변 땅에 1개씩 또는 여러 개가 맞붙어서 한 덩어리처럼 올라온다.

● **분포** | 한국, 일본, 중국 등 전 세계에 분포한다.

● **특징** | 갓과 자루가 붉은갈색 비늘가루로 덮여 있고 흙냄새가 난다.

● **생김새** | 갓 지름 4~15㎝의 중대형. **갓**은 어릴 때 종모양에서 점차 둥근 산모양이 되었다가 편평해진다. 윗면은 노란색이고 붉은갈색의 미세한 비늘가루로 덮여 있다. 갓살은 조금 두툼하며 흙냄새와 썩은 나무냄새가 난다. **갓 밑면**은 주름살로 되어 있으며, 주름살은 끝붙은형~완전붙은형이고 빽빽하며 노란색이다. **자루**는 길이 6~20㎝, 굵기 1~2.5㎝로 겉면이 노란색이고 붉은갈색의 미세한 비늘가루로 덮여 있다. **포자**는 5.5~7×4~5.5㎛ 크기의 타원형이고 흰색이다.

 식용
(조금 떨어지는 맛)

 약간 독성
(생식시 설사)

● 송이버섯과 솔버섯속

● 한해살이

● 큰키 – 중대형

● 다른 이름 : 붉은털무리버섯

이용방법

식용 >>>

요리 방법과 맛_ 육질이 부드럽고 쫄깃하며 아삭하다. 담백한 맛이지만 흙냄새와 썩은 나무 냄새가 나서 송이버섯보다 못하며, 늙은 버섯은 살이 푸석푸석해서 안 먹는 것이 좋다. 날로 먹으면 설사를 하므로 소금물에 삶아서 완전히 익혀 먹어야 하며 삶은 물은 버리는 것이 좋다. 소금에 2개월간 절였다가 여러 번 헹궈도 독성이 완화된다. 숙회, 볶음, 구이, 튀김, 조림, 찌개 등으로 먹는다.

01_ 어린 버섯
동물이 갉아먹은 흔적.
9/18

02_ 다 자란 버섯
솔잎 낙엽 위에 올라온
모습.　　　9/5

03_ 다 자란 버섯
여러 개가 뭉쳐서 올라
온다.　　　9/18

04_ 상세 모습
어린 버섯부터 늙은 버
섯까지.　　　9/17

05_ 상세 모습
다 자란 버섯의 갓과
주름살.　　　9/18

06_ 상세 모습
다 자란 버섯의 주름
살.　　　9/18

07_ 상세 모습
다 자란 버섯을 밑에서
본 모습.　　　9/5

Megacollybia platyphylla (Pers.) Kotl. & Pouz. = *Oudemansiella platyphylla* (Pers.) Moser
= *Tricholomopsis platyphylla* (Pers.) Sing.

넓은솔버섯 (넓은주름긴뿌리버섯)

갓에 방사상의 섬유무늬가 있다. 6월 10일

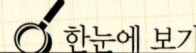 **한눈에 보기**

갓 윗면
회색~회갈색~검은갈색, 방사상의 섬유무늬

갓 밑면
주름살, 흰색

자루 겉면
흰색~회색, 흰색 균사

육질
두툼함

맛
담백한 맛

● **발생 시기·장소 |** 여름~가을, 소나무~넓은잎나무 죽은 것, 그루터기나 그 주변 땅 위에 1개씩 또는 여러 개가 무리지어 올라온다.

● **분포 |** 한국, 일본, 중국 등 북반구 온대 이북에 분포한다.

● **특징 |** 갓에 방사상의 섬유무늬가 있고, 자루 속이 비어 있다.

● **생김새 |** 갓 지름 5~20㎝의 중대형. **갓**은 낮고 둥근 산모양에서 점차 가운데가 오목해지고 가장자리는 편평해진다. 윗면은 회색~회갈색~검은갈색이며 방사상의 섬유무늬가 있고 잘 갈라진다. 갓살은 흰색이고 두툼하다. **갓 밑면**은 주름살로 되어 있으며, 주름살은 홈형이고 조금 성기며 흰색이다. **자루**는 길이 7~12㎝, 굵기 7~12㎜이고 밑동에 섬유 같은 흰색 균사가 붙어 있다. 겉면은 흰색~회색이고 밋밋하며, 자루 속은 비어 있다. **포자**는 7~10×5~7㎛ 크기의 타원형이고 흰색이다.

 식용
(괜찮은 맛)

 약용
(항종양)

 약간 독성
(생식이나 과식시 위장장애)

● **낙엽버섯과 넓은솔버섯속**
(과명·속명 바뀜)

● **한해살이**

● **중간키 - 중대형**

이용방법

식용 >>>

요리 방법과 맛_ 아삭아삭하고 담백해서 먹을 만하나 날로 먹으면 위장장애를 일으켜 복통, 설사를 하게 되므로 소금물에 삶아서 완전히 익혀 먹어야 하며 삶은 물은 버리는 것이 좋다. 숙회, 볶음, 구이, 튀김, 조림, 찌개, 전골, 찜, 죽 등으로 먹는다.

약용 >>>

성분과 효능_ 유리 아미노산(단백질 합성, 면역력 강화) 25종, 셀룰로오스(섬유질), 헤미셀룰로오스(자일리톨 원료), 펙틴(장 정화), 리그닌(식물성 에스트로겐)이 함유되어 있다. 종양을 억제하는 효능이 있다.

01_ 젊은 버섯
소나무 그루터기의 뿌리 쪽에서 올라온 버섯.　6/10

02_ 젊은 버섯
방사상의 섬유무늬가 있다.　6/10

03_ 다 자란 버섯
갓 가장자리가 편평해진 모습.　8/29

04_ 늙은 버섯
갓살이 서서히 갈라지기 시작한다.　7/1

05_ 늙은 버섯
옆에서 본 모습.　7/1

06_ **늙은 버섯**
    갓이 갈라져 꽃처럼 보
    인다.   6/11

07_ **늙은 버섯**
    갓이 갈라지지 않고 위
    로 말려서 오목해진 모
    습.   7/2

08_ **늙은 버섯**
    작은 군락지.   7/2

09_ **상세 모습**
    젊은 버섯.   6/10

10_ **상세 모습**
    다 자란 버섯.   7/1

11_ **상세 모습**
    늙어가는 버섯을 밑에
    서 본 모습과 갓.   7/1

12_ **이용**
    채취한 버섯.   6/10

배꼽버섯 (잔디볼록버섯)

갓이 편평하고 볼록 배꼽 같은 갓꼭지가 있다. 5월 13일

상세 모습
다 자란 버섯.　　　　　5/13

 한눈에 보기

갓 윗면
갈색~진갈색, 한가운데에 갓꼭지

갓 밑면
주름살, 흰색

자루 겉면
흰회색, 갈색 섬유비늘

육질
조금 얇고 부드러움

냄새
조금 향긋한 냄새

맛
담백한 맛

● **발생 시기·장소** | 여름~가을, 풀밭~잔디밭~정원~숲 근처의 땅 위에 1개씩 또는 여러 개씩 흩어져 올라온다.

● **분포** | 한국, 북아메리카, 유럽 등 북반구 일대와 오스트레일리아 등지에 분포한다.

● **특징** | 갓이 갈색으로 작고 편평하며, 한가운데에 볼록한 배꼽 같은 갓꼭지가 있다.

● **생김새** | 갓 지름 3~8㎝의 중소형. **갓**은 낮고 둥근 산모양에서 점차 편평해지며, 한가운데에 볼록한 배꼽 같은 갓꼭지가 생긴다. 윗면은 갈색~진갈색을 띠며 방사상의 섬유무늬가 있다. 갓살은 흰색으로 육질이 조금 얇고 부드러우며 조금 향긋한 냄새가 난다. **갓 밑면**은 주름살로 되어 있으며, 주름살은 홈형~완전붙은형이고 빽빽하며 흰색이다. **자루**는 길이 4~7㎝, 굵기 8~14㎜이며 밑동이 불룩하다. 겉면은 흰회색이며 갈색 섬유비늘로 덮여 있다. **포자**는 6.5~8.5×4.5~5㎛ 크기의 타원형이고 흰색이다.

식용
(괜찮은 맛)

● 송이버섯과 배꼽버섯속

● 한해살이

● 작은중간키 – 중소형

● 다른 이름 : 잔디배꼽버섯, 얼룩버섯

이용**방법**

식용 >>>
요리 방법과 맛_ 육질이 부드럽고 조금 향긋하며 담백한 맛이다. 흩어져 나기 때문에 채취량이 많지 않다. 숙회, 볶음, 구이, 튀김, 조림, 찌개 등으로 먹는다.

민자주방망이버섯

자주색 갓이 점차 옅어진다. 10월 23일

🔍 한눈에 보기

갓 윗면
연자주색, 연노란갈색 얼룩이 생김

갓 밑면
주름살, 자주색 ⇒ 연노란자주색

자루 겉면
연자주색, 밑동은 방망이모양

육질
조금 얇고 아주 부드러움

맛
고구마맛, 감칠맛

● **발생 시기·장소** | 여름~가을, 혼합림(넓은잎나무, 소나무)~잡목숲~정원 땅 위에 1개씩 또는 여러 개가 둥글게 모여서 올라온다.

● **분포** | 한국, 일본, 중국 등의 북반구와 오스트레일리아 등지에 분포한다.

● **특징** | 갓과 자루가 연자주색이고, 자루 밑동이 방망이처럼 굵다.

● **생김새** | 갓 지름 6~10㎝의 중소형. **갓**은 둥근 산모양에서 점차 편평해지며, 어릴 때는 가장자리가 안으로 말려 있다. 윗면은 연자주색이고 점차 옅어져서 연노란갈색 얼룩이 생긴다. 갓살은 연자주색이며 육질이 조금 얇고 아주 부드럽다. **갓 밑면**은 주름살로 되어 있으며, 주름살은 끝 붙은형이고 빽빽하다. 어릴 때는 자주색이나 점차 연노란자주색이 된다. **자루**는 길이 4~8㎝, 굵기 1~1.5㎝이고 밑동이 방망이처럼 굵으며 겉면이 연자주색이다. **포자**는 5~7×3~4㎛ 크기의 타원형이고 연분홍색이다.

 식용
(괜찮은 맛)

 약용
(항종양, 신경통, 당뇨)

 **약간 독성**
(생식시 설사)

● 송이버섯과 자주방망이버섯속

● 한해살이

● 작은중간키 – 중소형

● 다른 이름 : 가지버섯, 보랏빛무리버섯

이용방법

식용 >>>

요리 방법과 맛_ 육질이 아주 부드럽고 고구마맛과 감칠맛이 나며, 잡맛이 전혀 없어 먹을 만하다. 날로 먹으면 설사를 하므로 소금물에 삶아 완전히 익혀 먹는다. 숙회, 볶음, 구이, 튀김, 조림, 찌개, 전골 등으로 먹는다.

약용 >>>

성분과 효능_ 유리 아미노산(단백질 합성, 면역력 강화) 28종, 에르고스테롤(비타민 D로 전환되는 물질), 아라비톨(단맛 성분), 글루코오스(포도당), 프럭토스(과당), 셀룰로오스(섬유질), 헤미셀룰로오스(자일리톨 원료), 키틴(항종양), 펙틴(장 정화), 리그닌(식물성 에스트로겐)이 함유되어 있다. 신경통을 낮게 하고, 혈당을 조절하며, 종양을 억제하는 효능이 있다.

01_ 어린 버섯
낙엽 위로 올라와 있는 모습. 자주색이다.
10/19

02_ 다 자란 버섯
갓 가장자리가 편평해진 모습. 10/23

03_ 다 자란 버섯
자루가 굽어 한쪽으로 기울어진 버섯. 10/23

04_ 늙은 버섯
갓색이 점차 옅어져서 연노란갈색 얼룩이 생긴다. 10/19

05_ 상세 모습
어린 버섯. 10/19

06_ 상세 모습
젊은 버섯. 10/23

Lepista sordida (Schum.) Sing. =*Lepista subnuda* Hongo

자주방망이버섯아재비

갓이 연자주색이다. 8월 29일

한눈에 보기

갓 윗면
자주색 ⇨ 연한 자주색 ⇨ 연한 회갈색

갓 밑면
주름살, 연한 회자주색

자루 겉면
연한 회자주색

육질
조금 얇음

냄새
소나무냄새

맛
조금 생선맛

● **발생 시기·장소 |** 여름~가을, 풀밭~잔디밭~대나무숲~도로가 땅 위에 1개씩 또는 여러 개가 둥글게 뭉쳐서 올라온다.

● **분포 |** 한국, 일본, 중국 등 북반구 일대에 분포한다.

● **특징 |** 갓이 점차 옅어져 자주색에서 연한 회갈색으로 변하며 자루가 방망이 같다.

● **생김새 |** 갓 지름 4~80㎝의 중소형. **갓**은 낮고 둥근 산모양에서 점차 편평해지며 늙으면 조금 오목해진다. 윗면은 자주색이고 점차 연한 자주색이 되었다가 연한 회갈색으로 옅어진다. 갓살은 조금 얇으며 소나무냄새가 난다. **갓 밑면**은 주름살로 되어 있으며, 주름살은 홈형~끝붙은형~완전붙은형~내린형 등으로 다양하고 성기며 연한 회자주색이다. **자루**는 길이 3~8㎝, 굵기 6~10㎜이며 겉면은 연한 회자주색이고 섬유무늬가 있다. **포자**는 6.3~7.5×3.7~5㎛ 크기의 타원형이고 연분홍색이다.

 식용
(괜찮은 맛)

 약용
(화병)

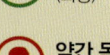 **약간 독성**
(생식시 설사)

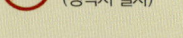

● 송이버섯과 자주방망이버섯속

● 한해살이

● 작은중간키~중소형

이용방법

01_ 어린 버섯
갓이 연한 회갈색으로 변한다.   7/5

02_ 어린 버섯
군락지 모습.   8/25

03_ 어린 버섯
위에서 본 모습.   8/25

04_ 다 자란 버섯
갓이 편평해진 모습.   7/8

05_ 다 자란 버섯
옆에서 본 모습.   7/6

06_ 다 자란 버섯
가장자리가 굽은 모습.   7/16

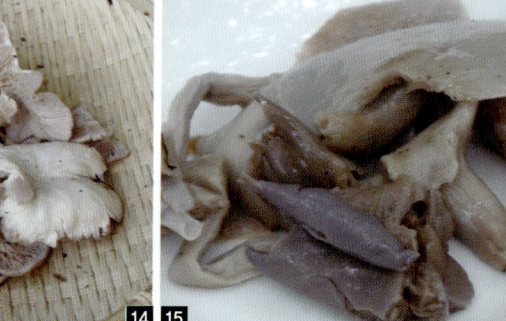

07_ **다 자란 버섯**
갓살이 조금 얇다. 7/5

08_ **늙은 버섯**
갓이 오목해진 모습.
7/8

09_ **늙은 버섯**
어린 버섯과 젊은 버
섯.　　　　8/29

10_ **늙은 버섯**
젊은 버섯.　　8/25

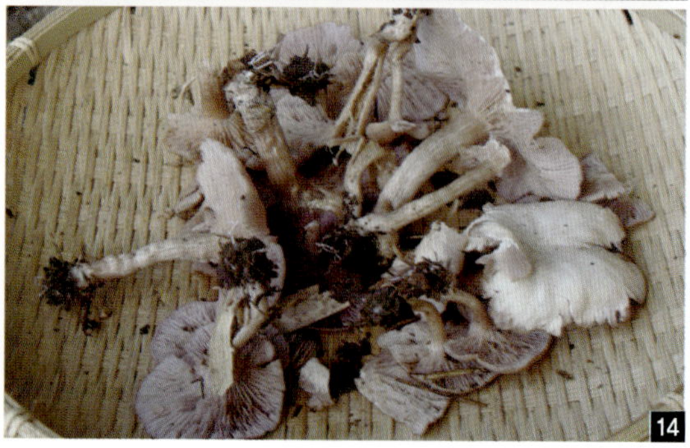

11_ **늙은 버섯**
어린 버섯과 다 자란
버섯.　　　　7/5

12_ **늙은 버섯**
어린 버섯과 늙은 버섯
의 주름살 비교.　7/8

13_ **상세 모습**
다 자란 버섯의 주름
살.　　　　8/29

14_ **이용**
채취한 버섯.　7/16

15_ **이용**
숙회. 약간 솔향과 생
선맛이 난다.　7/6

Clitocybe gibba (Pers.) P. Kumm. = *Clitocybe gibba* (Pers. ex Fr.) Kummer
= *Clitocybe infundibuliformis* (Schaeff.) Quél.

깔때기버섯

갓이 연 노란갈색~살색이다. 8월 31일

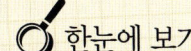 **한눈에 보기**

갓 윗면
연붉은갈색~살색, 한가운데에 비늘
조각

갓 밑면
주름살, 흰색

자루 겉면
연한 갓색

육질
조금 얇음

맛
담백한 맛(독성)

● **발생 시기·장소** | 여름~가을, 넓은잎나무숲~소나무숲~혼합림(넓은잎나무, 소나무)의 땅 위에 1개씩 또는 여러 개가 무리지어 올라온다.

● **분포** | 한국, 일본, 중국, 소아시아, 북아메리카, 유럽, 시베리아 등지에 분포한다.

● **특징** | 갓이 연붉은갈색~살색 깔때기모양이고, 자루는 갓보다 연한 색이다.

● **생김새** | 갓 지름 4~8㎝의 중소형. 갓은 낮고 둥근 산모양에서 점차 깔때기모양이 되며, 윗면은 연붉은갈색~살색이고 한가운데에 작은 비늘조각이 있다. 갓살은 조금 얇다. **갓 밑면**은 주름살로 되어 있으며, 주름살은 내린형이고 빽빽하며 흰색이다. **자루**는 길이 2.5~5㎝, 굵기 5~13㎜이고 겉면이 갓보다 연한 색이다. 밑동에는 흰 균사가 붙어 있다. **포자**는 5.5~8×3.4~5.4㎛ 크기의 타원형이고 흰색~연노란색이다.

 식용 절대 불가
(한때 식용으로 잘못 알려짐)

 약간 독성
(술과 함께 먹으면 화상 통증, 저혈압, 호흡곤란)

● 송이버섯과 깔때기버섯속

● 한해살이

● 작은중간키 – 중소형

● 한때 식용으로 잘못 알려졌던 독버섯으로 치명적인 독성분이 들어 있으므로 절대 먹어선 안 되며, 특히 술과 함께 먹으면 중독되므로 주의한다.

독성분과 중독 증상 >>>

아크로메릭산_ 먹으면 4~5일 뒤 손발 끝이 붉어지고 화상을 입은 듯한 통증이 온다. A형과 B형이 있다.

무스카린_ 많이 먹으면 심장이 멎어 죽는다. 20분~20시간 뒤 부교감신경이 흥분되어 심한 땀흘림, 눈물흘림, 침흘림, 눈동자 작아짐, 구토, 설사, 저혈압, 호흡곤란 등의 증상이 나타나며, 조금 먹었을 때는 24시간 안에 낫는다. 알칼로이드나 썩어가는 물고기의 프토마인(유독성 분해물) 속에도 들어 있다. 해독제는 아트로핀.

01_ 젊은 버섯
혼자 올라온 버섯.
8/31

02_ 젊은 버섯
갓이 살색을 띠고 있는
버섯.   7/7

03_ 늙은 버섯
갓이 노란갈색인 늙은
버섯.   9/23

04_ 상세 모습
젊은 버섯.   8/31

05_ 상세 모습
어린 버섯부터 다 자란
버섯까지.   7/14

06_ 상세 모습
늙은 버섯.   9/23

145

베이지깔때기버섯 (흰삿갓깔때기버섯)

Clitocybe fragrans (With.) P. Kumm.

갓이 흰색에서 베이지색이 된다. 7월 23일

한눈에 보기

갓 윗면
흰색 ⇨ 베이지색(연노란색)

갓 밑면
주름살, 흰색~베이지색, 연결맥

자루 겉면
흰색 ⇨ 베이지색(연노란색)

육질
조금 얇음

냄새
때로 감초 냄새, 아니스(향신료) 향

● **발생 시기·장소** | 여름~가을, 넓은잎나무숲~소나무숲~혼합림(넓은잎나무, 소나무)의 땅 위에 1개씩 또는 여러 개가 줄지어 올라온다.

● **분포** | 한국, 일본, 중국, 시베리아, 유럽, 아프리카 등지에 분포한다.

● **특징** | 소형이고 갓과 자루가 흰색에서 베이지색이 된다.

● **생김새** | 갓 지름 1.5~4㎝의 소형. **갓**은 어릴 때 편평한 낮은 산모양이나 점차 가장자리가 편평해져서 깊고 오목한 깔때기모양이 된다. 갓 윗면은 어릴 때 흰색에서 점차 베이지색(연노란색)이 되며 습하면 방사상 섬유무늬가 생긴다. 갓살은 조금 얇은 육질이며 때로 감초 냄새, 아니스(미나리과 향신료) 냄새가 난다. **갓 밑면**은 주름살로 되어 있으며, 주름살은 완전붙은형~내린형으로 주름살 사이를 잇는 연결맥이 있고 조금 빽빽하다. 색은 흰색~베이지색이다. **자루**는 길이 3~5㎝, 굵기 3~8㎜이며 밑동에 균사가 있다. 겉면은 갓과 같은 색이고, 자루 속은 비어 있다. **포자**는 5~7.5×3.5~4.2㎛ 크기의 타원형이고 흰색이다.

 식용 불가 (한때 식용으로 잘못 알려짐)

 약간 독성 (저혈압, 진땀, 호흡곤란)

● 송이버섯과 깔때기버섯속
● 한해살이
● 작은키 – 소형
● 다른 이름 : 흰냄새갓깔때기버섯

● 한때 식용으로 잘못 알려졌던 독버섯으로 치명적인 독성분이 있는 것으로 밝혀졌으므로 절대 먹어선 안 된다.

독성분과 중독 증상 >>>
무스카린_ 많이 먹으면 심장이 멎어 죽는다. 20분~20시간 뒤 부교감신경이 흥분되어 심한 땀흘림, 눈물흘림, 침흘림, 눈동자 작아짐, 구토, 설사, 저혈압, 호흡곤란 증상이 나타나며, 조금 먹었을 때는 24시간 안에 낫는다. 알칼로이드나 썩어가는 물고기의 프토마인(유독성 분해물) 속에도 들어 있다. 해독제는 아트로핀.

01_ 젊은 버섯
버섯이 줄지어 올라온 군락지 모습.　8/26

02_ 다 자란 버섯
습하면 섬유무늬가 생긴다.　8/26

03_ 다 자란 버섯
한곳에 모여 나온 모습.　8/19

04_ 다 자란 버섯
갓 자장자리가 부서진 모습.　8/26

05_ 늙은 버섯
깊은 깔때기모양이 되었다.　8/26

06_ 상세 모습
젊은 버섯.　7/23

07_ 상세 모습
다 자란 버섯. 주름살 사이에 연결맥이 있다.　8/26

Clitocybe dealbata (Sowerby) Gillet = *Clitocybe dealbata* Fr. (kum.)

백황색깔때기버섯 (흰독깔때기버섯)

갓과 자루가 백황색이다. 7월 16일

한눈에 보기

갓 윗면
백색~백황색

갓 밑면
주름살, 백색~백황색

자루 겉면
백색~백황색

육질
조금 얇음

냄새
밀가루냄새

● **발생 시기·장소 |** 여름~가을, 넓은잎나무숲~혼합림(소나무, 넓은잎나무)~풀밭~잔디밭~정원 땅 위에 1개씩 또는 여러 개가 무리지어 올라온다.

● **분포 |** 한국, 유럽, 북아메리카 등지에 분포한다.

● **특징 |** 소형이고 갓과 자루가 백색~백황색이며, 자루가 비단결 같다.

● **생김새 |** 갓 지름 2~4㎝의 소형. **갓**은 어릴 때는 가운데가 오목한 반원모양이고, 점차 가장자리가 펴져서 깊고 오목한 깔때기모양이 된다. 윗면은 백색~백황색이다. 갓살은 백색이고 조금 얇으며 밀가루냄새가 난다. **갓 밑면**은 주름살로 되어 있으며, 주름살은 완전붙은형~내린형이고 빽빽하며 백색~백황색이다. **자루**는 길이 2~4㎝, 굵기 4~80㎜로 겉면이 갓과 같은 색이고, 윗동에 미세한 비늘가루가 있으며, 비단처럼 부드럽다. **포자**는 4~5×2~4㎛ 크기의 타원형이고 흰색이다.

식용 절대 불가

 준맹독성
(저혈압, 호흡곤란, 심하면 사망)

● 송이버섯과 깔때기버섯속

● 한해살이

● 작은키 – 소형

주의사항

● 치명적인 독성분이 들어 있으므로 절대 먹어선 안 된다.

01_ 어린 버섯
　　나란히 올라온 모습.
　　　　　　　　　　7/16

02_ 어린 버섯
　　솔잎과 넓은잎나무 낙
　　엽 위에 올라온 모습.
　　　　　　　　　　7/16

03_ 다 자란 버섯
　　한곳에 모여 나온 모습
　　　　　　　　　　8/16

04_ 상세 모습
　　어린 버섯부터 젊은 버
　　섯까지 전체.　　7/16

05_ 상세 모습
　　어린 버섯부터 다 자란
　　버섯까지 주름살과 자
　　루 모습.　　　　8/16

06_ 상세 모습
　　젊은 버섯의 주름살.
　　　　　　　　　　8/16

흰털깔때기버섯 ※미기록종

Clitocybe sp.

갓에 흰 털이 있다. 8월 1일

🔍 한눈에 보기

갓 윗면
흰색, 연갈색 얼룩이 생김, 흰털 ⇨ 섬유비늘

갓 밑면
주름살, 흰색 ⇨ 연갈색

자루 겉면
흰색, 연갈색 얼룩, 흰 털

육질
조금 얇음

● **발생 시기·장소** | 여름~가을, 넓은잎나무숲(너도밤나무, 참나무)~바늘잎나무숲(일본잎갈나무)~혼합림(넓은잎나무, 바늘잎나무)의 낙엽 쌓인 축축한 땅 위에 1개씩 또는 여러 개가 둥글게 무리지어 올라온다.

● **분포** | 한국(제주도, 재약산), 일본 등지에 분포한다.

● **특징** | 온몸이 희며, 어릴 때는 비단처럼 부드럽고 굵은 흰 털로 덮여 있으며, 주름살이 빽빽하고 얇다.

● **생김새** | 갓 지름 3~8㎝의 중소형. **갓**은 어릴 때 갓 가장자리가 아래쪽으로 말린 편평한 모양이고, 점차 가장자리가 펴져 낮은 깔때기모양이 된다. 윗면은 흰색이고 점차 연갈색 얼룩이 생긴다. 어릴 때 비단처럼 부드럽고 굵은 흰 털로 덮여 있으나 자라면서 점차 적어지고 윗면이 미세한 섬유비늘처럼 된다. 갓살은 흰색이고 조금 얇으며, 상처가 나면 노란갈색으로 변한다. **갓 밑면**은 주름살로 되어 있으며, 주름살은 내린형으로 얇고 빽빽하다. 색은 흰색에서 점차 연갈색이 된다. **자루**는 길이 5~10㎝, 굵기 10~18㎜로 겉면은 흰색이고 연갈색 얼룩과 흰 털이 있다. 자루 속은 비어 있다.

 식용 불가
(독성분 여부 미상)

● 송이버섯과 깔때기버섯속

● 한해살이

● 작은중간키−중소형

● 다른 이름 : 자국눈억새버섯

● 2009년 12월 국립산림과학원 조사팀이 제주도에서 처음 발견한 세계 미기록종 버섯으로 '흰털깔때기버섯'으로 명명되었으며, 필자는 2010년 10월, 2011년 8월 2회에 걸쳐 밀양 얼음골(재약산)에서 발견하였다. 맛이 좋아 일본 일부 지역에서 식용한다는 기록이 있으나 깔때기버섯속에는 맹독 성분인 무스카린 등이 들어 있는 버섯들이 많으므로 먹지 말아야 한다.

01_ 젊은 버섯
한곳에 모여 나온 모습.
8/1

02_ 다 자란 버섯
갓 가장자리가 굽은 모습.
8/1

03_ 늙은 버섯
갓 한가운데가 오목해진다.
9/11

04_ 늙은 버섯
갓 윗면에 연갈색 얼룩이 퍼진다.
9/11

05_ 늙은 버섯
풀숲에 올라온 모습.
9/11

06_ 상세 모습
다 자란 버섯.
9/11

07_ 상세 모습
어린 버섯부터 늙은 버섯까지.
8/1

08_ 상세 모습
늙은 버섯의 주름살.
8/1

Clitocybe odora (Bull.) Kumm. = *Clitocybe odora* var. *alba* Lge.

하늘색깔때기버섯 (하늘색깔때기버섯부치)

갓이 검푸른하늘색이다. 9월 8일

상세 모습
어린 버섯부터 다 자란 버섯
까지. 9/8

🔍 한눈에 보기

갓 윗면
검푸른하늘색, 미세한 섬유결 같은
잔털

갓 밑면
주름살, 흰노란색~흰하늘색

자루 겉면
흰색, 검푸른하늘색 얼룩

육질
조금 얇음

냄새
때로 감초냄새, 아니스(향신료) 냄새

● **발생 시기·장소 |** 여름~가을, 넓은잎나무숲~소나무숲의 낙엽 쌓인 땅 위에 1개씩 또는 여러 개가 무리지어 올라온다.

● **분포 |** 한국(주로 만덕산, 모악산, 변산반도국립공원, 아차산, 지리산, 천성산), 북아메리카 등지에 분포한다.

● **특징 |** 갓과 자루가 검푸른하늘색을 띠며 미세한 잔털이 있다.

● **생김새 |** 갓 지름 3~10㎝의 중소형. **갓**은 어릴 때 편평한 모양에서 점차 오목한 깔때기모양이 된다. 가장자리는 어릴 때 안으로 말려 있다 점차 편평하게 펴진다. 윗면은 검푸른하늘색으로 섬유결 같은 미세한 잔털이 나 있다. 갓살은 조금 얇으며 때로 감초 냄새와 아니스(미나리과 향신료) 냄새가 난다. **갓 밑면**은 주름살로 되어 있으며, 주름살은 완전붙은형~내린형이고 조금 빽빽하다. 색은 흰노란색~흰하늘색이다. **자루**는 길이 208㎝, 굵기는 최대 15㎜로 겉면이 흰색이고 검푸른하늘색 얼룩이 있으며 미세한 잔털이 있다. **포자**는 6~9×3.5~5.5㎛ 크기의 타원형이다.

 식용 불가

 약간 독성

● 송이버섯과 깔때기버섯속
● 한해살이
● 작은중간키 – 중소형
● 다른 이름 : 하늘빛깔때기버섯

Cantharellus cibarius Fr.

꾀꼬리버섯

갓이 노란 꾀꼬리색이다. 9월 4일

갓 윗면
꾀꼬리색(노란색)

갓 밑면
주름살, 갓과 같은 색 또는 연한 색

자루 겉면
갓과 같은 색 또는 연한 색

육질
얇음

냄새
때로 살구냄새

맛
담백한 맛

● **발생 시기·장소** | 여름~가을, 혼합림(넓은잎나무, 소나무)의 땅 위에 1개씩 또는 여러 개씩 흩어져 올라온다.

● **분포** | 한국, 일본, 중국, 북아메리카, 유럽 등 전 세계에 분포한다.

● **특징** | 갓이 노란 꾀꼬리색이고 주름살이 선명하다.

● **생김새** | 갓 지름 3~9㎝의 중소형. **갓**은 가운데가 오목한 나팔모양이고, 가장자리가 점차 물결처럼 구불구불해진다. 윗면과 갓살이 모두 꾀꼬리색(노란색)이며, 육질은 얇고 때로 살구냄새가 난다. **갓 밑면**은 주름살로 되어 있으며, 주름살은 내린형이고 조금 빽빽하다. 색은 갓과 같거나 연하다. 주름살 사이를 잇는 연결맥은 없다. **자루**는 길이 1.5~6㎝, 굵기 5~15㎜이고 밑동으로 갈수록 가늘어지며, 밑동에 잔털이 조금 있다. 겉면과 살이 모두 갓과 같은 색이거나 연한 색이다. **포자**는 7~10×4.5~5.5㎛ 크기의 타원형이고 연노란색이다.

 식용
(괜찮은 맛)

 약용
(호흡기질환, 야맹증, 항종양)

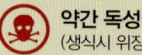 **약간 독성**
(생식시 위장장애)

● 꾀꼬리버섯과 꾀꼬리버섯속

● 한해살이

● 작은키 – 중소형

● 다른 이름 : 살구버섯, 오이꽃버섯, 외꽃버섯

이용방법

01_ 어린 버섯
나무토막 옆에 올라온 모습. 8/31

02_ 젊은 버섯
갓 가장자리가 점차 구불구불해진다. 8/31

03_ 젊은 버섯
갓 가장자리가 떨어져 나간 모습. 8/29

04_ 젊은 버섯
솔잎과 넓은잎나무가 섞인 낙엽 위로 올라온 모습. 9/1

05_ 젊은 버섯
여러 개가 모여 나기도 한다. 10/3

06_ 젊은 버섯
선명한 꾀꼬리색(노란색) 버섯. 9/2

07_ 늙은 버섯
갓 가장자리가 부서진
모습.   8/31

08_ 늙은 버섯
드물게 뭉쳐 올라오기
도 한다.   8/19

09_ 늙은 버섯
양쪽에 허옇게 물 내리
는 버섯이 보인다. 9/1

10_ 늙은 버섯
흰갈색으로 녹아내리
고 있다.   9/1

11_ 상세 모습
주름살이 쪼글거리는
어린 버섯.   9/2

12_ 상세 모습
젊은 버섯.   8/29

13_ 상세 모습
늙은 버섯.   8/19

14_ 상세 모습
젊은 버섯의 주름살.
                    9/4

15_ 이용
채취한 버섯.   8/19

16_ 이용
숙회. 향긋하고 아삭한
맛이다.   9/1

17_ 이용
소금으로 간한 볶음. 쫄
깃하다.   8/20

Cantbarellus cinnabarinus (Schw.) Schw. = *Cantbarellus cinnabarinus* Schw.

붉은꾀꼬리버섯

갓이 붉은 꾀꼬리색(오렌지색)이다. 8월 16일

한눈에 보기

갓 윗면
붉은 꾀꼬리색(오렌지색)

갓 밑면
주름살, 갓과 같거나 연한 색, 연결맥

자루
갓과 같거나 연한 색

육질
얇음

냄새
때로 살구냄새, 달콤한 냄새

맛
담백한 맛, 조금 매운맛

● **발생 시기·장소** | 여름~가을, 넓은잎나무숲(참나무, 너도밤나무)~혼합림(넓은잎나무, 소나무)의 땅 위에 1개씩 또는 여러 개가 모여서 줄지어 올라온다.

● **분포** | 한국(주로 변산반도국립공원, 만덕산, 아차산, 재약산, 월출산, 지리산, 영축산), 일본, 중국, 북아메리카에 분포한다.

● **특징** | 갓이 붉은 꾀꼬리색(오렌지색)이며, 주름살 사이를 잇는 연결맥이 있다.

● **생김새** | 갓 지름 1~5㎝의 소형. **갓**은 낮고 둥근 산모양에서 점차 가운데가 오목해져 나팔모양이 되며, 가장자리가 물결처럼 구불거려진다. 윗면은 붉은 꾀꼬리색(오렌지색)이다. 갓살은 얇고 때로 살구냄새, 달콤한 냄새가 난다. **갓 밑면**은 주름살로 되어 있으며, 주름살은 내린형으로 조금 성기고 주름살 사이를 잇는 연결맥이 있다. 색은 갓과 같거나 갓보다 연하다. **자루**는 길이 1~4㎝, 굵기 5~15㎜이며 밑동으로 갈수록 가늘어진다. 겉면은 갓과 같은 색이거나 갓보다 연한 색이다. 속은 꽉 차 있다. **포자**는 6~11×4~6㎛ 크기의 타원형이고 흰색~흰분홍색이다.

 식용
(평범한 맛)

● 꾀꼬리버섯과 꾀꼬리버섯속
● 한해살이
● 작은키 – 소형

이용방법

요리 방법과 맛_ 달콤한 향이 나고 맛이 담백하다. 소형 버섯이라 채취량이 적은 편이고, 날로 먹으면 설사를 하므로 소금물에 삶아서 완전히 익혀 먹어야 하며 삶은 물은 버리는 것이 좋다. 숙회, 볶음, 구이, 튀김, 조림, 찌개, 전골, 찜, 죽 등으로 먹는다.

01_ 어린 버섯
조금 자란 모습. 8/25

02_ 젊은 버섯
갓 가운데가 오목하다.
8/31

03_ 다 자란 버섯
갓 가장자리가 갈라지기도 한다. 8/3

04_ 늙은 버섯
갓 가장자리가 말려 올라간 모습. 9/5

05_ 상세 모습
어린 버섯과 젊은 버섯. 9/2

06_ 상세 모습
다 자란 버섯. 8/16

07_ 상세 모습
다 자란 버섯의 주름살. 연결맥이 있다.
8/16

08_ 상세 모습
늙은 버섯의 주름살.
8/3

09_ 이용
숙회. 향긋하고 담백하다. 9/2

151

Craterellus cinereus (Pers.) Fr. = *Craterellus cinereus* (Pers.) Donk

회색꾀꼬리버섯 (회색뿔나팔버섯)

갓이 섬유결모양이고 회색이다. 7월 16일

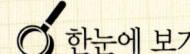 **한눈에 보기**

갓 윗면
회색~회갈색~검은갈색, 미세한 섬유비늘

갓 밑면
주름살, 회색~회갈색~푸른회색, 돌출맥 모양

자루 겉면
회색~회갈색~검은갈색

육질
얇음

맛
감칠맛, 조금 쌉쌀한 뒷맛

● **발생 시기·장소 |** 여름~가을, 넓은잎나무숲~혼합림(넓은잎나무, 소나무)의 땅 위에 1개씩 또는 여러 개가 무리지어 올라온다.

● **분포 |** 한국, 일본, 북아메리카, 유럽 등지에 분포한다.

● **특징 |** 전체가 회색 뿔나팔모양이고, 갓 한가운데가 자루까지 뚫려 있으며, 점차 검은갈색이 된다.

● **생김새 |** 갓 지름 2~4㎝의 소형이며 10㎝까지 자라는 것도 있다. **갓**은 한가운데가 자루까지 뚫려 있으며, 낮고 둥근 산모양에서 점차 오목한 뿔나팔모양이 되고 가장자리가 물결처럼 구불구불해진다. 윗면은 회색~회갈색~검은갈색이고 미세한 섬유비늘로 덮여 있다. 마르면 색이 조금 연해진다. 갓살은 얇다. **갓 밑면**은 주름살로 되어 있으며, 주름살은 돌출맥 모양의 내린형~떨어진형으로 조금 성기고 주름살 사이를 잇는 연결맥이 있다. 색은 회색~회갈색~푸른회색이며 가루질이다. **자루**는 길이 3~4㎝, 굵기 4~7㎜이며 밑동으로 갈수록 가늘어진다. 겉면은 회색~회갈색~검은갈색이다. 속은 비어 있다. **포자**는 7.5~10×5~6㎛ 크기의 타원형이고 흰색이다.

 식용
(괜찮은 맛)

 약간 독성
(생식이나 과식시 위장장애)

● **꾀꼬리버섯과 꾀꼬리버섯속**
  (속명 바뀜)

● **한해살이**

● **작은키 - 소형**

● **다른 이름 : 회색나팔꾀꼬리버섯**

이용방법

식용 >>>

요리 방법과 맛_ 소형 버섯이라 채취량이 적은 편이며, 육질이 쫄깃하고 감칠맛이 난다. 뒷맛이 조금 쌉쌀하므로 소금물에 삶아서 물에 우려내야 하며, 날로 먹거나 과식하면 설사를 하므로 소금물에 삶아서 완전히 익혀 먹어야 하고 삶은 물은 버리는 것이 좋다. 숙회, 무침, 볶음, 조림 등으로 먹으며, 볶으면 육질이 더욱 쫄깃해진다.

01_ **젊은 버섯**
군락지 모습.   8/23

02_ **다 자란 버섯**
갓이 검은갈색인 버섯.
9/1

03_ **늙은 버섯**
색이 검게 변했다.
7/16

04_ **상세 모습**
젊은 버섯.   8/23

05_ **상세 모습**
다 자란 버섯.   7/16

06_ **상세 모습**
전체가 검어진 늙은 버섯.   9/1

07_ **이용**
채취한 버섯.   8/13

08_ **이용**
숙회 고추장무침. 쫄깃하고 감칠맛이 난다.
8/25

09_ **이용**
소금으로 간한 볶음.
8/13

황금꾀꼬리버섯

주로 갓 가장자리에 섬유털과 비늘이 있다. 9월 6일

● **발생 시기·장소** | 여름~가을, 산등성이 주변의 소나무숲~넓은잎나무숲(자작나무)~혼합림(넓은잎나무, 소나무)의 이끼 있는 촉촉한 땅 위에 1개씩 또는 여러 개가 무리지어 줄지어 올라온다.

● **분포** | 한국, 일본, 북아메리카, 유럽 등지에 분포한다.

● **특징** | 갓 가장자리에 톱니와 섬유털과 비늘이 있으며 주름살이 얕거나 불분명하다.

● **생김새** | 갓 지름 1~3㎝, 두께 1㎜의 소형이고 얇다. **갓**은 오목한 나팔모양이고, 가장자리가 얕게 갈라져 있으며 물결처럼 구불구불하다. 윗면은 황금색~붉은황금색~흰황금색이고 방사상 주름이 있으며, 주로 가장자리에 섬유털과 비늘이 있다. 갓살은 얇고 부드러우며, 마르면 때로 버터 냄새가 난다. **갓 밑면**은 주름살로 되어 있으며, 주름살은 얕고 불분명한 돌출맥모양이거나 밋밋하고 흰황금색이다. **자루**는 길이 1~3㎝, 굵기 3~6㎜이고 밑동으로 갈수록 가늘어진다. 겉면이 갓과 같은 색이며, 속이 비어 있어 자른 단면이 조금 눌린 모양이기도 하다. **포자**는 10~12×7.5~10.5㎛ 크기의 타원형이다.

 식용
(평범한 맛)

● 꾀꼬리버섯과 꾀꼬리버섯속
● 한해살이
● 작은키 - 소형
● 다른 이름 : 황금나팔꾀꼬리버섯

이용방법

식용 >>>

요리 방법과 맛_ 소형 버섯이나 군락이 큰 편이라 많은 양을 채취할 수 있으며, 말려두었다가 삶아서 요리해 먹기도 한다. 담백한 맛이나 익으면 조금 질겅질겅해지므로 어린 버섯을 채취한다. 숙회, 볶음, 구이, 튀김, 조림 등으로 먹는다.

01_ **어린 버섯**
　　주로 소나무숲에 무리
　　지어 올라온다.　8/31

02_ **젊은 버섯**
　　줄지어 올라온 버섯들.
　　　　　　　　　8/31

03_ **젊은 버섯**
　　조금 흩어져 올라온 버
　　섯들.　　　　9/6

04_ **젊은 버섯**
　　갓 가장자리가 얕게 갈
　　라져 있다.　　9/5

05_ **늙은 버섯**
　　갓색이 흐리다.　9/1

06_ **상세 모습**
　　젊은 버섯.　　8/31

07_ **상세 모습**
　　다 자란 버섯. 주름살
　　이 불분명하다.　9/6

황금뿔나팔버섯

황금색 뿔나팔모양이고 갓 밑면이 밋밋하다. 8월 25일

갓 윗면
황금색

갓 밑면
갓보다 연한 색, 밋밋함

자루 겉면
황금색

육질
얇음

맛
조금 텁텁하고 쌉쌀한 맛

● **발생 시기·장소 |** 여름~가을, 혼합림(소나무, 리기다소나무, 넓은잎나무) 땅 위에 1개씩 또는 여러 개가 모여서 올라온다.

● **분포 |** 한국, 일본, 중국 등지에 분포한다.

● **특징 |** 황금색 뿔나팔모양이며 갓 밑면이 밋밋하다.

● **생김새 |** 갓 지름 2.5~4㎝의 소형. **갓**은 가운데가 오목한 뿔나팔모양이고 갓 가장자리가 아래쪽으로 말려 있으며, 점차 가장자리가 물결처럼 구불구불해진다. 윗면은 황금색이고, 갓살은 얇다. **갓 밑면**은 갓보다 연한 색이고 밋밋하다. **자루**는 길이 2.5~7㎝, 굵기 5~10㎜이며 밑동으로 갈수록 가늘어진다. 겉면은 갓과 같은 색이고, 속은 비어 있다. **포자**는 7~9×5~7㎛ 크기의 타원형이다.

 식용
(조금 떨어지는 맛)

● 꾀꼬리버섯과 뿔나팔버섯속

● 한해살이

● 작은중간키 – 소형

이용방법

01_ 젊은 버섯
위에서 본 모습. 8/25

02_ 젊은 버섯
촉촉한 땅을 좋아한다.
8/3

03_ 젊은 버섯
군락지 모습. 8/25

04_ 상세 모습
젊은 버섯. 8/25

05_ 상세 모습
다 자란 버섯. 8/3

06_ 이용
채취한 버섯. 8/25

Cantharellus tubaeformis (Fr.) Quél. = *Cantharellus infundibuliformis* (Scop.) Fr.

깔때기뿔나팔버섯 (깔때기꾀꼬리버섯)

갓이 회갈색이고 자루가 노랗다. 8월 23일

한눈에 보기

갓 윗면
노란갈색 ⇒ 회갈색, 방사상 섬유무늬, 때로 희미한 나이테무늬

갓 밑면
주름살, 회색~푸른회색, 돌출맥모양, 연결맥

자루 겉면
노란색

육질
얇음

맛
조금 달달한 맛

● **발생 시기·장소** | 여름~가을, 소나무숲~혼합림(넓은잎나무, 소나무)의 이끼가 있고 썩은 나무가 있는 땅 위에 1개씩 또는 여러 개가 무리지어 올라온다.

● **분포** | 한국, 일본, 중국, 북아메리카, 유럽 등지에 분포한다.

● **특징** | 갓이 회갈색이고 주름살이 회색이며 자루는 노란색이다.

● **생김새** | 갓 지름 2~5㎝의 소형. **갓**은 낮고 둥근 산모양에서 점차 가운데가 오목해져 깔때기 또는 뿔나팔모양이 되는데 한가운데가 자루까지 뚫려 있으며, 가장자리가 물결처럼 구불구불해진다. 윗면은 어릴 때 노란갈색을 띠고 점차 회갈색이 되며 방사상의 섬유무늬가 있다. 때로 희미한 나이테무늬가 생기기도 한다. 갓살은 얇다. **갓 밑면**은 주름살로 되어 있으며, 돌출맥 같은 모양이고 조금 성기며 주름살 사이를 잇는 연결맥이 있다. 회색~푸른회색이고 가루질이다. **자루**는 길이 3~6㎝, 굵기 4~9㎜이며 밑동으로 갈수록 가늘어진다. 겉면은 노란색이고, 자루 속이 비어 있어 조금 눌린 모양이 되거나 세로주름이 생기기도 한다. **포자**는 9~11×7.5~9㎛ 크기의 타원형이고 흰색이다.

 식용
(괜찮은 맛)

 약용
(항균)

● 꾀꼬리버섯과 뿔나팔버섯속
(속명 바뀜)

● 한해살이

● 작은키 – 소형

이용방법

01_ **어린 버섯**
군락지 모습.　8/23

02_ **어린 버섯**
자라면서 갓이 회갈색
이 된다.　8/23

03_ **젊은 버섯**
어린 버섯과 함께 자라
는 모습.
　8/23

04_ **젊은 버섯**
회색 주름살과 노란 자
루가 대비를 이룬다.
　8/23

05_ **젊은 버섯**
옆에서 본 모습.　8/23

06_ 젊은 버섯
   갓 가장자리가 구불구
   불하다.   8/23

07_ 젊은 버섯
   주름살이 돌출맥 같은
   모양이다.   8/23

08_ 다 자란 버섯
   자루 속이 비어 있어
   잘 구부러진다.   8/23

09_ 다 자란 버섯
   갓 한가운데에 자루까
   지 깊게 구멍이 나 있
   다.   8/23

10_ 다 자란 버섯
   조금 위에서 본 모습.
                   8/23

11_ 늙은 버섯
   거무스름하게 물 내리
   는 모습.   8/23

12_ 상세 모습
   젊은 버섯의 주름살.
                   8/23

13_ 상세 모습
   주름살 사이에 연결맥
   이 있다.   8/23

14_ 이용
   채취한 버섯.   8/23

15_ 이용
   소금으로 간한 볶음.
   아삭하고 달달하다.
                   8/23

Gomphus floccosus (Schw.) Sing. = *Cantharellus floccosus* Schw.

붉은나팔버섯 (나팔버섯)

갓이 붉고 좁은 나팔모양이다. 7월 31일

🔍 한눈에 보기

갓 윗면
오렌지색, 점모양의 갈색~붉은갈색 비늘가루

갓 밑면
주름살, 노란크림색~붉은크림색 ⇨ 갈색, 돌출맥모양

자루 겉면
노란크림색~붉은크림색 ⇨ 갈색(아래와 다름!!)

상처의 변색
붉은갈색

육질
얇고 단단함

냄새
때로 달콤한 냄새

맛
조금 신맛

● **발생 시기·장소** │ 여름~가을, 넓은잎나무숲~소나무숲~혼합림(넓은잎나무, 소나무)의 땅 위에 1개씩 또는 여러 개가 뭉쳐서 올라온다.

● **분포** │ 한국, 일본, 중국, 북아메리카, 유럽 등지에 분포한다.

● **특징** │ 갓이 좁은 나팔모양이고 오렌지색을 띠며 비늘가루로 덮여 있다.

● **생김새** │ 갓 지름 4~12㎝의 중형. **갓**은 한가운데가 자루까지 뚫려 있으며, 어릴 때는 대롱모양이나 점차 갓이 펴져서 좁은 나팔모양이 된다. 윗면은 오렌지색을 띠고, 갈색~붉은갈색 비늘가루로 덮여 있으며 점모양으로 뭉쳐져 점박이처럼 되기도 한다. 갓살은 흰색으로 얇고 단단하며, 때로 달콤한 냄새가 나고 조금 신맛이 난다. 상처가 나면 갈색으로 변한다. **갓 밑면**은 주름살로 되어 있으며, 주름살은 돌출맥모양이고 내린형이며 조금 성기다. 어릴 때는 노란크림색~붉은크림색이다가 늙으면 갈색이 되고, 상처가 나면 붉은갈색으로 변한다. **자루**는 길이 3~6㎝, 굵기 8~30㎜이며 밑동으로 갈수록 가늘어진다. 겉면은 노란크림색~붉은크림색에서 점차 갈색이 되며, 자루 속은 비어 있다. **포자**는 12~16×6~7.5㎛ 크기의 타원형이고 노란갈색을 띤다.

 식용 불가

 일반 독성
(생식시 구토, 설사)

● **나팔버섯과 나팔버섯속**
(속명 바뀜)

● **한해살이**

● **작은키 – 중형**

● **다른 이름 : 나팔버섯**

01_ 어린 버섯
　　작은 군락지.　　8/3

02_ 젊은 버섯
　　혼자 올라와 있는 모
　　습.　　　　　　7/12

03_ 젊은 버섯
　　여러 개가 뭉쳐 올라오
　　기도 한다. 자루가 굽
　　었다.　　　　　8/3

04_ 젊은 버섯
　　갓이 빗물에 젖은 모
　　습.　　　　　　8/3

05_ 상세 모습
　　젊은 버섯.　　7/12

06_ 상세 모습
　　뭉쳐 있는 젊은 버섯.
　　　　　　　　　7/31

07_ 상세 모습
　　젊은 버섯의 주름살.
　　　　　　　　　8/3

Hydnum repandum L.

턱수염버섯

갓모양이 조금 불분명하다. 9월 1일

🔍 **한눈에 보기**

갓 윗면
연노란색~연노란갈색, 벨벳 느낌

갓 밑면
턱수염침, 연노란갈색~살색

자루 겉면
갓과 같은 색, 솜털 조금

육질
크림색, 조금 두툼함

맛
달달하며 조금 쌉쌀하고 매운 뒷맛

● **발생 시기·장소** | 여름~가을, 소나무숲~혼합림(넓은잎나무, 소나무)의 땅 위에 1개씩 또는 여러 개가 무리지어 올라온다.

● **분포** | 한국, 북아메리카, 유럽 등 전 세계에 분포한다.

● **특징** | 갓모양이 불분명하고, 자루가 한가운데를 벗어나서 달리며, 갓 밑면이 턱수염 같다.

● **생김새** | 갓 지름 3~17㎝의 중대형. **갓**은 둥글면서 형태가 불분명하다. 어릴 때는 낮고 둥근 산모양이나 점차 편평해져 가장자리가 물결모양이 되며, 늙으면 오목해져서 낮은 깔때기처럼 된다. 윗면은 연노란색~연노란갈색이며 벨벳 같고, 갓살은 크림색이며 조금 두툼하다. **갓 밑면**은 수많은 턱수염침으로 덮여 있으며 연노란갈색~살색이다. 턱수염침 길이는 2~7㎜이다. **자루**는 길이 3.5~7.5㎝, 굵기 1.5~4㎝이며 밑동이 조금 굵다. 갓 한가운데를 벗어나서 달리기도 한다. 겉면은 갓과 같은 색이며 작은 솜털이 있고, 상처가 나면 노란갈색으로 변한다. **포자**는 6.5~9×5.5~7㎛ 크기의 넓은 타원형~공모양이고 흰색이다.

 식용
(괜찮은 맛)

 약간 독성
(생식하면 위장 장애)

● 턱수염버섯과 턱수염버섯속

● 한해살이

● 작은중간키 – 중대형

● 다른 이름 : 고슴도치버섯
(hedgehog mushroom),
양의 다리(pie de mutton)

이용방법

● 꾀꼬리버섯 종류와 혼동하는 경우가 종종 있는데, 턱수염버섯은 갓 밑면이 바늘모양이라는 점이 다르다.

식용 >>>

요리 방법과 맛_ 유럽에서는 시중에 유통되는 버섯으로 아삭하면서 달달하다. 뒷맛은 조금 맵고 쌉쌀하며, 날로 먹으면 설사를 하게 되므로 소금물에 삶아서 삶은 물을 버리고 물에 우려내야 한다. 숙회, 볶음, 구이, 튀김, 조림, 찌개 등으로 먹는다. 기름에 볶으면 육질이 쫄깃해진다.

01_ 어린 버섯
솔잎 낙엽 위에 올라온
버섯. 　　　　9/1

02_ 어린 버섯
갓살이 부서졌다.　9/1

03_ 어린 버섯
2개가 함께 나와 있다.
　　　　　　　9/1

04_ 다 자란 버섯
갓 가운데가 오목해졌
다. 　　　　　9/1

05_ 상세 모습
다 자란 버섯. 　9/1

06_ 이용
숙회. 육질이 아삭하고
달달하다. 　　10/21

07_ 이용
소금으로 간한 볶음.
볶으면 쫄깃해진다.
　　　　　　　9/1

다색벚꽃버섯

Hygrophorus russula (Schaeff.) Kauffm.

갓에 홍차색(붉은밤색) 얼룩이 있다. 9월 21일

갓 윗면
흰색, 홍차색~붉은밤색 얼룩

갓 밑면
주름살, 흰색, 상처는 홍차색~붉은밤색으로 변색

육질
두툼하고 단단함

맛
담백한 맛, 약간 쌉쌀한 뒷맛

● **발생 시기·장소** | 여름~가을, 넓은잎나무숲(밤나무, 졸참나무, 상수리나무, 굴참나무, 너도밤나무) 땅 위에 1개씩 또는 여러 개가 모여서 줄지어 올라온다.

● **분포** | 한국 등 북반구 온대 지역에 분포한다.

● **특징** | 전체가 흰 바탕에 홍차색~붉은밤색 얼룩이 있으며 살이 단단하다.

● **생김새** | 갓 지름 5~12㎝의 중형. **갓**은 어릴 때 가장자리가 아래쪽으로 말린 둥근 산모양이나 점차 편평해지며, 한가운데가 조금 볼록하던 것이 늙으면 오목해져서 얕은 깔때기처럼 되기도 한다. 윗면은 흰색이고 홍차색~붉은밤색 얼룩이 있으며, 검은회색 비늘가루로 덮여 있고 습하면 조금 끈적해진다. 갓살은 흰색으로 두툼하고 단단하다. 자른 면이 조금 홍차색~붉은밤색으로 변한다. **갓 밑면**은 주름살로 되어 있으며, 주름살은 바른형~내린형이고 빽빽하다. 색은 흰색이고 조금 밀랍질이며, 상처가 나면 홍차색~붉은밤색 얼룩이 생긴다. **자루**는 길이 3~8㎝, 굵기 1~3㎝로 겉면이 흰색이고 홍차색~붉은밤색 얼룩이 있으며 섬유결이다. 속은 꽉 차 있다. **포자**는 6~8×3.5~5㎛ 크기의 타원형이고 흰색을 띤다.

 식용
(괜찮은 맛)

● 벚꽃버섯과 벚꽃버섯속

● 한해살이

● 중간키–중형

● 다른 이름 : 밤버섯, 갈버섯, 붉은무리버섯

이용방법

식용 >>>

요리 방법과 맛_ 밤버섯으로 알려져 있으며, 육질이 닭고기 같고 담백한 맛이다. 조금 쌉쌀한 뒷맛이 있으므로 소금물에 삶아서 물에 우려 내야 하며, 소금물에 절여두었다가 겨울에 먹기도 한다. 숙회, 볶음, 조림, 구이, 찌개 등으로 먹는다.

약용 >>>

성분과 효능_ 유리 아미노산(단백질 합성, 면역력 강화) 29종, 에르고스테롤(비타민 D로 전환되는 물질), 만니톨(이뇨효과), 글스코오스(포도당), 트레할로스(산패 방지), 키틴(항종양)이 함유되어 있다.

01_ **젊은 버섯**
습하면 끈적해진다.
9/12

02_ **젊은 버섯**
여러개가 모여 나기도
한다.   9/21

03_ **젊은 버섯**
군락지에 줄지어 올라
온 모습.   9/20

04_ **다 자란 버섯**
쓰러진 나뭇가지 옆에
나온 모습.   10/13

05_ **다 자란 버섯**
갓모양이 기형인 버섯.
9/20

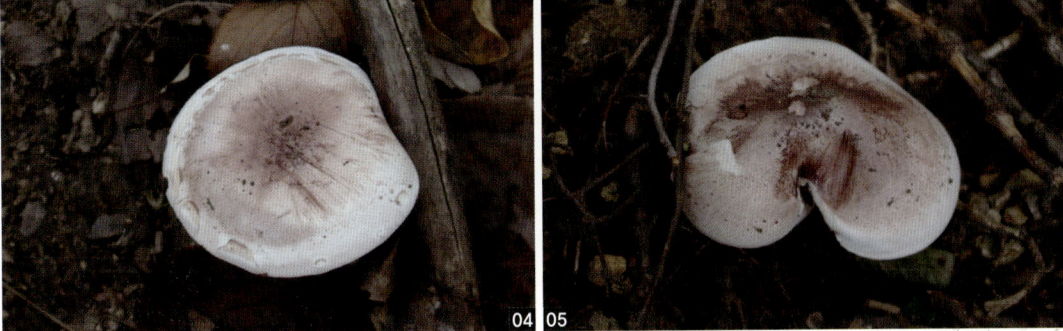

06_ **다 자란 버섯**
　　동물이 베어 먹은 흔
　　적.　　　　9/21

07_ **다 자란 버섯**
　　동물이 갉아먹은 흔적.
　　　　　　　　9/20

08_ **다 자란 버섯**
　　한곳에 나와 포개진 버
　　섯들.　　　　9/21

09_ **다 자란 버섯**
　　작은군락지.　　9/21

10_ **다 자란 버섯**
　　참나무숲에 난 버섯들.
　　　　　　　　9/21

11_ **늙은 버섯**
　　늙어서 조금 오목해졌
　　다.　　　　　9/21

12_ 늙은 버섯
9/20

13_ 늙은 버섯
한 곳에 모여 나온 버
섯들.   9/21

14_ 상세 모습
어린 버섯부터 다 자란
버섯까지.   9/21

15_ 상세 모습
다 자란 버섯부터 늙은
버섯까지.   9/20

16_ 상세 모습
다 자란 버섯 속. 9/21

17_ 상세 모습
젊은 버섯의 주름살.
상처가 붉어진다.
9/12

18_ 이용
채취한 버섯.   9/21

19_ 이용
숙회. 육질이 단단한
닭고기 같다.   9/21

20_ 이용
소금으로 간한 볶음.
담백한 맛이다. 9/21

Hygrophorus camarophyllus (Fr.--Alb & Schw.) Dum.

흑갈색벚꽃버섯 (노란구름벚꽃버섯)

갓이 흑갈색이며 섬유무늬가 있다. 9월 12일

🔍 한눈에 보기

갓 윗면
흑갈색, 방사상 섬유무늬

갓 밑면
주름살, 흰색~흰노란색

자루 겉면
회갈색, 섬유무늬

육질
조금 두툼함

냄새
때로 희미한 석탄냄새

맛
달달한 맛

● **발생 시기·장소 |** 여름~가을, 소나무숲~혼합림(넓은잎나무, 소나무)의 촉촉한 땅 위에 1개씩 또는 여러 개가 모여서 올라온다.

● **분포 |** 한국 등 북반구 온대 지역에 분포한다.

● **특징 |** 갓이 흑갈색이며, 주름살은 흰색~흰노란색이다.

● **생김새 |** 갓 지름 3~12㎝의 중소형. **갓**은 어릴 때 가장자리가 아래쪽으로 말린 둥근 산모양이나 점차 편평해진다. 윗면은 흑갈색이며 방사상의 섬유무늬가 있고, 습하면 조금 끈적해진다. 갓살은 흰색으로 육질이 조금 두툼하고 잘 부서지며, 때로 희미하게 석탄냄새가 난다. **갓 밑면**은 주름살로 되어 있으며, 주름살은 내린형이고 조금 성기다. 색은 흰색~흰노란색이며 조금 밀랍질이다. **자루**는 길이 3~10㎝, 굵기 8~16㎜이고 조금 굽어 있다. 겉면은 회갈색이고 섬유무늬가 있으며, 속은 꽉 차 있고 단단하다. **포자**는 7~9×4~5㎛ 크기의 타원형이고 흰색이다.

 식용
(괜찮은 맛)

● 벚꽃버섯과 벚꽃버섯속

● 한해살이

● 작은중간키 - 중소형

● 다른 이름 : 노란주름검은꽃갓버섯

이용방법

01_ 다 자란 버섯
촉촉한 땅을 좋아한다.
9/12

02_ 다 자란 버섯
갓이 잘 부서진다.
9/22

03_ 상세 모습
젊은 버섯.   9/22

04_ 상세 모습
다 자란 버섯.   9/12

05_ 상세 모습
다 자란 버섯 밑면의
주름살.   9/12

06_ 이용
소금으로 간한 볶음.
육질이 사각사각하고
달달하다.   9/13

Hygrocybe conica (Schaeff.) P. Kumm. = *Hygrocybe nigrescens* (Quél.) Köhn.

꽃버섯 (붉은산꽃버섯)

갓이 붉거나 노랗다. 9월 17일

🔍 한눈에 보기

갓 윗면
붉은색~오렌지색~노란색 ⇨ 검은색

갓 밑면
주름살, 연노란색

자루 겉면
연노란색 ⇨ 연한 오렌지색

상처의 변색
검푸른색 ⇨ 검은색(2단계 변색)

육질
얇음

● **발생 시기·장소 |** 여름~가을, 넓은잎나무숲~소나무숲~대나무숲~풀밭~길가 땅 위에 1개씩 또는 여러 개가 무리지어 올라온다.

● **분포 |** 한국(주로 대둔산, 모악산, 백두산, 방태산, 소백산, 속리산, 아차산, 지리산, 천성산, 한라산) 등 전 세계에 분포한다.

● **특징 |** 갓이 붉거나 노란 고깔모양이고, 물체에 닿거나 늙으면 검은색으로 변한다.

● **생김새 |** 갓 지름 1.5~4㎝의 소형. **갓**은 고깔모양이나 점차 가장자리가 편평해진다. 윗면은 붉은색~오렌지색~노란색이고, 물체에 닿거나 늙으면 검은색이 된다. 밀랍질이며 습하면 조금 끈적해진다. 갓살은 얇다. **갓 밑면**은 주름살로 되어 있으며, 주름살은 끝붙은형이고 빽빽하며 연노란색이다. 상처가 나면 검푸른색이 되었다가 검은색이 되어 2단계로 색이 변한다. **자루**는 길이 5~10㎝, 굵기 4~10㎜이고, 겉면은 연노란색에서 연한 오렌지색이 된다. 상처가 나면 검푸른색이 되었다가 검은색이 되어 2단계로 색이 변하며, 조금 비틀린 섬유결모양이다. **포자**는 10~14.5×5~7.5㎛ 크기의 넓은 타원형이고 흰색이다.

 식용 불가

 일반 독성

- 벚꽃버섯과 꽃버섯속
- 한해살이
- 작은키-소형
- 다른 이름 : 붉은산벚꽃버섯, 붉은산무명버섯, 붉은고깔버섯

01_ 어린 버섯
어린 버섯이 올라오는
모습.   9/17

02_ 젊은 버섯
갓이 고깔모양이다.
             9/17

03_ 젊은 버섯
옆에 어린 버섯이 나오
고 있다.   9/17

04_ 젊은 버섯
갓에 흙이 묻어 있다.
             9/17

05_ 상세 모습
어린 버섯. 손으로 만
지면 검게 변한다.
             9/17

06_ 상세 모습
어린 버섯부터 젊은 버
섯까지.   9/17

07_ 상세 모습
상처가 더 검푸르게 변
한 모습.   9/17

민긴뿌리버섯

Xerula radicata (Relhan) Dörfelt=*Oudemansiella radicata* (Relhan.) Sing.
=*Oudemansiella radicata* (Relhan ex Fr.) Sing.

※학명 바뀜

갓에 쪼글쪼글한 방사상 주름이 잘 생긴다. 6월 12일

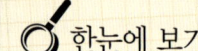 **한눈에 보기**

갓 윗면
연갈색~연한 회갈색, 쪼글쪼글한 방사상 주름이 잘 생김

갓 밑면
주름살, 흰색, 성김

자루 겉면
흰색, 갈색 비늘가루로 덮임, 때로 뱀껍질무늬가 생김

육질
얇음

맛
고소한 맛, 담백한 맛

● **발생 시기·장소** | 여름~가을, 넓은잎나무숲(너도밤나무)~소나무숲~혼합림(넓은잎나무, 소나무)~대나무밭의 썩은 나무뿌리가 있는 땅 위에 1개씩 또는 여러 개가 모여서 올라온다.

● **분포** | 한국, 일본 등 북반구 일대, 뉴기니, 동아메리카 등지에 분포한다.

● **특징** | 갓에 쪼글쪼글한 방사상 주름과 갓꼭지가 잘 생기며, 자루가 매우 길고 땅속 깊이 묻혀 있다.

● **생김새** | 갓 지름 4~10㎝의 중소형. **갓**은 둥근 산모양에서 점차 편평해지고 한가운데에 볼록한 갓꼭지가 생기며 늙으면 조금 오목해진다. 윗면은 연갈색~연한 회갈색이고 쪼글쪼글한 방사상 주름이 잘 생기며 습하면 조금 끈적해진다. 갓살은 흰색~회갈색이며 육질이 얇다. **갓 밑면**은 주름살로 되어 있으며, 주름살은 끝붙은형~완전붙은형이고 성기며 흰색이다. **자루**는 길이는 땅위가 5~12㎝로 밑동이 굵으며, 땅속은 3~35㎝로 가늘고 긴 뿌리모양이며, 굵기는 4~9㎜이다. 겉면은 흰색이고 갈색 비늘가루로 덮여 있으며, 점차 갈라져서 뱀껍질무늬가 생기기도 한다. 자루 속은 비어 있다. **포자**는 14.5~19×9.5~14㎛ 크기의 타원형이고 흰크림색이다.

 식용
(괜찮은 맛)

 약용
(항종양, 고혈압)

● 뽕나무버섯과 긴뿌리버섯속
● 한해살이
● 큰키 – 중소형
● 다른 이름 : 민마른뿌리버섯

이용방법

01_ **어린 버섯**
솔잎 낙엽 위에 나란히 올라온 어린 버섯.
6/23

02_ **어린 버섯**
옆에서 본 모습. 6/23

03_ **젊은 버섯**
갓이 둥근 산모양이다.
8/25

04_ **젊은 버섯**
갓이 점차 펴진다.
8/25

05_ **젊은 버섯**
볼록한 갓꼭지가 생긴 모습. 6/12

06_ **다 자란 버섯**
갓 가장자리가 편평해 진다. 6/12

07_ **다 자란 버섯**
빗물에 젖어 끈적해진 모습. 6/26

08_ **다 자란 버섯**
쪼글쪼글한 방사상 주름이 있다. 8/25

09_ 다 자란 버섯
　　작은 군락지 모습. 9/1

10_ 다 자란 버섯
　　갓 가장자리가 위로 말
　　려서 가운데가 오목해
　　보인다. 　　　6/12

11_ 늙은 버섯
　　물 내리기를 시작한 모
　　습. 　　　　　7/5

12_ 늙은 버섯
　　갓이 오목해지면서 갓
　　꼭지가 편평해졌다.
　　　　　　　　8/24

13_ 늙은 버섯
　　갓 가장자리가 거무스
　　름해진 못습. 　6/28

14_ 늙은 버섯
　　동물이 먹은 흔적. 9/1

15_ 늙은 버섯
　　갓이 메마른 모습.
　　　　　　　　7/29

16_ 늙은 버섯
갓과 자루가 갈라져 있
는 모습.　　　　6/10

17_ 늙은 버섯
늙어서 물 내리는 버
섯.　　　　　　6/23

18_ 상세 모습
어린 버섯. 줄기가 땅
속에 아주 깊이 묻혀
있다.　　　　　6/23

19_ 상세 모습
어린 버섯과 젊은 버
섯.　　　　　　8/25

20_ 상세 모습
다 자란 버섯.　6/12

21_ 상세 모습
늙은 버섯.　　　9/1

22_ 이용
채취한 버섯.　6/12

23_ 이용
소금으로 간한 볶음.
아삭하고 고소하다.
　　　　　　　6/12

볏짚버섯

Agrocybe praecox (Pers.) Fayod=*Agrocybe praecox* (Pers. ex Fr.) Fayod

갓이 볏짚갈색이다. 5월 25일

 한눈에 보기

갓 윗면
볏짚갈색

갓 가장자리
너덜거림

갓 밑면
주름살, 노란흰색 ⇨ 볏짚갈색

자루 겉면
볏짚갈색~짙은 볏짚갈색, 섬유무늬, 비늘가루

턱받이
볏짚갈색, 세로줄무늬

육질
조금 얇음

냄새
밀가루냄새

맛
감칠맛, 조금 아린 맛

● **발생 시기·장소** | 봄~가을, 풀밭~황무지~길가~밭둑의 메마른 땅 위에 1개씩 또는 여러 개가 뭉쳐서 올라온다.

● **분포** | 한국(주로 방태산, 운문산, 변산반도국립공원, 영축산, 지리산, 천성산), 일본, 중국, 시베리아, 북아메리카, 아프리카 등 전 세계에 분포한다.

● **특징** | 갓과 자루가 볏짚갈색이며, 자루에 턱받이가 있다.

● **생김새** | 갓 지름 2~8㎝의 중소형. **갓**은 낮고 둥근 산모양에서 점차 가장자리가 편평해지며, 늙으면 가장자리가 파도처럼 구불구불해진다. 자라면서 볼록한 갓꼭지가 생기기도 한다. 윗면은 볏짚갈색이다. 갓이 펴지면 갓 밑면의 주름살을 덮고 있던 외피막 조각들이 가장자리에 매달려 너덜거리나 곧 떨어진다. 갓살은 흰색이고 조금 얇으며, 밀가루냄새가 나고 감칠맛과 조금 아린맛이 있다. **갓 밑면**은 주름살로 되어 있으며, 주름살은 완전붙은형~내린형이고 조금 빽빽하다. 어릴 때는 노란흰색이나 늙으면 볏짚갈색이 된다. **자루**는 길이 4~8㎝, 굵기 5~12㎜이며, 겉면은 볏짚갈색~짙은 볏짚갈색이고 섬유무늬가 있으며 비늘가루가 붙어 있다. 갓이 펴지면서 윗동에 세로줄무늬가 있는 치마모양의 볏짚갈색 턱받이가 생기나 잘 떨어져나간다. **포자**는 8.5~10×5~7.5㎛ 크기의 알 같은 타원형이고 갈색이다.

식용
(괜찮은 맛)

약용
(항종양)

● **독청버섯과 볏짚버섯속**
(과명 바뀜)

● **한해살이**

● **작은중간키~중소형**

● **다른 이름 : 가락지밭버섯**

이용방법

식용 >>>

요리 방법과 맛_ 아삭아삭하면서 감칠맛이 있어 먹을 만하나 조금 아린 맛이 있으므로 소금물에 삶아 물에 우려내야 한다. 숙회, 볶음, 조림, 구이, 찌개 등으로 먹는다.

약용 >>>

성분과 효능_ 종양을 억제하는 효능이 있다.

01_ 젊은 버섯
갓꼭지가 생기기도 한 버섯.　　5/23

02_ 상세 모습
젊은 버섯.　5/25

03_ 상세 모습
다 자란 버섯.　5/23

04_ 상세 모습
다 자란 버섯의 주름살과 속.　　5/23

05_ 이용
숙회. 감칠맛과 조금 아린 맛이 있다. 5/23

162

Inocybe rimosa (Bull.) P. Kumm.=*Inocybe fastigiata* (Schaeff.) Quél.

솔땀버섯

솔잎처럼 길쭉한 섬유무늬가 생긴다. 9월 21일

🔍 한눈에 보기

갓 윗면
노란갈색~진갈색, 방사상 섬유무늬의 결대로 갈라짐

갓 밑면
주름살, 흰노란색 ⇨ 노란녹갈색

자루 겉면
흰색 ⇨ 연갈색, 미세한 비늘가루와 섬유털(윗동)

육질
조금 얇음

냄새
밤꽃냄새

● **발생 시기·장소 |** 여름~가을, 넓은잎나무숲(너도밤나무)~혼합림(넓은잎나무, 소나무)~임도~초원~잔디밭 땅 위에 1개씩 또는 여러 개씩 흩어져 올라온다.

● **분포 |** 한국(주로 가야산, 덕유산, 소백산, 아차산, 오대산, 운문산, 지리산, 천성산, 치악산, 한라산), 일본, 중국, 북아메리카 등 전 세계에 분포한다.

● **특징 |** 갓이 노란갈색이고, 섬유무늬가 있으며, 자루 윗동에 비늘가루나 섬유털이 있다.

● **생김새 |** 갓 지름 2~6.5㎝의 소형. **갓**은 고깔모양에서 점차 편평해지며 한가운데에 볼록한 갓꼭지가 생긴다. 윗면은 노란갈색~진갈색이고 방사상의 섬유무늬가 있으며 비단처럼 부드럽고 윤기가 난다. 점차 결대로 옅게 갈라져 방사상의 줄무늬가 생긴다. 갓살은 흰노란색이고 육질이 조금 얇으며 밤꽃냄새가 난다. **갓 밑면**은 주름살로 되어 있으며, 주름살은 완전붙은형이고 조금 빽빽하다. 어릴 때는 흰노란색이고 끝이 흰색이나 늙으면 노란녹갈색이 된다. **자루**는 길이 3~10㎝, 굵기 2~8㎜로 겉면이 흰색에서 점차 연갈색이 되며, 윗동에 미세한 비늘가루와 섬유털이 있다. **포자**는 8.5~13×4.5~7.2㎛ 크기의 타원형이고 진갈색이다.

 식용 절대 불가

 일반 독성
(저혈압, 구토, 설사, 호흡곤란, 심하면 사망)

● **땀버섯과 땀버섯속**
(과명 바뀜)

● **한해살이**

● **작은중간키 – 소형**

주의사항

● 변종이 많은 버섯으로 학명이 *Inocybe rimosa* (Bull.) P. Kumm.(자루 윗동에 섬유털)인 버섯과 *Inocybe fastigiata* (Schaeff.) Quél.(자루 윗동에 비늘가루)인 버섯을 각기 다른 종으로 분류해왔으나 유전자 검사를 통해 같은 종으로 합해졌다.

● 치명적인 독성분이 함유된 독버섯이므로 절대 먹어선 안 된다.

독성분과 중독 증상 >>>

무스카린_ 많이 먹으면 심장이 멎어 죽는다. 20분~20시간 뒤 부교감신경이 흥분되어 심한 땀흘림, 눈물흘림, 침흘림, 눈동자 작아짐, 구토, 설사, 저혈압, 호흡곤란 등의 증상이 나타나는데, 조금 먹은 경우에는 24시간 안에 낫는다. 알칼로이드나 썩어가는 물고기의 프토마인(유독성 부패물질) 속에도 들어 있다. 해독제는 아트로핀.

부포테닌_ 먹으면 환각, 땀흘림, 구역질, 눈동자 커짐, 우울증 등이 나타난다.

01_ 상세 모습
다 자란 버섯.　　9/21

01

삿갓땀버섯

갓이 붉은갈색이다. 7월 22일

한눈에 보기

갓 윗면
붉은갈색, 방사상의 섬유무늬의 결 대로 갈라짐

갓 밑면
주름살, 흰색 ⇨ 회갈색

자루 겉면
연갈색~붉은연갈색, 섬유무늬, 알 뿌리모양(밑동)

육질
얇음

냄새
밤꽃냄새

● **발생 시기·장소** | 여름~가을, 넓은잎나무숲(참나무)~소나무숲~초원~정원 땅 위에 1개씩 또는 여러 개씩 흩어지거나 모여서 올라온다.

● **분포** | 한국(주로 불갑산, 설악산, 아차산, 지리산, 천성산, 한라산), 북아메리카 등 북반구 일 대와 오스트레일리아 등지에 분포한다.

● **특징** | 갓이 붉은갈색이고 섬유무늬가 있으며, 자루 밑동이 알뿌리모양이다.

● **생김새** | 갓 지름 2.5~5㎝의 소형. **갓**은 고깔모양~종모양에서 점차 가장자리가 편평해지고 한가운데에 볼록한 갓꼭지가 생긴다. 윗면은 붉은갈색이고 방사상의 섬유무늬가 있으며 점차 결대로 옅게 갈라져 방사상의 줄무늬가 생긴다. 갓살은 얇고 밤꽃냄새가 난다. **갓 밑면**은 주름 살로 되어 있으며, 주름살은 끝붙은형이고 조금 빽빽하다. 어릴 때는 흰색이나 점차 회갈색이 된다. **자루**는 길이 9~20㎝, 굵기 3~15㎜이고 밑동이 알뿌리모양이다. 겉면은 연갈색~붉은연 갈색이며 섬유무늬가 있다. **포자**는 12×10㎛ 크기의 별모양이고 갈색이다.

 식용 절대 불가

 일반 독성
(저혈압, 구토, 설사, 호흡곤란, 심하면 사망)

● 땀버섯과 땀버섯속
● 한해살이
● 중간큰키 – 소형
● 다른 이름 : 별포자땀독버섯

주의사항

● 치명적인 독성분이 함유된 독버섯이므로 절대 먹어선 안 된다.

독성분과 중독 증상 >>>

무스카린_ 많이 먹으면 심장이 멎어 죽는다. 20분~20시간 뒤 부교감신경이 흥분되어 심한 땀흘림, 눈물흘림, 침흘림, 눈동자 작아짐, 구토, 설사, 저혈압, 호흡곤란 등의 증상이 나타나는데, 조금 먹은 경우에는 24시간 안에 낫는다. 알칼로이드나 썩어가는 물고기의 프토마인(유독성 부패물질) 속에도 들어 있다. 해독제는 아트로핀.

01_ 다 자란 버섯
밑동이 알뿌리처럼 불룩하다.　　　7/22

02_ 상세 모습
젊은 버섯부터 늙은 버섯까지.　　7/22

Entoloma(=Rhodophyllus) sinuatum (Bull.) P. Kumm.

외대버섯 (굽은외대버섯)

갓이 밋밋하고 회색빛이 돈다. 9월 21일

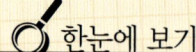 한눈에 보기

갓 윗면
연회갈색~연붉은회갈색

갓 밑면
주름살, 흰색 ⇨ 연노란회색~연분
홍회색

자루 겉면
흰색~흰회색, 섬유결, 갈색 얼룩

자루 속
꽉 차 있음

육질
조금 두툼함

냄새
비릿한 밀가루냄새

맛
쓴맛이 없음

● **발생 시기·장소 |** 여름~가을, 넓은잎나무숲~소나무숲 땅 위에 1개씩 또는 여러 개가 무리지어 올라온다.

● **분포 |** 한국, 일본, 중국, 북아메리카, 유럽 등지에 분포한다.

● **특징 |** 갓에 회색빛이 돌고 밋밋하며 가장자리가 구불구불해지고, 자루는 속이 꽉 차 있다.

● **생김새 |** 갓 지름 7~12㎝의 중형. **갓**은 가장자리가 아래쪽으로 말린 둥근 산모양에서 점차 한가운데가 조금 볼록하고 가장자리가 편평해진다. 전체가 밋밋하고, 늙으면 가장자리가 물결처럼 구불구불해진다. 윗면은 연회갈색~연붉은회갈색이며, 마르면 비단 같은 윤기가 나고 습하면 조금 끈적해진다. 갓살은 흰색에서 점차 살색이 되고 육질이 조금 두툼하며, 비릿한 밀가루냄새가 나고 쓴맛이 없다. **갓 밑면**은 주름살로 되어 있으며, 주름살은 완전붙은형~떨어진형으로 조금 빽빽하고, 흰색에서 점차 연노란회색~연분홍회색이 된다. **자루**는 길이 9~11.5㎝, 굵기 1~1.5㎝이고 밑동이 조금 굵으며 종종 구부러진다. 겉면은 흰색~흰회색이고 섬유결이며 갈색 얼룩이 생긴다. 윗동에는 비늘가루가 있고, 밑동에는 흰 균사가 붙어 있다. 속은 꽉 차 있다. **포자**는 8~11×7.4~9.1㎛ 크기의 5각형~6각형이고 분홍회색이다.

 식용 불가

 일반 독성
(중독시 콜레라 증상)

● 외대버섯과 외대버섯속
● 한해살이
● 중간큰키 – 중형
● 다른 이름 : 활촉버섯

01_ 젊은 버섯
　　무리지어 나온 모습.
　　　　　　　　9/21

02_ 상세 모습
　　젊은 버섯.　　9/21

165

Entoloma(=Rhodophyllus) rhodopolium (Fr.) P. Kumm.

삿갓외대버섯

갓이 삿갓모양이다. 9월 20일

🔍 한눈에 보기

갓 윗면
밝은 갈색~밝은 회갈색, 비단 같은 윤기

갓 밑면
주름살, 흰색 ⇨ 연분홍색

자루 겉면
흰색 ⇨ 연붉은갈색, 미세한 잔털

자루 속
해면 같거나 비어 있어 잘 부서짐

육질
조금 두툼함

냄새
거의 없음

맛
별다른 맛이 없음, 쓴맛이 없음

● **발생 시기·장소** | 여름~가을, 넓은잎나무숲(참나무, 떡갈나무)~소나무숲 땅 위에 1개씩 또는 여러 개가 무리지어 올라온다.

● **분포** | 한국, 일본, 중국, 북아메리카 등지에 분포한다.

● **특징** | 갓이 삿갓모양 같고 밋밋하며, 자루가 비어 있어 퍼석하고 잘 부서진다.

● **생김새** | 갓 지름 3~12㎝의 중소형. **갓**은 어릴 때 종모양에서 삿갓모양이 되고 점차 가운데가 조금 불룩하면서 편평해진다. 자랄 때 한가운데가 모자처럼 불룩하거나 우묵한 홈이 파이기도 하며, 늙으면 가장자리가 조금 오목해진다. 윗면은 밝은 갈색~밝은 회갈색이고 비단 같은 윤기가 나며, 메마르면 색이 짙어지고 습하면 조금 끈적해진다. 갓살은 흰색이고 육질이 조금 두툼하며 냄새와 맛이 거의 없고 쓴맛도 없다. **갓 밑면**은 주름살로 되어 있으며, 주름살은 완전붙은형~홈형으로 빽빽하고, 흰색에서 점차 연분홍색이 된다. **자루**는 길이 5~10㎝, 굵기 5~15㎜로 윗동이 좀 더 가늘고 조금 비틀리기도 한다. 겉면은 흰색에서 점차 연붉은갈색이 되며 미세한 잔털이 있다. 속은 해면 같고 점차 비며 잘 부서진다. **포자**는 6.5~11×7~9㎛ 크기로 5각형~6각형이고 연분홍색이다.

 식용 절대 불가

 준맹독성
(구토, 설사, 호흡곤란, 심하면 사망)

● **외대버섯과 외대버섯속**

● **한해살이**

● **중간키-중소형**

● **다른 이름 : 검은활촉버섯**

주의사항

● 치명적인 준맹독성 버섯으로 1～3개만 먹어도 중독되며, 심하면 사망에까지 이르게 되므로 절대 먹어선 안 된다.

독성분과 중독 증상 >>>

무스카린_ 많이 먹으면 죽는다. 부교감신경이 흥분되어 심한 땀흘림, 구토, 설사, 눈동자 작아짐, 숨쉬기 힘듦, 맥박수 떨어짐 등의 증상이 나타나므로 빨리 위세척과 혈액투석 등을 받아야 한다.

무스카리딘_ 먹으면 부교감신경이 흥분되어 심한 땀흘림, 눈물흘림, 침흘림, 눈동자 작아짐, 구토, 설사, 저혈압, 호흡곤란 등의 증상이 나타난다. 무스카린과 중독 증상이 비슷하다.

콜린_ 먹으면 30분～3시간 뒤 구토, 복통, 설사, 춥고 떨림, 저혈압, 혈류 증가, 심장박동수 떨어짐, 눈동자 작아짐 등의 증상이 나타난다. 몸속에 들어가면 아세티콜린으로 바뀌며, 무스카린보다 독성은 약하나 비슷한 증상을 보인다. 해독제는 아드레날린.

01_ 젊은 버섯
비단과 같은 윤기가 있다.   6/9

02_ 늙은 버섯
갓 가장자리가 갈라진 모습.   9/17

03_ 상세 모습
젊은 버섯.   9/20

04_ 상세 모습
늙은 버섯.   9/17

05_ 상세 모습
젊은 버섯 속.   6/9

외대덧버섯

젖은 물방울 무늬가 잘 생긴다. 10월 3일

한눈에 보기

갓 윗면
연회색~연회갈색, 흰 섬유가루, 방사상 섬유무늬, 종종 젖은 물방울 무늬

갓 밑면
주름살, 흰색 ⇒ 살구색

자루 겉면
흰색

자루 속
꽉 차 있음

육질
두툼함

냄새
밀가루냄새

맛
쓴맛

● **발생 시기·장소** | 여름~가을. 넓은잎나무숲(졸참나무, 상수리나무)~혼합림(참나무, 소나무) 땅 위에 1개씩 또는 여러 개가 뭉쳐서 올라온다.

● **분포** | 한국, 일본 등지에 분포한다.

● **특징** | 갓에 옅은 방사상 무늬와 밀가루 같은 섬유가루가 있고, 자루 속이 꽉 차 있다.

● **생김새** | 갓 지름 6~15㎝의 중대형. **갓**은 종모양에서 점차 낮은 산모양이 되었다가 편평해진다. 윗면은 연회색~연회갈색을 띠고, 밀가루 같은 흰색 섬유가루가 있으며, 짧고 옅은 방사상 섬유무늬가 있다. 종종 젖은 물방울무늬가 생기나 마르면 잘 보이지 않는다. 갓살은 두툼하고 밀가루냄새와 쓴맛이 난다. **갓 밑면**은 주름살로 되어 있으며, 주름살은 끝붙은형~홈형이고 조금 빽빽하며, 흰색에서 점차 살구색이 된다. **자루**는 길이 8~18㎝, 굵기 1~2.5㎝이고 겉면이 흰색이다. 속은 꽉 차 있고 살이 단단하다. **포자**는 9~13.5×6~10㎛ 크기의 넓은 타원형 같은 다각형이고 연분홍색이다.

식용
(쓴맛, 떨어지는 맛)

● 외대버섯과 외대버섯속

● 한해살이

● 중간큰키 – 중대형

● 다른 이름 : 밀버섯

이용방법

● 독버섯인 외대버섯(굽은외대버섯, p.408)이나 준맹독성 버섯인 삿갓외대버섯(p.410)과 혼동하기 쉬우므로 정확히 구분이 안 되면 먹지 않는다. 외대덧버섯은 갓이 비교적 크고 옅은 방사상 무늬, 젖은 물방울무늬, 흰 가루 등이 있으며 자루 속이 꽉 차 있는 점이 다르다.

> **식용** >>>
>
> **요리 방법과 맛_** 아삭아삭하나 맛이 떨어져서 요리를 해 먹기에는 그다지 적합하지 않다. 뒷맛이 써서 소금물에 삶아 물에 오래 우려내야 한다. 숙회, 볶음, 조림 등으로 먹는다.

01_어린 버섯
갓에 흰 가루가 있어 희끗희끗하다. 9/5

02_어린 버섯
갓모양이 변형된 버섯. 9/29

03_어린 버섯
여러 개가 뭉쳐 올라온 모습. 9/29

04_젊은 버섯
옆에서 본 모습. 9/29

05_젊은 버섯
갓이 편평해졌다. 9/29

06_늙은 버섯
버섯이 마르면 젖은 물 방울무늬가 잘 보이지 않는다. 9/13

07_ **늙은 버섯**
갓 가장자리가 잘 갈라
진다.   9/12

08_ **늙은 버섯**
늙어서 물 내리는 모
습.   9/5

09_ **상세 모습**
젊은 버섯.   9/29

10_ **상세 모습**
다 자란 버섯.   10/3

11_ **상세 모습**
어린 버섯 속. 자루 속
이 꽉 차 있다.   10/3

12_ **상세 모습**
다 자란 버섯 밑면의
주름살.   9/12

13_ **이용**
채취한 버섯.   9/29

14_ **이용**
숙회. 쓴맛이 있어 물
에 우려내야 한다.
          10/3

가지외대버섯

갓과 자루가 검푸른색이다. 9월 4일

상세 모습
다 자란 버섯. 주름살이 연분홍
색이다.　　　　　　　　9/4

 한눈에 보기

갓 윗면
검푸른색~가지색

갓 밑면
주름살, 흰색 ⇨ 연분홍색

자루 겉면
검푸른색~가지색

육질
조금 얇음

● **발생 시기·장소 |** 여름~가을, 소나무숲~혼합림(넓은잎나무, 소나무)의 땅 위에 1개씩 또는 여러 개가 무리지어 올라온다.

● **분포 |** 한국, 일본 등지에 분포한다.

● **특징 |** 갓과 자루가 검푸른색~가지색이며, 주름살이 흰색에서 연분홍색이 된다.

● **생김새 |** 갓 지름 5~8㎝의 중소형. **갓**은 둥근 원뿔모양에서 점차 편평해지며 늙으면 조금 오목해진다. 윗면은 검푸른색~가지색이며 옅은 방사상 주름이 잘 생긴다. 갓살은 흰색이고 육질이 조금 얇다. **갓 밑면**은 주름살로 되어 있으며, 주름살은 홈형~올린형으로 빽빽하고 어릴 때 흰색에서 점차 연분홍색이 된다. **자루**는 길이 4~10㎝, 굵기 4~12㎜로 겉면은 갓과 같은 색이고, 윗동과 밑동은 흰색이며 섬유결모양이다. 속은 차 있거나 조금 빈다. **포자**는 10.4~11.7×6.5~9.1㎛ 크기의 5각형~6각형이다.

식용 불가
(독성분 여부 미상)

● 외대버섯과 외대버섯속

● 한해살이

● 작은중간키 – 중소형

01_ **상세 모습**
　　다 자란 버섯의 갓 윗면.　9/4

02_ **상세 모습**
　　다 자란 버섯의 주름살.　9/4

Entoloma(Rhodophyllus) virescens (Berk. & Curt.) Horak=*Entoloma(Rhodophyllus) aeruginosus* (Hiroe) Hongo

하늘꼭지외대버섯 (하늘꼭지버섯)

전체가 하늘색이다. 8월 21일

 한눈에 보기

갓 윗면
하늘색, 미세한 섬유가루

갓 밑면
주름살, 하늘색

자루 겉면
갓과 같거나 옅은 색

상처의 변색
노란색

육질
아주 얇음

● **발생 시기·장소** | 여름~가을, 넓은잎나무숲 땅 위나 썩은 고목나무 위에 1개씩 또는 여러 개가 무리지어 올라온다.

● **분포** | 열대지방에서 유래하였으며 한국, 일본, 동남아시아, 뉴질랜드, 뉴기니, 마다가스카르섬 등지에 분포한다.

● **특징** | 갓이 작고 자루가 가늘며 전체가 하늘색이다.

● **생김새** | 갓 지름 2~3.5㎝의 소형. **갓**은 고깔모양에서 점차 낮은 산모양이 되었다가 편평해지며, 갓 한가운데에 볼록한 갓꼭지가 잘 생긴다. 윗면은 하늘색이며 미세한 섬유가루로 덮여 있고, 상처가 나면 노란색으로 변한다. 갓살은 아주 얇다. **갓 밑면**은 주름살로 되어 있으며, 주름살은 끝붙은형~떨어진형이고 성기며 하늘색이다. **자루**는 길이 4~7㎝, 굵기 3~5㎜로 가늘다. 겉면은 갓과 같거나 옅은 색이고 섬유무늬가 있으며, 조금 굽거나 비틀린다. **포자**는 9.5×12㎛ 크기의 정육면체이고 연분홍색이다.

식용 불가
(독성분 여부 미상)

● 외대버섯과 외대버섯속

● 한해살이

● 작은중간키 – 소형

● 다른 이름 : 하늘꼭지버섯

상세 모습
다 자란 버섯. 8/21

Entoloma(Rhodophyllus) quadratum (Berk. & Curt.) E. Horak=*Rhodophyllus salmoneus* (Peck) Sing.
= *Entoloma(Rhodophyllus) quadratus* (Berk. & Curt.) Hongo

붉은꼭지외대버섯 (붉은꼭지버섯)

전체가 붉고 갓꼭지가 있다. 8월 21일

● **발생 시기·장소 |** 여름~가을, 소나무숲~혼합림(넓은잎나무, 소나무) 땅 위에 1개씩 또는 여러 개가 모여서 줄지어 올라온다.

● **분포 |** 한국, 일본, 중국 등 동아시아와 북아메리카, 뉴기니 등지에 분포한다.

● **특징 |** 갓이 작은 고깔모양이고 붉은색이며 뾰족한 갓꼭지가 있다.

● **생김새 |** 갓 지름 1~4㎝의 소형. **갓**은 종모양이나 고깔모양이며 한가운데에 가늘고 뾰족한 갓꼭지가 있다. 습하면 가장자리에 우산살모양의 주름이 생긴다. 윗면은 붉은색~연붉은색이며, 늙으면 흐린 색이 된다. 갓살은 아주 얇다. **갓 밑면**은 주름살로 되어 있으며, 주름살은 끝붙은형으로 조금 성기고 갓과 같은 색이다. **자루**는 길이 3~6㎝, 굵기 2~4㎜로 가늘다. 겉면은 갓과 같은 색이고 조금 굽거나 비틀리기도 하며, 속은 비어 있다. **포자**는 10.5×12.5㎛ 크기의 육면체이고 연분홍색이다.

 식용 불가

 일반 독성

● 외대버섯과 외대버섯속
● 한해살이
● 작은키 – 소형
● 다른 이름 : 붉은활촉버섯

01_ **젊은 버섯**
쓰러진 나무 밑에서 올
라온 버섯.   9/15

02_ **젊은 버섯**
옆에서 본 모습.   9/16

03_ **젊은 버섯**
위에서 내려다본 모습.
9/15

04_ **다 자란 버섯**
작은 군락지.   8/23

05_ **다 자란 버섯**
자루가 굽거나 비틀리
기도 한다.   9/15

06_ **늙은 버섯**
색이 흐려진 모습.
9/14

07_ **상세 모습**
젊은 버섯.   8/21

08_ **상세 모습**
늙은 버섯.   9/14

09_ **상세 모습**
젊은 버섯의 주름살.
8/21

Entoloma(Rhodophyllus) murraii (Berk. & Curt.) Sacc.=*Entoloma(Rhodophyllus) cuspidatum* (Peck) Sacc.
=*Entoloma(Rhodophyllus) murrayi* (Berk. & Curt.) Sacc.

노란꼭지외대버섯 (노란꼭지버섯)

습하면 우산살모양의 주름이 생긴다. 9월 11일

🔍 **한눈에 보기**

갓 윗면
노란색

갓 밑면
주름살, 흰색 ⇨ 살색

자루 겉면
갓과 같거나 옅은 색, 속이 빔

육질
아주 얇음

● **발생 시기·장소 |** 여름~가을, 넓은잎나무숲~소나무숲의 촉촉한 땅 위에 1개씩 또는 여러 개씩 흩어져 올라온다.

● **분포 |** 한국, 일본, 필리핀, 북아메리카, 코스타리카 등지에 분포한다.

● **특징 |** 갓이 작은 고깔모양이고 뾰족한 갓꼭지가 있으며 노란색이다.

● **생김새 |** 갓 지름 1~6㎝의 소형. **갓**은 고깔모양 또는 고깔 같은 종모양이고 한가운데에 뾰족한 갓꼭지가 있다. 습하면 가장자리에 우산살모양의 주름이 생긴다. 윗면은 노란색이고 늙으면 색이 흐려지며, 갓살은 육질이 아주 얇다. **갓 밑면**은 주름살로 되어 있으며, 주름살은 올린형으로 조금 성기고 어릴 때는 흰색이나 점차 살색이 된다. **자루**는 길이 3~10㎝, 굵기 2~4㎜로 겉면이 갓과 같거나 옅은 색이며 섬유무늬가 있다. 속은 비어 있다. **포자**는 9~12×8~10㎛ 크기의 다면체모양이다.

 식용 불가

 일반 독성

● 외대버섯과 외대버섯속
● 한해살이
● 작은키 – 소형
● 다른 이름 : 노란활촉버섯

01_ **어린 버섯**
갓이 오므라진 모습.
8/7

02_ **젊은 버섯**
갓이 펴진 모습. 9/8

03_ **젊은 버섯**
갓이 좀 더 자란 모습.
7/13

04_ **젊은 버섯**
습하면 갓 가장자리에
우산살모양의 주름이
생긴다. 9/11

05_ **젊은 버섯**
뾰족한 갓꼭지가 생긴
모습. 7/21

06_ **젊은 버섯**
버섯이 여기저기 흩어
져서 올라온 군락지 모
습. 9/17

07_ **다 자란 버섯**
갓이 편평해진 모습.
7/13

08_ **상세 모습**
젊은 버섯. 7/21

09_ **상세 모습**
다 자란 버섯. 7/13

171

Hebeloma radicosum (Bull.) Ricken=*Hebeloma radicosum* (Bull. Fr.) Ricken

뿌리자갈버섯

갓과 자루에 황토갈색 섬유비늘이 있다. 9월 18일

한눈에 보기

갓 윗면
연황토색~연한 황토갈색, 때로 황토갈색 섬유비늘

갓 밑면
주름살, 연황토색 ⇨ 갈색

갓 가장자리
너덜거림

자루 겉면
흰색, 황토갈색~갈색 섬유비늘

턱받이
흰색 ⇨ 갈색, 계속 붙어 있음

육질
두툼하고 단단하며 얇음

냄새
때로 퀴퀴한 냄새, 아카시아꽃 냄새

맛
담백한 맛

● **발생 시기·장소 |** 여름~가을, 넓은잎나무숲(참나무, 벚나무) 땅 위나 두더지굴의 배설물 주변에 1개씩 또는 여러 개가 모여서 올라온다.

● **분포 |** 한국, 일본, 유럽 등지에 분포한다.

● **특징 |** 갓과 자루에 황토갈색 섬유비늘이 있고, 자루가 뿌리처럼 땅속 깊이 묻혀 있다.

● **생김새 |** 갓 지름 8~15㎝의 중대형. **갓**은 둥근 산모양에서 점차 편평해지고 한가운데에 볼록한 갓꼭지가 생긴다. 자랄 때 가장자리가 아래쪽으로 말려 있다. 윗면은 연황토색~연한 황토갈색이고 가장자리는 옅은 색이다. 때로 황토갈색의 누운 섬유비늘이 흩어져 있고, 습하면 조금 끈적해진다. 갓이 펴지면 갓 밑면의 주름살을 덮고 있던 외피막 조각들이 가장자리에 매달려 너덜거리나 곧 떨어진다. 갓살은 흰색으로 육질이 두툼하고 단단하며 얇다. **갓 밑면**은 주름살로 되어 있으며, 주름살은 끝붙은형이고 빽빽하다. 어릴 때는 연황토색이고 늙으면 갈색이 되며, 주름살 끝은 가루질이다. **자루**는 길이 7.5~15.8㎝, 굵기 7~15㎜이며 땅 위 밑동 부분은 굵고 땅 속 부분은 가늘다. 겉면은 흰색이고 황토갈색~갈색 섬유비늘이 있다. 갓이 펴지면 자루 윗동에 치마모양의 턱받이가 생기는데 흰색에서 갈색으로 변하고 계속 붙어 있다. 속은 꽉 차 있다. **포자**는 7.3~10.2×4.5~5.8㎛ 크기의 타원형이고 갈색이다.

 식용
(조금 떨어지는 맛)

 약간 독성

● 소똥버섯과 자갈버섯속

● 한해살이

● 중간큰키 – 중대형

식용 >>>

요리 방법과 맛_ 육질이 단단해서 씹는 맛이 있고 담백하나 아카시아꽃 냄새와 함께 퀴퀴한 냄새가 나고 약간 독성이 있으므로 소금물에 삶아서 물에 우려내야 한다. 숙회, 볶음, 조림, 구이 등으로 먹는다.

01_ 젊은 버섯
자루가 땅속 깊이 묻혀 있다. 9/18

02_ 다 자란 버섯
갓꼭지가 볼록하게 생긴다. 9/18

03_ 상세 모습
어린 버섯. 9/18

04_ 상세 모습
어린 버섯의 주름살과 외피막 조각. 9/18

05_ 상세 모습
젊은 버섯과 다 자란 버섯. 9/18

노란종버섯

습하면 우산살모양의 주름이 생긴다. 5월 28일

🔍 한눈에 보기

갓 윗면
노란황토색, 가장자리는 옅은 색

갓 밑면
주름살, 크림색 ⇨ 갈색

자루 겉면
흰색, 속이 빔

육질
얇음

● **발생 시기·장소** | 여름~가을, 초원~풀밭~잔디밭 땅 위에 1개씩 또는 여러 개가 무리지어 올라온다.

● **분포** | 한국, 일본, 북아메리카, 유럽 등지에 분포한다.

● **특징** | 갓이 노란황토색 종모양이고, 습하면 우산살모양의 주름이 생긴다.

● **생김새** | 갓 지름 3.5~4.5㎝의 소형. **갓**은 고깔모양에서 종모양이 된다. 윗면은 노란황토색이고, 가장자리는 옅은 색이며 습하면 우산살모양의 주름이 생긴다. 갓살은 육질이 얇다. **갓 밑면**은 주름살로 되어 있으며, 주름살은 완전붙은형이고 빽빽하다. 어릴 때는 크림색이나 점차 갈색이 된다. **자루**는 길이 11~13㎝, 굵기 3~4㎜로 가늘고 밑동이 조금 굵다. 겉면은 흰색이며 비늘가루가 있고, 속은 비어 있다. **포자**는 12~15×7~8.5㎛ 크기의 타원형이고 검은갈색이다.

 식용 불가

 일반 독성
(환각성분)

● 소똥버섯과 종버섯속

● 한해살이

● 중간키 – 소형

주의사항

● 환각성분이 함유된 독버섯이므로 먹어선 안 된다.

독성분과 중독 증상 >>>

실로시빈_ 먹으면 곧바로 중추신경계 마비, 손발 굽음, 혀 꼬부라짐, 불안감, 이해력 저하, 색채 환각, 환청, 정신착란, 웃음, 흥분, 심기변화, 근심 등 농약 중독과 비슷한 증상이 나타난다. 보통 푸른빛을 띠며, 몸 안에 들어가면 독성분이 10배 강한 실로신으로 바뀐다. 해독제는 클로로프로마진으로 오히려 악화되기도 한다.

01_ 젊은 버섯
위에서 본 모습 5/28

02_ 늙은 버섯
늙어서 물 내리는 모습.   5/28

03_ 상세 모습
젊은 버섯.   5/28

노란소똥버섯

Bolbitius vitellinus (Pers.) Fr.

갓이 노랗고 자루에 비늘가루가 있다. 6월 28일

갓 윗면
노란색~노란갈색 ⇨ 흰회갈색

갓 밑면
주름살, 흰색 ⇨ 노란갈색~붉은갈색

자루 겉면
흰색~연노란색, 흰색 비늘가루

육질
얇음

● **발생 시기·장소** | 봄~가을, 초원~밭둑~길가~목장의 거름기 있는 땅 위나 소똥 등 동물의 배설물 위에 1개씩 또는 여러 개가 뭉쳐서 무리지어 올라온다.

● **분포** | 한국, 북아메리카 등 북반구 온대 지역에 분포한다.

● **특징** | 소똥이나 거름기가 있는 땅에 무리지어 올라오며, 자루에 흰색 비늘가루가 있다.

● **생김새** | 갓 지름 2~5cm의 소형. **갓**은 어릴 때 알모양에서 종모양이 되었다가 점차 편평해진다. 윗면은 노란색~노란갈색이고 가장자리는 조금 옅은 색이며 점차 흰회갈색이 된다. 어릴 때는 끈적하고 자라면 가장자리에 우산살모양의 주름이 생긴다. 갓살은 얇다. **갓 밑면**은 주름살로 되어 있으며, 주름살은 끝붙은형이고 빽빽하다. 어릴 때 흰색에서 점차 노란갈색~붉은갈색이 된다. **자루**는 길이 6~12cm이고 굵기는 2mm 내외로 가늘며, 윗동이 좀 더 가늘다. 겉면은 흰색~연노란색이며 흰색 비늘가루가 붙어 있다. **포자**는 12~13×6~7.5μm 크기의 타원형이고 녹슨 황토색이다.

식용 불가
(독성분 여부 미상)

● 소똥버섯과 소똥버섯속

● 한해살이

● 중간큰키 – 소형

● 다른 이름 : 노란삿갓밭버섯

01_ **어린 버섯**
소똥이나 거름기 있는
곳에 올라온다.   6/28

02_ **어린 버섯**
평지에 올라온 버섯들.
6/28

03_ **어린 버섯**
한꺼번에 여러 개가 뭉
쳐서 올라온 모습.
6/28

04_ **젊은 버섯**
자라면서 갓이 흰회갈
색이 된다.   6/28

05_ **늙은 버섯**
갓에 우산살모양의 주
름이 생긴다.   9/10

06_ **상세 모습**
젊은 버섯.   6/28

174

말똥버섯

Panaeolus papilionaceus (Bull.) Quél. var. *papilionaceus=Panaeolina papilionaceus* (Bull.) Quél.
=Panaeolina campanulatus var. *sphinctrinus=Panaeolina sphinctrinus* (Fr.) Quél.
=Panaeolina retirugis=Panaeolina sphinctrinus (Fr.) Quél.

갓 한가운데가 갈색이다. 9월 17일

한눈에 보기

갓 윗면
회색~회갈색, 마르면 연회색, 한가운데는 갈색

갓 밑면
주름살, 회색 ⇨ 검은색, 가장자리는 흰색

자루 겉면
연붉은갈색~붉은갈색, 미세한 비늘가루

자루 속
비어 있음

육질
얇음

● **발생 시기·장소 |** 여름~가을, 초원~풀밭~퇴비더미 등 거름기가 있는 땅 위나 말똥 또는 소똥 위에 1개씩 또는 여러 개가 맞붙어서 한 덩어리처럼 올라온다.

● **분포 |** 한국, 일본, 중국, 동남아시아, 북아메리카, 유럽 등 전 세계에 분포한다.

● **특징 |** 자루가 연붉은갈색~붉은갈색이며, 미세한 비늘가루가 있다.

● **생김새 |** 갓 지름 2~4㎝의 소형. **갓**은 종모양 또는 낮고 둥근 산모양이며 가장자리가 잔 톱니처럼 된다. 윗면은 회색~회갈색이고 마르면 연회색이 되며 한가운데는 갈색을 띤다. 갓이 펴지면 갓 밑면의 주름살을 덮고 있던 짧은 외피막 조각들이 가장자리에 매달려 너덜거리기도 하나 잘 떨어져나간다. 갓살은 갈색이며 육질이 얇다. **갓 밑면**은 주름살로 되어 있으며, 주름살은 완전붙은형~떨어진형이고 조금 빽빽하다. 어릴 때는 회색이고 늙으면 검은색이 되며 가장자리는 흰색을 띤다. **자루**는 길이 5~10㎝, 굵기 2~3㎜로 길다. 겉면은 연붉은갈색~붉은갈색으로 미세한 비늘가루가 있으며, 윗동은 색이 옅다. 속은 차 있다가 점차 빈다. **포자**는 13~18.5×8.2~10.4㎛ 크기의 레몬모양~타원형이고 검은색이다.

 식용 불가

 약용
(류머티즘 통증 – 외용약)

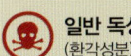 **일반 독성**
(환각성분)

● **소똥버섯과 말똥버섯속**

● **한해살이**

● **중간큰키 – 소형**

● **다른 이름 :** 퇴비말똥버섯, 목장말똥버섯, 좀말똥버섯

주의사항

● 과거에는 좀말똥버섯[(*Panaeolina papilionaceus* (Bull.) Quél.]이 다른 버섯으로 분류되었으나 유전자 분석을 통해 말똥버섯과 동일종으로 확인되어 한 종류로 합해졌다.

● 환각성 독버섯으로 먹으면 농약 중독과 비슷한 증상이 나타나며, 과거 멕시코 인디언 무당들이 환각제로 사용했을 만큼 독성이 강하므로 절대 먹어선 안 된다.

독성분과 중독 증상 >>>

실로시빈_ 보통 푸른빛을 띠며, 몸 안에 들어가면 독성분이 10배 강한 실로신으로 바뀐다.

실로신_ 환각성분으로 보통 푸른빛을 띤다. 먹으면 곧바로 중추신경계 마비, 손발 굽음, 혀 꼬부라짐, 불안감, 이해력 저하, 색채 환각, 환청, 정신착란, 웃음, 흥분, 심기변화, 근심 등 농약 중독과 비슷한 증상이 나타난다. 해독제는 클로로프로마진인데 오히려 악화되기도 한다.

이용방법

약용 >>>

성분과 효능_ 통증을 완화시키는 효능이 있다. 류머티즘 통증에 포자 가루를 바른다.

01_ **다 자란 버섯**
마르면 색이 변한다.
9/17

02_ **상세 모습**
어린 버섯부터 젊은 버섯까지.　9/17

03_ **상세 모습**
젊은 버섯.　9/17

428_ 1. 땅에 나는 버섯

말똥버섯아재비

갓꼭지가 잘 생기고 물에 잘 젖는다. 5월 17일

🔍 한눈에 보기

갓 윗면
회갈색~흰회갈색, 한가운데는 갈색, 볼록한 갓꼭지

갓 밑면
주름살, 회색 ⇨ 검은색

자루 겉면
흰노란색 ⇨ 검은갈색

육질
얇음

맛
조금 버터맛(독성)

● **발생 시기·장소 |** 여름~가을, 초원~풀밭~잔디밭 등 거름기 있는 땅 위나 동물의 배설물에 1개씩 또는 여러 개가 무리지어 올라온다.

● **분포 |** 한국, 일본, 중국, 아메리카, 아프리카, 유럽, 오스트레일리아 등지에 분포한다.

● **특징 |** 갓에 볼록한 갓꼭지가 잘 생기고 물에 잘 젖으며, 어릴 때는 자루가 흰노란색이다.

● **생김새 |** 갓 지름 1.5~2.5㎝의 초소형이며 4.5㎝까지 커지는 것도 있다. **갓**은 종모양 또는 둥근 산모양에서 점차 편평해지며, 한가운데에 볼록한 갓꼭지가 생기는데 늙으면 조금 오목해진다. 윗면은 회갈색~흰회갈색이고 한가운데는 갈색이다. 물에 잘 젖으며 마르면 색이 허옇게 된다. 갓이 퍼지면 갓 밑면의 주름살을 덮고 있던 짧은 외피막 조각들이 가장자리에 매달려 너덜거리기도 하나 잘 떨어져나간다. 갓살은 갈색이고 육질이 얇으며 조금 버터맛이 난다. **갓 밑면**은 주름살로 되어 있으며, 주름살은 바른형이고 빽빽하다. 어릴 때 회색이고 늙으면 검은색이 된다. **자루**는 길이 2~8㎝, 굵기 1~3㎜로 가늘고 길며, 겉면은 흰노란색이나 점차 검은갈색이 되고 섬유무늬가 있다. 속은 비어 있다. **포자**는 10.8~14.2×6.9~9.5㎛ 크기의 레몬모양이고 회갈색이다.

 식용 불가

 일반 독성
(환각성분)

● **소똥버섯과 말똥버섯속**

● **한해살이**

● **중간큰키 – 초소형**

● **다른 이름 : 두엄웃음버섯**

01_ **어린 버섯**
넓은잎 낙엽과 나뭇가
지 위에 올라온 모습.
5/17

02_ **젊은 버섯**
썩은 나뭇가지 위에 올
라온 모습.   5/17

03_ **다 자란 버섯**
한곳에 뭉쳐서 올라온
버섯.   5/17

04_ **늙은 버섯**
버섯이 마르면 갓이 허
옇게 된다.   5/17

05_ **상세 모습**
어린 버섯부터 늙은 버
섯까지.   5/17

애기밀버섯

Gymnopus confluens (Pers.) Ant., Hall. & Noord.=*Collybia confluens* (Pers.) P. Kumm.

갓이 밀껍질색에서 점차 허옇게 되다. 6월 29일

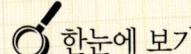 한눈에 보기

갓 윗면
밀껍질색 ⇨ 흰밀껍질색

갓 밑면
주름살, 흰밀껍질색

자루 겉면
밀껍질색 ⇨ 갈색, 잔털로 덮임

육질
얇음

맛
담백한 맛

● **발생 시기·장소** | 여름~가을, 넓은잎나무숲(나도밤나무)~소나무숲 땅 위나 낙엽 위에 1개씩 또는 여러 개가 뭉쳐서 무리지어 올라온다.

● **분포** | 한국, 일본, 유라시아, 북아메리카 등지에 분포한다.

● **특징** | 갓과 주름살이 밀껍질색에서 점차 흰밀껍질색이 되며 자루에 잔털이 있다.

● **생김새** | 갓 지름 1~3.5㎝의 소형. **갓**은 둥근 산모양에서 편평해지고 한가운데에 볼록한 갓 꼭지가 생기기도 한다. 윗면은 밀껍질색에서 점차 흰밀껍질색으로 변하며 한가운데가 짙다. 갓 살은 얇다. **갓 밑면**은 주름살로 되어 있으며, 주름살은 끝붙은형이고 빽빽하며 흰밀껍질색이 다. **자루**는 길이 2.5~9㎝, 굵기 1.5~4㎜로 겉면이 밀껍질색에서 점차 갈색이 되며 잔털로 덮여 있다. 때로는 납작하게 눌린 모양이 되기도 한다. 속은 비어 있다. **포자**는 6.5~8×3~3.5㎛ 크기 의 긴 타원형~아몬드모양이고 흰색~흰노란색이다.

 식용
(괜찮은 맛)

 약용
(항종양)

● 낙엽버섯과 밀버섯속
● 한해살이
● 작은중간키 – 소형
● 다른 이름 : 밀버섯, 밀애기버 섯, 나도낙엽버섯, 밀꽃애기버섯

이용방법

01_ 어린 버섯
솔잎과 넓은잎 낙엽 위
로 올라온 버섯   8/31

02_ 젊은 버섯
갓 가장자리가 허옇게
된 모습.   6/29

03_ 늙은 버섯
버섯의 갓 가장자리가
굽은 모습.   8/31

04_ 상세 모습
젊은 버섯.   6/29

Marasmius maximus Hongo

큰낙엽버섯

어릴 때는 종모양이다. 8월 29일

갓 윗면
허연낙엽색, 한가운데는 갈색, 넓은 우산살모양의 주름

갓 밑면
주름살, 허연낙엽색, 성김

자루 겉면
허연낙엽색 ⇨ 갈색, 질긴 섬유질

육질
얇음

냄새
항긋한 냄새

맛
담백한 맛

● **발생 시기·장소** | 봄~가을, 넓은잎나무숲~소나무숲~혼합림(넓은잎나무, 소나무)~대나무밭~초원~풀밭 땅 위나 낙엽 위에 1개씩 또는 여러 개가 뭉쳐서 무리지어 올라온다.

● **분포** | 한국, 일본, 북아메리카 등지에 분포한다.

● **특징** | 전체가 허연낙엽색이고, 갓에 넓은 우산살모양의 주름이 있으며, 주름살이 성기다.

● **생김새** | 갓 지름 3~12㎝의 중소형. **갓**은 종모양에서 편평해지고 넓은 우산살모양의 주름이 있으며, 마르면 갓 가장자리가 갈라지기도 한다. 윗면은 허연낙엽색이며 한가운데는 갈색이다. 갓살도 허연낙엽색이고 육질이 얇다. **갓 밑면**은 주름살로 되어 있으며, 주름살은 끝붙은형~떨어진형이고 성기며 허연낙엽색이다. **자루**는 길이 5~12㎝, 굵기 2~3㎜로 가늘고, 겉면이 허연낙엽색에서 점차 갈색이 되며 질긴 섬유질이다. **포자**는 7~9×3~4㎛ 크기의 타원형이고 흰색이다.

 식용
(평범한 맛)

 약용
(항종양)

● 낙엽버섯과 낙엽버섯속
● 한해살이
● 중간큰키 – 중소형

이용방법

식용 >>>

요리 방법과 맛_ 갓이 얇고 자루가 가늘어서 채취량이 적은 편이다. 자루는 조금 질기나 향긋하고 담백한 맛이다. 숙회, 볶음, 조림, 구이, 찌개 등으로 먹는다.

약용 >>>

성분과 효능_ 유리 아미노산(단백질 합성, 면역력 강화) 29종, 키틴(항종양)이 함유되어 있다. 종양을 억제하는 효능이 있다.

01_ **젊은 버섯**
축축한 넓은잎 낙엽 위에 올라온 버섯. 8/29

02_ **젊은 버섯**
갓 가장자리가 말라서 갈라진 모습. 8/29

03_ **다 자란 버섯**
갓이 편평해진 모습. 6/28

04_ **다 자란 버섯**
작은 군락지. 8/29

05_ **늙은 버섯**
늙어가는 버섯. 8/29

06_ **늙은 버섯**
갓이 갈라지기도 한다. 8/29

07_ 늙은 버섯
큰 군락지.　8/29

08_ 늙은 버섯
갓이 갈라지고 오목해
진 모습.　8/29

09_ 늙은 버섯
군락지에 있는 볼 내리
는 버섯.　6/28

10_ 상세 모습
젊은 버섯.　8/29

11_ 상세 모습
다 자란 버섯부터 늙은
버섯까지.　6/28

12_ 이용
채취한 버섯.　8/29

13_ 이용
숙회. 조금 질기나 향
긋하다.　8/29

Marasmius purpureostriatus Hongo

자주색줄낙엽버섯

선명하고 깊은 우산살모양의 주름이 있다. 7월 4일

한눈에 보기

갓 윗면
흰갈색~연한 살색, 넓고 깊은 우산살모양 주름(자주갈색 줄무늬)

갓 밑면
주름살, 흰노란색, 성김

자루 겉면
흰색 ⇨ 붉은갈색, 자주갈색(밑동), 잔털

육질
아주 얇음

 식용 불가
(독성분 여부 미상)

● 낙엽버섯과 낙엽버섯속
● 한해살이
● 작은중간키 – 소형

● **발생 시기·장소 |** 봄~가을, 넓은잎나무숲~혼합림(소나무, 넓은잎나무)~초원~풀밭 땅 위나 낙엽~나뭇가지 위에 1개씩 또는 여러 개가 뭉쳐서 무리지어 올라온다.

● **분포 |** 한국(주로 만덕산, 운문산, 재약산, 지리산, 천성산), 일본 등지에 분포한다.

● **특징 |** 갓이 아주 작으며, 자주갈색의 넓고 깊은 우산살모양의 주름이 있다.

● **생김새 |** 갓지름 1~2.5㎝의 초소형. **갓**은 반원모양에서 둥근 산모양이 되고 가장자리가 편평해지며, 넓고 깊은 우산살모양의 주름이 있다. 윗면은 흰갈색~연한 살색이며, 우산살모양의 주름에 자주갈색 줄무늬가 있다. 갓살은 아주 얇다. **갓 밑면**은 주름살로 되어 있으며, 주름살은 끝붙은형이고 1~2㎜ 간격으로 성기며 흰노란색이다. **자루**는 길이 3.5~11㎝, 굵기 1~2㎜이며 밑동이 좀 더 굵거나 뿌리모양이다. 겉면은 흰색이고 윗동 아래가 점차 붉은갈색이 되며, 맨 밑동은 자주갈색이 된다. 자루 전체가 미세한 잔털로 덮여 있으나, 밑동에는 거친 털이 있다. **포자**는 22.5~30×5~7.5㎛ 크기의 대롱모양이다.

01_ 어린 버섯
솔잎과 넓은잎 낙엽 위
에 올라온 버섯들. 7/4

02_ 어린 버섯
자루의 아래쪽은 짙은
색이다.　　　　7/4

03_ 젊은 버섯
군락지.　　　　7/4

04_ 젊은 버섯
옆에서 본 모습.　7/4

05_ 젊은 버섯
갓살이 떨어져나간 모
습.　　　　　　7/4

06_ 다 자란 버섯
갓이 펴진 모습. 7/4

07_ 상세 모습
젊은 버섯.　　　7/4

애기낙엽버섯

갓이 작고 자루가 철사처럼 가늘다. 8월 26일

한눈에 보기

갓 윗면
연황토색~오렌지색~연붉은색 등 다양, 넓은 우산살모양 주름

갓 밑면
주름살, 흰색, 13~15개로 성김

자루 겉면
흰색, 검은갈색(밑동)

자루 속
비어 있음

육질
아주 얇고 질김

● **발생 시기·장소** | 여름~가을, 넓은잎나무숲의 땅 위나 낙엽 위에 1개씩 또는 여러 개가 흩어지거나 무리지어 올라온다.

● **분포** | 한국(주로 남산, 가지산, 모악산, 운문산, 지리산, 천성산), 일본, 중국, 북아메리카 등지에 분포한다.

● **특징** | 초소형 버섯으로 자루가 철사처럼 가늘며 주름살이 13~15개로 성기다.

● **생김새** | 갓 지름 1~2㎝의 초소형. **갓**은 종모양이나 반원모양에서 편평해지며, 넓은 우산살모양의 주름이 있다. 윗면은 연황토색~오렌지색~연붉은색 등 다양하며, 갓살은 육질이 아주 얇고 질기다. **갓 밑면**은 주름살로 되어 있으며, 주름살은 끝붙은형~완전붙은형이고 13~15개로 성기며 흰색이다. **자루**는 길이 4~7㎝, 굵기 1㎜로 매우 가늘고 질기다. 겉면은 흰색이고 밑동은 검은갈색이다. 속은 비어 있다. **포자**는 16~21×3~5㎛ 크기의 아몬드모양이고 흰색이다.

 식용 부적합
(가죽처럼 질김)

 약용
(골절상, 타박상)

● 낙엽버섯과 낙엽버섯속

● 한해살이

● 작은중간키 – 초소형

● 다른 이름 : 쇠줄낙엽버섯, 호박피산(중국 이름)

이용방법

약용 >>>

성분과 효능_ 어혈을 풀어주고 뼈를 붙게 하는 효능이 있다. 골절, 타박상에 9~15g을 달여 먹는다.

01_ 어린 버섯
바위 위의 넓은잎 낙엽
에 올라온 모습.　9/9

02_ 젊은 버섯
넓은 우산살모양의 주
름이 있다.　　8/26

03_ 젊은 버섯
갓살은 얇고 질기다.
　　　　8/26

04_ 다 자란 버섯
군락지 모습.　8/29

05_ 늙은 버섯
물 내리는 모습.　9/4

06_ 상세 모습
젊은 버섯.　　8/26

180

앵두낙엽버섯

갓이 아주 작고 앵두색이다. 7월 1일

한눈에 보기

갓 윗면
앵두색~붉은자주색~분홍갈색, 넓은 우산살모양 주름

갓 밑면
주름살, 흰색~분홍색, 성김

자루 겉면
흰색~흰노란색, 검은갈색(밑동)

육질
아주 얇음

● **발생 시기·장소 |** 여름~가을, 넓은잎나무숲~소나무숲 땅 위나 낙엽 위에 1개씩 또는 여러 개가 무리를 짓거나 흩어져 올라온다.

● **분포 |** 한국, 일본, 북아메리카 동부지역 등지에 분포한다.

● **특징 |** 갓이 아주 작고 앵두색~붉은자주색~분홍갈색이며, 자루가 철사처럼 가늘다.

● **생김새 |** 갓 지름 5~15㎜의 초소형. **갓**은 종모양에서 반원모양이 되며 넓은 우산살모양의 주름이 있다. 윗면은 앵두색~붉은자주색~분홍갈색이고 한가운데가 짙다. 갓살은 아주 얇다. **갓 밑면**은 주름살로 되어 있으며, 주름살은 끝붙은형~완전붙은형이고 16~18개로 성기며 흰색~분홍색이다. **자루**는 길이 3~6㎝, 굵기 4~8㎜로 아주 가늘다. 겉면은 흰색~흰노란색이고 밑동은 검은갈색이다. **포자**는 11~16×3.5~4㎛ 크기의 곤봉모양이고 흰색이다.

 식용 불가 (독성분 여부 미상)

● 낙엽버섯과 낙엽버섯속
● 한해살이
● 작은키 – 초소형

01_ **어린 버섯**
　솔잎과 넓은잎 낙엽 위
　에 무리지어서 올라온
　모습.　　　7/10

02_ **젊은 버섯**
　버섯의 갓 한가운데는
　색이 짙다.　　　7/1

03_ **젊은 버섯**
　큰 군락지.　　　7/11

04_ **다 자란 버섯**
　작은 군락지.　　　7/1

05_ **다 자란 버섯**
　다 자란 버섯(오른쪽
　아래)과 젊은 버섯이
　함께 있는 모습.　　7/1

06_ **늙은 버섯**
　물 내리는 모습.　　7/1

Laccaria laccata (Scop.) Cooke = *Laccaria laccata* (Scop. ex Fr.) Berk. et Br. = *Laccaria laccata* var. *pallidifolia*

졸각버섯

갓이 오렌지갈색이다. 5월 24일

🔍 **한눈에 보기**

갓 윗면
오렌지갈색~연오렌지갈색~붉은갈색~노란갈색 등 다양, 습하면 가장자리에 짧은 우산살모양 주름

자루 겉면
갓과 같은 색, 속이 비어 있음

갓 밑면
주름살, 흰노란갈색~연분홍색~분홍갈색, 성김

육질
얇고 부드러움

맛
담백한 맛

● **발생 시기·장소 |** 여름~가을, 넓은잎나무숲(밤나무, 너도밤나무)~소나무숲~길가 땅 위나 낙엽 위에 1개씩 또는 여러 개가 모여서 올라온다.

● **분포 |** 한국, 일본, 중국 등 전 세계에 분포한다.

● **특징 |** 갓이 소형이고, 습하면 짧은 우산살모양의 주름이 생기며, 주름살이 분홍색~분홍갈색이다.

● **생김새 |** 갓 지름 1.5~3.5㎝의 소형. **갓**은 낮고 둥근 산모양에서 점차 편평해지고 조금 오목한 갓우물이 생기기도 한다. 습하면 가장자리에 짧은 우산살모양의 주름이 생기며 잔 파도처럼 구불구불해진다. 윗면은 오렌지갈색~연오렌지갈색~붉은갈색~노란갈색 등 색이 다양하며, 한가운데에 비늘가루가 빽빽하다. 갓살은 육질이 얇고 부드럽다. **갓 밑면**은 주름살로 되어 있으며, 주름살은 끝붙은형이고 성기며 흰노란갈색~연분홍색~분홍갈색이다. **자루**는 길이 3~5㎝, 굵기 3~10㎜이며, 겉면은 갓과 같은 색이다. 속은 비어 있다. **포자**는 7.5~9㎛ 크기의 공모양이고 흰색이다.

 식용
(괜찮은 맛)

 약용
(항종양)

● **졸각버섯과 졸각버섯속**
(과명 바뀜)

● **한해살이**

● **작은중간키 – 소형**

● **다른 이름 : 살색깔대기버섯**

이용방법

● *Laccaria laccata* var. *pallidifolia*는 과거에는 다른 종으로 분류되다 졸각버섯에 포함되었다. 갓과 주름살이 옅은 색이다.

식용 >>>
요리 방법과 맛_ 육질이 보들보들하면서 쫄깃하고 담백한 맛이라 먹을 만하다. 숙회, 볶음, 조림, 구이, 찌개 등으로 먹는다.

약용 >>>
성분과 효능_ 유리 아미노산(단백질 합성, 면역력 강화) 28종, 탄수화물, 다당류, 폴리사카리드(항종양), 알칼로이드(진통효과)가 함유되어 있다. 종양을 억제하는 효능이 있다.

01_ 젊은 버섯
함께 올라온 버섯들.
5/24

02_ 다 자란 버섯
갓 한가운데에 비늘가루가 있다. 9/10

03_ 상세 모습
젊은 버섯의 주름살.
8/23

04_ 상세 모습
젊은 버섯부터 다 자란 버섯까지. 5/24

05_ 이용
채취한 버섯. 8/23

06_ 이용
소금으로 간한 볶음. 쫄깃하고 부드러우며 담백한 맛이다. 8/23

색시졸각버섯

갓이 마르면 허옇게 된다. 8월 17일

● **발생 시기·장소** | 여름~가을, 넓은잎나무숲(참나무, 진달래) 땅 위나 낙엽 위에 1개씩 또는 여러 개가 무리지어 올라온다.

● **분포** | 한국, 일본, 뉴기니 등지에 분포한다.

● **특징** | 갓이 허옇게 되고, 갓우물과 우산살모양의 주름이 있으며, 주름살에 연자줏빛이 돈다.

● **생김새** | 갓 지름 3~8㎝의 중소형. **갓**은 낮고 둥근 산모양에서 편평해지고 한가운데에 깊은 갓우물이 있으며 전체에 우산살모양의 주름이 있다. 윗면은 연살구색~연회갈색이고 마르면 허연갈색이 된다. 갓살은 얇다. **갓 밑면**은 주름살로 되어 있으며, 주름살은 끝붙은형이고 성기며 연자주갈색이다. **자루**는 길이 3~5㎝, 굵기 3~7㎜로 겉면이 갓과 같은 색이고 섬유무늬가 있으며, 속은 비어 있다. **포자**는 7.5~8.5㎛ 크기의 공모양이고 흰색이다.

이용방법

01_ **어린 버섯**
　　깊은 갓우물이 있다.
　　　　　　　　　9/11

02_ **젊은 버섯**
　　옆에서 본 모습.　9/17

03_ **젊은 버섯**
　　비 맞은 모습.　8/23

04_ **젊은 버섯**
　　말라서 갓이 허연갈색
　　이 되었다.　　8/17

05_ **젊은 버섯**
　　갓 가장자리가 갈색이
　　된 모습.　　　8/17

06_ **다 자란 버섯**
   갓살이 얇다.　　9/17

07_ **늙은 버섯**
   늙으면 조금 오목해진
   다.　　8/17

08_ **늙은 버섯**
   물 내리는 모습.　9/17

09_ **상세 모습**
   다 자란 버섯.　　9/17

10_ **상세 모습**
   다 자란 버섯의 주름살
   과 자루.　　8/17

11_ **상세 모습**
   젊은 버섯의 주름살.
   　　8/23

12_ **이용**
   채취한 버섯.　8/17

13_ **이용**
   소금으로 간한 볶음.
   쫄깃하고 담백하다.
   　　9/7

자주졸각버섯

전체가 자주색이다. 7월 12일

갓 윗면
맑은 자주색~연자주색~진자주색, 한가운데는 갈색

갓 밑면
주름살, 자주색, 성김

자루 겉면
갓과 같은 색

육질
아주 얇음

맛
담백한 맛, 조금 쌉쌀한 뒷맛

● **발생 시기·장소** │ 여름~가을, 넓은잎나무숲~소나무숲~잡목림숲~초원~풀밭~길가 땅 위나 낙엽 위에 1개씩 또는 여러 개가 무리지어 올라온다.

● **분포** │ 한국(주로 가야산, 덕유산, 방태산, 속리산, 영축산, 운문산, 월출산, 주왕산, 천성산), 일본, 중국, 북아메리카, 유럽 등 북반구 온대 이북에 분포한다.

● **특징** │ 갓이 소형이고 전체가 자주색이다.

● **생김새** │ 갓 지름 1.5~3㎝의 소형. **갓**은 낮고 둥근 산모양에서 편평해지며 늙으면 조금 오목해지며 습하면 우산살모양의 주름이 생긴다. 윗면은 맑은 자주색~연자주색~진자주색이며, 한가운데는 갈색이다. 갓살은 아주 얇다. **갓 밑면**은 주름살로 되어 있으며, 주름살은 끝붙은형이고 성기며 자주색이다. **자루**는 길이 2~7㎝, 굵기 2~3㎜이며 겉면은 갓과 같은 색이다. 속은 차 있으나 점차 빈다. **포자**는 7.5~9㎛ 크기의 공모양이고 흰색이다.

 식용
(괜찮은 맛)

 약용
(항종양)

● **졸각버섯과 졸각버섯속**
(과명 바뀜)

● **한해살이**

● **작은중간키 – 소형**

식용 >>>

요리 방법과 맛_ 소형 버섯이라 채취량이 적은 편이며 쫄깃하고 담백한 맛이다. 조금 쌉쌀한 뒷맛이 있어서 소금물에 삶아 물에 우려내야 한다. 숙회, 볶음, 조림, 구이, 찌개 등으로 먹는다.

약용 >>>

성분과 효능_ 유리 아미노산(단백질 합성, 면역력 강화) 23종, 폴리사카리드(항종양), 렉틴(생체반응 조절)이 함유되어 있다. 종양을 억제하는 효능이 있다.

01_ **어린 버섯**
   어린 버섯 올라오는 모
   습.   7/12

02_ **어린 버섯**
   이끼 낀 나무 밑에 올
   라온 버섯들.   9/14

03_ **젊은 버섯**
   갓이 둥그스름해진 버
   섯.   9/1

04_ **젊은 버섯**
   이끼 낀 비탈지에 올라
   온 모습.   9/15

05_ **다 자란 버섯**
   작은 군락지.   9/5

06_ **다 자란 버섯**
   옆에서 본 모습.   8/9

07_ **다 자란 버섯**
　　빗물에 젖은 모습.
　　　　　　　　8/25

08_ **다 자란 버섯**
　　갓이 조금 오목해진다.
　　　　　　　　7/12

09_ **다 자란 버섯**
　　자루 속이 점차 비어
　　휘기도 한다.　　9/1

10_ **상세 모습**
　　젊은 버섯.　　8/25

11_ **상세 모습**
　　늙은 버섯.　　7/12

12_ **상세 모습**
　　젊은 버섯의 주름살.
　　　　　　　　8/25

13_ **이용**
　　채취한 버섯.　　8/9

14_ **이용**
　　소금으로 간한 볶음.
　　쫄깃하고 뒷맛이 조금
　　쌉쌀하다.　　7/12

족제비눈물버섯

갓 가장자리에 외피막 조각이 있다. 6월 5일

🔍 한눈에 보기

갓 윗면
연노란색~연노란갈색, 흰색 비늘가루

갓 가장자리
외피막 조각이 너덜거림

갓 밑면
주름살, 흰색~회색 ⇨ 자주갈색

자루 겉면
흰색, 흰색 비늘가루, 속이 비어 있음

턱받이
흰색, 잘 떨어짐

육질
조금 얇음

● **발생 시기·장소** | 여름~가을, 넓은잎나무숲의 나무 그루터기나 근처 땅 위에 1개씩 또는 여러 개가 뭉쳐서 무리지어 올라온다.

● **분포** | 한국, 일본, 중국, 북아메리카, 유럽, 오스트레일리아 등지에 분포한다.

● **특징** | 갓 가장자리에 눈물 같은 외피막 조각이 있으며, 주름살이 자주갈색이 된다.

● **생김새** | 갓 지름 2~8㎝의 중소형. **갓**은 원통모양이나 종모양에서 낮고 둥근 산모양이 된다. 윗면은 연노란색~연노란갈색이며 흰색 비늘가루가 붙어 있다. 갓이 펴지면 갓 밑면의 주름살을 덮고 있던 외피막 조각들이 가장자리에 매달려 너덜거리나 금방 떨어진다. 갓살은 조금 얇고 흰색이다. **갓 밑면**은 주름살로 되어 있으며, 주름살은 끝붙은형이고 빽빽하다. 어릴 때는 흰색~회색이고 늙으면 자주갈색이 된다. **자루**는 길이 2~5㎝, 굵기 2~4㎜로 겉면은 흰색이고 흰색 비늘가루가 있다. 갓이 펴지면서 자루 윗동에 치마모양의 흰색 턱받이가 생기나 잘 떨어져나간다. 속은 비어 있다. **포자**는 6~8.5×4~5㎛ 크기의 타원형이고 자주갈색이다.

 식용 불가
(한때 식용으로 잘못 알려짐)

 약간 독성
(환각, 위장장애)

● **눈물버섯과 눈물버섯속**
(과명 바뀜)

● **한해살이**

● **작은키 – 중소형**

● **다른 이름 : 울타리버섯**

주의사항

● 한때 식용으로 잘못 알려졌던 독버섯으로 위장장애를 일으키고 환각성분이 함유된 것으로 밝혀졌으므로 절대 먹어선 안 된다.

독성분과 중독 증상 >>>

실로시빈_ 보통 푸른빛을 띠며, 몸 안에 들어가면 독성분이 10배 강한 실로신으로 바뀐다. 먹으면 곧바로 중추신경계 마비, 손발 굽음, 혀 꼬부라짐, 불안감, 이해력 저하, 색채 환각, 환청, 정신착란, 웃음, 흥분, 심기변화, 근심증 등 농약 중독과 비슷한 증상이 나타난다. 해독제 는 클로로프로마진인데 오히려 악화되기도 한다.

01_ 어린 버섯
넓은잎 낙엽 위에 올라
온 모습.　　　6/18

02_ 젊은 버섯
옆에서 본 모습.　6/18

03_ 다 지란 버섯
갓에 갈색 얼룩이 생겼
다.　　　　　6/18

04_ 상세 모습
어린 버섯부터 다 자란
버섯까지.　　　6/18

05_ 상세 모습
늙은 버섯.　　　6/18

06_ 상세 모습
어린 버섯부터 다 자란
버섯까지 주름살 색 비
교.　　　　　6/18

07_ 상세 모습
다 자란 버섯의 주름
살.　　　　　6/5

큰눈물버섯

Lacrymaria lacrymabunda (Bull.) Pat = *Psathirella velutina* (Pers.) Sing.

갓이 섬유털비늘로 덮여 있다. 6월 2일

🔍 한눈에 보기

갓 윗면
갈색~노란갈색 ⇨ 어두운 회갈색, 빽빽한 섬유털비늘

갓 가장자리
외피막 조각이 너덜거림

갓 밑면
주름살, 진자주갈색

자루 속
비어 있음

턱받이
흰색

육질
조금 얇음

맛
텁텁하고 쌉쌀한 맛(독성)

● **발생 시기·장소** | 여름~가을, 혼합림(참나무, 소나무)~초원~풀밭~길가 땅 위에 1개씩 또는 여러 개가 무리지어 올라온다.

● **분포** | 한국, 일본, 중국, 북아메리카 등 북반구 일대에 분포한다.

● **특징** | 갓과 자루가 갈색~노란갈색이며 섬유털비늘로 빽빽이 덮여 있다.

● **생김새** | 갓 지름 2~10㎝의 중소형. **갓**은 반원모양에서 점차 산모양이 되며 늙으면 편평해진다. 윗면은 갈색~노란갈색이고 섬유털비늘로 빽빽이 덮여 있으며, 늙으면 어두운 회갈색이 된다. 갓이 펴지면 갓 밑면의 주름살을 덮고 있던 외피막 조각들이 가장자리에 매달려 너덜거리나 금방 떨어진다. 갓살은 조금 얇다. **갓 밑면**은 주름살로 되어 있으며, 주름살은 끝붙은형~완전붙은형이고 빽빽하며 진자주갈색이다. **자루**는 길이 3~10㎝, 굵기 3~10㎜로 겉면이 갓과 같은 색이고 섬유털비늘로 빽빽이 덮여 있다. 갓이 펴지면서 자루 윗동에 치마모양의 흰색 턱받이가 생기나 잘 떨어져나간다. 속은 비어 있다. **포자**는 8.5~11.5×4.5~7㎛ 크기의 타원형이고 자주갈색~검은갈색이다.

 식용 불가
(한때 식용으로 잘못 알려짐)

 약간 독성
(위장장애)

● **눈물버섯과 큰눈물버섯속**
(과명·속명 바뀜)

● **한해살이**

● **작은중간키 – 중소형**

주의사항

● 한때 식용으로 잘못 알려졌던 독버섯으로 위장장애를 일으키며 맛이 텁텁하고 쌉쌀하므로 먹지 않는다.

01_ 어린 버섯
풀밭에 무리지어 올라
온 모습.   6/2

02_ 어린 버섯
1개씩 나오기도 한다.
                    5/15

03_ 젊은 버섯
군락지.   6/2

04_ 젊은 버섯
갓 가장자리가 갈라진
모습.   6/5

05_ 젊은 버섯
한곳에 올라와 갓이 눌
렸다.   6/5

06_ 젊은 버섯
풀 숲에 숨어 있는 버
섯들.   6/5

07_ **젊은 버섯**
자루에 보인 섬유털비
늘이 보인다.   6/5

08_ **젊은 버섯**
갓 가장자리에 외피막
조각이 붙어 있는 모
습.   6/5

09_ **다 자란 버섯**
갓이 점차 편평해진다.
          6/5

10_ **늙은 버섯**
물 내리는 모습.   11/7

11_ **상세 모습**
어린 버섯.   5/15

12_ **상세 모습**
젊은 버섯부터 다 자란
버섯까지.   6/5

13_ **상세 모습**
어린 버섯의 주름살과
자루 속.   6/2

14_ **상세 모습**
젊은 버섯의 주름살과
갓 윗면.   5/15

Coprinellus micaceus (Bull.) Vilgalys, Hopple & Johnson = *Coprinus micaceus* (Bull.) Fr.

갈색쥐눈물버섯 (갈색먹물버섯)

갓에 우산살모양의 주름이 있고, 주름살이 먹물처럼 되어 녹아내린다. 5월 7일

한눈에 보기

갓 윗면
연노란갈색, 우산살모양 주름, 비늘 가루(어릴 때), 먹물처럼 되어 녹아 내림

갓 밑면
주름살, 흰색 ⇨ 먹물 같은 검은색, 먹물처럼 녹아내림

자루 겉면
흰색, 속이 비어 있음

육질
얇음

맛
감칠맛, 달달한 맛(독성)

● **발생 시기·장소 |** 여름~가을, 넓은잎나무 위나 그루터기 위, 나무뿌리가 묻힌 땅 위에 1개씩 또는 여러 개가 뭉쳐서 무리지어 올라온다.

● **분포 |** 한국(주로 내장산, 다도해해상국립공원, 방태산, 백두산, 소백산, 운문산, 영축산, 지리산, 천성산), 일본, 중국, 북아메리카, 시베리아, 유럽 등지에 분포한다.

● **특징 |** 갓이 연노란갈색이고 어릴 때 비늘가루가 있으며 점차 검은 먹물처럼 되어 녹아내린다.

● **생김새 |** 갓 지름 1~4㎝의 소형. **갓**은 알모양에서 종모양 또는 고깔모양이 되었다가 점차 편평해지고 가장자리가 위로 말린다. 가장자리에 깊게 우산살모양의 주름이 있으며, 늙으면 검은 먹물처럼 녹아내린다. 윗면은 연노란갈색이며, 어릴 때는 비늘가루로 덮여 있다가 점차 떨어져 나가 매끄러워진다. 갓살은 얇다. **갓 밑면**은 주름살로 되어 있으며, 주름살은 끝붙은형이고 빽빽하다. 어릴 때는 흰색이고 점차 먹물 같은 검은색이 되어 녹아내린다. **자루**는 길이 3~8㎝, 굵기 2~4㎜로 겉면이 흰색이고, 속이 비어 있다. **포자**는 7~10×4.5~6㎛ 크기의 타원형이고 발아공이 있으며 검은색이다.

 식용 불가
(한때 식용으로 잘못 알려짐)

 약간 독성
(술과 함께 먹으면 구토, 현기증, 두통 등 숙취 증상)

● **눈물버섯과 쥐눈물버섯속**
(과명·속명 바뀜)

● **한해살이**

● **작은중간키 – 소형**

● 한때 식용으로 잘못 알려졌던 독버섯으로 감칠맛과 달달한 맛이 있으나 독성분이 들어 있으므로 먹지 말아야 한다. 술과 함께 먹으면 중독되므로 절대 술안주로 먹거나 음주 전후에 먹어선 안 된다.

독성분과 중독 증상 >>>

코프린_ 술과 함께 먹으면 20분~20시간 뒤 자율신경 이상, 얼굴과 목 붉어짐, 심장 두근거림, 저혈압, 구토, 구역질, 두통, 어지러움, 숨쉬기 힘들고 악취, 맞은 듯한 통증이 있다. 술을 먹었을 때 혈액 속에 아세트알데히드가 쌓여 숙취 증상이 심해진다. 몇 시간이 지나야 회복되며, 해독제는 알려져 있지 않다.

01_ 어린 버섯
  어린 버섯이 뭉쳐 올라오는 모습.   5/7

02_ 어린 버섯
  무더기로 올라오는 모습.   5/19

03_ 어린 버섯
  나무 밑동의 오목한 곳에 올라온 모습.   9/6

04_ 어린 버섯
  줄지어 올라온 버섯들.   8/29

05_ 어린 버섯
  나무 밑동 껍질 밑에서 올라온 모습.   9/3

06_ 어린 버섯
  갓이 점차 종모양으로 펴진다.   7/3

07_ 젊은 버섯
나무 밑동 아래에 올라
온 모습.   5/28

08_ 다 자란 버섯
나무에 붙어 자라는 버
섯들.   5/28

09_ 다 자란 버섯
갓 가장자리가 검어진
모습.   5/7

10_ 다 자란 버섯
주름살이 녹아 먹물처
럼 되고 있다.   5/23

11_ 늙은 버섯
갓이 먹물처럼 녹아내
려 형체가 없어진 모
습.   8/29

12_ 상세 모습
뭉쳐 있는 어린 버섯.
                  5/19

13_ 상세 모습
어린 버섯(아래)과 다
자란 버섯.   5/7

Coprinellus disseminatus (Pers.) J. Lange = *Coprinellus disseminatus* (Pers.) J. E. Lange
= *Coprinus disseminatus* (Pers. & Fr.) S. F. Gray = *Coprinus disseminatus* (Pers.) Gray

고깔쥐눈물버섯 (고깔먹물버섯)

※학명 바뀜

갓이 희회색이고 우산살모양의 주름이 있다. 7월 18일

🔍 한눈에 보기

갓 윗면
흰회색 ⇨ 흰회갈색, 선명한 우산살
모양 주름

갓 밑면
주름살, 흰색 ⇨ 먹물 같은 검은색,
녹아내려 없어짐

자루 겉면
흰색, 연노란색이고 잔털 있음(밑동)

육질
아주 얇음

맛
담백한 맛(독성)

● **발생 시기·장소 |** 봄~가을, 넓은잎나무 고목~나무 그루터기~죽어서 썩은 나무~나무뿌리가 있는 땅 위에 1개씩 또는 여러 개가 뭉쳐서 무리지어 올라온다.

● **분포 |** 한국, 북아메리카 등지에 분포한다.

● **특징 |** 초소형이고 갓이 흰회색이며, 선명한 우산살모양 주름이 있다.

● **생김새 |** 갓 지름 5~20㎜의 초소형. **갓**은 알모양에서 점차 고깔모양이 되며, 한가운데가 납작해지고 선명한 우산살모양의 주름이 있다. 윗면은 어릴 때 흰회색에서 점차 흰회갈색이 되며, 한가운데에 흰갈색 점이 있다. 갓살은 아주 얇다. **갓 밑면**은 주름살로 되어 있으며, 주름살은 끝붙은형이고 성기다. 어릴 때 흰색에서 점차 먹물 같은 검은색이 된다. **자루**는 길이 1.5~3.5㎝, 굵기 1~3㎜로 겉면이 흰색이며, 밑동은 잔털이 있고 연노란색이다. **포자**는 7~9.5×3.7~5㎛ 크기의 타원형이고 노란갈색~검은갈색이다.

 식용 불가

 약간 독성
(술과 함께 먹으면 구토, 현기증, 두통 등의 숙취 증상)

● **눈물버섯과 쥐눈물버섯속**
(속명 바뀜)

● **한해살이**

● **아주작은키 – 초소형**

01_ **어린 버섯**
　　초소형이고 무리지어
　　자란다.　　　7/18

02_ **젊은 버섯**
　　갓이 펴지고 있는 모
　　습.　　　　　7/18

03_ **다 자란 버섯**
　　갓 한가운데에 흰갈색
　　점이 있다.　　　7/18

Parasola plicatilis (Curt.) Readhead, Vilg. & Monc. = *Coprinus plicatilis* (Curt.) Fr.

좀밀양산버섯 (좀밀먹물버섯)

회갈색 양산모양이다. 6월 5일

어린 버섯
어릴 때는 갈색이다. 6/5

🔍 한눈에 보기

갓 윗면
노란색 ⇒ 연회색 ⇒ 연회갈색, 한가운데는 갈색, 한가운데 이외에 깊게 우산살모양 주름

갓 밑면
주름살, 회색 ⇒ 검은회색, 때로 먹물처럼 되어 녹아내림

자루 겉면
흰색 ⇒ 갈색(윗동 아래), 비단 같은 잔털(밑동)

육질
아주 얇음

맛
담백한 맛(독성)

● **발생 시기·장소 |** 봄~가을, 들판~초원~풀밭~잔디밭의 거름기 있는 땅 위나 퇴비, 동물의 배설물 위에 1개씩 또는 여러 개가 뭉쳐서 올라온다.

● **분포 |** 한국, 일본, 중국, 북아메리카, 유럽 등 전 세계에 분포한다.

● **특징 |** 갓이 회색빛이고, 깊게 우산살모양의 주름이 있어 양산 같으며, 주름살이 검은 회색이 된다.

● **생김새 |** 갓 지름 1.5~3㎝의 소형. **갓**은 어릴 때 알모양에서 종모양이 되고 점차 편평하게 펴지며 한가운데가 납작해진다. 한가운데를 제외한 나머지에 깊게 우산살모양의 주름이 있어 양산처럼 보인다. 윗면은 어릴 때 노란색이고, 한가운데를 제외한 부분은 점차 연회색이 되었다가 연회갈색이 되며, 한가운데는 갈색이 되고 가장자리가 반투명해진다. 우산살모양의 주름 사이에 잔털이 있으며, 갓살은 아주 얇다. **갓 밑면**은 주름살로 되어 있으며, 주름살은 끝붙은형이고 성기다. 어릴 때 회색에서 점차 검은회색이 되며, 때로는 어릴 때부터 먹물처럼 녹아내리기도 한다. **자루**는 길이 3~7㎝, 굵기 1~2㎜로 가늘다. 겉면은 흰색이고 점차 윗동 아래가 갈색이 되며, 밑동에 비단 같은 잔털이 있다. 속은 비어 있다. **포자**는 11~12×7.5~10.5㎛ 크기의 원통모양~둥근 삼각형이고 검은갈색이다.

🚫 **식용 불가**

☠ **약간 독성**
(술과 함께 먹으면 구토, 현기증, 두통 등의 숙취 증상)

● **눈물버섯과 양산버섯속**
(과명·속명 바뀜)

● **한해살이**

● **작은중간키 – 소형**

Coprinopsis cinerea (Schaeff.) Readhead, Vilg. & Monc. = *Coprinus cinereus* (Fr.) Gray

재흙물버섯 (재먹물버섯)

소똥 위에 올라온다. 5월 27일

다 자란 버섯
갓 가장자리가 위로 말린다. 5/27

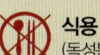 **한눈에 보기**

갓 윗면
재색, 가운데는 황토갈색, 우산살모양 주름

갓 밑면
주름살, 갓과 같은 색, 먹물처럼 되어 녹아내림

자루 겉면
반투명 흰색, 굵은 털(밑동), 속이 비어 있음

육질
아주 얇음

● **발생 시기·장소** | 여름~가을, 소똥이나 말똥, 퇴비더미 위에 1개씩 또는 여러 개가 무리지어 올라온다.

● **분포** | 한국, 동남아시아, 북아메리카, 유럽, 오스트레일리아 등지에 분포한다.

● **특징** | 소똥, 말똥, 퇴비더미 위에 올라오고, 자루 밑동에 굵은 털이 조금 있으며, 주름살이 먹물처럼 되어 녹아내린다.

● **생김새** | 갓 지름 2~5㎝, 높이 1.5~4.5㎝의 소형. **갓**은 어릴 때 알모양에서 점차 원통모양이 되었다가 고깔모양이 되며, 늙으면 편평해지고 가장자리가 위로 말린다. 윗면은 재색(회색)이고 한가운데는 황토갈색이다. 어릴 때는 흰색 솜털비늘로 덮여 있다가 곧 떨어져나가고 우산살모양의 주름이 생긴다. 갓살은 아주 얇으며, 어릴 때 흰색에서 점차 회색이 된다. **갓 밑면**은 주름살로 되어 있으며, 주름살은 끝붙은형이고 빽빽하며, 갓과 같은 색이고 점차 먹물처럼 되어 녹아내린다. **자루**는 길이 3~8㎝, 굵기 2~5㎜이며 밑동이 좀 더 굵다. 겉면은 반투명 흰색이고 밑동에 굵은 털이 조금 있으며, 속이 비어 있어 잘 부러진다. **포자**는 11~15×6~8㎛ 크기의 타원형이고 검은색이다.

식용 불가
(독성분 여부 미상)

● **눈물버섯과 흙물버섯속**
(과명·속명 바뀜)

● **한해살이**

● **작은키 – 소형**

Coprinopsis lagopus (Fr.) Readhead, Vilg. & Monc. = *Coprinus lagopus* (Fr.) Fr.

소녀흙물버섯 (소녀먹물버섯)

갓에 털이 남아 있다. 5월 27일

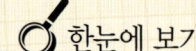 한눈에 보기

갓 윗면
흰색 ⇨ 연갈색 ⇨ 회색, 빽빽한 흰갈색 솜털비늘 ⇨ 촘촘한 우산살모양 주름

갓 밑면
주름살, 회색 ⇨ 먹물 같은 검은색

자루 겉면
흰색, 잔털로 덮임(어릴 때)

육질
아주 얇음

● **발생 시기·장소 |** 여름~가을, 소나무~넓은잎나무의 낙엽이나 썩은 나무가 있는 곳, 퇴비·짚·쌀겨더미 위, 쓰레기장, 죽은 동물이 썩어 분해된 곳, 소변기 있는(암모니아가 함유된) 땅 위에 1개씩 또는 여러 개가 뭉쳐서 무리지어 올라온다.

● **분포 |** 한국, 일본, 북아메리카, 아프리카, 유럽 등지에 분포한다.

● **특징 |** 낙엽, 썩은 나무, 소변기 있는 땅 위에 올라오고 양송이 재배에 큰 피해를 주며, 갓 한가운데에 솜털비늘이 남아 있다.

● **생김새 |** 갓 지름 1~4㎝의 소형. **갓**은 어릴 때 알모양에서 점차 원통모양이 되었다가 종모양이 되고 편평해진다. 늙으면 가장자리가 갈라지거나 위로 말린다. 윗면은 흰색에서 연갈색을 거쳐 회색이 된다. 어릴 때는 흰갈색 솜털비늘로 빽빽이 덮여 있다가 점차 가운데만 남고 없어져 촘촘한 우산살모양의 주름이 생긴다. 습하면 반투명해지기도 한다. 갓살은 아주 얇다. **갓 밑면**은 주름살로 되어 있으며, 주름살은 끝붙은형이고 빽빽하며 회색에서 먹물 같은 검은색이 된다. **자루**는 길이 5~8㎝, 굵기 2~3.5㎜이고 윗동이 좀 더 가늘다. 겉면은 흰색이며 어릴 때 잔털로 덮여 있다가 점차 떨어져나간다. 속은 비어 있다. **포자**는 10~21.5×7~8.5㎛ 크기의 타원형이고 검은색이다.

 식용 불가 (독성분 여부 미상)

● **눈물버섯과 흙물버섯속** (과명·속명 바뀜)
● **한해살이**
● **작은중간키 – 소형**

● 재흙물버섯(재먹물버섯, p.461)과 색이나 모양이 비슷해서 혼동하기 쉬운데 소녀흙물버섯(소녀먹물버섯, p.462)은 낙엽이나 쓰레기장, 퇴비더미 위에 올라온다는 점이 다르다.

01_ **어린 버섯**
짚더미에 올라온 모습.
6/12

02_ **어린 버섯**
어릴 때 갓이 솜털비늘
로 덮여 있다.   6/12

03_ **어린 버섯**
옆에서 본 모습. 6/12

04_ **어린 버섯**
갓 한가운데가 연갈색
이 된다.   6/12

05_ **어린 버섯**
어린 버섯과 늙어서 물
내린 버섯.   5/27

06_ **젊은 버섯**
쌀겨 위에 올라온 버
섯.   5/27

07_ **젊은 버섯**
솜털비늘은 자라면서
갓 가운데만 남고 점차
떨어져나간다.   6/5

08_ **젊은 버섯**
솜털비늘이 떨어져 나
간 모습.   6/5

09_ **젊은 버섯**
솔잎과 넓은잎나무의
낙엽 위에 올라온 버
섯.   7/7

10_ **젊은 버섯**
솜털비늘이 많이 남아
있는 버섯.   5/27

11_ **젊은 버섯**
갓에 쌀겨가 붙어 있는
모습.   5/27

12_ **젊은 버섯**
솜털비늘이 많이 떨어
져나간 버섯.   5/27

13_ **다 자란 버섯**
짚더미 위에 무리지어
자라는 버섯.   6/12

14_ **다 자란 버섯**
갓 가장자리가 갈라진
모습.   6/5

15_ 다 자란 버섯
갓 가장자리가 위로 말리는 모습.　　6/5

16_ 늙은 버섯
갓에 솜털비늘이 남아 있는 늙은 버섯.　6/5

17_ 늙은 버섯
주름살이 검어진 버섯.　　9/19

18_ 늙은 버섯
옆에서 본 모습.　9/19

19_ 상세 모습
어린 버섯.　　6/12

20_ 상세 모습
젊은 버섯.　　6/5

21_ 상세 모습
다 자란 버섯.　5/27

22_ 상세 모습
늙은 버섯.　9/19

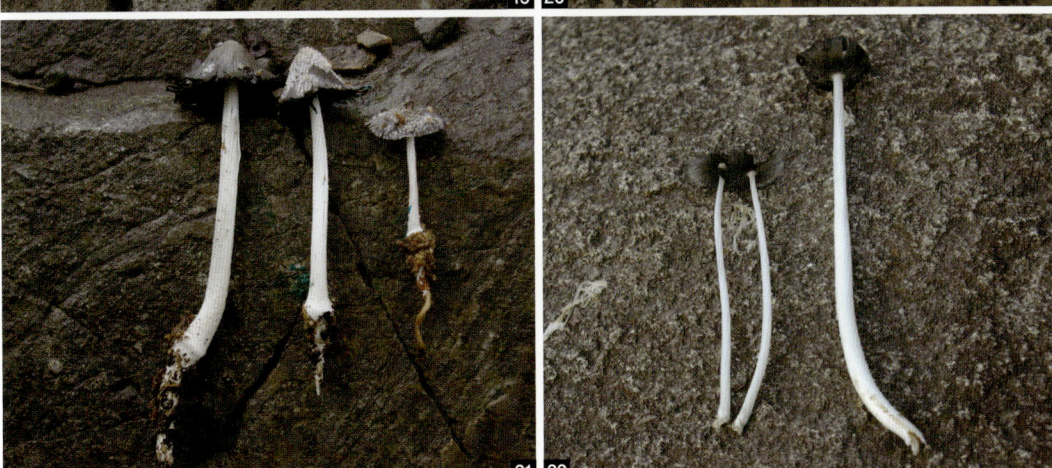

Coprinopsis atramentaria (Bull.) Readhead, Vilg. & Monc. = *Coprinus atramentarius* (Bull.) Fr.

두엄흙물버섯 (두엄먹물버섯)

갓이 회갈색이다. 5월 25일

🔍 한눈에 보기

갓 윗면
회갈색~회색, 우산살모양 주름

갓 밑면
주름살, 흰색 ⇨ 검은자주갈색, 검은 먹물처럼 되어 녹아내림

자루 겉면
흰색

육질
조금 얇음

맛
달달한 맛(독성)

● **발생 시기·장소 |** 봄~가을, 숲속~정원~공원~밭~길가~노지 땅 위에 1개씩 또는 여러 개가 뭉쳐서 무리지어 올라온다.

● **분포 |** 한국 등 전 세계에 분포한다.

● **특징 |** 갓이 회갈색이고, 자루가 희며, 주름살이 검은 먹물처럼 되어 녹아내린다.

● **생김새 |** 갓 지름 5~8㎝의 중소형. **갓**은 어릴 때 알모양에서 점차 종모양이 되고 편평해진다. 윗면은 회갈색~회색이고 한가운데에 비늘가루가 있다. 가장자리에는 우산살모양의 주름이 있으며, 늙으면 갈라져서 먹물처럼 되어 녹아내려 줄무늬가 생긴다. 갓살은 조금 얇다. **갓 밑면**은 주름살로 되어 있으며, 주름살은 끝붙은형이고 빽빽하다. 어릴 때 흰색에서 점차 검은자주갈색이 되고 검은 먹물처럼 되어 녹아버린다. **자루**는 길이 4~10㎝, 굵기 2~4㎜로 겉면이 흰색이고, 속은 비어 있다. **포자**는 7.8~10.4×4.5~6.5㎛ 크기의 타원형이고 검은색이다.

 식용 불가
(한때 식용으로 잘못 알려짐)

 일반 독성
(술과 함께 먹으면 구토, 현기증, 두통 등의 숙취 증상)

● **눈물버섯과 흙물버섯속**
(과명·속명 바뀜)

● **한해살이**

● **중간큰키 – 중소형**

01_ 어린 버섯
무리지어 올라오고 있다.　　　5/25

02_ 젊은 버섯
자루가 길어지는 모습
　　　　　　5/25

03_ 젊은 버섯
갓껍질이 갈라지는 버섯도 보인다.　5/25

04_ 젊은 버섯
작은 군락지.　5/25

05_ 상세 모습
어린 버섯.　5/25

06_ 상세 모습
젊은 버섯.　5/25

07_ 상세 모습
어린 버섯부터 젊은 버섯까지.　5/25

먹물버섯

갓에 섬유털이 있으며 먹물처럼 녹아내린다. 7월 6일

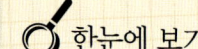 한눈에 보기

갓 윗면
흰색, 연회갈색 섬유털, 먹물처럼 되어 녹아내림

갓 밑면
주름살, 흰색 ⇨ 먹물 같은 검은색, 녹아내림

자루 겉면
흰색, 흰색 섬유비늘

턱받이
흰색, 가락지모양

육질
조금 얇음

냄새
향긋한 냄새

맛
감칠맛

● **발생 시기·장소 |** 봄~가을, 초원~정원~목장~밭둑~풀밭~잔디밭 거름기 있는 땅 위에 1개씩 또는 여러 개가 무리지어 올라온다.

● **분포 |** 한국, 동아시아, 북아메리카, 아프리카, 유럽, 오스트레일리아 등지에 분포한다.

● **특징 |** 갓이 어릴 때 긴 알모양에서 점차 원통모양이 되고 섬유털로 덮여 있으며, 자루에 섬유비늘이 있다.

● **생김새 |** 갓 지름 3~5㎝, 높이 5~10㎝의 중소형. 어릴 때는 긴 알모양이고, 점차 갓이 펴져 원통모양이 되었다가 종모양이 된다. 윗면은 흰색이고 연회갈색 섬유털로 빽빽이 덮여 있으며, 가장자리부터 검은 먹물처럼 녹아내린다. 갓살은 조금 얇다. **갓 밑면**은 주름살로 되어 있으며, 주름살은 끝붙은형~떨어진형이고 빽빽하다. 어릴 때 흰색이고 점차 먹물 같은 검은색이 되어 녹아내린다. **자루**는 길이 15~25㎝, 굵기 8~15㎜로 밑동이 좀 더 굵다. 겉면은 흰색이고 흰 섬유비늘로 덮여 있으며, 점차 검은 먹물처럼 되어 녹아내린다. 갓이 펴지면서는 자루에 위아래로 움직이는 가락지모양의 흰 턱받이가 생긴다. 속은 비어 있다. **포자**는 10~15×7~8㎛ 크기의 타원형이고 검은색이다.

 식용
(괜찮은 맛)

 약용
(위장병, 당뇨, 항종양)

 약간 독성
(술과 함께 먹으면 중독)

● 주름버섯과 먹물버섯속

● 한해살이

● 큰키 – 중소형

● 다른 이름 : 비늘먹물버섯

주의사항

● 식용·약용 버섯이나 약간 독성분이 있으며, 술과 함께 먹으면 중독되므로 먹고 나서 최소 5일 정도는 술을 마시지 않는 것이 좋다. 특히 먹물이 나온 것은 독성이 강하므로 먹어선 안 되며, 어린 버섯도 반드시 소금물에 삶아서 물은 버리고 사용해야 한다.

독성분과 중독 증상 >>>

코프린_ 술과 함께 먹으면 20분~20시간 뒤 자율신경 이상, 얼굴과 목 붉어짐, 심장 두근거림, 저혈압, 구토, 구역질, 두통, 어지러움, 숨쉬기 힘들고 악취, 맞은 듯한 통증 등이 나타난다. 술을 먹었을 때 혈액 속에 아세트알데히드가 쌓여 숙취 증상이 더 심해진다. 회복되기까지 몇 시간이 걸리며, 해독제는 알려져 있지 않다.

이용방법

식용 >>>

요리 방법과 맛_ 유럽에서 좋아하는 버섯으로 향긋하고 감칠맛이 난다. 검은 먹물이 나오기 전의 어린 버섯을 채취해야 하며, 약간 독성이 있으므로 소금물에 삶아 여러 번 헹구어야 한다. 숙회, 볶음, 조림, 구이, 수프, 찌개 등으로 먹는다.

약용 >>>

성분과 효능_ 유리 아미노산(단백질 합성, 면역력 강화) 30종, 지방산 8종, 폴리사카리드(항종양)가 함유되어 있다. 혈당을 내리고, 소화가 잘 되게 하며, 치질을 낮게 하고, 종양을 억제하는 효능이 있다. 약으로 쓸 때는 버섯 말린 것 30~60g을 달여 마신다.

01_ **어린 버섯**
어린 버섯이 올라오는 모습.　　　5/23

02_ **어린 버섯**
섬유털이 일어나고 있다.　　　5/23

03_ **어린 버섯**
풀밭에 올라온 모습.　　　6/5

04_ **어린 버섯**
갓모양이 생기는 모습.　　　7/3

05_ **어린 버섯**
갓 모양이 긴 알모양이
다.   11/7

06_ **젊은 버섯**
갓 아래쪽이 펴진다.
          5/24

07_ **젊은 버섯**
갓 아래쪽이 갈라진 모
습.   5/26

08_ **젊은 버섯**
갓이 종모양이 되었다.
          6/5

09_ **다 자란 버섯**
갓 가장자리가 말리면
서 녹고 있다.   5/27

10_ **다 자란 버섯**
갓 가장자리가 갈라진
버섯.   7/6

11_ **다 자란 버섯**
갓 가장자리가 말려서
검은 주름살이 드러난
다.   9/26

12_ **늙은 버섯**
심하게 녹아내리고 있
다.   11/15

13_ **늙은 버섯**
거의 다 녹아내린 모
습.   11/4

14_ 상세 모습
　어린 버섯.　　　5/17

15_ 상세 모습
　어린 버섯과 젊은 버
　섯.　　　　　6/5

16_ 상세 모습
　갈색쥐눈물버섯(왼쪽),
　두엄흙물버섯(가운데),
　먹물버섯(오른쪽).
　　　　　　　5/26

17_ 상세 모습
　어린 버섯의 갓 밑면과
　자루.　　　　5/17

18_ 상세 모습
　어린 버섯과 다 자란
　버섯의 갓 밑면과 자
　루.　　　　　7/6

19_ 이용
　채취한 버섯. 먹물이
　나오기 전에 딴다.
　　　　　　　5/27

20_ 이용
　숙회. 아삭하고 달달하
　며 감칠맛이 난다.
　　　　　　　5/17

Geastrum fimbriatum Fr. = *Geastrum sessile* (Sow.) Pouz.

테두리방귀버섯

겉껍질이 별모양으로 1회 갈라진다. 9월 8일

한눈에 보기

겉껍질
공모양 ⇨ 별모양으로 갈라짐, 연붉은 갈색 ⇨ 진갈색, 조금 두툼한 육질

겉껍질 안쪽
살색~연노란갈색

포자주머니
공모양, 흰색 ⇨ 어두운 갈색, 얇은 섬유질

● **발생 시기·장소 |** 여름~가을, 혼합림(넓은잎나무, 소나무)의 낙엽 있는 기름진 땅 위에 1개씩 또는 여러 개가 모여서 올라온다.

● **분포 |** 한국, 일본, 중국, 북아메리카, 유럽, 오스트레일리아 등지에 분포한다.

● **특징 |** 어릴 때 밋밋한 공모양이고, 겉껍질이 별모양으로 갈라진다.

● **생김새 |** 지름 1.5~4㎝의 소형. **어릴 때**는 밋밋한 공모양이나 곧 겉껍질이 별모양으로 갈라져 안쪽에 공모양의 포자주머니가 얹혀 있는 것 같은 모양이 된다. **겉껍질**은 연붉은갈색에서 점차 진갈색이 되며, 크기가 조금씩 다르게 5~10조각으로 갈라져 별모양으로 퍼지고 끝이 아래쪽으로 둥그스름하게 말린다. 겉껍질 안쪽은 살색~연노란갈색이며, 건조하면 조금 갈라지기도 한다. **포자주머니**는 지름 1.5~2㎝의 공모양이고 흰색에서 점차 어두운 갈색이 된다. 맨 위쪽에는 섬유결의 포자구멍이 있어 방귀를 뀌듯이 포자가루를 내뿜는다. 포자주머니 살은 아주 얇은 섬유질이다. **포자**는 3~4㎛ 크기의 공모양이고 연갈색이다.

 식용 부적합
(섬유질)

 약용
(상처)

● **방귀버섯과 방귀버섯속**

● **한해살이**

● **작은키 – 소형**

이용방법

약용 >>>

성분과 효능_ 염증을 가라앉히고, 피를 멎게 하며, 독을 풀어주는 효능이 있다. 상처가 났을 때 포자가루를 바른다.

01_ 어린 버섯
밋밋한 공모양이다.
8/8

02_ 젊은 버섯
겉껍질이 갈라진다.
9/8

03_ 다 자란 버섯
넓은잎 낙엽 위에 올라
온 버섯. 8/8

04_ 다 자란 버섯
겉껍질이 둥글게 말린
모습. 8/8

05_ 늙은 버섯
포자를 내뿜고 나면 알
모양이 찌그러진다.
8/8

06_ 늙은 버섯
늙어서 물 내리는 모
습. 8/31

07_ 상세 모습
포자가 들어 있는 어린
버섯. 9/8

08_ 상세 모습
젊은 버섯 뒷면. 8/31

목도리방귀버섯

포자주머니가 회회색 공모양이다. 9월 4일

겉껍질
꼭지가 달린 공모양 ⇨ 별모양으로 갈라짐(때로는 2겹층으로 갈라짐), 갈색, 조금 두툼한 육질

겉껍질 안쪽
흰크림색~분홍크림색, 조금 두툼한 육질

포자주머니
꼭지가 달린 공모양, 흰회색 ⇨ 회갈색, 얇은 섬유질

냄새
썩은 생선냄새

맛
약간 매운맛

● **발생 시기·장소** | 여름~가을, 넓은잎나무숲(너도밤나무)~혼합림(넓은잎나무, 소나무)~잡목숲~목장~공원의 낙엽 있는 기름진 땅 위에 1개씩 또는 여러 개가 모여서 올라온다.

● **분포** | 한국, 일본, 중국, 북아메리카, 유럽, 오스트레일리아 등지에 분포한다.

● **특징** | 어릴 때 꼭지가 달린 공모양이고, 겉껍질이 2겹층으로 한 번 더 갈라지기도 한다.

● **생김새** | 지름 1~5cm의 소형. **어릴 때**는 원뿔모양의 꼭지가 달린 공모양이나 곧 겉껍질이 별모양으로 1~2회 갈라져서 안쪽에 공모양의 포자주머니가 얹혀 있는 것 같은 모양이 된다. **겉껍질**은 갈색이고 4~8조각으로 갈라져 별모양으로 펴지며 끝이 둥그스름하게 말린다. 때로는 2겹층으로 한 번 더 갈라져 접시모양이 되거나, 포자주머니를 목도리처럼 감싸기도 한다. 겉껍질 안쪽은 흰크림색~분홍크림색이며 조금 두툼한 육질이다. **포자주머니**는 지름 5~20mm이고 원뿔모양의 꼭지가 달린 공모양이며, 흰회색에서 점차 회갈색이 된다. 원뿔모양의 꼭지는 짙은 회갈색이고, 가장자리에 조금 오목한 흰 테두리가 있으며, 맨 위쪽에는 섬유결의 작은 포자구멍이 있어 방귀를 뀌듯이 포자가루를 내뿜는다. 포자주머니 살은 아주 얇은 섬유질이다. **포자**는 3.5~4.5μm 크기의 공모양이고 진갈색이다.

 식용 부적합
(섬유질)

 약용
(후두염, 상처)

● **방귀버섯과 방귀버섯속**

● **한해살이**

● **작은키 – 소형**

01_ 젊은 버섯
　　작은 군락지.　　9/4

02_ 젊은 버섯
　　겉껍질이 갈라진 젊은
　　버섯(왼쪽)과 어린 버
　　섯.　　　　　　9/4

03_ 상세 모습
　　젊은 버섯.　　9/4

04_ 상세 모습
　　어린 버섯의 겉과 속,
　　겉껍질이 갈라지기 전
　　과 후.　　　　9/4

먼지버섯

겉껍질이 갈라져 꼴뚜기모양이 된다. 3월 22일

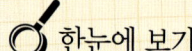 **한눈에 보기**

겉껍질
조금 납작한 공모양 ⇨ 별모양으로 갈라짐, 회갈색~검은갈색, 두껍고 단단한 가죽질

겉껍질 안쪽
붉은갈색 ⇨ 흰색~검은색 얼룩무늬

포자주머니
공모양, 연회갈색, 아주 얇은 섬유질

● **발생 시기·장소 ㅣ** 여름~가을, 산길~산비탈~등산로~길가~오솔길~낭떠러지에 1개씩 또는 여러 개가 무리지어 올라온다.

● **분포 ㅣ** 한국, 일본, 중국, 북아메리카, 유럽 등 전 세계에 분포한다.

● **특징 ㅣ** 겉껍질이 별모양으로 갈라져 꼴뚜기모양이 되며, 단단한 가죽질이다.

● **생김새 ㅣ** 지름 1~5㎝의 소형. **어릴 때**는 조금 납작한 공모양이고 반쯤 땅에 묻혀 있으며, 곧 겉껍질이 별모양으로 갈라지고 안쪽에 있던 공모양의 포자주머니가 나와 꼴뚜기모양이 된다. **겉껍질**은 회갈색~검은갈색이고 7~10조각으로 갈라져 별모양으로 펴지며, 습하면 오므라져서 포자주머니를 눌러 포자가루를 내보낸다. 겉껍질 안쪽은 붉은갈색이며, 점차 불규칙하게 갈라져 흰색~검은색 얼룩무늬가 생긴다. 가죽질층, 아교질층, 속껍질 층으로 이루어져 있으며, 육질은 두껍고 단단한 가죽질이다. **포자주머니**는 1~3㎝의 공모양으로 연회갈색이며, 맨 위쪽에 작은 포자구멍이 있어 겉껍질이 오므라질 때 포자가루를 내뿜는다. 포자주머니 살은 아주 얇은 섬유질이다. **포자**는 8~11㎛ 크기의 공모양이고 갈색이다.

 식용 부적합
(가죽질)

 약용
(상처, 동상)

● 먼지버섯과 먼지버섯속
● 한해살이
● 작은키 – 소형

이용방법

01_ 젊은 버섯
나무 밑 비탈진 곳에 올라온 젊은 버섯(앞쪽 2개)과 다 자란 버섯(뒤쪽).   3/22

02_ 다 자란 버섯
겉껍질 안쪽이 갈라져 얼룩무늬가 생긴다.   2/24

03_ 다 자란 버섯
조금 옆에서 본 모습.   11/18

04_ 다 자란 버섯
군락지.   11/18

05_ **늙은 버섯**
포자가루를 뿜어내고
쭈그러든 버섯.   1/23

06_ **늙은 버섯**
간혹 겨울에도 볼 수
있다.   1/23

07_ **늙은 버섯**
포자주머니가 납작해
진 버섯.   1/23

08_ **늙은 버섯**
포자주머니가 떨어지
고 겉껍질만 남은 모
습.   2/9

09_ **상세 모습**
다 자란 버섯.   3/22

10_ **상세 모습**
늙은 버섯.   3/2

11_ **이용**
채취한 버섯.   3/22

12_ **이용**
포자가루.   3/22

말불버섯

머리가 작은 뿔사마귀로 덮여 있다. 9월 17일

🔍 한눈에 보기

머리 겉면
흰색 ⇨ 회갈색, 작은 원뿔모양의 뿔사마귀

머리 속
어릴 때는 속이 꽉 차 있고, 자라면 솜가루처럼 됨

자루
흰색, 팽이모양

육질
어릴 때는 조금 두툼함

맛
별다른 맛이 없음

● **발생 시기·장소 |** 여름~가을, 넓은잎나무숲~소나무숲~길가~초원~풀밭의 낙엽 많은 땅 위에 1개씩 또는 여러 개가 뭉쳐서 무리지어 올라온다.

● **분포 |** 한국, 일본, 중국, 북아메리카 등 전 세계에 분포한다.

● **특징 |** 머리가 작은 원뿔모양의 뿔사마귀로 덮여 있으며, 자루가 팽이모양이다.

● **생김새 |** 지름 2~6㎝, 높이 2~5㎝의 소형. **머리**는 둥그스름하고 어릴 때 작은 뿔사마귀로 덮여 있으며, 뿔사마귀가 떨어지면서 그물무늬가 된다. 다 자라면 맨 위쪽에 작은 구멍이 뚫려 포자가루를 내뿜는다. 겉면은 어릴 때 흰색에서 점차 회갈색이 되며, 머리 살은 흰색이고 어릴 때는 속이 꽉 차 있으나 점차 포자가 익어 솜가루처럼 된다. **자루**는 짧고 밑동이 뾰족한 팽이모양이다. 겉면은 흰색이고, 속은 해면 같다. **포자**는 3.5~5㎛ 크기의 공모양이고 연갈색이다.

 식용
(평범한 맛)

 약용
(편도선염, 기침)

● 주름버섯과 말불버섯속 (과명 바뀜)
● 한해살이
● 작은키-소형

이용방법

01_ 어린 버섯
어릴 때는 머리가 흰색
이다.   6/2

02_ 젊은 버섯
넓은잎 낙엽이 많은 곳
에 난다.   9/15

03_ 젊은 버섯
솔잎 낙엽 위에 올라온
버섯.   7/1

04_ 젊은 버섯
자루가 짧아서 땅에 붙
어 보인다.   9/17

05_ 젊은 버섯
1개씩 또는 여러 개가
뭉쳐서 올라온다. 7/1

06_ 다 자란 버섯
포자구멍이 생긴다.
          7/14

07_ 다 자란 버섯
포자구멍 주변이 갈라
진 모습.   7/1

08_ 다 자란 버섯
사마귀가 떨어져 그물
무늬가 된다.   7/26

09_ 늙은 버섯
포자가루를 뿜어 갓이
거무스름해졌다.
9/20

10_ 늙은 버섯
포자를 뿜어내고 쭈그
러진 버섯.   7/26

11_ 늙은 버섯
물 내리는 모습. 7/14

12_ 상세 모습
어린 버섯.   9/1

13_ 상세 모습
어린 버섯 윗면과 밑
면.   6/30

14_ 상세 모습
어린 버섯 속. 어릴 때
는 살로 꽉 차 있다.
6/2

15_ 이용
채취한 버섯. 살이 솜
가루처럼 되기 전에 채
취한다.   6/2

16_ 이용
소금으로 간한 볶음.
별 맛이 없다.   6/2

좀말불버섯

Lycoperdon pyriforme Schaeff. = *Lycoperdon pyriforme* Schaeff. ex Pers.

주로 죽은 나무토막 위에 올라온다. 10월 15일

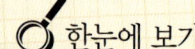 **한눈에 보기**

머리 겉면
흰색 ⇨ 올리브갈색, 비늘가루나 좀사마귀(나중에 떨어짐)

머리 속
어릴 때는 속이 꽉 차 있고 자라면 솜가루처럼 됨

자루
흰색, 팽이모양

맛
별다른 맛이 없음

● **발생 시기·장소 |** 여름~가을, 숲속 썩은 나무토막~썩은 나뭇가지~낙엽 위에 1개씩 또는 여러 개가 무리지어 올라온다.

● **분포 |** 한국, 일본, 중국 등 전 세계에 분포한다.

● **특징 |** 썩은 나무토막이나 낙엽 위에 나며, 머리에 좀사마귀나 비늘가루가 붙어 있다.

● **생김새 |** 머리 지름 1.5~5㎝, 높이 2.5~5㎝의 소형이고 자라면 포자주머니가 된다. **머리**는 둥그스름한 모양이고 때로 비늘가루나 좀사마귀가 붙어 있으며, 다 자라면 맨 위쪽에 작은 구멍이 뚫려 포자가루를 내뿜는다. 겉면은 어릴 때 흰색에서 점차 올리브갈색이 된다. 머리 살은 흰색이고, 어릴 때 속이 꽉 차 있다가 점차 포자가 익어 솜가루처럼 된다. **자루**는 짧고 밑동이 뾰족한 팽이모양이다. 겉면은 흰색이고, 속은 해면 같다. **포자**는 3.5~4.5㎛ 크기의 공모양이고 검은 올리브갈색이다.

 식용
(평범한 맛)

 약용
(상처, 외용)

● **주름버섯과 말불버섯속**(과명 바뀜)

● **한해살이**

● **작은키 – 소형**

이용방법

01_ **어린 버섯**
어린 버섯(오른쪽)과 젊은 버섯(왼쪽). 10/15

02_ **어린 버섯**
머리에 좀사마귀가 있다. 10/15

03_ **다 자란 버섯**
죽은 나무에 무리지어 올라온 모습. 3/30

04_ **늙은 버섯**
포자를 내뿜고 속이 빈 버섯. 3/20

05_ **늙은 버섯**
포자를 뿜어내고 쭈그러진 모습. 3/26

06_ **늙은 버섯**
나무 밑동에 올라온 버섯. 3/6

말징버섯

머리가 밋밋하고 자루가 짧다. 7월 9일

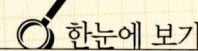 한눈에 보기

머리와 자루 겉면
연노란갈색~갈색~회갈색, 밋밋함

머리 속
어릴 때는 속이 꽉 차 있고 점차 노란갈색 액즙이 나오며 나중에는 솜가루 모양이 됨

냄새
머리에서 액즙이 나올 때 악취

육질
부드러움

맛
감칠맛, 담백한 맛

● **발생 시기·장소** | 여름~가을, 소나무숲~넓은잎나무숲의 땅 위나 낙엽 위에 1개씩 또는 여러 개가 무리지어 올라온다.

● **분포** | 한국, 일본, 중국, 유럽, 북아메리카 등지에 분포한다.

● **특징** | 크기가 중소형이고 머리가 밋밋하며 자루가 짧다.

● **생김새** | 머리 지름 4~10㎝, 높이 3~5㎝의 중소형이고, 자라면 겉껍질이 종이처럼 얇아져 포자주머니가 된다. **머리**는 반원모양이고 어릴 때는 탄성이 있어 빵 같으며, 다 자라면 위쪽에 작은 포자구멍이 1개 또는 여러 개가 생겨서 포자가루를 내뿜는다. **겉면**은 연노란갈색~갈색~회갈색이고 머리 살이 흰색이다. 어릴 때 속이 꽉 차 있다가 점차 노란갈색이 되고 액즙으로 녹아내리며, 다 자라면 말라서 솜가루처럼 된다. **자루**는 길이 3~5㎝로 짧고 굵으며, 밑동이 좀 더 가늘다. 겉면은 갓과 같은 색이다. 속은 해면 같다. **포자**는 3~4㎛ 크기의 공모양이고 연갈색이다.

 식용
(괜찮은 맛)

 약용
(기관지염, 편도선염, 위출혈, 기침감기, 상처)

● 주름버섯과 말징버섯속

● 한해살이

● 작은중간키 – 중소형

● 다른 이름 : 대머리버섯

이용방법

01_ 어린 버섯
동물들이 갉아먹은 흔적이 있다.   7/9

02_ 젊은 버섯
상처 안쪽에 노랗게 변한 속살이 보인다.
7/9

01 02

03_ 다 자란 버섯
포자구멍이 뚫려 있다.
8/24

03

04_ **다 자란 버섯**
줄지어 있는 군락지.
8/24

05_ **늙은 버섯**
늙어서 물 내리는 모
습.　　　9/20

06_ **상세 모습**
어린 버섯.　8/24

07_ **상세 모습**
아직 속살이 액즙이 되
기 전인 젊은 버섯 속.
7/9

08_ **이용**
채취한 버섯. 속이 차
있는 어린 버섯을 채취
한다.　9/11

찹쌀떡버섯

찹쌀떡모양이다. 9월 17일

🔍 한눈에 보기

머리 겉면
흰색(털비늘) ⇨ 노란갈색 ⇨ 진자주
갈색

머리 속
두툼한 육질 ⇨ 갈색 솜가루모양,
포자주머니가 됨

자루
팽이모양 ⇨ 거의 없어짐

● **발생 시기·장소 |** 여름~가을, 숲속~초원~목장~잔디밭~풀밭 위에 1개씩 또는 여러 개가 모여서 올라온다.

● **분포 |** 한국, 일본, 중국, 북아메리카 등지에 분포한다.

● **특징 |** 머리가 흰색 찹쌀떡모양이며, 자라면서 자루가 거의 없어진다.

● **생김새 |** 머리 지름 2~4㎝의 소형이며 둥근 찹쌀떡모양이다. **머리**는 겉면이 흰색이며, 어릴 때 털비늘로 덮여 있다가 떨어져나가고 점차 노란갈색에서 진자주갈색이 된다. 자라면 위쪽에 작은 포자구멍이 생겨서 포자가루를 내뿜는다. 머리 살은 흰색이고, 어릴 때는 속이 꽉 차 있다가 점차 갈색 솜가루처럼 된다. **자루**는 어릴 때 짧은 팽이모양으로 붙어 있다 자라면서 형태가 거의 없어진다. **포자**는 4.5~6.5×3.5~5.5㎛ 크기의 알모양이고 연갈색이다.

 식용 불가

 약용
(상처 외용약)

● **주름버섯과 찹쌀떡버섯속**
　(과명·속명 바뀜)

● **한해살이**

● **작은키 - 소형**

● **다른 이름 : 쌀경단버섯**

01_ **어린 버섯**
어릴 때는 자루 형태가
보인다.   9/14

02_ **어린 버섯**
어릴 때는 털비늘로 덮
여 있다.   9/14

03_ **상세 모습**
아주 어린 버섯. 9/14

04_ **상세 모습**
어린 버섯.   9/14

05_ **상세 모습**
젊은 버섯.   9/17

06_ **상세 모습**
젊은 버섯 밑면. 9/17

07_ **상세 모습**
어린 버섯 속.   9/14

08_ **상세 모습**
젊은 버섯 속.   9/17

연지버섯

머리가 연지색이다. 9월 12일

상세 모습
젊은 버섯.　　　　　8/30

🔍 **한눈에 보기**

머리 겉면
오렌지갈색, 흰갈색 비늘 ⇨ 별모양
의 연지색 돌기, 포자구멍이 생김

머리 속
두툼한 육질 ⇨ 갈색 솜가루모양,
포자주머니가 됨

자루
머리와 같은 색, 실다발모양

● **발생 시기·장소 |** 여름~가을, 습한 숲길~무너진 경사지~맨땅~이끼 위에 1개씩 또는 여러 개가 무리지어 올라온다.

● **분포 |** 한국, 일본, 아시아, 북아메리카, 유럽 등 전 세계에 분포한다.

● **특징 |** 머리가 갈색 알모양이고, 윗면에 별모양의 연지색(붉은색) 돌기가 생긴다.

● **생김새 |** 머리 지름 5~10㎜, 높이 2~3㎝의 초소형. **머리**는 알모양이고, 어릴 때는 아교질이나 점차 단단해진다. 겉면은 오렌지갈색이고 흰갈색 비늘로 덮여 있으며, 다 자라면 위쪽에 별모양의 연지색 돌기가 생기고 포자구멍이 열려 포자가루를 내뿜는다. 머리 살은 흰색이고 어릴 때는 속이 꽉 차 있다가 점차 갈색 솜가루처럼 된다. **자루**는 아교질의 굵은 실다발모양이며 머리 색과 같다. **포자**는 $10{\sim}17{\times}6{\sim}7\,\mu m$ 크기의 타원형이고 색이 없다.

 식용 부적합
(포자가루)

● **연지버섯과 연지버섯속**

● **한해살이**

● **아주작은키 – 초소형**

01 02

01_ 젊은 버섯
습한 곳의 이끼 옆에 올라온 버섯.
9/11

02_ 젊은 버섯
무너진 비탈지에 있는 모습.
8/30

덧부치버섯

Asterophora lycoperdoides (Bull.) Ditm. =Asterophora lycoperdoides (Bull.) Ditm. ex Fr.

죽은 무당버섯 종류 위에 기생한다. 10월 11일

상세 모습
숙주가 된 버섯 단면과 젊은
버섯.   10/11

🔍 **한눈에 보기**

갓 윗면
흰색~흰회색, 섬유결 ⇨ 황토갈색
가루덩어리

갓 밑면
주름살, 흰색, 두껍고 성김

자루
회갈색, 섬유결, 흰색 잔털(밑동)

● **발생 시기·장소 |** 여름에 늙거나 죽은 무당버섯 종류(절구버섯, 절구버섯아재비, 애기무당버섯, 굴털이, 흑갈색무당버섯, 혈색줄기무당버섯, 푸른주름무당버섯, 배젖버섯 등)의 갓 위에 드물게 기생하며, 1개씩 또는 여러 개가 모여서 올라온다.

● **분포 |** 한국(주로 모악산, 무등산, 오대산, 운문산, 월출산, 지리산, 천성산), 북아메리카, 유럽 등 북반구 이북지역에 분포한다.

● **특징 |** 늙거나 죽은 무당버섯 종류 위에 붙어 기생하며, 다 자라면 갓에 후막포자(두꺼운 세포막에 싸인 휴면포자)가 생겨 가루덩어리처럼 된다.

● **생김새 |** 갓 지름 4~22㎜의 초소형. **갓**은 낮고 둥근 산모양에서 점차 편평해지며 가장자리가 물결처럼 된다. 다 자라면 한가운데부터 후막포자가 생겨 황토갈색 가루덩어리처럼 된다. 윗면은 흰색~흰회색이고 섬유결이다. 갓살은 흰색에서 회갈색이 되며 아주 얇다. **갓 밑면**은 주름살로 되어 있으며, 주름살은 완전붙은형으로 두껍고 성기며 흰색이다. 주름살 끝은 알갱이 같다. **자루**는 길이 4~15㎜, 굵기 3~4㎜이며 구부러지기도 한다. 겉면은 회갈색이고 섬유결이며, 밑동에 흰색 잔털이 있다. 자루 속은 어릴 때는 차 있다가 점차 빈다. **포자**는 5.5×3.5㎛ 크기의 오이씨모양이고 흰색이다. 후막포자는 20~26×8.5~10㎛ 크기의 아몬드모양이고 막이 두꺼우며 대개 큰 기름방울이 있다.

 식용 불가
(초소형, 독성분 여부 미상)

● **만가닥버섯과 덧부치버섯속**
(과명 바뀜)

● **한해살이**

● **아주작은키 - 초소형**

귀두속버섯 (귀두버섯)

머리가 두꺼운 모자모양이다. 9월 5일

젊은 버섯
자루가 지저분하다.   9/6

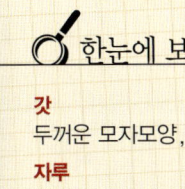

🔍 **한눈에 보기**

갓
두꺼운 모자모양, 자낭포자로 싸임
자루
자낭각이 붙어 있음, 흰색(밑동)

● **발생 시기·장소 |** 여름~가을, 넓은잎나무숲 썩은 나무가 있는 곳이나 썩은 나무가 묻힌 땅 위에 자라는 다른 어린 버섯(주로 광대버섯, 그물버섯 종류) 속에 기생하여 모양을 변형시킨다.

● **분포 |** 한국, 일본, 북아메리카 등지에 분포한다.

● **특징 |** 갓이 두꺼운 모자모양이고, 자루에 갈색 자낭각(알갱이모양의 포자주머니)이 붙어 있어 지저분하다.

● **생김새 | 갓**은 두꺼운 모자모양이고 점차 자낭포자(유성생식 포자)로 싸이게 된다. 색은 붉은 갈색~어두운 노란색~분홍갈색~회갈색 등 여러 가지이다. **자루**는 길이 5~15㎝로 겉면에 갈색~노란갈색 자낭각이 붙어 있어 지저분하며, 밑동은 흰색이다. **포자**는 13~22×4.5~6.5㎛ 크기의 막대모양이고 흰색~노란크림색이다.

🚫 **식용 불가**
(독버섯에도 기생)

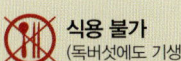

● 점버섯과 속버섯속

● 한해살이

● 중간큰키 – 소형

🔬 **주의사항**

● 맹독성 버섯인 광대버섯 종류에도 기생하므로 절대 먹어선 안 된다.

Kobayasia nipponica (Kobay.) Imai & Kawam.

찐빵버섯 (흰찐빵버섯)

찐빵이나 감자모양이다. 10월 8일

상세 모습
아교질덩어리의 젊은 버섯 속. 10/8

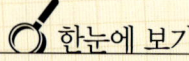 **한눈에 보기**

모양
찐빵~감자모양

겉껍질
흰갈색~연황토색

속
회갈색 아교질덩어리 ⇨ 투명한 액체 ⇨ 속이 빔

● **발생 시기·장소 |** 여름~가을, 소나무숲 땅에 1개씩 또는 여러 개씩 올라오며 땅에 반쯤 묻혀 있다.

● **분포 |** 한국, 일본, 중국 등지에 분포한다.

● **특징 |** 땅에 반쯤 묻힌 흰색 찐빵 또는 연갈색 감자모양이며 속이 연골질이다.

● **생김새 |** 지름 3~7㎝. **모양**은 찐빵이나 감자모양이고, 얕은 주름이 생기거나 잘게 갈라진다. 밑면은 조금 편평하고 종종 뿌리모양의 균사덩어리가 붙어 있다. **겉껍질**은 흰갈색~연황토색이고 잘 벗겨지지 않으며, 다 자라면 쪼개져서 안에 있던 액즙이 흘러내려 파리와 말벌을 유인하여 포자를 퍼트린다. 속은 한가운데를 중심으로 불규칙하게 방사상으로 나뉜 방모양이며, 회갈색 아교질덩어리로 채워져 있다. 아교질덩어리는 점차 투명한 액체가 되어 밖으로 흘러나가고 속이 말라서 비게 된다. **포자**는 3.5~5×1.8~2.2㎛ 크기의 타원형이고 어두운 녹색이다.

 식용 불가
(파리와 말벌 유인 성분, 독성분 여부 미상)

● **말뚝버섯과 찐빵버섯속**

● **한해살이**

● **작은중간키 - 중소형**

Phallus impudicus L. var. *impudicus* = *Phallus impudicus* L. ex Pers.

말뚝버섯

갓에 곰보무늬가 있고 자루주머니가 크다. 10월 22일

한눈에 보기

어릴 때
흰색~흰갈색 알모양

갓
곰보무늬의 종모양, 흰색~흰노란색
바탕에 올리브검은색 점액으로 덮임

점액 냄새
고약한 냄새

자루
흰색, 얕은 곰보무늬

자루주머니
흰색 ⇨ 노란갈색

자루 육질
부드러운 해면질

맛
담백한 맛

● **발생 시기·장소 |** 여름~가을, 넓은잎나무숲~소나무숲~혼합림(넓은잎나무, 소나무)의 나뭇
조각이나 낙엽이 많은 기름진 땅 위에 1개씩 또는 여러 개가 모여 올라오거나 줄지어 올라온다.

● **분포 |** 한국, 일본, 중국, 타이완, 인도, 코스타리카, 북아메리카, 유럽, 아이슬란드, 탄자니
아, 오스트레일리아 등 전 세계에 분포한다.

● **특징 |** 어릴 때는 알모양이며, 갓에 올리브검은색 점액과 곰보무늬가 있다.

● **생김새 | 어릴 때**는 지름 4~6㎝의 알모양이고 흰색~흰갈색 껍질에 싸여 있다. 그물 같은 곰
보무늬가 있다. **갓**은 껍질을 뚫고 나와 지름 3.5~5㎝의 긴 종모양이 된다. 색은 흰색~흰노란색
이고, 고약한 냄새가 나는 올리브검은색 점액으로 덮여 있으며, 맨 위는 흰색이다. 점액 안에 포
자가 생기고 파리, 딱정벌레 같은 날벌레를 유인하여 포자를 퍼트린다. **자루**는 길이 5.5~10㎝,
굵기 2.2~3.7㎝이고, 늙으면 힘없이 구부러진다. 밑동에는 큰 자루주머니가 있는데 흰색에서 점
차 노란갈색이 된다. 겉면은 흰색이고 얕게 파인 곰보무늬가 있다. 자루 살은 해면질이고 속이
비어 있다. **포자**는 3.5~4.5×2~2.5㎛ 크기의 긴 타원형이고 연녹색이다.

 식용
(괜찮은 맛)

 약용
(통증, 항종양)

● 말뚝버섯과 말뚝버섯속
● 한해살이
● 중간키 – 소형

이용방법

식용 >>>

요리 방법과 맛_ 알모양의 어린 버섯과 자루가 달린 젊은 버섯 모두 먹을 수 있다. 자루가 달린 것은 갓에 있는 점액에서 고약한 악취가 나므로 잘 씻어야 하며, 익히면 새콤한 향으로 바뀐다. 소금에 절이거나 잘 말려두었다가 먹기도 한다. 아삭아삭하면서 새콤한 향이 나며, 향긋하고 담백한 맛이다. 숙회, 볶음, 구이, 튀김, 조림, 찌개, 전골, 찜, 죽 등으로 먹는다.

약용 >>>

성분과 효능_ 에르고스테롤(비타민 D로 전환되는 물질), 폴리사카리드(항종양), 렉틴(생체반응 조절), 지베렐린(식물생장호르몬), 냄새물질(황화수소, 디메틸 황화물, 메탄에티올, 리나룰, 트리메틸 황화물, 페닐아세트알데히드)가 함유되어 있다. 중세 유럽에서는 사랑의 묘약으로 사용하기도 하였다. 독을 풀어주고, 혈액순환이 잘 되게 하며, 통증을 가라앉히고, 종양을 억제하는 효능이 있다. 관절이 붓고 아플 때 버섯가루를 조금 먹는다.

01_ 어린 버섯
어릴 때는 알모양이다.
9/19

02_ 어린 버섯
한곳에 모여 올라온 어린 버섯들. 9/4

03_ 어린 버섯
줄지어 올라오기도 한다. 9/4

04_ 다 자란 버섯
빗물에 갓의 점액이 씻겨나간 모습. 9/15

05_ 늙은 버섯
늙으면 자루가 구부러
진다.　　　　10/22

06_ 상세 모습
어린 버섯.　　　9/19

07_ 상세 모습
다 자란 버섯.　10/22

08_ 상세 모습
어린 버섯 속.　9/19

09_ 상세 모습
색이 짙어진 어린 버섯
속.　　　　　　9/4

10_ 상세 모습
자루 속.　　　9/15

11_ 이용
자루 숙회. 아삭아삭하
고 향긋하다.　10/22

붉은말뚝버섯

Phallus rugulosus Lloyd = *Phallus rugulosus* (Fisch.) O. Kuntze

갓과 자루가 오렌지색이다. 8월 17일

한눈에 보기

어릴 때
흰색 알모양, 점액질에 싸여 있음

갓
진한 오렌지색, 좁고 긴 종모양, 어두운 갈색 점액으로 덮임

점액 냄새
고약한 냄새

자루
연한 오렌지색, 옅은 그물무늬, 흰색(밑동)

자루주머니
흰색 ⇨ 노란갈색

자루 육질
부드러운 해면질

● **발생 시기·장소** ㅣ 늦봄~가을, 넓은잎나무숲~소나무숲~산길~밭~정원~빈터~길가 땅 위나 죽은 나무 그루터기 위에 1개씩 또는 여러 개씩 흩어지거나 무리지어 올라온다.

● **분포** ㅣ 한국, 일본 등지에 분포한다.

● **특징** ㅣ 갓이 좁고 긴 종모양이고, 갓과 자루가 오렌지색이다.

● **생김새** ㅣ **어릴 때**는 머리가 점액으로 덮인 알모양의 흰 껍질에 싸여 있다. **갓**은 껍질을 뚫고 나와 지름 1~1.5㎝의 좁고 긴 종모양이 되고 진한 오렌지색이 되며, 잔주름과 잔사마귀 같은 돌기가 있고 고약한 냄새가 나는 어두운 갈색 점액으로 덮여 있다. 점액 안에 포자가 생겨 파리, 딱정벌레 같은 날벌레를 유인하여 포자를 퍼트린다. **자루**는 길이 10~15㎝로 25㎝까지 자라는 것도 있으며, 늙으면 힘없이 구부러진다. 밑동에는 자루주머니가 있으며 흰색에서 점차 노란갈색이 된다. 겉면은 연한 오렌지색이고 옅은 그물무늬가 있으며, 밑동은 흰색이다. 자루 살은 부드러운 해면질이고 속이 비어 있다. **포자**는 4~4.5×2㎛ 크기의 타원형이고 진갈색이다.

 식용 불가

 약용
(외용)

● 말뚝버섯과 말뚝버섯속
● 한해살이
● 중간큰키 – 초소형

이용방법

01_ 젊은 버섯
갓에 어두운 갈색 점액이 있다.　　8/21

02_ 젊은 버섯
점액이 반쯤 남아 있다.　　8/17

03_ 젊은 버섯
작은 군락지 모습.
　　5/23

04_ 젊은 버섯
점액이 말라붙은 버섯.
　　6/5

05_ 다 자란 버섯
점액이 거의 없어진 버섯.　　6/5

06_ **다 자란 버섯**
자루가 점차 구부러진
다.   6/5

07_ **다 자란 버섯**
자루가 굽은 모습.
                8/17

08_ **늙은 버섯**
머리가 말라 있고 자루
가 꺾여 있다.   5/21

09_ **늙은 버섯**
물 내리는 모습. 5/21

10_ **상세 모습**
자루 속이 빈 젊은 버
섯.   5/23

11_ **상세 모습**
다 자란 버섯.   8/17

Phallus indusiatus Vent. = *Dictyophora indusiata* (Vent.) Desv.

망태말뚝버섯 (망태버섯)

흰 망태치마가 달린다. 8월 31일

어릴 때
알모양, 물체에 닿으면 푸른자주색으로 변함

갓
흰색~흰노란색, 곰보무늬의 둥근 종모양, 검푸른녹색 점액으로 덮임

점액 냄새
조금 불쾌하고 달콤한 냄새

자루
흰색, 옅은 곰보무늬

망태치마
흰색, 대형

자루 육질
부드러운 해면질

맛
담백한 맛, 조금 쌉쌀한 뒷맛

● **발생 시기·장소** | 여름~가을, 대나무숲~넓은잎나무숲 땅 위에 1개씩 또는 여러 개가 흩어지거나 무리지어 올라오며 하루 만에 소멸한다.

● **분포** | 한국(주로 경주, 고창, 담양, 삼례의 대나무밭, 내장산, 천성산), 일본, 중국, 북아메리카, 멕시코, 오스트레일리아 등 전 세계에 분포한다.

● **특징** | 주로 대나무밭에 올라오며, 머리 바로 밑에 망태모양의 흰색 치마가 펼쳐진다.

● **생김새** | **어릴 때**는 지름 3~5㎝ 알모양의 흰 껍질에 싸여 있으며, 껍질이 점차 흰붉은갈색이 되며 얇게 갈라지기도 한다. 물체에 닿으면 푸른자주색으로 변한다. **갓**은 알모양 껍질을 뚫고 나와 2.5~4㎝의 둥근 종모양이 되며, 흰색~흰노란색이고 그물 같은 곰보무늬가 있다. 겉면이 조금 불쾌하고 달콤한 냄새가 나는 검푸른녹색 점액으로 덮여 있으며 맨 위는 흰색이다. 점액 안에 포자가 생기며 파리, 딱정벌레 같은 날벌레를 유인하여 포자를 퍼트린다. **자루**는 길이 15~18㎝, 굵기 2~3㎝이고 밑동에 큰 자루주머니가 있다. 겉면은 흰색이며 옅은 곰보무늬가 있고, 자루 살은 부드러운 해면질이고 속이 비어 있다. **망태치마**는 자루가 다 올라오면 머리 바로 밑에서 분당 2~4㎜의 속도로 빠르게 자라 밑동까지 내려오며 둥글고 넓게 펼쳐진다. 길이 9~10㎝, 폭 10~21㎝로 대형이고 흰색이다. **포자**는 2.5~3.5×1~1.5㎛ 크기의 긴 타원형이고 흰색이다.

 식용
(괜찮은 맛)

 약용
(소염, 면역력 증강, 항종양)

● **말뚝버섯과 말뚝버섯속**(속명 바뀜)
● **한해살이**
● **중간큰키~중대형**

이용방법

● 노란망태버섯과 생김새가 매우 비슷해서 '망태버섯속'으로 분류되었으나 유전자 연구결과 '말뚝버섯속'으로 바뀌고 정식 이름도 바뀌었다.

식용 >>>

요리 방법과 맛_ 알모양의 어린 버섯과 자루가 달린 젊은 버섯은 모두 먹을 수 있다. 자루가 달린 것은 갓에 있는 점액에서 조금 불쾌한 냄새가 나므로 잘 씻어야 하지만 익히면 향긋해진다. 소금에 절이거나 잘 말려두었다가 먹기도 한다. 중국에서는 말린 버섯을 죽손(竹蓀)이라 하여 고급 수프요리에 사용한다. 아삭아삭하면서 새콤한 향이 나고 담백하면서도 뒷맛이 조금 쌉쌀하다. 숙회, 삶아서 무침, 볶음, 구이, 튀김, 조림, 찌개, 전골, 찜, 죽 등으로 먹는다.

약용 >>>

성분과 효능_ 글루칸(항종양), 푸코만노갈락탄(면역력 증강), 비타민 $B_2 \cdot C \cdot D_2$가 함유되어 있다. 염증을 가라앉히고, 부패를 막으며, 면역력을 높이고, 종양을 억제하는 효능이 있다.

01_ **어린 버섯**
아주 어린 버섯이 올라오는 모습.   9/3

02_ **어린 버섯**
흰붉은갈색 버섯. 8/23

03_ **어린 버섯**
겉껍질이 얕게 갈라지기도 한다.   8/23

04_ **어린 버섯**
대나무 밑동에 올라온 모습.   8/23

05_ **젊은 버섯**
망태치마가 내려오는 모습.   9/1

06_ **젊은 버섯**
점액이 붙어 있어 갓이 시커먼 모습.   8/7

07_ **젊은 버섯**
점액이 벗겨져 갓이 허옇게 된 모습.   9/1

08_ 다 자란 버섯
  망태치마가 길어진 모
  습.   8/31

09_ 다 자란 버섯
  자루가 구부러진다.
            9/1

10_ 늙은 버섯
  물 내리는 모습. 8/28

11_ 상세 모습
  어린 버섯.   9/7

12_ 상세 모습
  만져서 검푸른자주색
  으로 변한 어린 버섯.
            8/8

13_ 상세 모습
  망태치마가 생긴 젊은
  버섯.   8/28

14_ 상세 모습
  젊은 버섯과 다 자란
  버섯.   9/1

15_ 상세 모습
  어린 버섯 속과 겉면.
            8/23

16_ 상세 모습
  자루 속.   8/28

17_ 이용
  함께 채취한 어린 버섯
  과 젊은 버섯.   8/29

18_ 이용
  오이무침. 사각사각하
  고 새콤한 향이 있어
  삶아서 오이와 함께 무
  치면 잘 어울린다.
            8/28

Dictyophora indusiata f. *lutea* (Liou & Hwang) Kobay.

노란망태버섯 (분홍망태버섯)

노란 망태치마가 달린다. 8월 1일

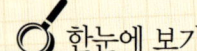 한눈에 보기

어릴 때
알모양

갓
흰색~흰노란색, 곰보무늬의 둥근 종모양, 짙은 녹갈색 점액으로 덮임

점액 냄새
조금 불쾌하고 달콤한 냄새

자루
흰색~흰노란색, 옅은 곰보무늬

망태치마
노란색, 중대형

자루 육질
부드러운 해면질

맛
담백한 맛

● **발생 시기·장소 |** 여름~가을, 넓은잎나무숲(아카시아나무)~혼합림(넓은잎나무, 소나무)~묘목장~풀밭~잔디밭에 1개씩 또는 여러 개씩 흩어지거나 무리지어 올라오며 하루 만에 사라진다.

● **분포 |** 한국, 일본 등 아시아 지역에 분포한다.

● **특징 |** 주로 넓은잎나무숲에 올라오며, 머리 바로 밑에서 망태모양의 노란 치마가 펼쳐진다.

● **생김새 | 어릴 때**는 지름 3.2~4.5㎝ 알모양의 흰색~연자주색~연분홍색 껍질에 싸여 있으며 땅속에 반쯤 묻혀 있다. **갓**은 껍질을 뚫고 자라 나와 둥근 종모양이 되며, 흰색~흰노란색이고 그물 같은 곰보무늬가 있다. 조금 불쾌하고 달콤한 냄새가 나는 짙은 녹갈색 점액으로 덮여 있으며 맨 위는 흰색이다. 점액 안에 포자가 생기며 파리, 딱정벌레 같은 날벌레를 유인하여 포자를 퍼트린다. **자루**는 길이 12~17.5㎝, 굵기 1.5~2.8㎝이고 밑동에 큰 자루주머니가 있다. 겉면은 흰색~흰노란색이고 옅은 곰보무늬가 있으며, 자루 살은 부드러운 해면질이고 속이 비어 있다. **망태치마**는 폭 10㎝ 이상으로 중대형이고 노란색이다. 자루가 다 올라오면 갓 바로 밑에서 1분당 2~4㎜의 속도로 빠르게 자라 밑동까지 내려오며 둥글고 넓게 펼쳐진다. **포자**는 3.5~4.5×1.5㎛ 크기의 긴 타원형이다.

 식용
(괜찮은 맛)

 약간 독성
(생식시 설사)

● 말뚝버섯과 망태버섯속

● 한해살이

● 중간큰키 – 중대형

식용 >>>

요리 방법과 맛_ 약간 독성이 있어 날로 먹거나 덜 익혀 먹으면 설사를 할 수 있으므로 소금물에 완전히 익혀서 잘 헹궈내야 한다. 갓에 있는 점액에서 조금 불쾌한 냄새가 나므로 잘 씻어야 하지만 익히면 향긋해지고 아삭아삭하면서 담백하다. 숙회, 볶음, 구이, 튀김, 조림, 찌개, 전골, 찜, 죽 등으로 먹는다.

01_ 어린 버섯
땅속에 반쯤 묻혀 올라
온 모습.   9/7

02_ 젊은 버섯
자루가 올라오는 모습.
                    7/29

03_ 젊은 버섯
자루에 옅은 곰보무늬
가 있다.   7/29

04_ 젊은 버섯
망태치마 자라는 모습.
                    7/29

05_ 젊은 버섯
망태치마가 눈에 보일
만큼 빠르게 자란다.
                    7/29

06_ 젊은 버섯
아직 펴지지 않은 상태
로 망태치마가 내려오
는 모습.   9/5

07_ 다 자란 버섯
망태치마가 활짝 펴지
기 전의 모습.   7/29

08_ 다 자란 버섯
망태치마 아래쪽이 둥
글게 부푼 모습.   8/1

09_ 다 자란 버섯
조금 위에서 본 모습.
                    8/23

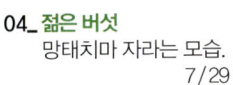

10_ **다 자란 버섯**
군락지.　　　　8/24

11_ **다 자란 버섯**
점액이 벗겨져서 갓이
노랗게 된 버섯.　8/24

12_ **늙은 버섯**
갓에서 흘러내린 점액
으로 망태치마가 지저
분하다.　　　　8/1

13_ **늙은 버섯**
쓰러진 버섯.　　6/10

14_ **늙은 버섯**
물 내리는 모습.　9/3

15_ **상세 모습**
젊은 버섯.　　　7/29

16_ **상세 모습**
촬영하는 잠깐 동안에
망태치마가 자란 모습.
　　　　　　　　7/29

17_ **이용**
채취한 버섯.　　8/29

18_ **이용**
숙회. 아삭하고 담백하
다.　　　　　　8/29

Ileodictyon gracile Berk. = *Clathrus gracilis* (Berk.) Schl.

가는꼴망태버섯

몸체가 다각형 뼈대로 이루어진 상자모양이다. 7월 4일

젊은 버섯
알모양의 겉껍질을 뚫고 몸체
가 나온다.　　　　7/4

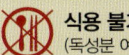 **한눈에 보기**

어릴 때
알모양

몸체
다각형 뼈대로 이루어진 상자모양,
올리브갈색 점액으로 덮임

가지
흰색

점액 냄새
썩은 과일냄새, 불쾌한 치즈냄새

● **발생 시기·장소** | 여름, 넓은잎나무숲(참나무, 졸참나무)~소나무숲의 낙엽 있는 땅 위에 1개
씩 또는 여러 개가 모여서 올라온다.

● **분포** | 한국, 일본, 뉴질랜드, 오스트레일리아, 칠레, 동아프리카, 영국 등지에 분포한다.

● **특징** | 어릴 때는 알모양이고 자라면 다각형 뼈대로 이루어진 상자모양이다.

● **생김새** | **어릴 때**는 지름 3~4㎝인 알모양의 흰 껍질에 싸여 있으며 땅속에 반쯤 묻혀 있다.
몸체는 알모양 껍질을 뚫고 자라 나와 지름 2~4㎝ 크기가 되고, 가지가 조금 규칙적으로 갈라
져서 새장모양이 되며 방이 1~2개이다. **가지**는 두께 약 5㎜이고 흰색이며 조금 납작하고 매끄
럽다. 가지 안쪽은 썩은 과일 또는 불쾌한 치즈냄새가 나는 올리브갈색 점액으로 덮여 있다. 점
액 안에 포자가 생기며 파리 같은 날벌레를 유인하여 포자를 퍼트린다. **포자**는 4~6×1.5~2.5㎛
크기의 타원형에 가까운 원통모양이다.

식용 불가
(독성분 여부 미상)

● **말뚝버섯과 꼴망태버섯속**

● **한해살이**

● **작은키 – 소형**

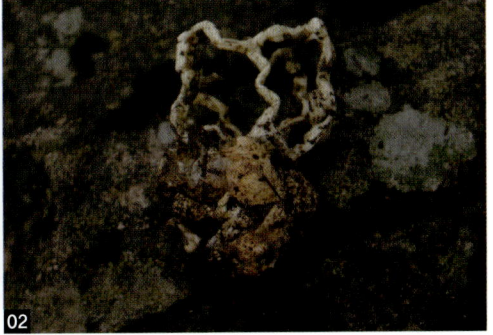

01 02

01_ 다 자란 버섯
가지 안쪽에 점액이 있는 모습.
　　　　　　7/4

02_ 상세 모습
다 자란 버섯.　7/4

세발버섯

Pseudocolus schellenbergiae (Sumst.) Johnson = *Pseudocolus javanicus*

끝이 붉은 게발 모양으로 올라온다. 7월 14일

🔍 한눈에 보기

어릴 때
알모양, 흰색

몸체
끝이 붙은 3갈래 기둥모양, 오렌지색, 흰색(밑동), 안쪽에서 검은갈색 점액이 흘러나옴

점액 냄새
썩은 냄새, 배설물 냄새

육질
부드러운 해면질

● **발생 시기·장소 |** 여름~가을, 넓은잎나무숲~소나무숲~혼합림(소나무, 넓은잎나무) 땅 위에 1개씩 또는 여러 개가 모여서 올라온다.

● **분포 |** 한국, 일본, 북아메리카, 뉴질랜드, 오스트레일리아 등지에 분포한다.

● **특징 |** 갓이 따로 없고, 자루는 3갈래로 올라오며 끝이 붙어 있다.

● **생김새 | 어릴 때**는 지름 1.5~2㎝의 알모양이고 흰색이며 헛뿌리 같은 것이 붙어 있다. **몸체**는 알모양의 겉껍질을 뚫고 올라오는데, 가지가 3갈래로 갈라지고 끝이 붙어 있으며 점차 둥글게 벌어진다. 때로는 가지가 4~5갈래로 갈라지는 것도 있다. 몸체 겉면은 오렌지색이고, 밑동은 흰색이며 옅게 곰보무늬가 있다. 때로는 전체가 흰색인 것도 있다. 가지 안쪽에 썩은 냄새나 배설물 냄새가 나는 검은갈색 점액이 들어 있어서 포자와 함께 흘러나오며, 파리 같은 날벌레를 유인하여 포자를 퍼트린다. 살은 부드러운 해면질이고 속이 비어 있다. **포자**는 4.5~5.5× 2~2.5㎛ 크기의 타원형이며 흰색이다.

 식용 불가
(독성분 여부 미상)

● 말뚝버섯과 세발버섯속

● 한해살이

● 작은중간키 – 소형

01_ 어린 버섯
알모양이다.   5/28

02_ 젊은 버섯
알모양의 겉껍질을 뚫
고 몸체가 올라온다.
5/25

03_ 젊은 버섯
3갈래로 갈라진 버섯.
7/6

04_ 젊은 버섯
4갈래로 갈라진 버섯.
8/29

05_ 다 자란 버섯
5갈래로 갈라진 버섯.
8/19

06_ 다 자란 버섯
몸체 안쪽에서 검은갈
색 점액이 흘러나온다.
7/26

07_ 다 자란 버섯
자루 끝이 부서지기도
한다.   8/31

08_ 늙은 버섯
군락지.   8/19

09_ 상세 모습
어린 버섯과 자루가 올
라오는 버섯.   5/28

10_ 상세 모습
자루가 올라오는 어린
버섯.   5/25

11_ 상세 모습
젊은 버섯.   8/7

새주둥이버섯

자루에 날개기둥이 있다. 5월 28일

상세 모습
어린 버섯과 젊은 버섯. 5/28

한눈에 보기

어릴 때
알모양, 흰색 ⇨ 흰갈색

머리
날개기둥이 있는 4~6각형의 새주둥이 모양, 검붉은갈색 점액으로 덮임

점액 냄새
썩은 냄새, 배설물 냄새

자루
연붉은색, 날개기둥이 있는 4~6각형

자루 육질
부드러운 해면질

● **발생 시기·장소** | 초여름~가을, 숲속~산길~정원의 낙엽 있는 땅 위나 산불 난 자리에 1개씩 또는 여러 개가 모여서 올라온다.

● **분포** | 한국, 일본, 중국, 타이완, 북아메리카, 오스트레일리아 등지에 분포한다.

● **특징** | 자루와 머리가 날개기둥이 있는 4~6각형이고, 머리에 검붉은갈색 점액이 있다.

● **생김새** | **어릴 때**는 지름 1~3㎝의 알모양이고 흰색에서 흰갈색이 된다. **머리**는 겉껍질을 뚫고 올라오는데 4~6각형이고, 모서리마다 짧은 날개기둥이 있으며, 맨 끝은 새주둥이처럼 뾰족하다. 색은 연한 크림색이며, 짧은 날개기둥 사이마다 썩은 냄새 또는 배설물 냄새가 나는 검붉은갈색 점액이 들어 있다. 점액 안에 포자가 생기며 파리, 딱정벌레 같은 날벌레를 유인하여 포자를 퍼트린다. **자루**는 길이 5~12㎝, 굵기 1~1.5㎝이고 밑동으로 갈수록 가늘어진다. 자루 모양도 4~6각형이고 모서리마다 짧은 날개기둥이 붙어 있다. 밑동에는 큰 자루주머니가 있고, 겉면은 연붉은색이다. 자루 살은 부드러운 해면질이고 속이 비어 있다. **포자**는 4~4.5×1.5~2㎛ 크기의 아몬드모양이며 연한 올리브갈색이다.

 식용 불가

 약용
(항종양)

 약간 독성
(소화장애)

● 말뚝버섯과 새주둥이버섯속
● 한해살이
● 작은중간키 – 소형

이용방법

약용 >>>
성분과 효능_ 궤양을 낮게 하고, 종양을 억제하는 효능이 있다.

뱀버섯

전체 모양이 뱀 같다. 7월 26일

어린 버섯
어린 버섯이 올라오는 모습. 9/18

🔍 한눈에 보기

어릴 때
알모양, 흰색~흰노란색

머리
붉은색 뿔모양, 올리브갈색 점액으로 덮임

점액 냄새
고약한 냄새

자루
연붉은색 ⇨ 연노란색, 옅은 곰보무늬

자루 육질
부드러운 해면질

● **발생 시기·장소 |** 여름~가을, 넓은잎나무숲~소나무숲~수풀~정원의 낙엽 있는 땅 위나 썩은 나무 위에 1개씩 또는 여러 개가 모여서 올라온다.

● **분포 |** 한국, 일본, 중국, 북아메리카, 유럽 등지에 분포한다.

● **특징 |** 머리가 붉은 긴 뿔모양이고, 자루가 잘 굽어서 뱀처럼 보인다.

● **생김새 | 어릴 때** 지름 1~2㎝의 알모양이고 흰색~흰노란색이며 땅속에 반쯤 묻혀 있다. **머리**는 알모양의 겉껍질을 뚫고 올라오는데 긴 뿔모양이고 작은 곰보무늬가 있어 우툴두툴하며, 다 자라면 맨 끝에 작은 구멍이 생긴다. 색은 붉은색이고, 고약한 냄새가 나는 올리브갈색 점액이 있으며, 안에 포자가 생겨서 파리나 딱정벌레 같은 날벌레를 유인하여 포자를 퍼트린다. **자루**는 길이 10~12㎝, 굵기 7~9㎜이며 잘 구부러지고, 밑동에 큰 자루주머니가 있다. 겉면은 연붉은색에서 점차 연노란색이 되며, 밑동으로 갈수록 색이 옅어져서 밑동이 흰색이며, 옅게 파인 곰보무늬가 있어 우툴두툴하다. 자루 살은 부드러운 해면질이고 속이 비어 있다. **포자**는 3.5~4.2×1.5~2㎛ 크기의 타원형이며 연녹색이다.

 식용 불가

 약용
(상처 외용약)

 약간 독성
(소화장애)

● 말뚝버섯과 뱀버섯속

● 한해살이

● 중간키 – 소형

이용방법

약용 >>>
성분과 효능_ 염증을 가라앉히고 독을 풀어주는 효능이 있다. 뱀이나 벌레에 물렸을 때 버섯을 찧어 바른다.

붉은사슴뿔버섯

붉은색 무딘 뿔모양이다. 9월 14일

한눈에 보기

전체
붉은색~붉은오렌지색, 위쪽에 자낭각이 있어 울퉁불퉁함

육질
단단한 연골질

● **발생 시기·장소 |** 여름~가을, 산림 속 썩은 나무 그루터기나 땅 위에 1개씩 또는 여러 개가 모여서 올라온다.

● **분포 |** 한국, 일본 등지에 분포한다.

● **특징 |** 색이 붉고 뿔이나 사슴뿔모양으로 자라며 단단한 연골질이다.

● **생김새 | 전체**는 길이 1~8㎝, 굵기 7~14㎜이고 밑동이 조금 뾰족하다. 끝이 무딘 긴 뿔모양~사슴 뿔모양이고, 위쪽에서 가지를 쳐서 갈라지기도 한다. 겉면은 밋밋하고 위쪽에 자낭각(알갱이모양의 포자주머니)이 있어 조금 거칠다. 색은 붉은색~붉은오렌지색이며, 살은 단단한 연골질이다. **포자**는 2.5~3.5㎛ 크기의 공모양이고 연녹색이다.

 식용 절대 불가

 맹독성
(피부발진, 신부전, 간부전, 호흡기부전, 순환기부전. 심한 고통 후 심하면 사망)

● 점버섯과 사슴뿔버섯속
● 한해살이
● 작은중간키 – 소형

주의사항

● 작은 조각만 먹어도 중독되어 사망할 만큼 치명적인 맹독성 버섯이며, 즙이나 포자가루에 닿기만 해도 증상을 일으키므로 만지거나 가까이 하지 말아야 한다.

> ### 독성분과 중독 증상 >>>
>
> **사트라톡신** _ 즙이나 포자가루가 피부에 닿거나 눈, 코, 입에 닿기만 해도 두드러기, 발진, 피부염, 습진, 코피, 가슴통증, 폐출혈, 고열, 두통, 피로 등의 증상이 나타난다. 먹으면 30분 후 복통, 구토, 설사, 팔다리 경련, 지각 마비, 얼굴 피부 벗겨짐, 탈모, 소뇌 축소로 인한 음성장애와 행동장애, 신부전, 간 괴사, 호흡기부전, 순환기부전 등으로 심한 고통을 받으며 신장투석, 혈액투석 등을 받아야 한다. 심하면 7일 후 백혈구 감소, 혈소판 감소로 무기력증을 보이다가 사망한다.

01_ **젊은 버섯**
썩은 나무 그루터기에 무리지어 올라오는 모습.　　　　9/14

02_ **젊은 버섯**
만지기만 해도 피부발진이 일어난다.　9/14

03_ **젊은 버섯**
작은 군락지.　　9/14

04_ **젊은 버섯**
땅 위에서 올라오는 모습.　　　　9/14

05_ **상세 모습**
어린 버섯부터 젊은 버섯까지.　　9/14

06_ **상세 모습**
젊은 버섯.　　9/14

아교뿔버섯

선명한 노란색이고 가지 끝이 뾰족하다. 6월 30일

상세 모습
젊은 버섯. 밑동이 뾰족하다. 6/30

🔍 **한눈에 보기**

전체
선명한 노란색

가지 끝
1~2갈래이고 뾰족함

육질
반투명 아교질 ⇨ 단단한 연골질

● **발생 시기·장소 |** 여름~가을, 소나무숲의 낙엽이 있는 축축한 땅 위, 소나무 고목 위 등에 1개씩 또는 여러 개가 모여서 올라온다.

● **분포 |** 한국, 일본, 북아메리카, 유럽 등 전 세계에 분포한다.

● **특징 |** 노란색 성긴 나뭇가지 모양이고 가지 끝이 뾰족하다.

● **생김새 | 전체**가 높이 3~5㎝로 소형이며 15㎝까지 자라는 것도 있다. 성긴 나뭇가지 모양으로 밑동이 뾰족하고, 겉면이 밋밋하며 전체에 자실층이 생긴다. 가지가 가끔씩 2갈래로 갈라지며, 끝은 1~2갈래이고 뾰족하다. 색은 선명한 노란색이다. 살은 어릴 때는 반투명 아교질이고 마르면 단단한 연골질이 된다. **포자**는 8~12×3~4.5㎛ 크기의 긴 타원형이고 격막(균류 내부에 있는 막)이 있다.

🚫 **식용 불가**
(독성분 여부 미상)

● 붉은목이과 아교뿔버섯속

● 한해살이

● 작은키 – 소형

● 다른 이름 : 싸리아교뿔버섯, 등황색아교뿔버섯, 등황색끈적싸리버섯

01 02

01_ 어린 버섯
솔잎 낙엽 위에 올라온 버섯.
6/30

02_ 젊은 버섯
가지 끝이 1~2갈래로 갈라진다.
6/30

국수버섯

Clavaria fragilis Holmsk. = *Clavaria vermicularis* Scop.

흰 국수모양이다. 9월 16일

다 자란 버섯
납작한 모양도 있다. 10/4

 한눈에 보기

전체
반투명 흰색 ⇨ 연노란갈색
육질
흰색, 얇고 부드러우며 잘 부서짐
맛
담백한 맛

● **발생 시기·장소** | 여름~가을, 넓은잎나무숲 이끼 많은 습한 땅, 잔디밭 땅 위에 1개씩 또는 여러 개가 뭉쳐서 올라온다.

● **분포** | 한국, 북아메리카 등지에 분포한다.

● **특징** | 끝이 조금 뾰족한 국수모양이고 흰색이다.

● **생김새** | **전체**가 높이 3~12㎝, 지름 1~5㎜로 끝이 조금 뾰족한 국수모양이고 잘 구부러지며 때로 납작한 것도 있다. 색은 반투명 흰색이고 늙으면 연노란갈색이 된다. 살도 흰색으로 얇고 부드러우며 잘 부서진다. **포자**는 4.5~7×2.5~4㎛ 크기의 타원형이고 흰색이다.

식용
(조금 떨어지는 맛)

● 국수버섯과 국수버섯속
● 한해살이
● 중간키 – 초소형

이용방법

식용 >>>
요리 방법과 맛_ 군락이 흔치 않고 부피가 작아 채취량이 적은 편이다. 육질이 부드러우며 담백한 맛이다. 숙회, 볶음, 조림, 구이, 된장찌개 등으로 먹는다.

Clavariadelphus pistillaris (L.) Donk = *Clavariadelphus pistillaris* (L. ex Fr.) Donk

방망이싸리버섯

살색 방망이 모양이다. 9월 19일

전체
방망이모양, 깊은 세로주름

색
살색~연황토색

상처의 변색
자주갈색

육질
단단함 ⇨ 해면질

맛
담백한 맛, 조금 쌉쌀한 뒷맛

● **발생 시기·장소 |** 가을에 넓은잎나무숲(너도밤나무, 참나무)의 낙엽 있는 땅, 비료가 뿌려진 땅 위에 1개씩 또는 여러 개가 무리지어 올라온다.

● **분포 |** 한국, 일본, 중국, 북아메리카, 유럽 등지에 분포한다.

● **특징 |** 살색~연황토색 방망이모양이며 깊은 세로주름이 있다.

● **생김새 | 전체**는 높이 5~15㎝, 지름 1~3㎝이며 높이가 30㎝까지 자라는 것도 있다. 방망이모양이고 어릴 때는 밋밋하나 점차 깊은 세로주름이 생긴다. 늙으면 구부러져서 쓰러진다. 색은 살색~연황토색이며 물체에 닿으면 자주갈색으로 변한다. 살은 흰색으로 어릴 때는 단단하나 점차 해면질이 되며, 상처가 나면 자주갈색으로 변한다. **포자**는 11~16×6~10㎛ 크기의 긴 타원형이고 흰색이다.

 식용
(조금 떨어지는 맛)

 약용
(상처)

 약간 독성
(생식 또는 과식시 두통, 위장장애)

● **방망이싸리버섯과 방망이싸리버섯속**

● 한해살이

● 중간큰키 – 소형

● 다른 이름 : 공이싸리버섯

이용방법

● 약간 독성이 있어서 날것 또는 덜 익힌 것을 먹거나 과식하면 두통이 생기므로 완전히 익혀 먹어야 하며 많이 먹어서도 안 된다.

식용 >>>

요리 방법과 맛_ 부피가 작아 채취량이 적은 편이다. 생식하면 중독되고 뒷맛이 조금 쌉쌀하므로 소금물에 삶아 완전히 익힌 뒤 물에 담가 두었다가 여러 번 헹구어야 한다. 육질이 퍽퍽하나 맛은 담백하다. 숙회, 볶음, 조림, 구이, 찌개 등으로 먹는다.

약용 >>>

성분과 효능_ 아미노산(단백질 합성, 면역력 강화) 25종이 함유되어 있다. 독을 풀어주고, 습한 기운을 몰아내며, 상처를 아물게 하는 효능이 있다.

01_ **어린 버섯**
어릴 때는 겉면이 밋밋하다. 9/19

02_ **젊은 버섯**
점차 깊게 세로주름이 생긴다. 9/19

03_ **다 자란 버섯**
세로로 골이 진 버섯. 9/19

04_ **상세 모습**
어린 버섯부터 다 자란 버섯까지. 9/19

05_ **이용**
숙회. 익히면 육질이 퍽퍽해진다. 9/20

Ramaria botrytis (Pers.) Ricken = *Ramaria botrytis* (Pers. ex Fr.) Ricken

싸리버섯

자라면 노란갈색이 된다. 9월 1일

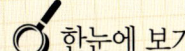 한눈에 보기

자루
흰색

가지
흰붉은색 ⇨ 노란갈색

가지 끝
연붉은색~연자주색

맛
담백한 맛, 닭고기맛, 조금 쌉쌀한 맛

● **발생 시기·장소 |** 가을, 산속 움푹한 곳에 있는 넓은잎나무숲~소나무숲의 낙엽 쌓인 땅, 마사토 위에 1개씩 또는 여러 개가 무리 짓거나 줄지어 올라온다.

● **분포 |** 한국, 일본, 북아메리카, 유럽 등지에 분포한다.

● **특징 |** 어릴 때는 흰붉은색이고, 다 자라면 노란갈색이 되며 가지 끝이 붉다.

● **생김새 |** 높이 7~18㎝, 지름 6~20㎝의 빽빽한 산호모양이다. **자루**는 길이 3~5㎝로 짧고 굵으며 흰색이다. 가지는 짧고 반복해서 2갈래로 갈라지며 끝이 뭉툭하다. 어릴 때 흰붉은색이다 점차 노란갈색이 되며, 가지 끝은 연붉은색~연자주색이다. 살은 흰색이고 단단하다. **포자**는 11~20×4~6㎛ 크기의 타원형이고 노란갈색이다.

 식용
(뛰어난 맛)

 약용
(성인병, 항종양)

 약간 독성
(생식시 위장장애)

● **나팔버섯과 싸리버섯속**(과명 바뀜)

● **한해살이**

● **중간큰키 – 중대형**

● **다른 이름 : 참싸리**

이용방법

식용 >>>

요리 방법과 맛_ 육질이 단단하고 쫄깃하며, 담백하고 닭고기맛이 난다. 덜 익히거나 삶아서 물에 우려내지 않고 먹거나 과식하면 설사를 하게 되며, 뒷맛이 조금 쌉쌀하므로 소금물에 삶아서 완전히 익힌 뒤 한나절쯤 물에 담가두었다가 여러 번 헹구어야 한다. 날것을 다듬으면 살이 잘 부서지므로 삶고 나서 이물질을 제거한다. 숙회, 볶음, 무침, 조림, 찌개, 전골 등으로 먹는다.

약용 >>>

성분과 효능_ 유리 아미노산(단백질 합성, 면역력 강화) 28종, 에르고스테롤(비타민 D로 전환되는 물질), 지방산, 만니톨(이뇨효과), 리그닌(식물성 에스트로겐), 비타민 $B_2 \cdot B_3 \cdot C$, 프로비타민 D_2, 구아닐산(감칠맛 성분), 글리세롤, 글루코오스(포도당), 헤미셀룰로오스(자일리톨 원료), 셀룰로오스(섬유질), 펙틴(장 정화) 등이 함유되어 있다. 혈액 속 콜레스테롤 수치를 낮추고, 종양을 억제하는 효능이 있다.

01_ 어린 버섯
어린 버섯 올라오는 모습.　　　　　9/2

02_ 어린 버섯
가지가 벌어지는 모습.　　　　　9/2

03_ 어린 버섯
어릴 때는 흰붉은색이다.　　　　　9/5

04_ 젊은 버섯
노란갈색이 된 모습.　　　　　9/6

05_ 늙은 버섯
늙어서 말라가는 버섯.　　　　　9/27

06_ 늙은 버섯
물 내리기 시작한 버섯.　　10/15

07_ 늙은 버섯
물 내린 모습.　　8/21

08_ 늙은 버섯
줄지어 올라온 모습.
　　8/21

09_ 상세 모습
아수 어린 버섯.　9/2

10_ 상세 모습
젊은 버섯.　　8/31

11_ 상세 모습
젊은 버섯 속과 겉면.
　　9/1

12_ 이용
채취한 어린 버섯. 9/1

13_ 이용
채취한 젊은 버섯. 9/1

14_ 이용
숙회. 담백하고 닭고기 맛이 난다.　　8/31

보라싸리버섯

가지가 보라색이다. 7월 31일

상세 모습
가지가 2~4갈래로 갈라진다. 7/31

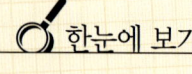 한눈에 보기

자루
흰보라색

가지
보라색 ⇨ 회자주색 ⇨ 어두운 갈색

가지 끝
보라색

맛
쓴맛(독성)

● **발생 시기·장소** | 여름~가을, 넓은잎나무숲(참나무숲) 땅 위에 1개씩 또는 여러 개가 뭉쳐서 무리지어 올라온다.

● **분포** | 한국, 일본, 중국, 유럽, 북아메리카, 오스트레일리아 남부 등에 분포한다.

● **특징** | 가지가 2~4갈래로 갈라지고 보라색이다.

● **생김새** | 높이 7~12㎝, 지름 5~12㎝의 산호모양이다. **자루**는 길이 1~4㎝이며 흰보라색이다. 가지는 짧고 2~4갈래로 반복해서 갈라지며, 보라색에서 회자주색을 거쳐 어두운 갈색이 된다. 가지 끝은 보라색이다. 살은 흰색이며, 육질이 아주 단단해서 잘 부서지지 않으며 쓴맛이 난다. **포자**는 9~12×4~5㎛ 크기의 긴 타원형이고 연노란갈색이다.

 식용 불가

 일반 독성
(생식 또는 과식시 위장장애)

● 나팔버섯과 싸리버섯속(과명 바뀜)

● 한해살이

● 작은중간키 – 중형

● 다른 이름 : 연기싸리버섯

주의사항

● 쓴맛이 강하고 육질이 매우 단단하여 식용으로 부적합하며, 독성이 있어 날로 먹거나 물에 우려내지 않고 먹거나 과식하면 복통, 구토, 설사를 일으키므로 먹지 않는다.

붉은싸리버섯

어릴 때는 붉은색이다. 9월 20일

한눈에 보기

자루
흰색 ⇨ 흰붉은색

가지
붉은색 ⇨ 복숭아색, 상처는 붉은갈색으로 변색

가지 끝
갈색

육질
단단함

맛
쓴맛, 신맛(독성)

● **발생 시기·장소 |** 여름~가을, 넓은잎나무숲~혼합림(넓은잎나무, 소나무) 땅 위에 1개씩 또는 여러 개가 무리지어 올라온다.

● **분포 |** 한국, 일본 등 전 세계에 분포한다.

● **특징 |** 대형이고 붉은색에서 점차 복숭아색이 되며, 상처가 나면 붉은갈색으로 변한다.

● **생김새 |** 높이 5~20㎝, 지름 10~20㎝의 산호모양이다. **자루**는 흰색에서 흰붉은색이 된다. 가지는 짧고 2~3갈래로 반복해서 갈라지며, 어릴 때 붉은색에서 점차 복숭아색이 된다. 상처가 나면 붉은갈색으로 변하며, 가지 끝은 갈색이다. 살은 흰분홍색이고 육질이 단단하며 조금 쓴맛과 신맛이 있다. **포자**는 5~15×4~6㎛ 크기의 긴 타원형이다.

 식용 부적합

 약용
(항종양)

 약간 독성
(생식 또는 과식시 위장장애)

● **나팔버섯과 싸리버섯속**(과명 바뀜)

● **한해살이**

● **중간큰키 – 중대형**

● 종양을 억제하는 효능이 있고 일부에서 식용하기도 하나 약간 독성이 있어 날로 먹거나 물에 우려내지 않고 먹거나 과식하면 구토, 복통, 설사를 일으키며, 육질이 퍽퍽하고 쓴맛과 신맛이 있으므로 먹지 않는 것이 좋다.

01_ 어린 버섯
넓은잎 낙엽과 나뭇가지가 떨어진 곳에 올라온 모습.　9/5

02_ 젊은 버섯
복숭아색이 된 버섯.
　　　　　　　9/16

03_ 젊은 버섯
바위 밑에 올라온 버섯.　　　　　7/31

04_ 다 자란 버섯
비 온 뒤의 모습.　9/2

05_ 다 자란 버섯
군락지.　　　　9/2

06_ 다 자란 버섯
가지 끝이 갈색이 된다.　　　　　　9/5

07_ 늙은 버섯
늙어서 말라간다.　9/5

Ramaria flava (Schaeff.) Quél. = *Ramaria flava* (Schaeff. ex Fr.) Quél.

노랑싸리버섯

가지가 흰노란색~연 노란색이다. 8월 1일

🔍 한눈에 보기

자루
흰색

가지
흰노란색~연노란색, 만지면 갈색으로 변함

가지 끝
노란색 ⇨ 황토색

맛
약간 쓴맛(독성)

● **발생 시기·장소 |** 여름~가을, 넓은잎나무숲(너도밤나무)~소나무숲 땅 위에 1개씩 또는 여러 개가 줄지어 올라온다.

● **분포 |** 한국, 일본, 유럽 등지에 분포한다.

● **특징 |** 대형이고 가지가 흰노란색~연노란색이며, 가지 끝은 황토색이다.

● **생김새 |** 높이 10~20㎝, 지름 7~15㎝이고 산호모양이다. **자루**는 높이 1~5.5㎝이고 흰색이며, 손으로 만지면 갈색으로 변한다. 가지는 짧고 반복해서 2갈래로 갈라지며, 윗동의 가지는 가늘고 노란색~연노란색이다. 가지 끝은 노란색에서 황토색이 된다. 살은 흰색이며 단단하다. **포자**는 11~18×4~6.5㎛ 크기의 긴 타원형이고 노란갈색이다.

 식용 불가

 일반 독성
(생식 또는 과식시 위장장애)

● 나팔버섯과 싸리버섯속(과명 바뀜)

● 한해살이

● 중간큰키 – 중대형

● 다른 이름 : 노란꽃싸리버섯

● 약간 독성이 있어 날로 먹거나 물에 우려내지 않고 먹거나 과식하면 구토, 복통, 설사를 일으키므로 먹지 않는다.

01_ **어린 버섯**
어린 버섯 올라오는 모습.   9/2

02_ **젊은 버섯**
넓은잎 낙엽 위에 올라온 모습.   9/15

03_ **젊은 버섯**
비 온 뒤의 모습. 9/23

04_ **젊은 버섯**
가지 끝이 점차 갈색이 된다.   8/25

05_ **다 자란 버섯**
비탈진 돌밭에 올라온 모습.   9/16

06_ **늙은 버섯**
늙어가는 버섯.   9/16

07_ **상세 모습**
어린 버섯. 채취할 때 손으로 만진 밑동 부분이 갈색이 되었다.
                9/15

08_ **상세 모습**
젊은 버섯. 가지 끝이 갈색이 되었다.   8/25

황금싸리버섯

가지 전체가 황금색이다. 9월 12일

어린 버섯
어린 버섯 올라오는 모습. 9/12

 한눈에 보기

자루
흰색

가지
황금색~노란색

상처의 변색
없음

맛
약간 단맛(독성)

● **발생 시기·장소 |** 여름~가을, 넓은잎나무숲(참나무, 밤나무, 너도밤나무)~소나무숲(일본잎갈나무) 땅 위에 1개씩 또는 여러 개가 줄지어 올라온다.

● **분포 |** 한국과 일본 등 아시아 온대 이북지역, 북아메리카, 유럽, 오스트레일리아 등지에 분포한다.

● **특징 |** 가지가 황금색이고, 상처가 나도 색이 변하지 않는다.

● **생김새 |** 높이 5~12㎝, 지름 4~12㎝이며 빽빽한 산호모양 또는 나뭇가지 모양이다. **자루**는 흰색이며, 밑동에서 가지가 여러 갈래로 갈라져 나온다. 가지는 끝이 2갈래 이상 갈라져 있고, 황금색~노란색으로 상처가 나도 색이 변하지 않는다. 살은 흰색이고 단단하다. **포자**는 8~15×6~8㎛ 크기의 긴 타원형이고 연노란색이다.

 식용 불가

일반 독성
(생식 또는 과식시 위장장애)

● 나팔버섯과 싸리버섯속(과명 바뀜)
● 한해살이
● 중간키 – 중소형

주의사항

● 독성이 있어 날로 먹거나 물에 우려내지 않고 먹거나 과식하면 구토, 복통, 설사를 일으키므로 먹지 않는다.
● 색과 모양이 노랑싸리버섯(p.523)과 혼동하기 쉬우나 황금싸리버섯은 자루 끝부분 색이 변하지 않는 점이 다르다.

Ramaria flaccida (Fr.) Bourd.

다박싸리버섯

가지가 많다. 9월 6일

자루
흰색(밑동), 노란색(윗동)

가지
연노란회색~붉은갈색 ⇨ 갈색~분홍갈색

가지 끝
가지보다 연한 색

맛
조금 매운맛(독성)

● **발생 시기·장소 |** 여름~가을, 소나무숲~넓은잎나무숲 땅 위에 1개씩 또는 여러 개가 줄지어 올라온다.

● **분포 |** 한국, 일본, 중국, 북아메리카, 유럽, 아프리카, 오스트레일리아 등지에 분포한다.

● **특징 |** 가지가 많고 위로 서 있으며, 가지 끝이 연한 색이다.

● **생김새 |** 높이 3~10㎝, 지름 3~4㎝이며 가지가 위로 서 있는 산호모양이다. **자루**는 길이 1.5~3㎝이며, 밑동은 흰색이고 윗동은 노란색이다. 가지는 밑동에서 많이 갈라져 나와 곧게 서 며 연노란회색~붉은갈색에서 갈색~분홍갈색이 된다. 가지 끝은 1~3갈래로 갈라지고 안으로 굽은 뾰족한 모양이며 색이 연하다. 살은 흰색이고 육질이 질기며 탄력 있다. **포자**는 5~8×3~4㎛ 크기의 타원형이고 연주황색이다.

 식용 불가

 일반 독성
(생식 또는 과식시 위장장애)

● 나팔버섯과 싸리버섯속(과명 바뀜)

● 한해살이

● 중간키 - 소형

01_ **젊은 버섯**
밑동에서 가지가 많이
갈라진다.   9/16

02_ **젊은 버섯**
가지 끝은 색이 옅다.
8/22

03_ **다 자란 버섯**
비 온 뒤의 모습.   8/8

04_ **다 자란 버섯**
가지가 갈색이 되고 있
다.   8/8

05_ **다 자란 버섯**
줄지어 올라온 군락지
모습.   8/15

06_ **다 자란 버섯**
바위 밑 넓은잎 낙엽
위에 올라온 모습.
8/22

07_ **상세 모습**
젊은 버섯.   8/8

직립싸리버섯

가지가 위로 서 있다. 8월 31일

젊은 버섯
가지 끝이 뾰족하다. 8/31

🔍 한눈에 보기

자루
흰색~흰노란색

가지
연황토색 ⇨ 노란갈색

가지 끝
노란색 ⇨ 노란갈색, 상처가 나면
자주갈색으로 변함

● **발생 시기·장소 |** 여름~가을, 소나무숲~넓은잎나무숲, 죽은 나무 위, 나무뿌리가 묻힌 양지 바른 땅 위에 1개씩 또는 여러 개씩 흩어져 올라온다.

● **분포 |** 한국, 북아메리카, 유럽 등지에 분포한다.

● **특징 |** 가지가 가늘고 곧게 서며 가지 끝이 노랗다.

● **생김새 |** 높이 5~10㎝, 지름 2~7㎝이며 서 있는 가지모양이다. **자루**는 흰색~흰노란색이다. 가지는 가늘고 곧게 서며 반복해서 갈라지고, 연황토색에서 노란갈색이 된다. 가지 끝은 2갈래로 갈라지고 뾰족하며 노란색에서 노란갈색이 된다. 가지 끝에 상처가 나면 자주갈색으로 변한다. 살은 흰색이고 질기다. **포자**는 9~11×4~4.5㎛ 크기의 긴 타원형이다.

 식용 불가

 일반 독성
(생식 또는 과식시 위장장애)

● 나팔버섯과 싸리버섯속(과명 바뀜)

● 한해살이

● 작은중간키ー중소형

⌐ 주의사항

● 독성이 있어 날로 먹거나 물에 우려내지 않고 먹거나 과식하면 구토, 복통, 설사를 일으키므로 먹지 않는다.

볏싸리버섯

전체가 흰색이다. 9월 2일

상세 모습
다 자란 버섯.   8/21

🔍 **한눈에 보기**

자루
흰색

가지
흰색 ⇒ 분홍갈색~연회갈색

가지 끝
연노란색, 볏(닭벼슬)모양

맛
조금 매운맛

● **발생 시기·장소 |** 여름~가을, 넓은잎나무숲~소나무숲 땅 위에 1개씩 또는 여러 개가 무리지어 올라온다.

● **분포 |** 한국, 북아메리카, 유럽 등지에 분포한다.

● **특징 |** 흰색~흰푸른색이고, 가지가 불규칙하게 갈라지며 끝이 볏(닭벼슬)모양이다.

● **생김새 |** 높이 2~10㎝, 지름 3~10㎝의 산호모양이다. **자루**는 길이 3~5㎝, 지름 5㎜이고 흰색이다. 가지는 지름 2~5㎜로 짧고 불규칙하게 반복해서 갈라지고, 흰색에서 분홍갈색~연회갈색이 되며 끝이 연노란색이다. 늙으면 거무스름해진다. 살은 흰색이고 육질이 부드러우며 탄력 있다. **포자**는 7~10×6.5~10㎛ 크기의 타원형이고 흰색이다.

 식용
(조금 떨어지는 맛)

 약간 독성
(생식 또는 과식시 위장장애)

● **볏싸리버섯과 볏싸리버섯속**

● **한해살이**

● **작은중간키 – 중소형**

이용**방법**

식용 >>>
요리 방법과 맛_ 소형이고 군락이 흔치 않아 채취량이 적은 편이다. 육질은 부드러우나 조금 매운맛이 있으며, 약간 독성이 있어 날로 먹거나 물에 우려내지 않고 먹거나 과식하면 설사를 하게 되므로 소금물에 삶아 완전히 익힌 뒤 하루쯤 물에 담가두었다가 여러 번 헹구어야 한다. 숙회, 볶음, 무침, 조림, 찌개 등으로 먹는다.

Pterula multifida (Chev.) Fr.

깃싸리버섯

가지가 가늘고 깃털 같다. 9월 24일

🔍 한눈에 보기

가지
연노란갈색 ⇨ 회보라갈색

가지 끝
갈색

냄새
톡 쏘는 나프탈렌냄새

육질
억세고 단단한 연골질

● **발생 시기·장소 |** 여름~가을, 소나무숲~넓은잎나무숲의 고목 그루터기, 나무뿌리가 묻혀 있는 축축한 땅, 낙엽 있는 땅 위에 1개씩 또는 여러 개가 무리지어 올라온다.

● **분포 |** 한국(원산지), 유럽 등지에 분포한다.

● **특징 |** 가지가 가늘고 깃털 같으며 연노란갈색에서 회보라갈색이 된다.

● **생김새 |** 높이 2~6㎝이고 빽빽한 싸리빗자루 모양이다. **자루**는 가늘고 흰회갈색이다. 가지 는 지름 0.5~2㎜로 가늘고 끝이 뾰족하며, 마르면 깃털처럼 되고, 색은 연노란갈색에서 회보라 갈색이 되는데 끝은 갈색이다. 살은 억세고 단단한 연골질이며 톡 쏘는 나프탈렌냄새가 난다. **포자**는 6~7.5×3~4㎛ 크기의 타원형이고 색이 없다.

 식용 불가
(연골질, 독성분 여부 미상)

● **깃싸리버섯과 깃싸리버섯속**

● **한해살이**

● **작은키 – 소형**

● **다른 이름 : 가지깃싸리버섯**

01_ 어린 버섯
어릴 때는 연노란갈색
이다.　　　　7/17

02_ 젊은 버섯
자루가 가늘다.　8/27

03_ 젊은 버섯
군락지.　　　　7/17

04_ 다 자란 버섯
쓰러져 썩은 나무 위에
올라온 모습.　　9/24

05_ 늙은 버섯
마르면 깃털처럼 된다.
　　　　　　　8/27

06_ 상세 모습
젊은 버섯.　　8/27

07_ 상세 모습
늙은 버섯.　　9/11

Clavicorona pyxidata (Pers.) Doty = *Clavicorona pyxidata* (Pers. ex Fr.) Doty = *Artomyces pyxidatus* (Pers.) Jül.

좀나무싸리버섯

나무 위에 자라는 싸리버섯이다. 6월 13일

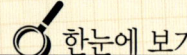 한눈에 보기

가지
흰크림색 ⇨ 연노란갈색~연분홍갈색

가지 끝
삼각받침대 모양

육질
조금 질김

냄새
때로 생감자냄새

맛
조금 매운맛

● **발생 시기·장소** | 여름~가을, 넓은잎나무숲~소나무숲의 고목, 죽은 나무 그루터기, 표고버섯을 재배한 폐목, 나무뿌리가 묻혀 있는 땅 위에 1개씩 또는 여러 개가 모여서 올라온다.

● **분포** | 한국, 일본, 중국, 북아메리카, 유럽, 오스트레일리아 등지에 분포한다.

● **특징** | 죽은 나무 위나 근처 땅에 올라오며, 가지 끝이 삼각받침대 모양이다.

● **생김새** | 높이 5~12㎝, 지름 2~6㎝이고 산호모양이다. **자루**는 높이 1~3㎜로 매우 짧고 흰색~흰분홍갈색이며 부드럽다. 가지는 여러 갈래로 갈라지고 끝이 삼각받침대 모양으로 벌어지며, 흰크림색에서 점차 연노란갈색~연분홍갈색이 된다. 살은 흰색이고 육질이 조금 질기며 때로 생감자냄새가 난다. **포자**는 4~5×2~3㎛ 크기의 타원형이고 흰색이다.

 식용
(조금 떨어지는 맛)

 약용
(항균)

● 솔방울털버섯과 나무싸리버섯속
● 한해살이
● 작은중간키 – 소형

이용방법

식용 >>>

요리 방법과 맛_ 부피가 작아 채취량이 적은 편이다. 조금 매운맛이 있고 날로 먹거나 물에 우려내지 않고 먹거나 과식하면 설사를 일으키므로 소금물에 삶아 물에 담가두었다가 여러 번 헹구어야 한다. 숙회, 볶음, 조림, 구이, 찌개 등으로 먹는다.

약용 >>>

성분과 효능_ 클라비코로닉산(항균)이 함유되어 있다. 곰팡이와 균을 죽이는 효능이 있다.

01_ 어린 버섯
민달팽이가 갉아먹는 모습. 8/26

02_ 젊은 버섯
썩은 나무에 올라온 버섯. 6/12

03_ 젊은 버섯
조금 밑에서 본 모습. 7/3

04_ 젊은 버섯
나무 위에 여러 개가 달려 있는 모습. 8/23

05_ 늙은 버섯
고목나무 밑통에 붙어 늙어가는 버섯. 6/12

06_ 이용
채취한 버섯. 6/13

01

02

03

04

05

06

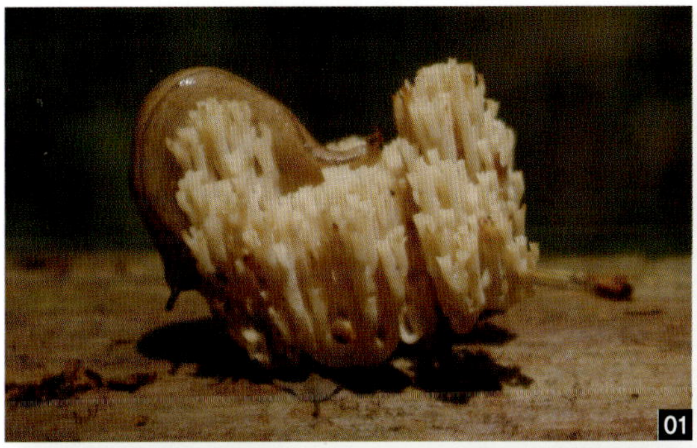

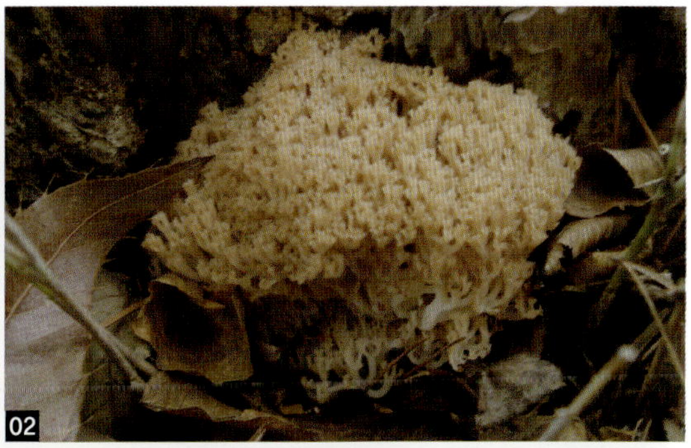

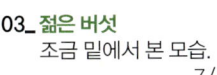

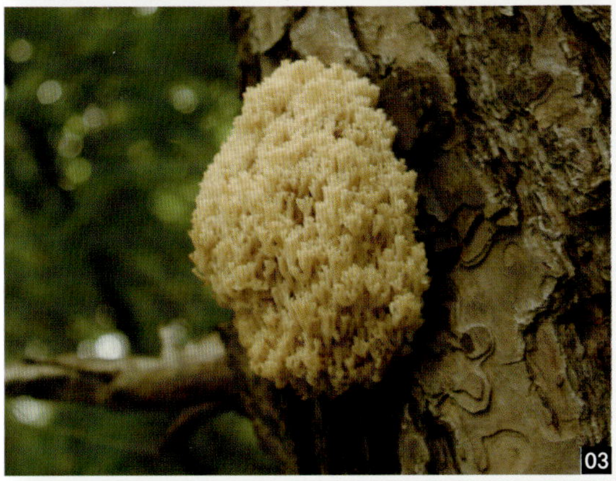

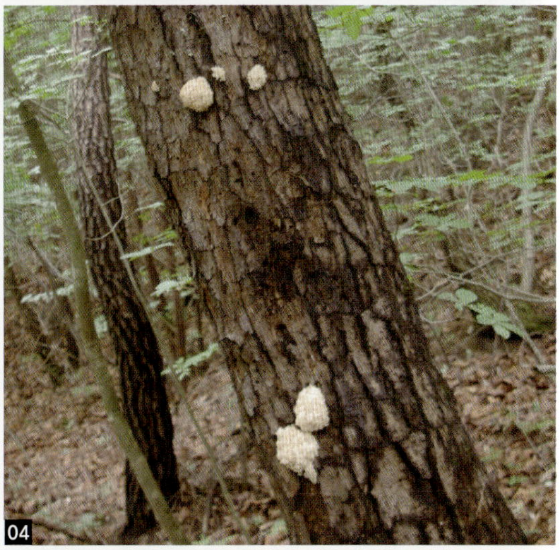

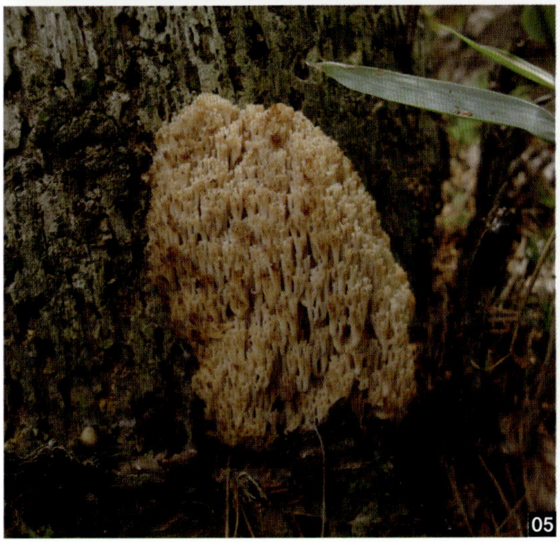

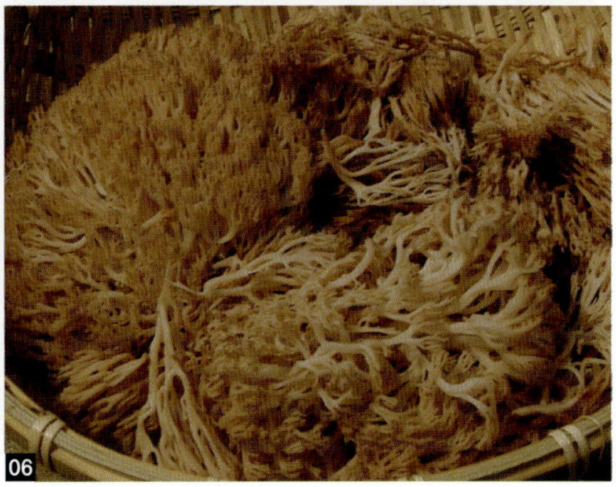

단풍사마귀버섯

가지가 단풍잎모양이다. 8월 29일

● **발생 시기·장소 |** 늦여름~가을, 소나무숲~넓은잎나무숲~혼합림(넓은잎나무, 소나무)에 1개씩 또는 여러 개가 뭉쳐서 무리지어 올라온다.

● **분포 |** 한국, 일본, 중국, 북아메리카, 시베리아, 유럽, 오스트레일리아 등지에 분포한다.

● **특징 |** 가지가 납작한 단풍잎모양이며, 가장자리에 흰 줄무늬가 있다.

● **생김새 |** 높이 2~7㎝, 지름 1~5㎝이고 빙 둘러서 가지가 나온 산호모양이다. **자루**는 길이 1~1.5㎝, 지름 1~2㎜로 가늘고 짧다. 가지는 불규칙하게 반복해서 갈라지는데, 각각의 가지가 납작한 단풍잎모양이고 끝이 손가락모양으로 갈라진다. 가지 겉면은 어두운 자주색~어두운 붉은갈색이고, 가장자리에 흰 줄무늬와 잔털이 있다. 마르면 밤갈색이 되며, 자루와 가지 끝부분을 제외한 전체에 자실층이 생긴다. 살은 얇고 연한 가죽질이며 마늘냄새가 난다. **포자**는 8~11×7~8㎛ 크기의 각이 진 넓은 타원형이고 노란갈색이다.

 식용 부적합
(가죽질, 독성분 여부 미상)

● 사마귀버섯과 사마귀버섯속

● 한해살이

● 작은중간키 – 소형

● 다른 이름 : 단풍잎버섯

01_ 어린 버섯
　가지 끝이 손가락처럼
　갈라진다.　　8/10

02_ 젊은 버섯
　좀 더 자란 모습.　9/9

03_ 다 자란 버섯
　비탈지고 축축한 땅에
　올라온 버섯.　　8/21

04_ 늙은 버섯
　마르면 밤갈색이 된다.
　　　　　　　7/28

05_ 상세 모습
　어린 버섯.　　8/10

06_ 상세 모습
　젊은 버섯.　　9/9

Polyozellus multiplex (Underw.) Murr.

까치버섯

검푸른 꽃양배추 모양이다. 9월 18일

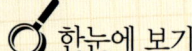 **한눈에 보기**

갓 윗면
까치색(검푸른색)~검은자주색

갓 밑면
푸른회색, 흰 비늘가루

육질
얇고 조금 질김

냄새
미역냄새

맛
감칠맛

● **발생 시기·장소 |** 늦여름~가을, 바늘잎나무숲(소나무, 전나무, 가문비나무)의 마사토나 황토흙, 나무줄기 위에 1개씩 또는 여러 개가 무리지어 올라온다.

● **분포 |** 한국, 일본 등 동아시아와 북아메리카에 분포한다.

● **특징 |** 검푸른색을 띠는 꽃양배추모양이고, 갓 밑면에 흰 비늘가루가 있다.

● **생김새 |** 높이 6~12㎝, 지름 10~30㎝의 꽃양배추 모양이다. **자루**는 길이 2~5㎝, 지름 5~20㎜이고 속이 차거나 비어 있다. 가지는 여러 개로 갈라져 지름 6~7㎝의 갓이 달린다. **갓**은 편평하고 가장자리가 물결처럼 되며 까치색(검푸른색)~검은자주색이다. **갓 밑면**은 내린형이고 푸른회색이며 흰 비늘가루가 있다. 살은 얇고 질기며 미역냄새가 난다. **포자**는 4~8.5×5.5~8㎛ 크기의 둥근 타원형이고 흰색이다.

 식용
(괜찮은 맛)

 약용
(항종양, 혈관질환)

● **사마귀버섯과 까치버섯속**

● **한해살이**

● **중간키 – 초대형**

● **다른 이름 : 귀다리버섯, 먹버섯, 검은춤버섯**

이용방법

식용 >>>

요리 방법과 맛_ 육질이 조금 질겨 질겅질겅하나 미역향이 나고 감칠맛이 있어 먹을 만하다. 소금에 절여두었다가 먹기도 한다. 숙회, 초고추장무침, 볶음, 조림 등으로 먹는다.

약용 >>>

성분과 효능_ 유리 아미노산(단백질 합성, 면역력 강화) 25종, 폴리젤린(항균성분)이 함유되어 있다. 종양을 억제하고, 균을 죽이며, 지질 과산화를 막아 혈관질환을 예방하는 효능이 있다.

01_ 다 자란 버섯
갓 가장자리가 물결모양이다.   10/12

02_ 늙은 버섯
늙어서 물 내린 모습.   10/9

03_ 상세 모습
늙은 버섯.   8/18

04_ 상세 모습
다 자란 버섯 밑면. 푸르스름하다.   9/18

05_ 이용
숙회. 조금 질겅질겅하다.   9/17

06_ 이용
소금으로 간한 볶음. 감칠맛이 난다.   9/20

Helvella elastica Bull. = *Helvella elastica* Bull. ex Fr. = *Leptopodia elastica* (Bull.) Boud.

긴대안장버섯

머리가 갈색 안장모양이다. 8월 17일

● **발생 시기·장소** | 여름~가을, 소나무숲~넓은잎나무숲 땅 위, 썩은 고목 위에 1개씩 또는 여러 개가 무리지어 올라온다.

● **분포** | 한국, 일본, 북아메리카, 유럽 등지에 분포한다.

● **특징** | 자루가 길고 머리가 안장모양이다.

● **생김새** | 길이 4~10㎝, 갓 지름 1~5㎝. **어릴 때**는 모양이 불분명하나 점차 갓 가장자리가 말려서 안장모양이 된다. 잿빛갈색~연노란갈색이며 겉면에 자실층이 있다. **자루**는 길이 2~6㎝, 굵기 5~10㎜이고 윗동으로 갈수록 가늘어진다. 겉면은 흰크림색이며 때로 잔털이 있다. **포자**는 19.5~22.5×11.5~13.5㎛ 크기의 타원형이고 흰색이다.

 식용 불가

 약용
(과거에 기침 가래에 사용)

 일반 독성
(생식시 적혈구 파괴, 암 유발)

● 안장버섯과 안장버섯속
● 한해살이
● 작은중간키 – 소형
● 다른 이름 : 가는자루안장버섯

주의사항

● 과거에 기침 가래약으로 쓰였으나 적혈구를 파괴하는 독과 발암물질이 함유된 것으로 밝혀졌으며, 위장장애를 일으키므로 먹어선 안 된다.

독성분과 중독 증상 >>>

헬벨산_ 적혈구를 파괴하는 독성분으로 완전히 말리거나 삶아서 여러 번 헹구면 약화된다.

메틸하이드라진_ 발암성 독성분으로 먹으면 2~24시간 뒤부터 구토, 두통, 위경련, 설사 증상이 나타나며 심하면 적혈구가 파괴되어 죽는다. 해독제는 피리독신이다.

01_ 어린 버섯
어릴 때는 머리모양이 불분명하다.　9/1

02_ 젊은 버섯
머리가 점차 안장모양이 되어간다.　8/18

03_ 다 자란 버섯
머리가 완전히 안장모양이다. 자루는 윗동으로 갈수록 가늘어진다.　8/17

04_ 늙은 버섯
기생균에 감염되어 갓이 허옇게 된 모습.　8/18

05_ 상세 모습
어린 버섯.　9/1

06_ 상세 모습
젊은 버섯.　8/17

콩두건버섯

갓이 콩알모양이다. 9월 14일

젊은 버섯
넓은잎 낙엽 위에 올라온 버섯. 9/14

🔍 한눈에 보기

갓색
노란색~노란갈색~노란녹색

자루 겉면
갓과 같은 색이거나 조금 흐림, 끈
적끈적한 느낌(어릴 때)

육질
신선한 젤리질

● **발생 시기·장소 |** 여름~가을, 소나무숲~넓은잎나무숲의 이끼 있는 땅 위, 썩은 고목, 썩은
낙엽 위에 1개씩 또는 여러 개가 무리지어 올라온다.

● **분포 |** 한국, 북아메리카 등 전 세계에 분포한다.

● **특징 |** 갓이 콩알이 뭉쳐진 모양이며 신선한 젤리 같다.

● **생김새 |** 갓 지름 1~5㎝. **갓**은 콩알이 1~4개 붙어 있는 모양이며, 노란색~노란갈색~노란녹
색이다. **자루**는 길이 2~8㎝, 굵기 최대 1㎝이고 갓과 같은 색이거나 조금 흐리며 어릴 때는 끈
적끈적하다. 자루 속은 비어 있고, 살은 신선한 젤리질이다. **포자**는 16~25×4~6㎛ 크기의 막대
기모양이다.

🚫 **식용 부적합**
(초소형, 독성분 여부 미상)

● **두건버섯과 두건버섯속**

● **한해살이**

● **작은중간키 – 소형**

01 02

01_ 젊은 버섯
조금 비탈진 곳에 올라온 버섯.
9/14

02_ 상세 모습
어린 버섯. 9/14

석이

깊은 산 바위나 절벽에 붙어 자란다. 1월 15일

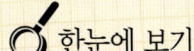

윗면
젖으면 올리브녹색, 마르면 회갈색
⇨ 검은갈색(겨울)

밑면
검은갈색, 알갱이모양 돌기, 짧은 헛뿌리

육질
얇고 질김, 마르면 잘 부서짐

● **발생 시기·장소 |** 해발 700m 이상 되는 깊고 높은 산의 산등성이나 기슭의 절벽, 너덜바위, 큰 바위 위에 여러 개가 무리지어 자란다.

● **분포 |** 한국, 일본, 중국 등 동아시아에 분포한다.

● **특징 |** 종이처럼 얇으며, 비가 오면 올리브녹색이 되고 마르면 회갈색이 된다.

● **생김새 |** 지름 5~12㎝의 중소형으로 손바닥만큼 자라는 것도 있다. **모양**은 둥그스름한 잎모양이며 가장자리가 불규칙하고, 마르면 가장자리가 위쪽으로 말린다. **윗면**은 젖으면 올리브녹색이고 마르면 회갈색이 되며 겨울에는 검은갈색이 된다. 햇빛에 오래 노출되면 흰 얼룩이 생기기도 한다. **밑면**은 검은갈색이고 알갱이모양의 돌기가 있으며 짧은 헛뿌리가 빽빽하다. 살은 아주 얇고 질기며, 젖으면 연해지고 마르면 잘 부서진다.

 식용
(괜찮은 맛)

 약용
(항종양, 성인병)

 약간 독성
(생식 또는 과식시 위장장애)

● 석이과 석이속

● 중소형 지의류

● 다른 이름 : 석이버섯, 암용(岩茸),
   석용(石茸, 생약명)

이용방법

식용 >>>

요리 방법과 맛_ 마르면 잘 부서지므로 비온 뒤 물기가 있을 때 채취하는 것이 좋다. 밑면에 돌가루가 있으므로 물에 담가서 불렸다가 손으로 잘 비벼 이물질을 제거한 뒤 요리하거나 말려두었다가 사용하는데 말리면 향이 깊어진다. 요리할 때는 미량의 오르시놀(물에 녹는 독성분)이 들어 있어 날로 먹으면 위장장애를 일으키며, 삶으면 검은 물이 나오므로 소금물에 삶아 여러 번 헹구어야 한다. 별맛은 없으나 쫄깃쫄깃하고 색감이 독특하여 고급요리에 사용한다. 숙회, 볶음, 튀김, 조림, 찌개, 전골, 찜, 죽, 밥 등을 만들거나 각종 요리에 고명으로 얹는다.

약용 >>>

성분과 효능_ 베타글루칸(항종양), 시드 [지의산(지의류가 생산하는 유기산)], 지로포르산(지혈)이 함유되어 있다. 기를 보하고, 간과 위를 튼튼하게 하며, 눈과 피를 맑게 하고, 기력을 북돋우며, 소변을 잘 나오게 하고, 종양을 억제하는 효능이 있다. 말려서 가루를 내서 먹거나 물에 달여 먹는다.

01_ 가장자리가 불규칙한 모양이다. 6/8

02_ 손바닥만 한 것도 있다. 8/30

03_ 마르면 가장자리가 말린다. 8/30

04_ 가을에 절벽에 붙어 있는 모습. 9/20

05_ 겨울 모습. 1/24

06_ 겨울에는 색이 거무스름해진다. 1/9

※석이는 생장단계를 구별할 수 없다.

07_ 상세 모습
비에 젖은 석이 앞뒷
면.   9/22

08_ 상세 모습
조금 마른 석이 앞면.
            8/30

09_ 상세 모습
갈색이 된 석이 앞뒷
면.   6/8

10_ 이용
절벽을 타고 채취하는
모습.   10/9

11_ 이용
젖은 석이 채취한 것.
            6/16

12_ 이용
조금 마른 석이 채취한
것.   8/30

13_ 이용
물에 빨아서 뒷면의 이
물질을 제거한 모습.
            8/30

14_ 이용
숙회. 쫄깃쫄깃하다.
            8/30

15_ 이용
석이밥.   6/16

16_ 이용
석이가루부침. 조금 톡
쏘는 맛이 난다.
            12/28

17_ 이용
물에 빨아서 말린 것.
            9/22

2
나무에 나는 버섯

Pleurotus ostreatus (Jacq.) P. Kumm. = *Pleurotus ostreatus* (Jacq. ex Fr.) Kummer

느타리

자라면 회갈색이 된다. 10월 13일

 한눈에 보기

갓 윗면
검은갈색~푸른회색 ⇨ 회색~회갈색

갓 밑면
주름살, 흰색

자루 겉면
흰색, 잔털모양의 균사(밑동)

냄새
향긋한 냄새

육질
조금 두툼함

맛
담백한 맛

● **발생 시기·장소 |** 가을~봄, 넓은잎나무(주로)~소나무 고목, 나무 그루터기, 통나무 위에 1개씩 또는 여러 개가 무리지어 올라오며 재배하기도 한다.

● **분포 |** 한국, 일본, 중국, 북아메리카, 유럽, 오스트레일리아 등 전 세계에 분포한다.

● **특징 |** 나무 위에 나고 자루가 갓 옆쪽으로 붙으며, 다 자라면 회색~회갈색이 된다.

● **생김새 |** 갓 지름 5~15㎝의 중대형. **갓**은 어릴 때 반원모양에서 점차 편평하거나 한가운데가 오목해지며, 가장자리가 조금 아래로 말린다. 다 자라면 편평해진다. 윗면은 어릴 때 검은갈색~푸른회색에서 점차 회색~회갈색이 된다. 갓살은 흰색이고 조금 두툼하며 향긋한 냄새가 난다. **갓 밑면**은 주름살로 되어 있으며, 주름살은 내린형으로 조금 빽빽하고 흰색~회색이다. **자루**는 길이 1~4㎝, 굵기 7~18㎜이고 갓 한쪽에 치우쳐 달린다. 겉면은 흰색이고 밑동이 잔털모양의 균사로 덮여 있다. **포자**는 7.5~11×3~4.5㎛ 크기의 원통모양이고 연분홍색~연자주회색이다.

식용
(뛰어난 맛)

약용
(항종양, 성인병)

● 느타리과 느타리속
● 한해살이
● 작은키-중대형

이용방법

식용 >>>

요리 방법과 맛_ 쫄깃쫄깃하며 재배한 것보다 훨씬 향긋하다. 숙회, 볶음, 조림, 구이, 찌개, 전골, 찜 등으로 먹으며 된장이나 간장에 장아찌를 담가 먹기도 한다.

약용 >>>

성분과 효능_ 유리 아미노산(단백질 합성, 면역력 강화) 30종, 비타민 B_1·B_2·B_3·C·D, 만니톨(이뇨효과), 렉틴(생체반응 조절), 트레할로스(산패방지), 글루코오스(포도당), 셀룰로오스(섬유질), 펙틴(장 정화), 헤미셀룰로오스(자일리톨 원료), 키틴(항종양), 베타글루칸(항종양), 리그닌(식물성 에스트로겐)이 함유되어 있으며 서근환(舒筋丸, 손발 마비 치료제) 원료로 사용된다. 인슐린 분비를 돕고, 뼈를 튼튼하게 해주며, 혈압을 조절하고, 면역력을 높이며, 종양을 억제하는 효능이 있다.

01_ **젊은 버섯**
나무 위에서 자라는 모습.   10 / 13

02_ **젊은 버섯**
굴참나무 위에 달린 버섯들.   9 / 14

03_ **다 자란 버섯**
자루가 갓 옆에 붙어 있다.   9 / 15

04_ **다 자란 버섯**
겹쳐져서 난 버섯들.   9 / 15

05_ **늙은 버섯**
초봄에 버섯이 마른 모습. 마르면 색이 바랜다.   3 / 5

06_ **늙은 버섯**
갓 가장자리가 비틀린 모습.   2 / 14

07_ **늙은 버섯**
　쓰러진 나무 위의 버
　섯.　　　　3/29

08_ **늙은 버섯**
　물 내린 모습.　3/22

09_ **상세 모습**
　아주 어린 버섯.　3/25

10_ **상세 모습**
　어린 버섯과 젊은 버
　섯.　　　　10/13

11_ **상세 모습**
　젊은 버섯.　　9/14

12_ **상세 모습**
　다 자란 버섯.　9/15

13_ **상세 모습**
　늙은 버섯.　　2/14

14_ **상세 모습**
　젊은 버섯을 밑에서 본
　모습.　　　　3/25

15_ **상세 모습**
　다 자란 버섯의 주름
　살.　　　　9/15

16_ **이용**
　채취한 버섯.　9/14

17_ **이용**
　소금으로 간한 볶음.
　담백하고 쫄깃하다.
　　　　　　9/14

산느타리

갓이 흰색~연회갈색에서 연노란색이 된다. 8월 29일

갓 윗면
흰색~연회갈색 ⇨ 연노란색 ⇨ 노란갈색

주름살
흰색 ⇨ 크림색~연노란색

자루
있거나 때로는 없음

냄새
밀가루냄새

육질
조금 얇고 부드러움

맛
담백한 맛

● **발생 시기·장소** | 봄~가을, 넓은잎나무 고목, 나무 그루터기, 통나무 위에 1개씩 또는 여러 개가 무리지어 올라온다.

● **분포** | 한국, 일본, 북아메리카, 유럽 등 북반구 일대에 분포한다.

● **특징** | 중소형이고 살이 조금 얇으며, 갓색이 흰색~연회갈색에서 연노란색이 된다.

● **생김새** | 갓 지름 2~8㎝의 중소형. 갓은 어릴 때 반원모양에서 점차 편평해진다. 윗면은 어릴 때 흰색~연회갈색에서 점차 연노란색이 되며 늙으면 노란갈색이 된다. 갓살은 흰색으로 조금 얇고 부드러우며 밀가루냄새가 난다. **갓 밑면**은 주름살로 되어 있으며, 주름살은 내린형으로 조금 빽빽하거나 조금 성기며 흰색에서 크림색~연노란색이 된다. **자루**는 길이 5~15㎜, 굵기 4~7㎜이고 갓 한쪽에 치우쳐 있다. 겉면은 흰색이다. **포자**는 6~10×3~4㎛ 크기의 원통모양이고 회색~분홍색~연회색이다.

 식용
(괜찮은 맛)

 약용
(항종양)

● 느타리과 느타리속

● 한해살이

● 작은키-중소형

이용방법

식용 >>>

요리방법과 맛_ 쫄깃하고 부드러우며 담백한 맛이다. 숙회, 볶음, 조림, 구이, 찌개, 전골, 찜 등으로 먹으며, 잘 말려두었다가 이용하기도 한다.

약용 >>>

성분과 약효_ 폴리사카리드(항종양)가 함유되어 있으며, 종양을 억제하는 효능이 있다.

01_ **다 자란 버섯**
쓰러진 나무에 있는 버섯.　　　8/29

02_ **늙은 버섯**
늙어서 노란갈색이 된 모습.　　　3/30

03_ **늙은 버섯**
쓰러진 나무에 말라붙어 있는 모습.　3/30

04_ **상세 모습**
다 자란 버섯.　　8/29

05_ **이용**
채취한 버섯.　　8/29

06_ **이용**
숙회. 담백하고 쫄깃하다.　　　　　/29

07_ **이용**
버섯 말리는 모습.
　　　　　　3/30

Phyllotopsis nidulans (Pers.) Sing. = *Pleurotus nidulans* (Pers.) P. Kumm. = *Crepidotus nidulans* (Pers.) Quél. = *Claudopus nidulans* (Pers.) Peck = *Panus nidulans* (Pers.) Pilát

귀느타리 (노란귀느타리)

나무에 옆으로 붙거나 거꾸로 붙는다. 3월 25일

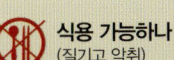 **한눈에 보기**

갓 윗면
노란색~노란주황색 ⇨ 흰갈색, 흰 잔털

갓 밑면
주름살, 노란색 ⇨ 노란주황색 ⇨ 주황갈색

자루
없음

냄새
하수구냄새, 퀴퀴한 냄새

육질
질김

● **발생 시기·장소 |** 가을~겨울, 넓은잎나무~소나무, 죽은 나무 그루터기, 통나무 위에 1개씩 또는 여러 개가 무리지어 올라온다.

● **분포 |** 한국, 일본, 중국 등 북반구 온대 이북지역에 분포한다.

● **특징 |** 자루가 없고 갓이 노란색~노란주황색이며 윗면에 흰 잔털이 많다.

● **생김새 |** 갓 지름 1~8㎝의 중소형이고, 자루가 없이 나무에 옆으로 붙거나 주름살이 보이게 거꾸로 붙는다. **갓**은 반원모양~심장모양~콩팥모양~원형이고, 어릴 때는 가장자리가 편평하다가 마르면 밑으로 조금 말린다. 윗면은 노란색~노란주황색이고 흰 잔털이 빽빽하며 가장자리가 짙다. 마르면 흰갈색이 된다. 갓살은 연노란색이고 육질이 질기며 하수구냄새, 퀴퀴한 냄새가 난다. **갓 밑면**은 주름살로 되어 있으며, 주름살은 내린형이고 조금 빽빽하거나 조금 성기다. 노란색에서 점차 노란주황색이 되고 늙으면 주황갈색이 된다. **포자**는 5~8×2~4㎛ 크기의 긴 타원형이고 연분홍갈색이다.

식용 가능하나 부적합
(질기고 악취)

● 느타리과 느타리속

● 한해살이

● 중소형

● 다른 이름 : 노랑털느타리, 노란느타리

01_ **어린 버섯**
죽어서 쓰러진 나무 위
에 어린 버섯이 생기는
모습.　　　　12/5

02_ **어린 버섯**
귀모양이다.　　12/5

03_ **젊은 버섯**
주름살이 보이게 붙은
모습　　　　　4/10

04_ **젊은 버섯**
흰 잔털이 빽빽하다.
　　　　　　　12/5

05_ **다 자란 버섯**
가장자리 색이 짙어졌
다.　　　　　3/25

06_ 다 자란 버섯
색이 짙어져 주황갈색
이 된 버섯.   3/27

07_ 다 자란 버섯
주름살이 갈색이 되고
있다.   3/24

08_ 다 자란 버섯
마르면 점차 허옇게 된
다.   3/24

09_ 다 자란 버섯
잔털이 빽빽하다.
       3/24

10_ 다 자란 버섯
나무밑동에서부터 줄
줄이 달려 있다. 3/24

11_ 상세 모습
젊은 버섯 앞뒷면.
       3/24

12_ 상세 모습
다 자란 버섯 앞뒷면.
       3/24

Pleurocybella porrigens (Pers.) Sing. = *Phyllotus porrigens* (Pers.) P. Karst. = *Pleurotus porrigens* (Pers.) P. Kumm.

넓은옆버섯

전체가 흰색이고 나무에 옆으로 붙는다. 8월 27일

상세 모습
젊은 버섯의 주름살. 8/27

🔍 한눈에 보기

갓 윗면
흰색, 밋밋함
자루
없음
육질
조금 얇고 질김

● **발생 시기·장소 |** 여름~가을, 소나무, 죽은 나무 그루터기, 통나무 위에 1개씩 또는 여러 개
가 무리지어 올라온다.

● **분포 |** 한국, 일본, 중국 등 북반구 온대 이북지역에 분포한다.

● **특징 |** 크기가 작고 나무에 옆으로 붙으며 전체가 흰색이다.

● **생김새 |** 갓 지름 2~6㎝의 소형이고 자루가 없이 나무에 옆으로 붙는다. **갓**은 어릴 때 둥글
고 점차 반원모양~주걱모양이 된다. 윗면은 흰색이고 밋밋하다. 갓살은 연노란색이고 질기며
하수구 냄새, 퀴퀴한 냄새가 난다. **갓 밑면**은 주름살로 되어 있으며, 주름살은 완전붙은형~내
린형으로 빽빽하고 흰색이다. **포자**는 5.5~6.5×4.5~5.5㎛ 크기의 둥근 타원형이고 흰색이다.

 식용 절대 불가
(한때 식용으로 잘못 알려짐)

 일반 독성
(콩팥장애, 급성뇌병변. 심하면
사망)

● **낙엽버섯과 넓은옆버섯속**

● **한해살이**

● **소형**

● **다른 이름 : 나도느타리버섯**

주의사항

● 한때 식용으로 잘못 알려졌던 독버섯으로 느타리와 혼동하는 경우가 있다. 일본에서 중독 사망사고가 보고되었고 독성분이 밝혀
지지 않아 해독제도 없으므로 절대 먹어선 안 된다.

독성분과 중독 증상 >>>
아마톡신_ 먹고 3일 뒤부터 뇌압 상승, 의식불명, 고열, 심한 발작, 경련, 신장손상 등의 증상이 나타나며, 심하면 10일 후 급성뇌병변 등으
로 사망한다.

235

Lentinula edodes (Berk.) Pegler＝*Lentinus edodes* (Berk.) Sing.

표고

거북이 등처럼 갈라지기도 한다. 2월 15일

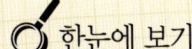 **한눈에 보기**

갓 윗면
연갈색~검은갈색, 진갈색 섬유비
늘, 때로 깊게 갈라짐

갓 밑면
주름살, 흰색

자루 겉면
흰색~흰갈색, 비늘가루

육질
두툼하고 탄력 있음

냄새
향긋한 냄새

맛
감칠맛, 달달한 맛

※ 자연산 표고는 추울 때 나는 것과 더
  울 때 나는 것의 색이 많이 다르기 때
  문에 다른 버섯과는 달리 사진을 생
  장 단계가 아닌 계절로 구분하여 배
  치하였다.

● **발생 시기·장소** | 봄~겨울, 쓰러진 넓은잎나무(졸참나무, 신갈나무, 상수리나무, 밤나무, 너도
밤나무 등의 참나무) 그루터기, 통나무 위에 1개씩 또는 여러 개가 무리지어 올라온다.

● **분포** | 한국, 일본, 중국, 동남아시아, 뉴질랜드 등지에 분포하며 농가에서 재배하기도 한다.

● **특징** | 죽은 넓은잎나무에 올라오고, 갓이 연갈색~검은갈색이며 섬유비늘이 있다.

● **생김새** | 갓 지름 4~10㎝의 중소형이고 20㎝까지 자라는 것도 있다. **갓**은 어릴 때는 반원모
양이고 가장자리가 밑으로 말려 있으며 점차 편평해져서 낮은 산모양이 된다. 윗면은 연갈색~
검은갈색이며, 추울 때 나는 것은 색이 짙다. 진갈색 섬유비늘로 덮여 있으며 때로 깊게 갈라져
거북이등처럼 되기도 한다. 갓살은 흰색이고 두툼하며 향긋한 냄새가 난다. **갓 밑면**은 주름살
로 되어 있으며, 주름살은 홈형~끝붙은형이고 빽빽하다. 색은 흰색이고 끝이 톱니모양이다. **자
루**는 길이 3~8㎝, 굵기 6~12㎜이고 나무에 옆으로 치우쳐 달리기도 한다. 겉면은 흰색~흰갈색
이고 비늘가루가 있다. 갓이 펴지면서 윗동에 불완전한 모양의 턱받이가 생기나 곧 떨어져나간
다. 속은 꽉 차 있다. **포자**는 4~6.5×3~4㎛ 크기의 타원형이고 흰색이다.

 식용
(뛰어난 맛)

 약용
(중풍, 심장병)

● **낙엽버섯과 표고속**(과명 바뀜)

● **한해살이**

● **작은중간키 – 중소형**

● **다른 이름** : 추이(椎栮, 생약명),
  향고(香菇)

식용 >>>

요리 방법과 맛_ 1 능이, 2 표고, 3 송이로 꼽힐 만큼 맛과 향이 뛰어나다. 향이 깊으며, 날것은 육질이 부드럽지만 익히면 쫄깃해진다. 날것을 말려두었다가 따뜻한 물에 불려 요리하기도 하는데 말리면 향이 더 깊어진다. 생회, 구이, 볶음, 찜, 장조림, 찌개, 전, 전골, 죽, 밥 등을 해서 먹는다.

약용 >>>

성분과 효능_ 유리 아미노산(단백질 합성, 면역력 강화) 27종, 비타민 $B_1 \cdot B_2 \cdot B_3 \cdot B_{12} \cdot D_2$, 단백질, 칼슘, 철분, 렉틴(생체반응 조절), 에르고스테롤(비타민 D로 전환되는 물질), 렌티난(항종양), 풍기스테롤(항종양), 글루텔린(항종양), 아세트아마이드(항종양) 성분이 함유되어 있다. 기를 보하고, 풍을 다스리며, 피를 활성화시키고, 술독을 풀어주며, 정신을 좋아지게 하고, 음식을 잘 먹게 하며, 구토와 설사를 멎게 하고, 종양을 억제하는 효능이 있다.

01_**봄**
봄철 어린 버섯. 4/10

02_**봄**
추울 때 나는 것은 색이 짙다. 3/31

03_**봄**
갓이 거의 갈라지지 않은 젊은 봄버섯. 4/10

04_**봄**
어릴 때의 짙은 색 흔적이 있는 젊은 봄버섯. 4/10

05_**봄**
비 온 뒤 갓이 젖어 있는 다 자란 봄버섯. 5/13

06_ 봄
대형으로 자란 늙은 봄
버섯.   4/29

07_ 봄
갓이 심하게 갈라진 늙
어가는 봄버섯.   5/14

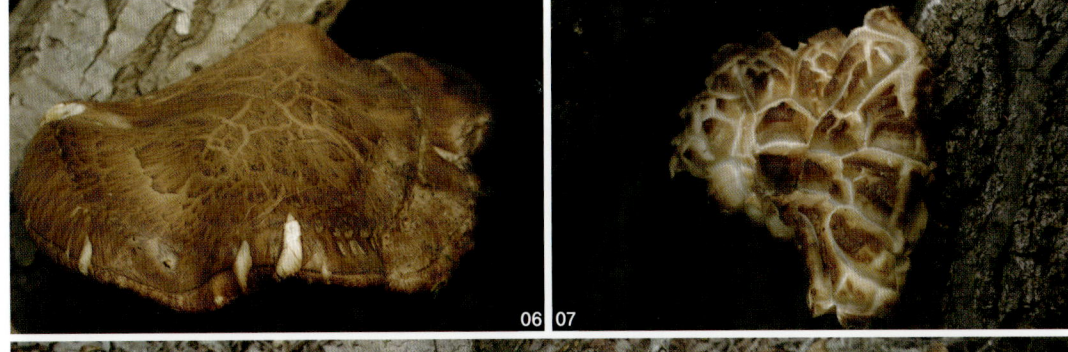

08_ 가을
가을철 쓰러진 나무 위
에 올라온 가을버섯.
            9/27

09_ 가을
가을에 나는 것은 색이
엷다.   9/27

10_ 가을
갓에 희끗한 섬유비늘
흔적이 남아 있는 젊은
가을버섯.   9/20

11_ 가을
비 온 뒤 다 자란 가을
버섯.   9/10

12_ 가을
말라가는 늙은 가을버
섯.   9/27

13_ 겨울
눈 쌓인 나무 위에 올
라온 어린 겨울버섯.
            2/15

14_ 겨울
갓 가장자리에 섬유비
늘 흔적이 있는 젊은
겨울버섯.   11/20

15_ **겨울**
갓이 거무스름한 젊은
겨울버섯.   12/27

16_ **겨울**
늙어서 물 내리는 겨울
버섯.   2/5

17_ **상세 모습**
젊은 봄버섯.   5/22

18_ **상세 모습**
다 자란 가을버섯.
        9/27

19_ **상세 모습**
젊은 가을버섯의 뒷면.
        9/18

20_ **상세 모습**
늙은 봄버섯의 뒷면.
        4/29

21_ **이용**
가을버섯 채취한 것.
        9/18

22_ **이용**
겨울버섯 채취한 것.
        2/18

23_ **이용**
소금으로 간한 볶음.
향긋하고 쫄깃하다.
        9/21

24_ **이용**
가을에 표고 말리는 모
습.   9/17

Marasmiellus candidus (Bolt.) Sing. = *Marasmius candidus* (Bolt.) Fr.

하얀마른가지버섯 (하얀선녀버섯)

갓이 희고 얇은 막질이다. 7월 13일

다 자란 버섯
밑동이 어두운 갈색이다. 7/13

🔍 한눈에 보기

갓 윗면
흰색

갓 밑면
주름살, 흰색, 불규칙한 연결맥

자루 겉면
흰색, 어두운 갈색(밑동)

육질
아주 얇은 막질

● **발생 시기·장소 |** 여름~가을, 혼합림(소나무, 넓은잎나무)의 고목 줄기, 나뭇가지, 낙엽 위에 1개씩 또는 여러 개씩 흩어져 나거나 무리지어 올라온다.

● **분포 |** 한국, 북아메리카, 유럽 등 북반구 온대 이북지역에 분포한다.

● **특징 |** 초소형이고 갓이 흰색이며 밑동이 어두운 갈색이다.

● **생김새 |** 갓 지름 6~22㎜의 초소형. **갓**은 반원모양에서 점차 편평해지고 방사상 주름이 생긴다. 윗면은 흰색이고, 갓살은 아주 얇은 막질이다. **갓 밑면**은 주름살로 되어 있으며, 주름살이 불규칙한 연결맥모양이고 성기며 흰색이다. **자루**는 길이 6~22㎜, 굵기 1~2㎜로 아주 가늘다. 겉면은 흰색이고 밑동은 어두운 갈색이다. **포자**는 12~17×4~5㎛ 크기의 씨앗모양~곤봉모양이고 흰색이다.

🚫 식용 불가
(독성분 여부 미상)

● 낙엽버섯과 마른가지버섯속
● 한해살이
● 아주작은키 – 초소형

01 02

01_ 다 자란 버섯
한데 무리지어 올라온 모습.
7/13

02_ 다 자란 버섯
갓 한가운데가 짙다. 7/13

Marasmiellus ramealis (Bull.) Sing. = *Marasmiellus ramealis* (Bull. ex Fr.) Sing.

분마른가지버섯

갓과 자루에 분가루가 있다. 8월 31일

🔍 한눈에 보기

갓 윗면
흰크림색~살색, 분가루 같은 비늘가루

갓 밑면
주름살, 흰크림색~살색

자루 겉면
흰색, 분가루 같은 비늘가루

육질
아주 얇은 막질

● **발생 시기·장소 |** 초여름~가을, 혼합림(소나무, 넓은잎나무)의 고목, 나뭇가지 위에 1개씩 또는 여러 개씩 흩어지거나 무리지어 올라온다.

● **분포 |** 한국, 북아메리카, 유럽 등 북반구 온대 이북지역에 분포한다.

● **특징 |** 초소형이고 갓이 얇은 막질이며, 갓과 자루에 분가루 같은 비늘가루가 있다.

● **생김새 |** 갓 지름 6~11㎜의 초소형. **갓**은 반원모양에서 점차 편평해지며 방사상의 성긴 주름이 생긴다. 윗면은 흰크림색~살색이고 한가운데는 흰갈색~흰분홍색이며 분가루 같은 비늘가루가 있다. 갓살은 아주 얇은 막질이다. **갓 밑면**은 주름살로 되어 있으며, 주름살은 끝붙은형으로 성기고 갓과 같은 색이다. **자루**는 길이 5~20㎜, 굵기 0.3~1㎜로 아주 가늘다. 겉면은 흰색이고 분가루 같은 비늘가루로 덮여 있으며, 밑동은 검은갈색이다. 자루 살은 질기다. **포자**는 8~10×3~4㎛ 크기의 긴 타원형이고 흰색이다.

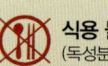 **식용 불가**
(독성분 여부 미상)

● 낙엽버섯과 마른가지버섯속

● 한해살이

● 아주작은키 – 초소형

● 다른 이름 : 마른가지선녀버섯, 마른가지낙엽버섯, 가지선녀낙엽버섯

01_ 다 자란 버섯
  떨어진 나뭇가지에 올
  라온다.　　8/31

02_ 다 자란 버섯
  군락지 모습.　8/31

03_ 상세 모습
  아주 어린 버섯과 다
  자란 버섯.　8/31

Hericium erinaceus (Bull.) Pers. = *Hericium caput-medusae* (Fr.) Pers. = *Hericium erinaceus* (Bull.) Pers.

노루궁뎅이

부드러운 가시침으로 덮여 있다. 10월 8일

● **발생 시기·장소** | 가을~겨울, 높은 산등성이 7~8부 지점에 있는 넓은잎나무(참나무)의 큰 고목, 썩어가는 고목 위에 1개씩 또는 여러 개씩 흩어져 올라오며, 완전히 썩은 나무에는 달리지 않는다.

● **분포** | 한국, 일본, 중국, 동남아시아, 북아메리카, 유럽 등지에 분포한다.

● **특징** | 자루가 없고 둥근 모양이며 부드럽고 긴 침으로 덮여 있다.

● **생김새** | **전체**는 지름 5~25㎝의 중대형. 반원모양이고 길이 1~5㎝의 부드러운 침으로 덮여 있으며, 침 겉면에 자실층이 있다. 색은 어릴 때 흰색에서 점차 흰노란색~흰분홍색이 되며, 늙으면 연노란갈색이 된다. 살은 흰색이며 육질이 부드러운 스펀지 같다. **포자**는 5.5~7.5×5~6.5㎛ 크기의 둥그스름한 모양이고 흰색이다.

 식용
(뛰어난 맛)

 약용
(위장병, 강정, 치매)

● 노루궁뎅이과 노루궁뎅이속
● 한해살이
● 중대형
● 다른 이름 : 후두고[猴頭菇(원숭이머리버섯), 생약명], 산복용(山伏茸, 산에 숨은 버섯, 중국 이름)

이용방법

01_ 어린 버섯
어린 버섯 올라오는 모습. 9/27

02_ 어린 버섯
일찍 노란색이 된 어린 버섯. 9/22

03_ 어린 버섯
침이 조금 길어진 버섯. 10/8

04_ 어린 버섯
나무 구멍 속에도 난다. 9/27

05_ 어린 버섯
분홍색이 된 버섯. 9/27

06_ **젊은 버섯**
침이 길어진 모습.
9/27

07_ **다 자란 버섯**
빗물에 젖어 침이 뭉쳐
진 모습.　　9/3

08_ **늙은 버섯**
늙으면 노란갈색이 된
다.　　2/11

09_ **상세 모습**
젊은 버섯.　　9/27

10_ **상세 모습**
다 자란 버섯.　　9/3

11_ **상세 모습**
젊은 버섯 속.　　9/20

12_ **상세 모습**
다 자란 버섯 속. 속이
스펀지 같다.　　9/3

13_ **상세 모습**
말린 젊은 버섯 속.
11/22

Armillaria mellea (Vahl) P. Kumm. = *Armillariella mellea* (Vahl. ex Fr.) Karst.

뽕나무버섯

갓에 섬유비늘이 있다. 10월 19일

한눈에 보기

갓 윗면
연갈색~연노란갈색, 점박이 나이테무늬의 섬유비늘

갓 밑면
주름살, 흰색 ⇨ 연갈색

자루 겉면
흰색 ⇨ 갈색, 검은갈색(밑동)

턱받이
흰색

육질
조금 두툼함

맛
고소한 맛, 조금 달달한 맛

● **발생 시기·장소 |** 여름~가을, 넓은잎나무(뽕나무, 참나무) 고목, 그루터기, 나뭇가지 위에 1개씩 또는 여러 개가 무리지어 올라온다.

● **분포 |** 한국, 일본, 중국 등 전 세계에 분포한다.

● **특징 |** 갓에 점박이 나이테무늬의 섬유비늘이 있으며, 자루에는 턱받이가 있다.

● **생김새 |** 갓 지름 3~10㎝의 중소형. **갓**은 낮고 둥근 산모양에서 점차 편평해지며 늙으면 조금 오목해진다. 윗면은 연갈색~연노란갈색이며, 어두운 갈색 섬유비늘이 점박이 나이테무늬로 붙어 있는데 한가운데가 좀 더 빽빽하다. 갓살은 조금 두툼하다. **갓 밑면**은 주름살로 되어 있으며, 주름살은 내린형이고 조금 성기다. 어릴 때 흰색에서 점차 연갈색이 된다. **자루**는 길이 4~15㎝, 굵기 6~20㎜이고 겉면이 흰색에서 점차 갈색이 된다. 밑동은 검은갈색이고 섬유결이며 흰 균사덩어리가 붙어 있다. 갓이 펴지면서 자루 윗동에 치마모양의 흰색 턱받이가 생기나 점차 떨어져나간다. **포자**는 7~8.5×5~5.5㎛ 크기의 타원형이고 흰색이다.

식용
(괜찮은 맛)

약용
(간질, 야맹증)

약간 독성
(생식 또는 과식시 복통, 알레르기)

● **뽕나무버섯과 뽕나무버섯속**
(과명 바뀜)

● **한해살이**

● **중간큰키 – 중소형**

● **다른 이름 :** 상목이(桑木耳, 생약명), 개암버섯, 가다발버섯, 꿀버섯

이용방법

01_ 젊은 버섯
나뭇가지 위에 올라온 모습.　　10/18

02_ 다 자란 버섯
자루에 균사가 있어 희끗희끗하다.　　10/15

03_ 다 자란 버섯
비 맞은 모습.　　10/19

04_ 늙은 버섯
기생균에 감염되어 하얗게 된 모습.　　10/19

05_ 상세 모습
어린 버섯.　　10/19

06_ 상세 모습
다 자란 버섯.　　10/9

뽕나무버섯부치

갓 한가운데에 섬유비늘이 있다. 8월 13일

🔍 한눈에 보기

갓 윗면
연갈색~연노란갈색, 한가운데에 섬유비늘, 가장자리에 우산살모양 주름

갓 밑면
주름살, 흰색~흰분홍색 ⇒ 갈색

자루 겉면
연갈색~연노란갈색 섬유결 줄무늬, 검은 균사 덩어리(밑동)

육질
조금 두툼함

맛
조금 쌉쌀한 맛

● **발생 시기·장소 |** 여름~가을, 넓은잎나무(뽕나무, 참나무) 고목, 죽은 나무, 그루터기, 나뭇가지, 나무뿌리가 있는 땅 위에 1개씩 또는 여러 개가 뭉쳐서 올라온다.

● **분포 |** 한국, 북아메리카 등지에 분포한다.

● **특징 |** 갓 한가운데에 섬유비늘이 있으며, 자루 밑동에 검은 균사 덩어리가 있다.

● **생김새 |** 갓 지름 3~10㎝의 중소형. **갓**은 낮고 둥근 산모양에서 점차 편평해지며 늙으면 조금 오목해진다. 윗면은 연갈색~연노란갈색이고 한가운데에 섬유비늘이 있으며, 가장자리에 우산살모양의 주름이 있다. 갓살은 조금 두툼하다. **갓 밑면**은 주름살로 되어 있으며, 주름살은 내린형이고 조금 빽빽하다. 어릴 때 흰색~흰분홍색이다가 점차 갈색이 된다. **자루**는 길이 5~8㎝, 굵기 6~16㎜로 겉면이 갓과 같은 색이고 섬유무늬가 있다. 밑동에는 검은 균사덩어리가 붙어 있다. **포자**는 7~9×4~6㎛ 크기의 타원형이고 흰색이다.

 식용
(괜찮은 맛)

 약용
(간염)

☠ **약간 독성**
(생식 또는 과식시 위장장애)

● **뽕나무버섯과 뽕나무버섯속**
(과명 바뀜)

● **한해살이**

● **작은중간키 – 중소형**

● **다른 이름 : 나도개암버섯**

이용방법

식용 >>>

요리 방법과 맛_ 무더기로 자라 채취량이 많은 편이다. 생식독이 있어 날로 먹거나 덜 익혀 먹거나 과식하면 소화가 안 되고, 조금 쌉쌀하므로 소금물에 삶아서 여러 번 헹구어야 하며 많이 먹으면 안 된다. 쫄깃하고 뒷맛이 조금 쌉쌀하다. 숙회, 볶음, 조림, 구이, 찌개 등으로 먹는다.

약용 >>>

성분과 효능_ 유리 아미노산(단백질 합성, 면역력 강화) 25종, 에르고스테롤(비타민 D로 전환되는 물질), 아라비톨(5탄당), 글루코오스(포도당), 만니톨(이뇨효과), 트레할로스(산패 방지), 키틴(항종양), 폴리사카리드(항종양)가 함유되어 있다. 종양을 억제하고 담낭염, 만성간염, 오줌소태, 생리불순을 완화시키는 효능이 있다.

01_ **어린 버섯**
아주 어린 버섯 올라오는 모습.　8/8

02_ **어린 버섯**
나무 밑동에서 올라온 모습.　8/8

03_ **젊은 버섯**
나무에 달린 모습.
　8/13

04_ **젊은 버섯**
나무뿌리 근처에도 난다.　8/8

05_ **젊은 버섯**
갓 가장자리에 우산살 모양의 주름이 있다.
　8/17

06_ **다 자란 버섯**
갓이 편평해진 모습.
　8/25

07_ **다 자란 버섯**
고목에 무더기로 올라
온 모습.　　　8/13

08_ **늙은 버섯**
늙어서 갓이 오목해진
모습.　　　8/19

09_ **늙은 버섯**
기생균에 감염되어 하
얗게 된 모습.　　9/5

10_ **늙은 버섯**
늙어서 물 내리는 모
습.　　　9/5

11_ **늙은 버섯**
겨울에 검게 말라붙은
모습.　　　2/11

12_ **상세 모습**
젊은 버섯.　　8/17

13_ **상세 모습**
어린 버섯 뒷면.　8/13

14_ **상세 모습**
다 자란 버섯 뒷면.
　　　8/25

15_ **상세 모습**
늙은 버섯의 주름살.
　　　8/15

16_ **이용**
채취한 버섯.　　9/5

Flammulina velutipes (Curt.) Sing. = *Flammulina velutipes* (Curt. ex Fr.) Sing.

팽이버섯 (팽나무버섯)

갓이 끈적하다. 8월 13일

🔍 한눈에 보기

갓 윗면
오렌지갈색~노란갈색~밤갈색, 끈적끈적함

갓 밑면
주름살, 흰색~흰노란색

자루 겉면
노란갈색~진갈색

육질
조금 두툼하고 부드러움

맛
조금 달달한 뒷맛

● **발생 시기·장소 |** 가을~봄, 넓은잎나무(팽나무, 뽕나무, 버드나무, 감나무 등) 고목, 죽은 나무, 그루터기에 1개씩 또는 여러 개가 뭉쳐서 올라온다.

● **분포 |** 한국, 일본, 북아메리카 등 온대와 아한대 지역에 분포하며 농가에서 재배한다.

● **특징 |** 갓이 끈적하고 편평해지며, 자루는 노란갈색~진갈색이다.

● **생김새 |** 갓 지름 2~5㎝의 소형이며 8~10㎝까지 자라는 것도 있다. **갓**은 반원모양에서 점차 둥근 산모양이 되었다가 편평해지며 늙으면 가장자리가 위로 조금 말린다. 윗면은 오렌지갈색~노란갈색~밤갈색이고, 가장자리는 옅은 색이며 끈적끈적하다. 갓살은 흰색~흰노란색이며 조금 두툼하고 부드럽다. **갓 밑면**은 주름살로 되어 있으며, 주름살은 홈형으로 조금 빽빽하고 흰색~흰노란색이다. **자루**는 길이 2~9㎝, 굵기 2~10㎜로 겉면이 노란갈색~진갈색이다. 윗동은 색이 좀 더 옅고 짧은 털로 덮여 있다. 갓이 펴지면서 윗동에 치마모양의 흰색 턱받이가 생기나 잘 떨어져나간다. 자루 속은 연골질이다. **포자**는 8~11×12~15㎛ 크기의 원기둥 같은 타원형이며 흰색이다.

 식용
(괜찮은 맛)

➕ **약용**
(항종양, 위장병)

● **뽕나무버섯과 팽이버섯속**
  (과명 바뀜)

● **한해살이**

● **작은중간키 – 소형**

이용방법

● 인공 재배한 버섯은 암실에서 재배하여 색이 희고 갓지름 10㎜, 자루 길이 10~14㎝, 두께 2~4㎜로 균일하게 출하되므로 야생 버섯과 생김새가 다르다.

식용 >>>

요리 방법과 맛_ 갓이 끈적하므로 잘 씻어야 한다. 야생버섯이 재배한 것보다 육질이 단단하여 오돌오돌하며 뒷맛이 달달하다. 숙회, 볶음, 조림, 구이, 찌개, 전골 등으로 먹는다.

약용 >>>

성분과 효능_ 유리 아미노산(단백질 합성, 면역력 강화) 26종, 미량금속원소 8종, 에르고스테롤(비타민 D로 전환되는 물질), 비타민 $B_1 \cdot B_2 \cdot B_3 \cdot C \cdot D$, 아라비톨(5탄당), 갈락토오스(젖당), 만니톨(이뇨효과), 글리세롤, 포도당, 트레할로스(이당류), 펙틴(장 정화), 헤미셀룰로오스(자일리톨 원료), 셀룰로오스(섬유질), 타우린(혈중 콜레스테롤 저하), 키틴(항종양), 프로플람민(항종양), 렉틴(생체반응 조절)이 함유되어 있다. 종양을 억제하고, 간질환과 소화기질환을 예방하는 효능이 있다.

01_ **어린 버섯**
아주 어린 버섯 올라오는 모습.　10/31

02_ **어린 버섯**
썩은 나무에 올라온 어린 버섯들.　11/22

03_ **어린 버섯**
썩은 나무가 묻힌 곳에 올라온 어린 버섯들.　2/15

04_ **젊은 버섯**
그루터기에 무더기로 올라온 버섯.　11/22

05_ **다 자란 버섯**
갓 가장자리색이 옅다.　8/13

06_ 다 자란 버섯
자루가 진갈색이다.
8/13

07_ 늙은 버섯
갓 가장자리가 위로 말
린다.   10/25

08_ 상세 모습
어린 버섯.   11/22

09_ 상세 모습
어린 버섯의 뒷면.
11/22

10_ 상세 모습
젊은 버섯의 뒷면.
8/13

11_ 상세 모습
다 자란 버섯.   12/20

12_ 이용
채취한 버섯.   12/20

Oudemansiella mucida (Schrad.) Höhn. = *Oudemansiella mucida* (Schrad. ex Fr.) Höhnel

끈적민뿌리버섯 (끈적긴뿌리버섯)

갓 한가운데가 연갈색이다. 7월 31일

한눈에 보기

갓 윗면
흰색, 한가운데는 연갈색~회갈색

갓 밑면
주름살, 흰색

턱받이
흰색

자루
흰색, 속이 연골질

육질
조금 얇고 부드러움(갓), 뻣뻣함(자루)

맛
담백한 맛

● **발생 시기·장소 |** 여름~가을, 넓은잎나무(참나무, 너도밤나무) 고목, 죽은 나무, 그루터기, 나뭇가지, 나무뿌리가 있는 땅 위에 1개씩 또는 여러 개가 뭉쳐서 올라온다.

● **분포 |** 한국, 유럽 등 북반구 온대지역에 분포한다.

● **특징 |** 갓이 희고 끈적끈적하며, 자루 속이 연골질이다.

● **생김새 |** 갓 지름 3~8cm의 중소형. **갓**은 반원모양에서 점차 편평해지며, 윗면이 흰색이고 한가운데는 연갈색~회갈색이며 끈적끈적하다. 갓살은 흰색이며 육질이 조금 얇고 부드럽다. **갓 밑면**은 주름살로 되어 있으며, 주름살은 내린형~완전붙은형으로 성기고 흰색이다. **자루**는 길이 3~10cm, 굵기 3~10mm이며 겉면이 흰색이다. 갓이 펴지면서 윗동에 치마모양의 흰색 턱받이가 생기나 잘 떨어져나간다. 자루 속은 연골질이다. **포자**는 13~18×12~15μm 크기의 둥그스름한 모양이고 흰노란색이다.

식용
(괜찮은 맛)

약용
(항종양)

● **뽕나무버섯과 민뿌리버섯속**
(과명·속명 바뀜)

● **한해살이**

● **작은중간키 – 중소형**

이용방법

식용 >>>

요리 방법과 맛_ 갓이 끈적하므로 잘 씻어야 하며, 다 자란 것은 자루가 뻣뻣하므로 떼어내고 요리하는 것이 좋다. 육질이 부드럽고 담백한 맛이다. 숙회, 볶음, 조림, 구이, 찌개 등으로 먹는다.

약용 >>>

성분과 효능_ 오덴만신(항종양), 스트로빌루린(항진균), 글루코오스(포도당)가 함유되어 있다. 종양을 억제하는 효능이 있다.

01_ 어린 버섯
어린 버섯 올라오는 모습.　　　9/10

02_ 젊은 버섯
갓이 끈적끈적하다.
　　　　　　7/31

03_ 젊은 버섯
마른 모습.　　9/27

04_ 다 자란 버섯
한가운데가　연회갈색인 버섯.　　9/27

05_ 상세 모습
어린 버섯 뒷면.　9/10

Pseudomerulius curtisii (Berk.) Redhead & Ginns = *Paxillus curtisii* Berk.

꽃잎주름버짐버섯 (꽃잎우단버섯)

자루 없이 기와모양으로 달린다. 7월 15일

늙은 버섯
갓 가장자리에 잔털이 있다. 7/16

 한눈에 보기

갓 윗면
노란색~연노란색

갓 밑면
주름살, 진노란색, 쭈글쭈글

육질
조금 얇음

냄새
비린내

● **발생 시기·장소 |** 여름~가을, 소나무 고목, 그루터기, 통나무, 썩은 나무 위에 1개씩 또는 여러 개가 무리지어 기와모양으로 올라온다.

● **분포 |** 한국, 일본, 중국, 러시아 극동지방, 북아메리카 등지에 분포한다.

● **특징 |** 소나무에 기와모양으로 나며, 주름살이 노랗고 쭈글쭈글하다.

● **생김새 |** 갓 지름 2~5㎝의 소형이며 15㎝까지 자라는 것도 있다. **갓**은 반원모양~심장모양~부채모양이고 가장자리가 밑으로 말린다. 윗면은 노란색~연노란색이고, 가장자리에 때로 잔털이 있으며, 늙으면 회갈색이 된다. 갓살은 연노란색이고 조금 얇으며 불쾌한 비린내가 난다. **갓 밑면**은 주름살로 되어 있으며, 주름살은 내린형이다. 옆으로 갈라져 나온 주름이 있으며 빽빽하고 쭈글쭈글하다. 색은 진노란색이다. **포자**는 3~4×1.5~2㎛ 크기의 타원형~원기둥모양이고 노란녹색이다.

 식용 불가

 일반 독성

● **은행잎버섯과 주름버짐버섯속**
   (과명 바뀜)

● **한해살이**

● **소형**

01 02

01_ 늙은 버섯
빗물에 젖은 모습. 7/15

02_ 상세 모습
늙어가는 버섯의 갓 윗면과 밑면.
7/15

좀은행잎버섯 _(좀우단버섯)

자루가 벨벳(우단) 같은 검은갈색 털로 덮여 있다. 8월 12일

한눈에 보기

갓 윗면
붉은갈색~노란갈색, 어릴 때는 벨벳(우단) 같은 털이 있음

갓 밑면
주름살, 크림색 ⇨ 노란갈색

자루 겉면
벨벳 같은 검은갈색 털로 덮임

육질
조금 얇음

맛
매우 쓴맛

● **발생 시기·장소 |** 여름~가을, 소나무 고목, 밑동, 그루터기, 썩은 나무, 나무뿌리가 있는 땅 위에 1개씩 또는 여러 개가 무리지어 올라온다.

● **분포 |** 한국, 일본, 중국, 북아메리카, 유럽 등지에 분포한다.

● **특징 |** 자루는 갓 옆에 달리며, 벨벳(우단) 같은 검은갈색 털로 덮여 있다.

● **생김새 |** 갓 지름 5~20㎝의 중대형. **갓**은 둥그스름한 모양~조개모양~부채모양이고, 한가 운데가 오목해지며, 가장자리는 밑으로 말려 있다가 점차 물결처럼 된다. 윗면은 붉은갈색~노 란갈색이고, 어릴 때는 벨벳(우단) 같은 털로 덮여 있으나 점차 떨어져나간다. 갓살은 연노란색 이고 조금 얇으며 매우 쓴맛이 난다. **갓 밑면**은 주름살로 되어 있으며, 주름살은 내린형이다. 자루 쪽에 옆으로 갈라져 나온 세로주름이 있으며 빽빽하다. 어릴 때는 크림색이고 점차 노란갈 색이 된다. **자루**는 길이 3~12㎝, 굵기 1~3㎝이며 갓 옆 또는 한가운데보다 조금 옆에 붙는다. 겉면은 우단(벨벳) 같은 검은갈색 털로 빽빽이 덮여 있다. **포자**는 4.5~6×3~4㎛ 크기의 넓은 타원형이고 연노란갈색이다.

 식용 부적합
(쓴맛)

 약용
(항종양)

● **은행잎버섯과 은행잎버섯속**
(과명·속명 바뀜)

● **한해살이**

● **중간키 – 중대형**

● **다른 이름 : 호랑나비버섯**

이용방법

01_ 어린 버섯
솔잎 낙엽 위에 올라온
모습   7/17

02_ 젊은 버섯
한가운데가 오목해진
다.   8/12

03_ 다 자란 버섯
옆에서 본 모습. 8/12

04_ 늙은 버섯
기생균에 감염되어 하
얗게 된 모습.   8/12

05_ 상세 모습
어린 버섯.   7/17

06_ 상세 모습
젊은 버섯 뒷면. 8/12

07_ 상세 모습
좀 더 자란 젊은 버섯
의 주름살.   8/12

08_ 상세 모습
노란갈색이 된 다 자란
버섯의 주름살.   8/12

Mycena haematopus (Pers.) P. Kumm. = *Mycena haematopoda* (Pers. ex Fr.) Kummer

적갈색애주름버섯

갓 가장자리가 톱니모양이다. 9월 5일

다 자란 버섯
여러 개가 뭉쳐 나온 모습. 9/5

🔍 한눈에 보기

갓과 자루
연적갈색~연자주갈색

갓 가장자리
톱니모양

갓 밑면
주름살, 흰색 ⇒ 연붉은자주색, 성김

상처의 변색
붉은색

육질
얇음

맛
별다른 맛이 없음

● **발생 시기·장소 |** 여름~가을, 넓은잎나무 고목, 그루터기, 통나무, 나뭇가지 위에 1개씩 또는 여러 개가 뭉쳐서 올라온다.

● **분포 |** 한국, 일본, 중국, 북아메리카 등 전 세계에 분포한다.

● **특징 |** 갓은 작은 종모양이고 연적갈색~연자주갈색이다.

● **생김새 |** 갓 지름 1~3.5㎝의 소형. **갓**은 종모양이고 가장자리가 톱니 같으며, 윗면은 연적갈색~연자주갈색이고 우산살모양의 주름이 있다. 갓살은 흰색이고 얇으며 아무 맛도 없다. **갓 밑면**은 주름살로 되어 있으며, 주름살은 완전붙은형이고 성기다. 어릴 때 흰색에서 점차 연붉은자주색이 된다. 상처가 나면 붉은색으로 변한다. **자루**는 길이 3~7㎝, 굵기 1.5~3㎜로 가늘며 겉면이 갓과 같은 색이고 밑동에 균사가 붙어 있다. 상처가 나면 붉은색으로 변하며, 자루 속이 비어 있다. **포자**는 7.5~10×5~6.5㎛ 크기의 타원형이고 흰색이다.

 식용 가능하나 부적합
(얇고 소형)

 약용
(항종양)

- **애주름버섯과 애주름버섯속**
 (과명 바뀜)
- **한해살이**
- **작은중간키 – 소형**
- **다른 이름 : 핏빛줄갓버섯**

이용방법

약용 >>>
성분과 효능_ 종양을 억제하는 효능이 있다. 소형이고 살이 얇으며 아무 맛도 없어서 식용으로는 부적합하다.

이끼살이버섯

전체가 노란빛이다. 9월 5일

상세 모습
다 자란 버섯. 9/5

한눈에 보기

갓
노란갈색~노란오렌지색

갓 밑면
주름살, 연노란색, 성김

자루
연노란색, 연붉은갈색~갈색(밑동)

육질
아주 얇음

● **발생 시기·장소 |** 여름~가을, 바늘잎나무 고목, 그루터기, 나무토막, 이끼가 낀 나무 위에 1 개씩 또는 여러 개가 뭉쳐서 올라온다.

● **분포 |** 한국, 일본, 중국 등 북반구 온대 이북지역에 분포한다.

● **특징 |** 이끼 붙은 바늘잎나무 고목에 자라고 전체가 노란빛이다.

● **생김새 |** 갓 지름 8~20㎜의 초소형. **갓**은 어릴 때 종모양에서 점차 편평해지며, 한가운데가 조금 오목해진다. 습하면 우산살모양의 주름이 생긴다. 윗면은 노란갈색~노란오렌지색이며, 갓 살은 노란색이고 아주 얇다. **갓 밑면**은 주름살로 되어 있으며, 주름살은 완전붙은형~내린형으로 성기고 연노란색이다. **자루**는 길이 1~3㎝, 굵기 0.5~2㎜로 가늘며, 겉면은 연노란색이고 밑 동은 연붉은갈색~갈색이다. **포자**는 5~7.5×3~4㎛ 크기의 좁은 타원형이고 흰노란색이다.

 식용 가능하나 부적합
(아주 얇고 초소형)

 약용
(항종양)

● **애주름버섯과 이끼살이버섯속**
(과명 바뀜)

● **한해살이**

● **작은키 – 초소형**

● **다른 이름 : 밤색애기배꼽버섯**

이용방법

약용 >>>
성분과 효능_ 폴리사카리드(항종양)가 함유되어 있으며, 종양을 억제하는 효능이 있다. 소형이고 살이 얇아 식용으로는 부적합하다.

Crepidotus mollis (Schaeff.) Staude = *Crepidotus mollis* (Schaeff.: Fr.) Kummer

귀버섯

어릴 때는 갈색 섬유비늘로 덮여 있다. 6월 5일

🔍 한눈에 보기

갓 윗면
흰크림색 ⇨ 황토갈색, 갈색 섬유비늘, 탄력 있는 젤라틴질

갓 밑면
주름살, 흰크림색 ⇨ 노란갈색

육질
조금 얇고 잘 부서짐

● **발생 시기·장소** | 여름~가을, 넓은잎나무~소나무의 고목, 그루터기, 나뭇가지, 톱밥 위에 1개씩 또는 여러 개가 무리지어 올라온다.

● **분포** | 한국, 북아메리카, 남아메리카, 영국제도, 유럽 등지에 분포한다.

● **특징** | 어릴 때는 갓이 갈색 섬유비늘로 덮여 있으며, 갓 밑면에 종종 주름살의 중심이 되는 점이 생긴다.

● **생김새** | 갓 지름 1~6㎝의 소형. **갓**은 혀모양~부채모양~콩팥모양이며 종종 뒤집혀 있어 귀처럼 보인다. 윗면은 어릴 때 흰크림색에서 점차 황토갈색이 되고, 어릴 때 갈색 섬유비늘로 덮여 있으나 점차 떨어져나간다. 탄력 있는 젤라틴질이다. 갓살은 흰색이며 육질이 조금 얇고 잘 부서진다. **갓 밑면**은 주름살로 되어 있으며, 주름살은 내린형으로 빽빽하고 주름살의 중심이 되는 점이 생기기도 한다. 어릴 때 흰크림색에서 점차 노란갈색이 된다. **포자**는 6~9×4.5~6㎛ 크기의 타원형이고 갈색이다.

 식용 불가
(독성분 여부 미상)

● **땀버섯과 귀버섯속**
(과명 바뀜)

● **한해살이**

● **소형**

01_ **어린 버섯**
　　귀모양으로 올라온 버섯.　　6/5

02_ **젊은 버섯**
　　종종 뒤집혀 난다. 6/5

03_ **젊은 버섯**
　　쓰러져 썩은 나무 위에 올라온 버섯.　6/5

04_ **젊은 버섯**
　　갓 가장자리가 접히거나 부서진 모습.　6/5

05_ **상세 모습**
　　젊은 버섯의 갓과 주름살.　　6/5

Crepidotus applanatus (Pers.) Kumm. var. *applanatus* = *Crepidotus applanatus* (Pers.) P. Kumm.

펑펑귀버섯

나무에 붙는 부분이 흰 솜털로 덮인다. 6월 30일

젊은 버섯
갓 가장자리가 밑으로 말린다. 6/30

🔍 **한눈에 보기**

갓 윗면
흰색 ⇒ 연노란갈색 ⇒ 진갈색
나무에 붙는 부분
흰 솜털
육질
부드럽고 촉촉함

● **발생 시기·장소 |** 여름~가을. 넓은잎나무의 고목, 그루터기, 썩은 나무 위에 여러 개가 기와모양으로 무리지어 올라온다.

● **분포 |** 한국, 북아메리카, 유럽 등지에 분포한다.

● **특징 |** 나무에 붙는 부분이 흰 솜털로 덮여 있으며, 살이 부드럽고 촉촉하다.

● **생김새 |** 갓 지름 1~5㎝의 소형. **갓**은 혀모양~부채모양~콩팥모양이고 어릴 때 가장자리가 밑으로 말린다. 나무에 붙는 부분은 흰 솜털로 덮여 있다. 윗면은 어릴 때 흰색에서 점차 연노란갈색이 되며 늙으면 진갈색이 된다. 습하면 가장자리에 우산살모양의 주름이 생긴다. 갓살은 흰색이며 육질이 부드럽고 촉촉하다. **갓 밑면**은 주름살로 되어 있으며, 주름살은 내린형으로 조금 빽빽하고 갓과 같은 색이다. **자루**는 매우 짧으며 없는 경우도 있다. **포자**는 4.5~7× 4.2~6.5㎛ 크기의 둥그스름한 모양이고 올리브갈색이다.

🚫 **식용 불가**
(독성분 여부 미상)

● **땀버섯과 귀버섯속**
(과명 바뀜)

● **한해살이**

● **소형**

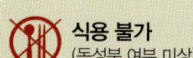

01_ 다 자란 버섯
비스듬히 줄지어 올라온 모습.
6/30

02_ 늙은 버섯
기와모양으로 달린 모습. 6/30

난버섯

Pluteus cervinus (Schaeff.) P. Kumm. = *Pluteus atricapillus* (Batsch) Fayod

갓에 섬유무늬가 있다. 5월 27일

한눈에 보기

갓 윗면
갈색~회갈색~붉은갈색, 방사상 섬유무늬

갓 밑면
주름살, 흰색 ⇨ 연붉은색

자루
흰색~연회갈색, 섬유비늘, 속이 비어 있음

육질
조금 얇음

맛
담백한 맛(독성)

● **발생 시기·장소 |** 여름~가을, 넓은잎나무~소나무의 고목, 그루터기, 나뭇가지, 톱밥 위에 1개씩 또는 여러 개씩 흩어져 올라온다.

● **분포 |** 한국, 일본, 북아메리카, 유럽 등 전 세계에 분포한다.

● **특징 |** 나무 위에 자라고 갓이 갈색이며, 주름살은 흰색에서 연붉은색이 된다.

● **생김새 |** 갓 지름 5~14㎝의 중대형. **갓**은 종모양에서 점차 낮고 둥근 산모양이 되었다가 편평해진다. 윗면은 갈색~회갈색~붉은갈색이고 방사상의 섬유무늬가 있다. 갓살은 흰색이고 조금 얇다. **갓 밑면**은 주름살로 되어 있으며, 주름살은 떨어진형이고 빽빽하다. 어릴 때 흰색에서 점차 연붉은색이 된다. **자루**는 길이 7~10㎝, 굵기 5~15㎜이고 밑동이 조금 불룩하다. 겉면은 흰색~연회갈색이고 섬유비늘이 있다. 속은 비어 있다. **포자**는 7~9.5×5~7㎛ 크기의 짧은 타원형이고 연붉은색이다.

 식용 불가 (한때 식용으로 잘못 알려짐)

 약용 (항종양)

 약간 독성 (환각성)

● 난버섯과 난버섯속

● 한해살이

● 중간키–중대형

● 다른 이름 : 노란치마버섯아재비, 노루버섯

주의사항

● 한때 식용으로 잘못 알려진 독버섯. 세르비난(항종양)을 함유한 약용버섯이기도 하나 환각성 독성분도 있으므로 먹어선 안 된다.

독성분과 중독 증상 >>>

실로시빈_ 먹으면 곧바로 중추신경계 마비, 손발 굽음, 혀 꼬부라짐, 불안감, 이해력 저하, 색채 환각, 환청, 정신착란, 웃음, 흥분, 심기변화, 근심증 등 농약 중독과 비슷한 증상이 나타난다. 보통 푸른빛을 띠며, 몸 안에 들어가면 독성분이 10배 강한 실로신으로 바뀐다. 해독제는 클로로프로마진인데 오히려 악화되기도 한다.

실로신_ 먹으면 곧바로 중추신경계 마비, 손발 굽음, 혀 꼬부라짐, 불안감, 이해력 저하, 색채 환각, 환청, 정신착란, 웃음, 흥분, 심기변화, 근심증 등 농약 중독과 비슷한 증상이 나타난다. 보통 푸른빛을 띠며 환각성분이다. 해독제는 클로로프로마진인데 오히려 악화되기도 한다.

01_ **어린 버섯**
어릴 때는 종모양이다.
6/12

02_ **젊은 버섯**
밑에서 본 모습.   6/2

03_ **다 자란 버섯**
갓 위에 썩은 나무가루
가 붙어 있다.   6/15

04_ **늙은 버섯**
갓이   붉은갈색인   버
섯.   6/15

05_ **상세 모습**
젊은 버섯.   5/28

06_ **상세 모습**
늙은 버섯.   5/21

250

Pluteus leoninus (Schaeff.) P. Kumm. = *Pluteus leoninus* (Schaeff. Fr.) Kummer

노랑난버섯 (노란난버섯)

갓이 작고 노랗다. 6월 12일

 한눈에 보기

갓 윗면
노란색

갓 밑면
주름살, 흰색 ⇨ 연붉은색

자루
흰노란색 ⇨ 붉은갈색, 섬유무늬가
생김

육질
조금 얇음

● **발생 시기·장소 |** 여름~가을, 넓은잎나무의 고목, 그루터기, 나뭇가지 위에 1개씩 또는 여러 개씩 흩어져 올라온다.

● **분포 |** 한국, 서유럽 등지에 분포한다.

● **특징 |** 갓이 작고 노란색이며, 자루에 붉은갈색 섬유무늬가 생긴다.

● **생김새 |** 갓 지름 2~6㎝의 소형. **갓**은 종모양에서 점차 낮고 둥근 산모양이 되었다가 편평해진다. 습하면 가장자리에 우산살모양의 주름이 생기기도 한다. 윗면은 노란색인데 한가운데는 조금 짙은 색이다. 갓살은 노란색이고 육질이 조금 얇다. **갓 밑면**은 주름살로 되어 있으며, 주름살은 떨어진형이고 빽빽하다. 어릴 때 흰색에서 점차 연붉은색이 된다. **자루**는 길이 4~7㎝, 굵기 3~6㎜로 겉면이 흰노란색이고 점차 붉은갈색 섬유무늬가 생긴다. **포자**는 6.5~7.5×5~6㎛ 크기이고 연붉은색이다.

식용 불가
(독버섯으로 추정)

● 난버섯과 난버섯속

● 한해살이

● 작은중간키 - 소형

● 다른 이름 : 노란그늘치마버섯

주의사항

● 독성분 함유 여부는 밝혀지지 않았으나 난버섯 종류 중에 환각성 독성분인 실로시빈이 들어 있는 독버섯이 있으므로 먹어선 안된다.

01_ **어린 버섯**
어릴 때는 종모양이다.
6/30

02_ **다 자란 버섯**
썩은 나무토막 위에 올라와 자란 모습.   6/11

03_ **늙은 버섯**
자루에 붉은갈색 섬유무늬가 생긴다.   6/12

04_ **늙은 버섯**
갓에 검은 얼룩이 생긴 모습.   6/12

05_ **상세 모습**
어린 버섯부터 젊은 버섯까지.   6/30

06_ **상세 모습**
난버섯(맨 왼쪽)과 노랑난버섯(오른쪽 3개).
6/12

Pholiota adiposa (Batsch) P. Kumm. = *Pholiota adiposa* (Fr.) Kummer

검은비늘버섯

갓과 자루에 비늘이 많다. 8월 1일

🔍 한눈에 보기

갓 윗면
노란갈색, 거친 흰색 삼각비늘

갓 가장자리
연노란색

갓 밑면
주름살, 흰노란색 ⇨ 갈색

자루
연노란갈색, 거친 흰노란갈색 섬유비늘

육질
조금 두툼함

맛
담백한 맛

● **발생 시기·장소 |** 여름~가을, 넓은잎나무 고목, 그루터기, 죽은 나무, 톱밥 위에 1개씩 또는 여러 개가 뭉쳐서 기와모양으로 올라온다.

● **분포 |** 한국, 일본, 중국, 북아메리카 등 북반구 일대에 분포하며 농가에서 재배하기도 한다.

● **특징 |** 갓과 자루에 거친 비늘이 있으나 점차 떨어지거나 거무스름한 갈색이 된다.

● **생김새 |** 갓 지름 3~8㎝의 중소형. **갓**은 어릴 때 반원모양에서 점차 원뿔모양이 되며 늙으면 편평해진다. 가장자리는 아래로 말려 있다가 점차 펴진다. 윗면은 노란갈색이고 가장자리는 연노란색이다. 거친 흰색 삼각비늘이 끊겨 있는 나이테모양으로 빽빽이 붙어 있는데 점차 떨어지거나 거무스름한 갈색이 된다. 갓살은 흰색~흰노란색이고 육질이 조금 두툼하다. **갓 밑면**은 주름살로 되어 있으며, 주름살은 완전붙은형이고 조금 빽빽하다. 어릴 때 흰노란색에서 점차 갈색이 된다. **자루**는 길이 4~15㎝, 굵기 5~12㎜이고 겉면은 연노란갈색이다. 거친 흰노란갈색의 섬유비늘로 층층이 덮여 있으나 점차 떨어지거나 거무스름한 갈색이 된다. 갓이 펴지면서 윗동에 치마모양의 연노란색 턱받이가 생기나 곧 떨어져나간다. **포자**는 6.5~8.5×3.5~4㎛ 크기의 타원형이고 붉은갈색이다.

 식용
(괜찮은 맛)

 약간 독성
(생식 또는 과식시 복통·설사, 체질에 따라 알레르기)

- - - - - - - - - -
● **독청버섯과 비늘버섯속**

● **한해살이**

● **중간큰키 – 중소형**

● **다른 이름 : 기름비늘갓버섯**

이용방법

01_ 어린 버섯
어릴 때부터 거친 비늘이 많다. 9/27

02_ 어린 버섯
버섯 기생균에 감염된 나무가 하얗게 썩고 있다. 9/27

03_ 어린 버섯
썩은 나무토막에 올라온 버섯. 9/23

04_ 젊은 버섯
비늘이 점차 떨어져나 간다. 10/8

05_ 젊은 버섯
비늘이 거의 떨어진 모습. 11/7

06_ 다 자란 버섯
갓 가장자리가 펴진다. 10/4

07_ 다 자란 버섯
    기와모양으로 붙어 있
    는 모습.   8/1

08_ 다 자란 버섯
    갓 가장자리가 갈라진
    모습.   8/1

09_ 늙은 버섯
    갓 가장자리가 굽은 늙
    어가는 버섯들.   10/3

10_ 상세 모습
    어린 버섯.   9/23

11_ 상세 모습
    젊은 버섯.   11/7

12_ 상세 모습
    다 자란 버섯.   8/1

13_ 상세 모습
    다 자란 버섯의 갓과
    뒷면.   8/1

14_ 이용
    채취한 버섯.   10/3

15_ 이용
    소금으로 간한 볶음.
    보들보들하고 담백하
    다.   10/6

Gymnopilus liquiritiae (Pers.) P. Karst. = *Gymnopilus liquiritiae* (Pers. ex Fx.) Karst.
= *Flammula liquiritiae* (Pers.) P. Kumm.

미치광이버섯 (솔미치광이버섯)

늙으면 가장자리에 가로주름이 잘 생긴다. 6월 10일

한눈에 보기

갓 윗면
노란갈색~연오렌지갈색~갈색

갓 밑면
주름살, 흰노란색~흰오렌지색 ⇒
노란갈색

자루
연노란오렌지색, 밑동은 짙은 색,
속이 비어 있음

육질
조금 얇음

냄새
때로 감자냄새

맛
조금 쓴맛(독성)

● **발생 시기·장소** | 여름~가을, 소나무~전나무~넓은잎나무의 고목, 썩은 나무, 그루터기, 나뭇가지 위에 1개씩 또는 여러 개가 뭉치거나 무리지어 올라온다.

● **분포** | 한국, 북아메리카 등 북반구 온대 이북지역에 분포한다.

● **특징** | 소형이고 갓과 자루가 연오렌지갈색이며, 자루가 종종 한가운데에서 비껴나 달린다.

● **생김새** | 갓 지름 1.5~4㎝의 소형. **갓**은 어릴 때 둥근 원뿔모양에서 점차 낮은 산모양이 되었다가 편평해진다. 가장자리는 아래쪽으로 말려 있다가 펴지며, 다 자라면 가로주름이 잘 생긴다. 윗면은 노란갈색~연오렌지갈색~갈색이며, 갓살은 연노란색~노란갈색이고 육질이 조금 얇다. 조금 쓴맛이 있으며 때로 감자냄새가 난다. **갓 밑면**은 주름살로 되어 있으며, 주름살은 완전붙은형~내린형으로 빽빽하고, 어릴 때 흰노란색~흰오렌지색이고 점차 노란갈색이 된다. **자루**는 길이 2~5㎝, 굵기 2~4㎜이며 종종 갓 한가운데에서 조금 비껴나 달린다. 겉면은 연노란오렌지색이고 밑동은 색이 짙다. 속은 비어 있다. **포자**는 5~10×4.5~6㎛ 크기의 아몬드모양이고 노란갈색이다.

 식용 절대 불가

 일반 독성
(환각, 웃음, 정신착란)

● 독청버섯과 미치광이버섯속

● 한해살이

● 작은키 – 소형

주의사항

● 환각을 일으키는 독버섯으로 심각한 뇌증상(정신착란 등)을 일으키므로 절대 먹어선 안 된다.

독성분과 중독 증상 >>>

실로시빈_ 먹으면 곧바로 중추신경계 마비, 손발 굽음, 혀 꼬부라짐, 불안감, 이해력 저하, 색채 환각, 환청, 정신착란, 웃음, 흥분, 심기변화, 근심증 등 농약 중독과 비슷한 증상이 나타난다. 보통 푸른빛을 띠며 몸 안에 들어가면 독성분이 10배 강한 실로신으로 바뀐다. 해독제는 클로로프로마진인데 오히려 악화되기도 한다.

실로신_ 먹으면 곧바로 중추신경계 마비, 손발 굽음, 혀 꼬부라짐, 불안감, 이해력 저하, 색채 환각, 환청, 정신착란, 웃음, 흥분, 심기변화, 근심증 등 농약 중독과 비슷한 증상이 나타난다. 보통 푸른빛을 띠며 환각성분이다. 해독제는 클로로프로마진인데 오히려 악화되기도 한다.

01_ 젊은 버섯
나뭇가지 위에도 올라온다. 5/29

02_ 다 자란 버섯
다 자란 버섯(아래)과 젊은 버섯(위). 5/29

03_ 다 자란 버섯
썩은 나무토막에 올라온 모습. 5/29

04_ 다 자란 버섯
넓은잎 낙엽 위에 올라온 모습. 5/29

05_ 상세 모습
어린 버섯과 젊은 버섯. 5/29

253

갈황색미치광이버섯

Gymnopilus junonius (Fr.) Orton = *Gymnopilus spectabilis* (Fr.) var. *junonius* Lange
= *Gymnopilus spectabilis* (Fr.) Sing.

자루에 갈색 턱받이 흔적이 있다. 9월 27일

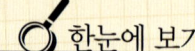 **한눈에 보기**

갓 윗면
황색 ⇨ 갈황색~오렌지갈색, 미세한 섬유비늘

갓 밑면
주름살, 연황색 ⇨ 황갈색

자루
갓과 같거나 옅은 색, 거친 섬유무늬

턱받이
갈색

육질
조금 두툼함

맛
매우 쓴맛(독성)

● **발생 시기·장소** | 여름~가을, 넓은잎나무~소나무(드물게) 고목, 썩은 나무, 그루터기 위에 1개씩 또는 여러 개가 한데 뭉쳐서 올라온다.

● **분포** | 한국, 일본, 중국 등 전 세계에 분포한다.

● **특징** | 중대형이고 갓에 미세한 섬유비늘이 있으며, 자루에 갈색 턱받이가 있다.

● **생김새** | 갓 지름 5~15㎝의 중대형이고 18㎝까지 자라는 것도 있다. **갓**은 어릴 때 반원모양에서 점차 편평해진다. 윗면은 황색에서 점차 갈황색~오렌지갈색이 되며, 미세한 섬유비늘로 덮여 있다. 갓살은 연황색이고 육질이 조금 두툼하며 매우 쓴맛이다. **갓 밑면**은 주름살로 되어 있으며, 주름살은 완전붙은형이고 빽빽하다. 어릴 때 연황색에서 점차 황갈색이 된다. **자루**는 길이 5~10㎝, 굵기 1~2.5㎝이며 종종 한가운데가 불룩해지기도 한다. 수십 개가 뭉쳐 올라오기도 하며 밑동이 비대해져 나뭇가지가 갈라진 것 같은 모양도 있다. 겉면은 갓과 같거나 옅은 색이며 거친 섬유무늬가 있다. 갓이 펴지면서 윗동에 치마모양의 갈색 턱받이가 생기나 잘 떨어져 나간다. **포자**는 7.5~10.5×4.5~6㎛ 크기의 알모양 또는 타원형이며 붉은갈색이다.

 식용 절대 불가

 일반 독성
(환각, 웃음, 정신착란)

● **독청버섯과 미치광이버섯속**
● **한해살이**
● **큰키 – 중대형**

주의사항

● 환각을 일으키는 독버섯으로 심각한 뇌증상(정신착란 등)을 일으키므로 절대 먹어선 안 된다.

01_ 어린 버섯
어린 버섯 올라오는 모습.　　　　9/27

02_ 어린 버섯
수십 개가 뭉쳐서 올라오기도 한다.　9/27

03_ 다 자란 버섯
갓이 편평해진 모습. 뒤쪽은 젊은 버섯.
　　　　　　9/27

04_ 늙은 버섯
밑동이 비대해져 나뭇가지처럼 보이기도 한다.　　　　9/2

05_ 늙은 버섯
갓 가장자리가 갈라진 모습.　　　　9/2

06_ 늙은 버섯
물 내린 버섯들. 9/27

07_ 상세 모습
어린 버섯부터 다 자란
버섯까지.   9/27

08_ 상세 모습
아주 어린 버섯. 9/27

09_ 상세 모습
다 자란 버섯.   9/27

10_ 상세 모습
늙은 버섯. 자루에 턱
받이 흔적이 있다.
                    9/2

11_ 상세 모습
어린 버섯 속.   9/27

254

Hypholoma fasciculare (Huds.) P. Kumm. = *Namaetoloma fasciculare* (Hudson) P. Karst.

노란다발

갓모양이 밋밋하다. 9월 4일

 한눈에 보기

갓 윗면
연노란색~연노란녹색, 한가운데는 노란갈색

갓 밑면
주름살, 연노란색 ⇨ 노란녹색 ⇨ 녹갈색

자루
흰노란색~흰노란녹색, 붉은갈색(밑동)

육질
조금 얇음

냄새
강하고 느끼한 냄새

맛
매우 쓴맛(독성)

● **발생 시기·장소 |** 봄~가을, 넓은잎나무~소나무~대나무의 고목, 썩은 나무, 그루터기 위에 여러 개가 한데 뭉쳐서 올라온다.

● **분포 |** 한국, 일본, 중국, 북아메리카 등 전 세계에 분포한다.

● **특징 |** 갓모양이 밋밋하고 한가운데가 노란갈색이며, 주름살이 녹갈색으로 변한다.

● **생김새 |** 갓 지름 2~8㎝의 중소형. **갓**은 어릴 때 반원모양에서 점차 둥근 원뿔모양이 되었다가 편평해지며, 가운데가 넓게 불룩해진다. 전체 모양은 밋밋하다. 윗면은 연노란색~연노란녹색이고, 한가운데는 노란갈색이다. 갓이 퍼지면 갓 밑면을 덮고 있던 외피막 조각들이 가장자리에 매달려 너덜거리나 곧 떨어진다. 갓살은 노란색으로 육질이 조금 얇고 매우 쓴맛이 나며 강하고 느끼한 냄새가 난다. **갓 밑면**은 주름살로 되어 있으며, 주름살은 완전붙은형이고 빽빽하다. 어릴 때 연노란색에서 점차 노란녹색이 되고, 늙으면 녹갈색이 된다. **자루**는 길이 5~11㎝, 굵기 3~10㎜로 겉면이 흰노란색~흰노란녹색이고, 밑동은 붉은갈색이다. **포자**는 6~7×3.5~4㎛ 크기의 타원형이고 자주갈색이다.

 식용 절대 불가

맹독성
(구토, 설사, 마비, 경련, 의식불명. 심하면 사망)

● 독청버섯과 다발버섯속

● 한해살이

● 작은중간키 – 중소형

● 다른 이름 : 노란다발버섯, 쓴밤버섯

● 치명적인 맹독성 버섯이므로 절대 먹어선 안 된다.

독성분과 중독 증상 >>>

파시큐롤_ 먹으면 죽는다. 30분~3시간 뒤 구토, 복통, 설사, 춥고 떨림, 신경마비, 경련, 의식불명 등의 증상이 나타난다.

01_ 어린 버섯
다 자란 버섯(오른쪽)과 함께 있는 모습. 5/28

02_ 젊은 버섯
갓 한가운데가 짙고, 가장자리가 조금 너덜거린다. 8/12

03_ 젊은 버섯
푸른빛이 돌기도 한다. 9/23

04_ 다 자란 버섯
여러 개가 뭉쳐서 올라온다. 5/28

05_ 다 자란 버섯
갓이 편평해진다. 9/8

06_ 늙은 버섯
물 내리는 모습. 9/23

07_ 상세 모습
어린 버섯. 9/21

08_ 상세 모습
다 자란 버섯. 9/8

09_ 상세 모습
늙은 버섯. 8/1

Neolentinus lepideus (Fr.) Readhead & Ginns = *Lentinus lepideus* Fr.

솔잣버섯 (잣버섯)

갓에 섬유비늘이 있다. 6월 11일

한눈에 보기

갓과 자루
잣색~흰색, 노란갈색 섬유비늘

갓 밑면
주름살, 흰색, 끝이 톱니모양

육질
조금 두툼하고 단단함

냄새
솔향

맛
조금 매운 뒷맛

● **발생 시기·장소 |** 여름~초겨울, 소나무 고목, 그루터기, 통나무, 나무토막 위에 1개씩 또는 여러 개가 뭉쳐서 올라온다.

● **분포 |** 한국, 일본, 중국 등 전 세계에 분포한다.

● **특징 |** 솔향이 나고 갓과 자루가 잣색~흰색이며, 노란갈색 섬유비늘로 덮여 있다.

● **생김새 |** 갓 지름 5~15㎝의 중대형이며 25㎝까지 자라는 것도 있다. **갓**은 낮고 둥근 산모양에서 점차 편평해진다. 윗면은 잣색~흰색이고 성긴 나이테모양의 노란갈색 섬유비늘이 있다. 갓살은 흰색으로 육질이 조금 두툼하고 단단하며 솔향이 난다. **갓 밑면**은 주름살로 되어 있으며, 주름살은 홈형으로 조금 빽빽하고 흰색이다. 주름살 끝은 톱니모양이다. **자루**는 길이 2~8㎝, 굵기 1~2㎝로 겉면이 갓과 같은 색이고 노란갈색 섬유비늘이 층층이 있다. **포자**는 10~11×4~5㎛ 크기의 원기둥모양이고 흰색이다.

 식용
(조금 떨어지는 맛)

 약용
(면역력 증강, 항종양)

 약간 독성
(체질에 따라 위장장애)

● **구멍장이버섯과 솔잣버섯속**
(속명 바뀜)

● **한해살이**

● **작은중간키 – 중대형**

이용**방법**

식용 >>>

요리 방법과 맛_ 솔향이 그윽하나 자루가 고무줄처럼 질기고 뒷맛이 조금 매워서 요리해먹기에 좋은 맛은 아니다. 체질에 따라 위장장애를 일으켜 복통과 구토를 하게 되므로 소금물에 삶아서 물에 담가 우려내야 하며 많이 먹어서도 안 된다. 숙회, 볶음, 조림, 찌개 등으로 먹는다.

약용 >>>

성분과 효능_ 유리 아미노산(단백질 합성, 면역력 강화) 26종, 포화지방산 6종, 불포화지방산 4종, 에르고스테롤(비타민 D로 전환되는 물질), 아니스산(항균)이 함유되어 있다. 면역력을 높이고, 종양을 억제하는 효능이 있다.

01_ 어린 버섯
아주 어린 버섯 올라오는 모습.　　6/13

02_ 어린 버섯
좀 더 자란 어린 버섯을 옆에서 본 모습.
　　6/29

03_ 젊은 버섯
윗면이 편평해진 모습.
　　6/9

04_ 다 자란 버섯
갓이 커졌다.　　7/1

05_ 다 자란 버섯
초겨울에 올라온 버섯.
　　12/7

06_ 다 자란 버섯
갓이 조금 오목해진 모
습.   6/15

07_ 늙은 버섯
물 내리는 모습.   7/3

08_ 늙은 버섯
말라붙어 쪼그라든 모
습.   2/22

09_ 늙은 버섯
말라붙어 곰팡이가 슨
겨울 모습.   2/22

10_ 상세 모습
어린 버섯과 젊은 버섯
의 뒷면.   6/9

11_ 상세 모습
늙은 버섯의 뒷면.
        6/12

12_ 상세 모습
물 내린 버섯.   2/22

13_ 이용
채취한 버섯.   6/9

14_ 이용
숙회.   2/22

15_ 이용
삶은 후 간장조림. 조
금 매운맛이 난다.
        2/22

Lentinus strigosus Fr. = *Panus rudis* Fr.

애잣버섯 (애참버섯)

갓이 거친 털로 덮여 있고, 어릴 때 자주갈색이다. 5월 25일

상세 모습
어린 버섯 뒷면. 가죽처럼 되기 전의 어린 버섯을 말려서 가루를 내 조미료처럼 쓴다.
5/25

🔍 한눈에 보기

갓과 자루
자주갈색 ⇨ 연노란갈색, 거친 털로 덮임

갓밑면
주름살, 흰색 ⇨ 황토갈색~자주갈색

육질
조금 두툼하고 단단 ⇨ 질긴 가죽질

맛
조금 감칠맛

● **발생 시기·장소 |** 초여름~가을, 넓은잎나무 고목, 그루터기, 통나무, 나무토막 위에 1개씩 또는 여러 개가 뭉치거나 무리지어 올라오며, 버섯 재배 농가에 피해를 준다.

● **분포 |** 한국, 일본, 중국 등 전 세계에 분포한다.

● **특징 |** 갓이 깔때기모양이고 거친 털로 덮여 있으며 어릴 때 자주갈색이다.

● **생김새 |** 갓 지름 1.5~5㎝의 소형. **갓**은 어릴 때 둥근 산모양에서 점차 낮은 깔때기모양, 한쪽이 터진 깔때기모양이 된다. 윗면은 자주갈색에서 점차 연노란갈색이 되고 거친 털로 덮여 있다. 갓살은 연자주갈색으로 어릴 때는 육질이 조금 두툼하고 단단하며 점차 질긴 가죽질이 된다. **갓 밑면**은 주름살로 되어 있으며, 주름살은 내린형이고 빽빽하다. 어릴 때 흰색에서 점차 황토갈색~자주갈색으로 변한다. **자루**는 길이 1~3㎝, 굵기 3~10㎜이며 갓 밑면의 한가운데나 조금 옆에 달린다. 겉면은 갓과 같은 색이고 거친 털로 덮여 있다. **포자**는 4.5~5×2~2.5㎛ 크기의 좁은 타원형이고 흰색이다.

 어릴 때 식용
(조금 떨어지는 맛)

 약용
(심장병, 고혈압, 항종양)

● **구멍장이버섯과 잣버섯속**
(과명·속명 바뀜)

● **한해살이**

● **작은키 – 소형**

● **다른 이름 : 거친털마른깔때기버섯**

이용방법

약용 >>>
성분과 효능_ 에르고스테롤(비타민 D로 전환되는 물질), 스티그마스테롤(콜레스테롤 수치 저하), 베타 시스토스테롤(강심, 이뇨, 담즙 분비 촉진)이 함유되어 있다. 심장을 튼튼하게 하고, 혈압을 낮추며, 종양을 억제하는 효능이 있다.

Polyporus squamosus (Huds.) Fr. = *Polyporus squamosus* Fr. = *Polyporellus squamosus* (Huds.) P. Karst.

구멍장이버섯 (개덕다리벌집버섯)

섬유비늘이 점차 진갈색이 된다. 6월 16일

 한눈에 보기

갓 윗면
연노란갈색~연갈색, 갈색~진갈색 섬유비늘

갓 밑면
관구멍, 흰색~흰크림색, 벌집모양

육질
조금 얇고 단단한 육질 ⇒ 코르크질

맛
담백한 맛, 닭고기맛

● **발생 시기·장소 |** 봄~여름 때로 가을, 넓은잎나무 고목, 죽은 나무, 그루터기, 나무토막 위에 1개씩 또는 여러 개가 무리지어 올라온다.

● **분포 |** 한국, 일본, 중국 등 전 세계에 분포한다.

● **특징 |** 갓에 갈색 섬유비늘이 있고 자루가 치우쳐 나며 늙으면 코르크질이 된다.

● **생김새 | 갓**은 지름 5~15㎝, 두께 5~20㎜의 중대형이며 최대 지름 30㎝까지 자라는 것도 있다. 조금 두꺼운 부채모양, 콩팥모양이고 조금 오목하다. 윗면은 연노란갈색~연갈색이고 갈색~진갈색 섬유비늘이 있다. 갓살은 흰색으로 조금 얇고 단단하며 다 자라면 코르크질이 된다. **갓 밑면**은 벌집모양의 관구멍으로 되어 있으며 흰색~흰크림색이다. 관구멍은 지름 1~3㎜로 크고, 깊이 0.5~1.5㎜이다. **자루**는 길이 2~5㎝, 굵기 1~3㎝로 갓 한쪽에 치우쳐 달리거나 옆에 달린다. 겉면은 갓 밑면과 같은 색이고 점차 노란갈색 얼룩이 생긴다. **포자**는 11~14×4~5㎛ 크기의 긴 타원형이고 흰색이다.

 식용
(괜찮은 맛)

✚ **약용**
(항종양, 중풍, 신경통)

● **구멍장이버섯과 구멍장이버섯속**
(속명 바뀜)

● **한해살이**

● **중대형**

● **다른 이름 : 개덕다리겨울우산버섯**

이용방법

01

02

04 03

01_ 젊은 버섯
버섯이 콩팥이나 부채
모양이 된다.   6/16

02_ 젊은 버섯
위에서 본 모습. 6/16

03_ 상세 모습
어린 버섯.   6/16

04_ 이용
숙회. 닭고기맛이 난다.
6/16

Polyporus alveolarius (DC.) Bond. & Sing. = *Polyporus mori* (Pollini) Pollini = *Favolus alveolarius* (Fr.) Quél.

벌집구멍장이버섯 (벌집버섯)

갓 밑면이 벌집 같다. 5월 13일

한눈에 보기

갓 윗면
노란갈색~오렌지갈색~오렌지색, 마르면 흰색, 부드러운 섬유비늘

갓 밑면
관구멍, 흰색~연노란색 ⇨ 노란갈색, 벌집모양

자루
흰색~연노란색

육질
질긴 가죽질

● **발생 시기·장소 |** 봄~가을, 넓은잎나무(주로 뽕나무) 고목, 죽은 나무, 그루터기, 나무토막, 떨어진 나뭇가지 위에 1개씩 또는 여러 개가 무리지어 올라온다.

● **분포 |** 한국, 일본, 중국, 유럽, 이탈리아 등 전 세계에 분포한다.

● **특징 |** 자루가 매우 짧고 갓 윗면의 섬유비늘이 부드러우며 육질이 가죽질이다.

● **생김새 |** 갓 지름 2~6㎝, 두께 2~6㎜의 소형. **갓**은 둥근 모양, 부채모양, 콩팥모양이고 가장자리는 아래로 말린다. 윗면은 노란갈색~오렌지갈색~오렌지색이고 부드러운 섬유비늘이 있다. 늙어서 마르면 허옇게 된다. 갓살은 흰색~흰노란색이고 질긴 가죽질이다. **갓 밑면**은 벌집모양의 관구멍으로 되어 있고 어릴 때는 흰색~연노란색이고, 늙으면 노란갈색이 된다. 관구멍은 지름 1~3㎜로 크고 깊이 2~5㎜이다. **자루**는 길이 5~20㎜, 굵기 2~3㎜로 짧고 가늘며, 갓 한쪽에 치우쳐 달리거나 옆에 달리는데 자루가 거의 없이 흔적만 있는 것도 있다. 겉면은 흰색~연노란색이다. **포자**는 7~12×3~4㎛ 크기의 긴 타원형이고 흰색이다.

식용 부적합 (가죽질)

약용 (항종양)

● 구멍장이버섯과 구멍장이버섯속
● 한해살이
● 중소형

이용방법

01_ 어린 버섯
자루가 짧거나 거의 없다. 5/13

02_ 젊은 버섯
쓰러진 나무 위에 올라온 모습. 5/29

03_ 젊은 버섯
갓 밑면이 연노란색이다. 5/29

04_ 다 자란 버섯
육질이 가죽처럼 단단하다. 5/29

05_ 늙은 버섯
겨울에 말라서 허옇게 된 모습. 2/11

06_ 상세 모습
늙은 버섯의 갓 윗면과 밑면. 2/11

07_ 상세 모습
늙은 버섯의 관구멍. 2/11

Polyporus arcularius (Batsch.) Fr. = *Polyporus arcularius* Batsch. ex Fr. = *Favolus arcularius* (Fr.) Ames

좀벌집구멍장이버섯 (좀벌집버섯)

갓이 섬유털비늘로 덮여 있다. 7월 4일

다 자란 버섯
갓 가장자리가 편평해진다. 5/23

🔍 **한눈에 보기**

갓 윗면
흰노란색~연노란색, 섬유털비늘

갓 밑면
관구멍, 흰색~크림색, 벌집모양

자루
노란갈색~갈색, 비늘가루와 짧은 털

육질
부드러운 가죽질

● **발생 시기·장소 |** 여름~가을, 넓은잎나무 고목, 죽은 나무, 그루터기, 나무토막, 떨어진 나뭇가지, 목이나 표고버섯 재배목 위에 1개씩 또는 여러 개가 무리지어 올라온다.

● **분포 |** 한국, 일본, 중국, 북아메리카 등 전 세계에 분포한다.

● **특징 |** 갓이 섬유털비늘로 덮여 있고, 갓살은 부드러운 가죽질이다.

● **생김새 |** 갓 지름 1~5㎝의 소형. **갓**은 깔때기모양이고, 어릴 때는 가장자리가 아래로 말려 있다가 점차 편평해지며 늙으면 우묵해진다. 윗면은 흰노란색~연노란색이고 섬유털비늘로 덮여 있다. 갓살은 흰색이고 부드러운 가죽질이다. **갓 밑면**은 벌집모양의 관구멍으로 되어 있고 흰색~크림색이다. 관구멍은 지름 0.5~1㎜로 작고 깊이 1~2㎜이며 타원형이다. **자루**는 길이 1~4㎝, 굵기 2~3㎜로 가늘고 겉면이 노란갈색~갈색이며 미세한 비늘가루와 짧은 털로 덮여 있다. **포자**는 7~11×2~3㎛ 크기의 원통모양이고 흰색이다.

 식용 부적합 (가죽질)

 약용 (항종양)

● **구멍장이버섯과 구멍장이버섯속**
● **한해살이**
● **중소형**

이용방법

약용 >>>
성분과 효능_ 디펩타이드(활성산소 억제), 트리펩타이드(노화방지), 프로테아제(항종양)가 함유되어 있으며, 종양을 억제하는 효능이 있다. 말린 버섯 6g을 차처럼 달여 마시며, 육질이 가죽질이라 식용으로는 적합하지 않다.

Polyporus varius (Pers.) Fr. = *Polyporellus varius* (Pers. ex Fr.) Karst

노란대구멍장이버섯 (노란대겨울우산버섯)

갓에 방사상 섬유무늬가 있다. 8월 19일

갓 윗면
연노란색~노란색~노란오렌지색

갓 밑면
관구멍, 흰색~크림색, 벌집모양

자루
황토갈색, 검은갈색(밑동)

육질
부드러운 가죽질

● **발생 시기·장소 |** 여름~가을, 넓은잎나무 고목, 죽은 나무, 그루터기, 나무토막, 떨어진 나뭇가지 위에 1개씩 또는 여러 개가 무리지어 올라온다.

● **분포 |** 한국, 일본, 중국 등 전 세계에 분포한다.

● **특징 |** 갓이 노랗고 방사상 섬유무늬가 있으며, 밑동이 검은갈색이다.

● **생김새 |** 갓 지름 1~5cm의 소형. **갓**은 깔때기모양~콩팥모양이며, 윗면은 연노란색~노란색~노란오렌지색이고 방사상 섬유무늬가 있다. 가장자리는 흰색으로 마르면 노란색이 되며, 다 자라면 물결처럼 구불거린다. 갓살은 흰색이고 부드러운 가죽질이다. **갓 밑면**은 수많은 관구멍으로 되어 있고 흰색~크림색이다. 관구멍은 내린형이며 지름 1mm당 4~5개 크기이고 깊이 1~2mm이며 모양은 둥그랗다. **자루**는 길이 1~5cm, 굵기 3~7mm이며 갓 한쪽으로 치우쳐 달리거나 옆에 달린다. 겉면은 황토갈색이고, 밑동은 검은갈색이다. **포자**는 7~9×2.5~3.5μm 크기의 긴 타원형이고 흰색이다.

 식용 부적합
(가죽질)

 약용
(중풍마비, 신경통)

● **구멍장이버섯과 구멍장이버섯속**
(속명 바뀜)

● **한해살이**

● **작은키 – 소형**

이용방법

약용 >>>

성분과 효능_ 서근환(舒筋丸, 손발마비 치료제) 원료로 풍을 몰아내고 한기를 흩어내며, 중풍으로 마비된 근육을 풀어주고 신경통을 가라앉히는 효능이 있다. 말린 버섯 9g에 물 700㎖를 붓고 달여 마신다.

01_ 젊은 버섯
갓에 방사상 섬유무늬가 있다.　　8/18

02_ 젊은 버섯
밑동이 검은갈색이다.　　8/23

03_ 다 자란 버섯
비에 젖은 기형 버섯.　　7/4

04_ 늙은 버섯
썩은 나뭇가지에서 늙어가는 버섯.　　8/29

05_ 늙은 버섯
늙어서 물 내리는 모습.　　7/16

06_ 늙은 버섯
말라붙은 버섯.　　9/15

07_ 상세 모습
젊은 버섯.　　8/23

08_ 상세 모습
다 자란 버섯.　　8/29

Pycnoporus cinnabarinus (Jacq.) Karst.

간버섯

갓에 고운 잔털이 있다. 11월 7일

갓 윗면
밝은 오렌지색 ⇨ 칙칙한 오렌지색 ⇨ 흰회색, 미세한 잔털

갓 밑면
관구멍, 어두운 붉은색~검붉은색

육질
억센 가죽질 ⇨ 코르크질

맛
부드럽고 담백한 맛

● **발생 시기·장소** | 봄~겨울, 넓은잎나무(너도밤나무, 벚나무, 자작나무 등)~소나무 고목, 죽은 나무, 그루터기, 통나무, 버섯 재배목 위에 1개씩 또는 여러 개가 무리지어 올라오며, 흰색 감염 균으로 나무를 썩게 해서 쓰러트린다. 한해살이지만 때로는 되살아나기도 한다.

● **분포** | 한국이나 일본 등의 아시아, 북아메리카, 유럽, 오스트레일리아 등지에 분포한다.

● **특징** | 갓이 밋밋하거나 주름이 있고, 어릴 때는 미세한 잔털로 덮여 있다.

● **생김새** | 갓 지름 2~13㎝, 두께 5~20㎜의 중소형. **갓**은 반달모양~부채모양이고 편평하며, 옆이 붙어 나거나 밑면이 반 정도 붙어 난다. 윗면은 밝은 오렌지색에서 점차 칙칙한 오렌지색이 되며, 퇴색하여 흰회색이 되기도 한다. 미세한 잔털로 덮여 있으나 점차 떨어져나가고 곰보자국 이 생긴다. 갓살은 연한 오렌지색이며, 어릴 때는 억센 가죽질이나 점차 낡은 솜털 같은 코르크 질이 된다. **갓 밑면**은 수많은 미세 관구멍으로 되어 있으며 어두운 붉은색~검붉은색이다. 관 구멍은 1㎜당 2~3개 크기이고 깊이 4~9㎜이며 모양은 둥근 모양~각진 모양이다. **포자**는 5~7×2~3㎛ 크기의 굽은 원통모양이고 색이 없거나 노란색이다.

 식용 부적합
(가죽질~코르크질)

 약용
(기관지염, 관절염, 피부염, 항 종양)

● 구멍장이버섯과 간버섯속

● 한해살이(때로 두해살이)

● 중소형

● 다른 이름 : 주걱간버섯

이용방법

01_ 어린 버섯
아주 어린 버섯이 올라
오는 모습.   11/7

02_ 어린 버섯
좀 더 자란 어린 버섯.
                3/29

03_ 젊은 버섯
썩은 나무 그루터기에
서 자라는 모습.   11/7

04_ 젊은 버섯
갓 윗면이 밋밋하며,
갓 옆면이나 밑면의 반
이 나무에 붙어 난다.
                3/29

05_ 다 자란 버섯
곰보처럼 되기도 한다.
                3/29

06_ 다 자란 버섯
갓 윗면에 사마귀가 생
긴 버섯.   3/29

07_ 상세 모습
젊은 버섯의 갓 윗면과
밑면.   3/29

진홍색간버섯

Pycnoporus coccineus (Fr.) Bond. & Sing. = *Pycnoporus coccineus* (Fr.) Bondartsev & Singer

갓이 선명한 홍색이고 줄무늬가 있다. 7월 23일

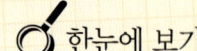
● **발생 시기·장소** | 봄~겨울, 넓은잎나무~소나무(드물게) 고목, 죽은 나무, 그루터기, 통나무, 떨어진 나뭇가지 위에 1개씩 또는 여러 개가 무리지어 올라오며, 나무를 썩게 해서 쓰러트린다.

● **분포** | 한국, 일본, 북아메리카, 아프리카, 유럽, 오스트레일리아 등지에 분포한다.

● **특징** | 갓에 붉은색~흰색~회색 솜털로 된 나이테무늬와 홈이 있다.

● **생김새** | 갓 지름 3~10㎝, 두께 3~7㎜의 중소형. **갓**은 간모양~반달모양~둥근모양이고 편평하며, 윗면이 오렌지홍색에서 점차 진홍색이 되고 나중에는 탈색되어 연홍색이 된다. 붉은색~흰색~회색 솜털로 된 나이테무늬와 홈이 있다. 갓살은 홍색이며 질긴 가죽질~코르크질이다. **갓 밑면**은 수많은 미세 관구멍으로 되어 있으며, 선명한 홍색이고 늙으면 회백색으로 탈색되는 것도 있다. 관구멍은 1㎜당 6~8개 크기이고 깊이 1~2㎜이며, 추울 때 나는 것은 구멍이 조금 크다. 모양은 둥글다. **포자**는 7~8×2.5~3㎛ 크기의 굽은 긴 타원형이고 색이 없다.

 식용 부적합
(가죽질~코르크질)

 약용
(기관지염, 관절염, 화상, 항종양)

● **구멍장이버섯과 간버섯속**
● **한해살이**
● **중소형**

이용방법

01_ **젊은 버섯**
　　옆에서 본 모습. 7/23

02_ **젊은 버섯**
　　겨울에 올라온 버섯.
　　　　　　　　12/22

03_ **다 자란 버섯**
　　간모양의 버섯. 3/29

04_ **늙은 버섯**
　　썩은 나무토막 위에 있
　　는 버섯. 12/22

05_ **상세 모습**
　　젊은 버섯의 갓 윗면과
　　밑면. 7/23

06_ **상세 모습**
　　다 자란 버섯의 갓 윗
　　면과 밑면. 8/30

07_ **이용**
　　채취한 버섯. 12/22

263

Daedaleopsis tricolor (Bull.) Bondartsev & Singer = *Daedaleopsis tricolor* (Bull.) Bond. & Sing.

삼색도장버섯

3색 줄무늬가 있다. 3월 22일

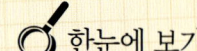 한눈에 보기

갓 윗면
3색 나이테무늬

갓 밑면
주름살, 흰회색 ⇨ 회갈색 ⇨ 검은색, 톱니모양

육질
얇은 가죽질

● **발생 시기·장소 |** 봄~겨울, 넓은잎나무(참나무, 벚나무, 오리나무, 느티나무 등) 고목, 버섯 재배목, 통나무, 떨어진 나뭇가지에 여러 개가 기와모양으로 무리지어 올라온다.

● **분포 |** 한국, 일본, 중국, 북아메리카, 유럽, 오스트레일리아 등지에 분포한다.

● **특징 |** 기와모양으로 무리지어 나고 주름살이 톱니모양이다.

● **생김새 |** 갓 지름 2~8㎝, 두께 5~8㎜의 얇은 중소형. **갓**은 반달모양~부채모양~조개모양이고 방사상의 가는 주름이 있다. 윗면은 회색 계열~갈색~자주색 계열 등 3가지 색의 좁은 나이테무늬가 있다. 갓살은 흰회색이고 육질이 얇은 가죽질이다. **갓 밑면**은 톱니모양의 주름살로 되어 있으며, 어릴 때는 흰회색에서 점차 회갈색이 되며 늙으면 검은색이 된다. **포자**는 7~9×2~3㎛ 크기의 원통모양이고 흰색이다.

 식용 부적합
(코르크질)

 약용
(항종양, 면역력 강화)

● 구멍장이버섯과 도장버섯속
● 한해살이
● 중소형

이용방법

01_ 젊은 버섯
갈색 계열의 버섯. 3/6

02_ 다 자란 버섯
갓이 둥근 버섯. 3/18

03_ 다 자란 버섯
쓰러진 나무에 무리지어 있는 모습. 3/24

04_ 다 자란 버섯
회색 계열의 버섯. 3/6

05_ 늙은 버섯
늙어가는 버섯. 3/25

06_ 늙은 버섯
물 내리는 모습. 12/20

07_ 상세 모습
늙은 버섯. 8/19

264

Lenzites betulina (L.) Fr. = *Lenzites betulina* (L. ex Fr.) Fr.

조개껍질버섯

갓이 짧고 거친 털로 덮여 있다. 12월 22일

🔍 한눈에 보기

갓 윗면
노란회색~회갈색~흰회색 나이테무늬, 짧고 거친 털

갓 밑면
길고 짧은 주름살, 흰색~흰노란색~회색

육질
얇고 질긴 가죽질

맛
구수한 맛

● **발생 시기·장소 |** 봄~겨울, 넓은잎나무~소나무 고목, 죽은 나무, 그루터기, 통나무, 떨어진 나뭇가지 위에 여러 개가 무리지어 올라온다.

● **분포 |** 한국, 일본, 중국 등 전 세계에 분포한다.

● **특징 |** 갓이 짧고 거친 털로 덮여 있으며, 주름살이 길거나 짧다.

● **생김새 |** 갓 지름 2~10㎝, 두께 5~10㎜의 중소형. **갓**은 반달모양~조개모양이고 윗면에 노란회색~회갈색~흰회색 좁은 나이테무늬가 있으며, 짧고 거친 털로 덮여 있다. 갓살은 흰색이고 겉껍질 바로 아래 속살은 검은색이며, 육질이 얇고 질긴 가죽질이다. **갓 밑면**은 길고 짧은 주름살로 되어 있고 주름살은 조금 빽빽하거나 조금 성기며 흰색~흰노란색~회색이다. **포자**는 5~6×2.5㎛ 크기의 굽은 원통모양이고 색이 없다.

 식용 부적합
(가죽질)

 약용
(항종양, 중풍마비, 신경통)

 약간 독성

● **구멍장이버섯과 조개껍질버섯속**

● **한해살이**

● **중소형**

이용방법

01_ 젊은 버섯
나무 그루터기에 있는 버섯.　　8/25

02_ 다 자란 버섯
회색 계열의 버섯.
　　3/29

03_ 늙은 버섯
허옇게 말라가는 모습.
　　3/22

04_ 늙은 버섯
검게 썩어가는 모습.
　　12/5

05_ 상세 모습
젊은 버섯의 갓과 주름살.　　8/25

06_ 상세 모습
늙은 버섯의 갓과 주름살.　　12/22

07_ 이용
채취한 버섯. 달이면 구수한 맛이 난다.
　　3/22

Lenzites styracina (Henn. & Shirai) Lloyd = *Daedaleopsis styracina* (Henn. & Shirai) Imaz.

때죽조개껍질버섯 (때죽도장버섯)

갓에 붉은갈색 나이테무늬가 있다. 3월 20일

🔍 한눈에 보기

갓 윗면
검은갈색~붉은갈색 나이테무늬

갓 밑면
흰크림색~흰회색, 매우 성긴 미로
모양의 주름살

육질
아주 얇고 단단한 가죽질

● **발생 시기·장소 |** 봄~겨울, 넓은잎나무(때죽나무 등) 고목에 여러 개가 무리지어 올라온다.

● **분포 |** 한국, 일본의 특산종이다.

● **특징 |** 어릴 때 갓 밑면이 뒤집혀 자라고, 주름살이 매우 성긴 미로모양이다.

● **생김새 |** 갓 지름 2~4㎝, 두께 2~3㎜의 소형. **갓**은 반달모양~조개모양이고 어릴 때 밑면이
뒤집혀 자라며 여러 개가 붙어 자라기도 한다. 윗면에는 검은갈색~붉은갈색의 좁은 나이테무
늬가 있다. 갓살은 흰갈색이며 아주 얇고 단단한 가죽질이다. **갓 밑면**은 미로모양의 주름살로
되어 있고 매우 성기며 흰크림색~흰회색이다. **포자**는 8~8.5×2~2.5㎛ 크기이다.

 식용 불가
(독성분 여부 미상)

● **구멍장이버섯과 조개껍질버섯속**
(속명 바뀜)

● **한해살이**

● **소형**

01_ 어린 버섯
어릴 때 갓 밑면이 뒤
집혀 자란다.   12/10

02_ 어린 버섯
주름살이 매우 성기다.
12/10

03_ 어린 버섯
점차 갓모양이 생긴다.
12/10

04_ 어린 버섯
갓모양이 뚜렷해진 모
습   3/18

05_ 젊은 버섯
갓 윗면이 편평해진다.
3/20

06_ 다 자란 버섯
쓰러진 나무에 올라온
버섯.   3/20

메꽃버섯부치

갓에 희미하게 나이테무늬가 있다. 8월 15일

한눈에 보기

갓 윗면
흰노란색~밤갈색 옅은 나이테무늬

갓 밑면
관구멍, 흰노란색

육질
얇고 질긴 가죽질

● **발생 시기·장소** ┃ 봄~겨울, 소나무~넓은잎나무(서어나무 등) 고목, 죽은 나무, 그루터기, 통나무, 떨어진 나뭇가지 위에 1개씩 또는 여러 개가 무리지어 올라온다.

● **분포** ┃ 한국, 일본, 중국, 베트남, 케냐, 잠비아 등지에 분포한다.

● **특징** ┃ 갓에 희미하게 나이테무늬가 있고, 갓 밑면의 관구멍이 미세하다.

● **생김새** ┃ 갓 지름 3~7㎝, 두께 2~3.5㎜의 소형. **갓**은 부채모양~콩팥모양~둥그스름한 모양이고 방사상 주름이 있으며 윤기가 있다. 자라면서 갓 가장자리가 점차 얇아지며, 늙으면 한가운데가 조금 오목해진다. 윗면에는 흰노란색~밤갈색 옅은 나이테무늬가 있다. 갓살은 얇고 질긴 가죽질이다. **갓 밑면**은 수많은 미세 관구멍으로 되어 있으며 흰노란색이다. 관구멍은 1㎜당 6~7개이고 깊이 0.5~1.5㎜이며 둥근 모양이다. **자루**는 길이 5~20㎜, 굵기 2~4㎜로 가늘고 갓 옆에 나거나 한가운데를 벗어나서 달린다. 겉면은 노란갈색이고 밑동이 빨판모양이며, 속은 비어 있다. **포자**는 4~5×2㎛ 크기의 긴 타원형이고 흰색이다.

식용 부적합
(가죽질)

약용
(항종양)

● 구멍장이버섯과 메꽃버섯속

● 한해살이

● 작은키 – 중소형

이용방법

약용 >>>

성분과 효능_ 유리 아미노산(단백질 합성, 면역력 강화) 26종, 에르고스테롤(비타민 D로 전환되는 물질), 글리세롤, 아라비톨(당알코올), 글루코오스(포도당), 만니톨(이뇨효과), 프럭토스(과당), 폴리사카리드(항종양)가 함유되어 있다. 종양을 억제하는 효능이 있다. 말린 버섯 9g과 물 700㎖를 넣어 달여 마신다.

01_ 어린 버섯
젊은 버섯 옆에서 올라오는 어린 버섯.　7/2

02_ 다 자란 버섯
쓰러진 나무 위에 올라온 버섯.　9/11

03_ 다 자란 버섯
님길색 게열의 버섯.　7/20

04_ 다 자란 버섯
짙은 밤색 계열의 버섯.　8/19

05_ 늙은 버섯
갓에 방사상 주름이 있다.　8/22

06_ 늙은 버섯
늙어서 물 내리는 모습.　8/15

07_ 늙은 버섯
허옇게 마른 버섯.　3/6

08_ 상세 모습
젊은 버섯의 갓 윗면과 밑면.　8/31

Perenniporia fraxinea (Bull.) Ryv. = *Fomitella fraxinea* (Bull.) Imaz.

아까시흰구멍버섯 (아까시재목버섯)

가장자리가 옅거나 짙은 노란색이다. 8월 26일

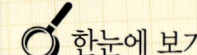 **한눈에 보기**

갓 윗면
흰노란색 ⇨ 흰노란색~연노란색~노란색(가장자리), 붉은갈색~검은갈색(안쪽), 나이테무늬가 생김

갓 밑면
관구멍, 흰노란갈색

육질
코르크질

맛
조금 시큼하고 떫은 맛, 조금 느끼한 맛, 조금 쌉쌀한 뒷맛

● **발생 시기·장소** | 봄~겨울, 넓은잎나무(아까시나무, 아카시아나무, 벚나무, 사과나무 등)~소나무 고목 위, 나무뿌리 근처에 1개씩 또는 여러 개가 기와모양으로 무리지어 올라오며, 나무를 고사시켜 쓰러뜨린다.

● **분포** | 한국·일본·중국 등 아시아, 북아메리카, 유럽 등 북반구 일대에 분포한다.

● **특징** | 가장자리가 흰노란색~연노란색~노란색이고, 안쪽에 갈색 나이테무늬가 있다.

● **생김새** | 갓 지름 5~20㎝의 중대형. **갓**은 반달모양~부채모양이다. 윗면은 어릴 때는 흰노란색이며 점차 가장자리가 흰노란색~연노란색~노란색이 되고, 안쪽은 붉은갈색~검은갈색이 되며 흐리고 진한 나이테무늬가 생긴다. 갓살은 연노란갈색이고 육질은 코르크질이다. **갓 밑면**은 수많은 미세 관구멍으로 되어 있으며 흰노란갈색이다. 관구멍은 1㎜당 6~7개 크기이고 깊이 3~10㎜이다. **포자**는 5~7×4.5~5㎛ 크기의 알모양이고 흰색이다.

 식용 부적합
(코르크질)

 약용
(항종양, 면역력 증강)

● **구멍장이버섯과 흰구멍버섯속** (속명 바뀜)

● **한해살이~여러해살이**

● **중대형**

이용방법

약용 >>>

성분과 효능_ 유리 아미노산(단백질 합성, 면역력 강화), 폴리사카리드(항종양)가 함유되어 있다. 면역력을 높이고, 종양을 억제하는 효능이 있다. 말린 버섯 9g에 물 700㎖를 붓고 달여 마신다. 조금 시큼하고 떫으며 느끼하고 뒷맛이 씁쓸하다.

01_ **어린 버섯** 어린 버섯 올라오는 모습. 7/1

02_ **젊은 버섯** 위에서 본 모습. 8/25

03_ **다 자란 버섯** 쓰러진 나무에 있는 버섯. 8/26

04_ **늙은 버섯** 물 내리는 모습. 3/27

05_ **늙은 버섯** 흰색 감염균에 감염된 모습. 8/26

06_ **상세 모습** 다 자란 버섯의 갓 밑면. 2/19

07_ **이용** 여름에 다 자란 버섯 채취한 것. 8/26

08_ **이용** 겨울에 다 자란 버섯 채취한 것. 2/19

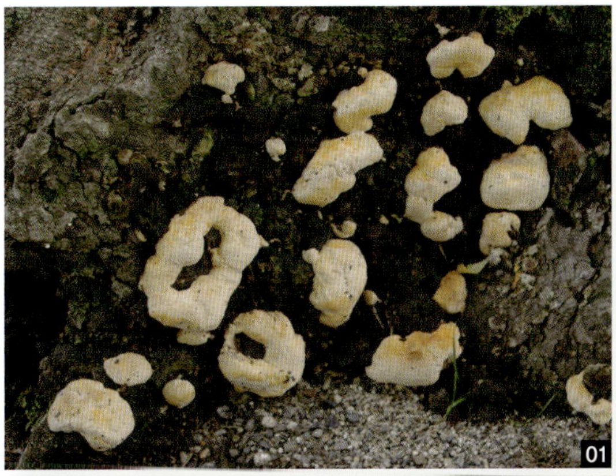
01

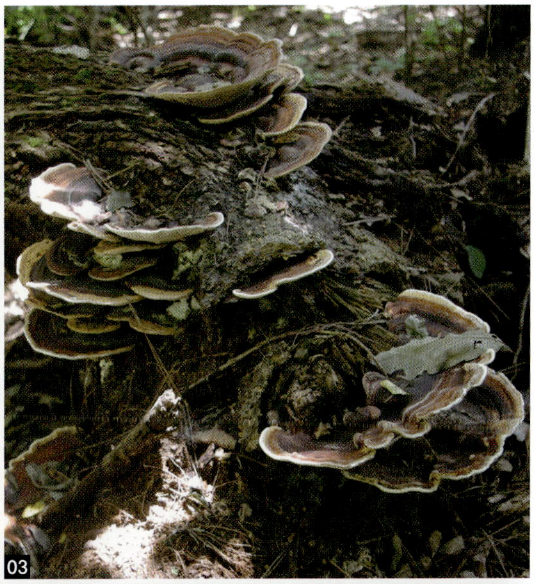
03

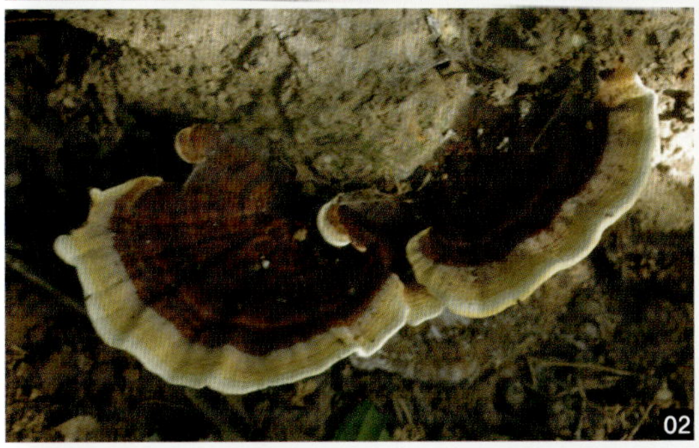
02

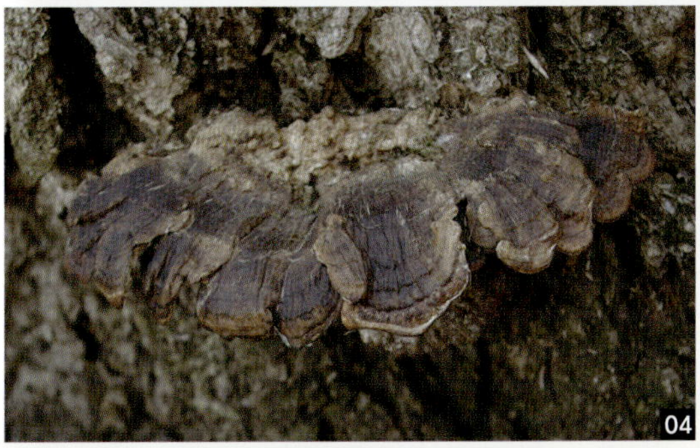
04

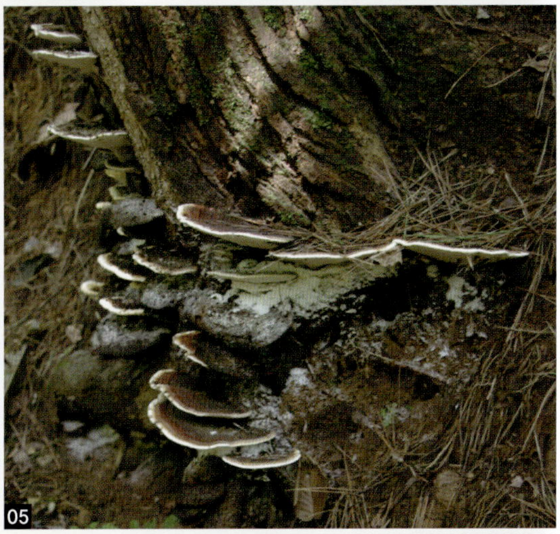
05

06

07

08

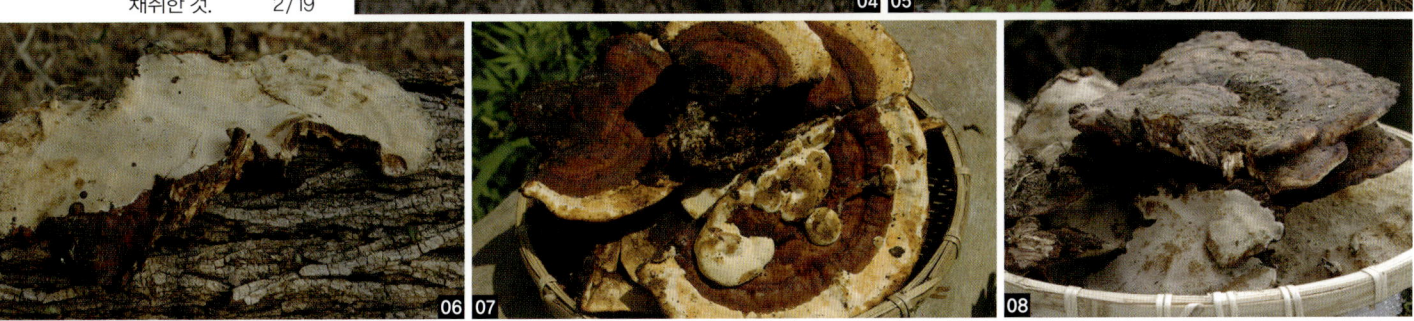

Trametes orientalis (Yasuda) Imaz.

시루송편버섯

갓에 흐린 나이테무늬가 있다. 6월 11일

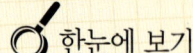
갓 윗면
흰회색~연회색~회갈색, 방사상 주름, 희미한 나이테무늬

갓 밑면
관구멍, 흰색

육질
질기고 단단한 코르크질

맛
조금 달달하고 개운한 뒷맛

● **발생 시기·장소 |** 봄~가을, 넓은잎나무 고목, 죽은 나무, 그루터기, 통나무 위에 1개씩 또는 여러 개가 무리를 이루거나 시루떡모양으로 올라온다.

● **분포 |** 한국, 일본, 중국, 타이완에 분포한다.

● **특징 |** 갓에 연한 회갈색 나이테무늬가 있으며, 갓 밑면은 흰색 관구멍이 있다.

● **생김새 |** 갓 지름 5~15㎝, 두께 5~10㎜의 중대형. **갓**은 반달모양, 조개껍질 모양이며 젊을 때는 가장자리가 조금 두툼하다. 윗면은 흰회색~연회색~회갈색이고, 방사상 주름과 희미한 나이테무늬가 있으며, 고운 잔털이 있거나 없다. 갓살은 흰색이며, 육질은 질기고 단단한 코르크질이다. **갓 밑면**은 수많은 관구멍으로 되어 있으며 흰색이다. 관구멍은 1㎜당 2~3개 크기이고 깊이 2~5㎜이며 모양은 둥글다. **포자**는 6.7~8×2.5~3㎛ 크기의 긴 타원형이고 흰색이다.

식용 부적합
(코르크질)

약용
(결핵, 기관지염, 류머티즘, 항종양)

● **구멍장이버섯과 송편버섯속**

● **한해살이**

● **중대형**

이용방법

01_ 어린 버섯
아주 어린 버섯이 올라 오는 모습. 3/24

02_ 어린 버섯
흰회색 버섯. 2/26

03_ 어린 버섯
아주 어린 버섯(위)과 좀 더 자란 어린 버섯(아래). 6/11

04_ 젊은 버섯
조금 위에서 본 모습. 6/18

05_ 젊은 버섯
갓 뒷면에 관구멍이 있다. 6/18

06_ 다 자란 버섯
나이테무늬가 조금 짙어졌다. 6/11

07_ 늙은 버섯
늙어서 물 내리는 모습. 7/28

08_ **늙은 버섯**
물 내리는 버섯을 위에
서 본 모습.　　7/28

09_ **상세 모습**
젊은 버섯의 갓 윗면과
밑면.　　6/11

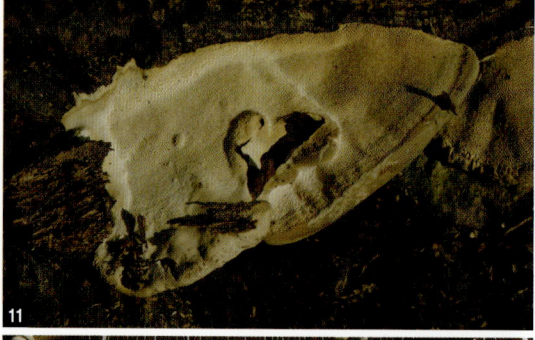

10_ **상세 모습**
젊은 버섯의 갓 밑면.
7/28

11_ **상세 모습**
다 자란 버섯의 갓 밑
면.　　2/26

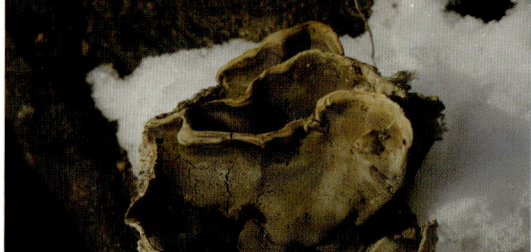
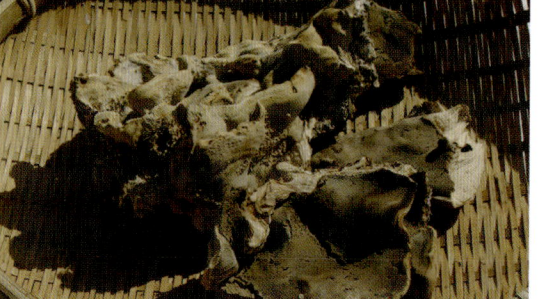

12_ **상세 모습**
늙은 버섯의 갓 밑면.
2/15

13_ **이용**
겨울에 채취한 버섯.
달이면 뒷맛이 달달하
고 개운하다.　　2/15

토끼털송편버섯

갓에 억세고 긴 털이 있다. 7월 23일

늙은 버섯
관구멍 입구가 톱니처럼 날카롭다.   7/23

🔍 한눈에 보기

갓 윗면
크림색 ⇨ 연노란색~황토색 ⇨ 흰회색, 억세고 긴 털

갓 밑면
관구멍, 크림색 ⇨ 연노란살색

육질
탄력 있는 코르크질

● **발생 시기·장소 |** 여름~가을, 넓은잎나무 고목 위에 1개씩 또는 여러 개가 뭉치거나 무리지어 올라온다.

● **분포 |** 한국, 유럽 등지에 분포한다.

● **특징 |** 갓이 억세고 긴 털로 덮여 있고, 관구멍 입구가 톱니처럼 날카롭다.

● **생김새 |** 갓 지름 4~12㎝, 두께 1~3㎝의 중소형. **갓**은 반달모양이고 두툼하며, 옆으로 붙거나 거꾸로 붙는다. 윗면은 크림색에서 연노란색~황토색이 되고 늙으면 흰회색이 되며, 억세고 긴 털로 덮여 있다. 가장자리는 조금 날카롭다. 갓살은 흰색이고 육질이 탄력 있는 코르크질이며 마르면 가벼워진다. **갓 밑면**은 톱니처럼 날카로운 관구멍으로 되어 있으며, 어릴 때 크림색에서 점차 연노란살색이 된다. 관구멍은 지름 1~2㎜ 크기이고 깊이 8㎜이며 모양은 다각형~미로모양이다. **포자**는 8~11×3~4.5㎛ 크기의 원통모양이다.

 식용 부적합
(코르크질)

 약용
(혈전 용해)

● 구멍장이버섯과 송편버섯속

● 한해살이

● 중소형

이용방법

약용 >>>
성분과 효능_ 혈전을 녹이는 효능이 있다. 고지혈증, 고혈압에 말린 버섯 12g과 물 700㎖를 넣고 달여 마신다.

Trametes pubescens (Schum.) Pilát = *Coriolus pubescens* (Schum.) Quél.

흰융털송편버섯 (흰융털구름버섯)

갓에 희미하게 나이테무늬가 있다. 3월 28일

🔍 한눈에 보기

갓 윗면
흰크림색 ⇒ 연한 볏집색, 부드럽고 짧은 융털, 희미한 나이테무늬, 방사상 주름

갓 밑면
관구멍, 흰크림색 ⇒ 연갈색

육질
얇고 잘 부서지는 섬유 같은 가죽질

맛
부드러운 맛, 조금 단맛

● **발생 시기·장소 |** 봄~가을, 넓은잎나무(참나무, 단풍나무 등) 고목, 죽은 나무, 그루터기, 통나무 위에 1개씩 또는 여러 개가 기와모양으로 무리지어 올라온다.

● **분포 |** 한국, 일본 등 북반구 온대 이북지역에 분포한다.

● **특징 |** 갓에 부드럽고 짧은 융털과 희미한 나이테무늬와 방사상 주름이 있다.

● **생김새 |** 갓 지름 2~7㎝, 두께 3~8㎜의 중소형. **갓**은 반달모양~콩팥모양이고 편평하며 가장자리가 점차 물결모양이 된다. 윗면은 흰크림색에서 연한 볏짚색이 되고, 희미한 나이테무늬와 방사상 주름이 있으며, 부드럽고 짧은 융털로 덮여 있다가 점차 떨어져나간다. 갓살은 흰색이며, 육질은 얇고 섬유 같은 가죽질로 가장자리가 잘 부서진다. **갓 밑면**은 수많은 관구멍으로 되어 있으며, 어릴 때 흰크림색에서 점차 연갈색이 된다. 관구멍은 1㎜당 3~5개 크기이고 깊이 2~4㎜이며 모양은 둥글다. **포자**는 6~8×2~3㎛ 크기의 원통모양이고 흰색이다.

 식용 부적합 (코르크질)

 약용 (항종양)

● 구멍장이버섯과 송편버섯속
● 한해살이
● 중소형
● 다른 이름 : 흰털살조개버섯

이용방법

01_ 다 자란 버섯
갓 가장자리가 떨어져
나간 모습.　　3/28

02_ 다 자란 버섯
밑에서 본 모습.　3/28

03_ 늙은 버섯
관구멍이 연갈색이 되
어간다.　　　3/28

04_ 늙은 버섯
갓살이 부서져 가장자
리가 뭉툭해진 모습.
　　　　　3/28

05_ 상세 모습
다 자란 버섯의 갓 윗
면과 밑면.　　3/28

Trametes hirsuta (Wulf.) Lloyd = *Coriolus hirsutus* (Wulf.) Pat

흰구름송편버섯 (흰구름버섯)

갓이 거칠고 긴 털로 덮여 있고 뻣뻣하다. 12월 22일

🔍 한눈에 보기

갓 윗면
크림색~연황토색, 거칠고 긴 털, 선명한 나이테무늬

갓 밑면
관구멍, 흰색 ⇒ 회색~회갈색

육질
얇고 뻣뻣한 코르크질

맛
조금 쓴맛

● **발생 시기·장소** | 봄~가을, 넓은잎나무(참나무, 두릅나무 등) 고목, 죽은 나무, 그루터기, 통나무 위에 1개씩 또는 여러 개가 무리지어 올라온다.

● **분포** | 한국, 일본 등 북반구 온대 이북지역에 분포한다.

● **특징** | 갓이 거칠고 긴 털로 덮여 있고 나이테무늬가 있으며 뻣뻣한 코르크질이다.

● **생김새** | 갓 지름 2~7㎝, 두께 2~8㎜의 중소형. **갓**은 반달모양~부채모양이고 옆으로 붙거나 뒤집혀서 붙는다. 윗면은 크림색~연황토색이고 거칠고 긴 털로 빽빽이 덮여 있으며, 연회색~연갈색 나이테무늬가 선명하다. 갓살은 흰색이며 육질은 얇고 뻣뻣한 코르크질이다. **갓 밑면**은 수많은 관구멍으로 되어 있으며, 어릴 때는 흰색이다가 점차 회색~회갈색이 된다. 관구멍은 1㎜당 3~4개 크기이고 깊이 1~4㎜이며 모양은 둥글거나 다각형이다. **포자**는 5~8×2.5~3㎛ 크기의 긴 타원형이고 흰색이다.

 식용 부적합
(코르크질)

 약용
(관절염, 천식, 폐질환, 항종양)

● 구멍장이버섯과 송편버섯속

● 한해살이~여러해살이

● 중소형

이용방법

약용 >>>

성분과 효능_ 크실라아제가 함유되어 있다. 풍을 몰아내고, 습한 것을 없애며, 폐를 윤택하게 하고, 기침을 가라앉히며 고름을 없애고 새살이 돋게 하며, 종양을 억제하는 효능이 있다. 풍습성 관절염, 천식, 폐질환에 말린 버섯 12g과 물 700㎖를 넣어 달여 마신다. 달이면 노르스름한 물이 나오고 조금 쓴맛이 난다.

01_ 어린 버섯
어린 버섯 올라오는 모습.　　　 3/19

02_ 어린 버섯
뒤집혀서 달리기도 한다.　　　 3/19

03_ 어린 버섯
갓모양이 만들어지고 있다.　　　 2/6

04_ 어린 버섯
갓모양이 만들어진 모습.　　　 2/6

05_ 젊은 버섯
구름버섯(검은회색), 간버섯(오렌지색)과 함께 올라온 모습. 12/22

06_ **젊은 버섯**
쓰러진 나무 위에 올라
온 모습.　3/19

07_ **젊은 버섯**
연회색 나이테무늬가
있는 버섯.　3/19

08_ **젊은 버섯**
나이테무늬가 선명하
다.　12/22

09_ **상세 모습**
젊은 버섯.　12/22

10_ **상세 모습**
다 자란 버섯.　12/22

11_ **상세 모습**
다 자란 버섯의 갓 밑
면.　2/6

12_ **상세 모습**
늙은 버섯의 갓 밑면.
3/29

13_ **이용**
겨울에 채취한 버섯.
달이면 조금 쌉쌀하다.
2/7

Trametes versicolor (L.) Llyod = *Coriolus versicolor* (L.) Quél.

구름버섯 (운지)

갓이 검은색~검푸른색이다. 12월 22일

🔍 한눈에 보기

갓 윗면
검은색~검푸른색, 나이테무늬, 짧은 잔털

갓 밑면
관구멍, 흰색~노란색~회갈색

육질
얇고 질긴 가죽질

맛
조금 쓴맛

● **발생 시기·장소 |** 봄~겨울, 넓은잎나무(참나무 등)~소나무 고목, 죽은 나무, 그루터기, 영지와 표고 재배목에 수십~수백 개가 기와모양으로 겹쳐서 무리지어 올라온다.

● **분포 |** 한국, 일본, 중국, 북아메리카, 유럽 등 전 세계에 분포한다.

● **특징 |** 갓이 작고 수십~수백 개가 겹쳐 나며, 거무스름한 나이테무늬가 있다.

● **생김새 |** 갓 지름 1~5㎝, 두께 1~2㎜의 소형. **갓**은 반달모양~부채모양~둥그스름한 모양이며 윗면이 검은색~검푸른색이고, 회색~검은갈색~진갈색~노란갈색 나이테무늬가 있으며 짧은 잔털로 덮여 있다. 갓살은 흰색이고 겉껍질 밑면이 검은색이며, 육질은 얇고 질긴 가죽질이다. **갓 밑면**은 수많은 관구멍으로 되어 있으며 흰색~노란색~회갈색이다. 관구멍은 1㎜당 3~5개 크기이고 깊이 1㎜이며 모양은 둥글다. **포자**는 5~8×1.5~2.5㎛ 크기의 원통모양이고 색이 없다.

 식용 부적합
(가죽질)

 약용
(항종양, 고혈압, 간질환, 당뇨)

● 구멍장이버섯과 구름버섯속
● 한해살이
● 소형
● 다른 이름 : 운지(雲芝, 생약명), 운지버섯

이용방법

01_ 어린 버섯
어린 버섯 올라오는 모습.　　　9/1

02_ 젊은 버섯
진갈색과 노란갈색 나이테무늬가 있는 버섯.　　8/19

03_ 젊은 버섯
갓 윗면이 검푸른색인 버섯.　　　2/11

04_ 젊은 버섯
회색 나이테무늬가 있는 버섯.　　9/4

05_ 다 자란 버섯
살아 있는 나무를 완전히 뒤덮은 모습.　2/5

06_ 다 자란 버섯
옆에서 본 모습. 9/27

07_ 다 자란 버섯
아래서 본 모습.   4/5

08_ 늙은 버섯
늙어가는 버섯.   4/5

09_ 늙은 버섯
조개껍질버섯(허연색)
과 함께 올라온 모습.
4/4

10_ 늙은 버섯
영지(붉은색)와 함께 늙
어가는 모습.   1/27

11_ 늙은 버섯
늙어서 물 내리는 모
습.   5/25

12_ 상세 모습
젊은 버섯의 갓 윗면과
밑면.   12/22

13_ 이용
가을에 채취한 버섯.
달이면 조금 쌉쌀하다.
9/24

Cerrena unicolor (Bull.) Murr. = *Coriolus unicolor*

단색털구름버섯 (단색구름버섯)

갓 가장자리가 위로 뒤집어져 털 같은 관구멍이 보인다. 7월 3일

한눈에 보기

갓 윗면
흰회색~회갈색, 녹색 이끼, 나이테 무늬, 부드럽고 긴 털과 뻣뻣한 잔털

갓 밑면
관구멍, 흰색~회색 ⇨ 연회갈색 ⇨ 갈색, 미로 같은 치아모양

육질
질긴 가죽질

● **발생 시기·장소** | 봄~겨울, 넓은잎나무, 고목, 통나무, 표고와 목이 재배목 위에 1개씩 또는 여러 개가 무리지어 올라온다.

● **분포** | 한국, 일본, 중국, 북아메리카, 유럽 등지에 분포한다.

● **특징** | 갓에 이끼가 잘 끼어 녹색이며 밑면이 미로 같은 치아모양이다.

● **생김새** | 갓 지름 2~8㎝, 두께 2~5㎜의 중소형. **어릴 때** 거꾸로 붙어서 올라오며, 점차 반달 모양~부채모양~조개껍질 모양의 갓모양이 생겨 옆으로 붙거나 반쯤 거꾸로 붙은 모양이 되고 여러 개가 겹쳐서 올라오기도 한다. 한해살이나 간혹 두해살이인 것도 있다. **갓**은 윗면이 흰 회색~회갈색이나 이끼가 잘 끼어 녹색이며, 부드럽고 긴 털과 뻣뻣한 잔털로 덮여 있고 나이테 무늬가 있다. 갓살은 흰색이고 육질은 질긴 가죽질이다. **갓 밑면**은 수많은 관구멍으로 되어 있고, 어릴 때 흰색~회색에서 점차 연회갈색이 되며 늙으면 갈색이 된다. 관구멍은 깊이 1~4㎜이고 미로 같은 치아모양이며, 점차 크게 발달하여 털처럼 보인다. **포자**는 4~6×3~4㎛ 크기의 알 모양이고 색이 없다.

 식용 부적합
(가죽질)

 약용
(항종양)

● 구멍장이버섯과 털구름버섯속

● 한해살이(때로 두해살이)

● 중소형

이용방법

약용 >>>

성분과 효능_ 모노글리세리드(고급 지방산)가 함유되어 있으며, 종양을 억제하는 효능이 있다. 말린 버섯 12g에 물 700㎖를 붓고 달여 마신다.

01_ 어린 버섯
이끼가 끼어 녹색빛이
돈다.   3/19

02_ 어린 버섯
반쯤 거꾸로 붙어 올라
온다.   3/19

03_ 어린 버섯
쓰러져 썩은 나무에 올
라온 모습.   1/2

04_ 젊은 버섯
갓모양이 만들어진 젊
은 버섯 위로 편평한
어린 버섯이 보인다.
                        1/2

05_ 다 자란 버섯들
갓에 얇게 이끼가 끼어
있다.　　　　1/2

06_ 늙은 버섯
점차 밑면이 보이기 시
작한다. 갓 밑면이 털
복숭이처럼 된다. 7/3

07_ 늙은 버섯
갓 밑면이 갈색이 되어
가는 모습.　　　7/3

08_ 늙은 버섯
통나무를 뒤덮고 있는
모습.　　　　7/3

Stereum ostrea (Bl. & Nees) Fr. = *Stereum fasciatum* (Schw.) Fr.

갈색꽃구름버섯

갓이 얇고 줄무늬가 있다. 9월 2일

한눈에 보기

갓 윗면
흰회색~노란갈색~붉은갈색~오렌지갈색~어두운 갈색 나이테무늬, 무늬별로 융단털이 있거나 없음

갓 밑면
흰색~흰노란회색~연갈색, 밋밋함

육질
아주 얇은 가죽질, 마르면 단단해짐

● **발생 시기·장소 |** 봄~겨울, 죽은 넓은잎나무, 통나무 위에 1개씩 또는 수십, 수백 개가 기와 모양으로 무리지어 올라온다.

● **분포 |** 한국이 원산지이며 전 세계에 분포한다.

● **특징 |** 갓에 나이테무늬가 있으며 육질이 아주 얇고 단단하다.

● **생김새 |** 갓 지름 1~5㎝, 두께 0.5~1㎜의 소형. **갓**은 콩팥모양, 부채모양이며 어릴 때 깔때기처럼 말려 있다가 점차 펴진다. 윗면에 흰회색~노란갈색~붉은갈색~오렌지갈색~어두운 갈색 나이테무늬가 있으며, 무늬별로 융단털이 있기도 하고 없기도 하다. 갓살은 아주 얇은 가죽질이며 마르면 단단해진다. **갓 밑면**은 흰색~흰노란회색~연갈색이고 매끄럽다. 즙이 들어 있는 균사(젖관균사)가 있으나 색이 없어 눈으로는 확인이 안 된다. **포자**는 5~6.5×2~3㎛ 크기의 긴 타원형이고 흰색이다.

식용 불가
(독성분 여부 미상)

● 꽃구름버섯과 꽃구름버섯속

● 한해살이

● 소형

01_ 어린 버섯
어린 버섯 올라오는 모
습.   2/18

02_ 어린 버섯
어릴 때는 깔때기모양
으로 말려 있다. 2/18

03_ 어린 버섯
밑면이 밋밋하다. 6/11

04_ 다 자란 버섯
갓이 펴진 모습. 3/20

05_ 늙은 버섯
마른 버섯을 밑에서 본
모습.   2/18

06_ 늙은 버섯
허옇게 탈색된 모습.
                 3/26

07_ 늙은 버섯
물 내리는 모습. 3/6

Merulius tremellosus Schrad. = *Merulius tremellosus* (Schrad.ex Fr.)
= *Phlebia tremellosa* (Schrad.) Naksone & Burds.

아교버섯

갓에 흰 털이 있다. 9월 18일

다 자란 버섯
갓 밑면이 마르면 연한 오렌지
색이 된다.   9/23

🔍 **한눈에 보기**

갓 윗면
흰색, 흰색 섬유털

갓 밑면
관구멍, 연노란색, 마르면 연한 오
렌지색

육질
반투명 얇은 아교질, 마르면 부드러
운 연골질

● **발생 시기·장소 |** 봄~가을, 넓은잎나무~소나무(간혹) 고목, 죽은 나무, 그루터기, 통나무, 떨
어진 나뭇가지 위에 1개씩 또는 여러 개가 무리지어 올라온다.

● **분포 |** 한국, 일본, 중국, 북아메리카, 유럽 등 북반구에 분포한다.

● **특징 |** 갓이 흰색이고 흰 섬유털로 덮여 있으며 얇다.

● **생김새 |** 갓 지름 2~8㎝, 두께 2~5㎜의 중소형. **갓**은 반달모양이고 나무에 옆으로 또는 반
쯤 뒤집혀 달리며, 윗면은 흰색이고 흰 섬유털이 빽빽이 덮여 있다. 갓살은 흰색으로 어릴 때는
반투명 얇은 아교질이나 마르면 부드러운 연골질이 된다. **갓 밑면**은 불규칙하게 주름진 관구멍
으로 되어 있고 연노란색이며, 마르면 연한 오렌지색이 된다. **포자**는 4~5×1~1.5㎛ 크기의 원통
모양이고 색이 없다.

 식용 부적합
(아교질, 연골질)

 약용
(항종양, 항균)

 약간 독성

● **아교버섯과 아교버섯속**

● **한해살이**

● **중소형**

● **다른 이름 : 아교고약버섯**

이용방법

약용 >>>
성분과 효능_ 메룰리디알 A(항균), 리그닌 퍼옥시다제(리그닌 분해효소), 라카아제(리그닌 분해효소)가 함유되어 있다. 종양을 억제하는 효
능이 있다.

기계충버섯

가장자리의 들뜬 부분이 반달모양의 갓이 된다. 3월 20일

다 자란 버섯
갓 밑면에는 불규칙한 모양의
침이 있다.   3/20

🔍 **한눈에 보기**

갓 윗면
흰색~연노란색~연갈색, 짧은 융단
털과 나이테무늬

갓 밑면
흰색~흰노란색, 침모양

육질
아주 얇은 가죽질

● **발생 시기·장소 |** 봄~겨울, 넓은잎나무(벚꽃나무 등) 고목, 죽은 나무, 그루터기, 통나무 위에 한 덩어리로 넓게 붙어 올라온다.

● **분포 |** 한국, 북아메리카 등지에 분포한다.

● **특징 |** 갓에 짧은 융단털이 있고, 갓 밑면이 침모양이다.

● **생김새 |** 갓 지름 1~4㎝, 두께 1~3㎜의 소형. **갓**은 어릴 때 여러 개가 한 덩어리가 되어 거꾸로 붙어서 올라오며, 가장자리에 반달모양~조개모양의 갓이 생긴다. 갓 가장자리는 얇고 조금 아래로 굽어 있다. 윗면은 흰색~연노란색~연갈색이고 짧은 융단털과 나이테무늬가 있다. 갓살은 흰색이고 육질이 아주 얇은 가죽질이다. **갓 밑면**에는 불규칙한 모양의 수많은 침이 있고 침 길이는 1~5㎜이며 흰색~흰노란색이다. **포자**는 4~5×2~3㎛ 크기의 타원형이고 흰색이다.

 식용 불가

 약간 독성
(살충성분)

● **아교버섯과 기계충버섯속**
(과명 바뀜)

● **한해살이**

01 02

01_ 다 자란 버섯
밑에서 본 모습.   3/20

02_ 상세 모습
다 자란 버섯의 앞뒷면.   3/20

277

Irpex consor Berk. = *Cerrena consors* (Berk.) K.S. Ko & H.S. Jung
= *Coriolus consors* (Berk.) Imaz. = *Trametes consors* (Berk.) Mitra

송곳니기계충버섯 (송곳니구름버섯)

갓이 연한 오렌지색이다. 3월 22일

🔍 한눈에 보기

갓 윗면
연한 오렌지색 ⇨ 연한 오렌지갈색

갓 밑면
흰노란색 ⇨ 노란오렌지갈색, 송곳
니모양

육질
아주 얇은 가죽질

맛
밍밍한 맛

● **발생 시기·장소 |** 봄~겨울, 넓은잎나무 죽은 나무, 그루터기, 통나무 위에 여러 개가 기와모양으로 무리지어 올라온다.

● **분포 |** 한국, 일본, 중국, 오스트레일리아 등지에 분포한다.

● **특징 |** 갓이 연한 오렌지색이며, 갓 밑면이 송곳니모양이다.

● **생김새 |** 갓 지름 1~3㎝, 두께 1~2㎜의 소형. **어릴 때** 여러 개가 한덩어리가 되어 거꾸로 붙어서 올라오며, 점차 반달모양의 갓이 생긴다. **갓**은 윗면이 연한 오렌지색에서 점차 연한 오렌지갈색이 되며, 가는 방사상 주름과 희미한 나이테무늬가 있다. 갓살은 연노란색이고 육질이 아주 얇은 가죽질이며 마르면 단단해진다. **갓 밑면**은 수많은 송곳니모양으로 되어 있으며 길이 1~2㎜이고, 어릴 때 흰노란색에서 점차 노란오렌지갈색이 된다. **포자**는 4~6×2~3㎛ 크기의 타원형이고 흰색이다.

 식용 부적합
(가죽질)

 약용
(항종양)

● **아교버섯과 기계충버섯속**
(과명 바뀜)

● **한해살이**

● **소형**

이용방법

01_ 어린 버섯
어린 버섯 생기는 모습.   1/15

02_ 젊은 버섯
갓모양이 뚜렷해진 모습.   3/9

03_ 젊은 버섯
갓 밑면이 송곳니모양이다.   3/9

04_ 다 자란 버섯
쓰러진 나무에 올라온 모습.   4/10

05_ 늙은 버섯
나무 밑동의 늙은 버섯.   12/10

06_ 상세 모습
다 자란 버섯의 갓 윗면과 밑면.   3/22

긴송곳버섯

송곳돌기가 빽빽하다. 9월 15일

한눈에 보기

색
흰색 ⇨ 연노란색~연노란갈색

육질
얇고 부드러운 가죽질, 마르면 연골질

● **발생 시기·장소 ǀ** 봄~가을, 넓은잎나무~바늘잎나무의 죽은 나무, 그루터기, 통나무 위에 달라붙어 넓게 퍼진다.

● **분포 ǀ** 한국, 일본 등 아시아 지역에 분포한다.

● **특징 ǀ** 나무에 완전히 달라붙어 넓게 퍼지며 송곳돌기가 빽빽이 덮여 있다.

● **생김새 ǀ** 높이 5~20㎝, 굵기 1~1.6㎜의 초초소형으로 모양이 불규칙하고 나무 위에 완전히 달라붙어 넓게 퍼진다. **윗면**은 길이 3~10㎜의 송곳돌기로 빽빽이 덮여 있으며 흰색에서 점차 연노란색~연노란갈색이 된다. 가장자리는 송곳돌기가 없어 밋밋하다. 살은 얇고 부드러운 가죽질이고 마르면 연골질이 된다. **포자**는 5~6㎛ 크기의 공모양이고 흰색이다.

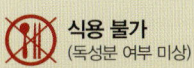
식용 불가
(독성분 여부 미상)

● **아교버섯과 긴송곳버섯속**

● **한해살이**

다 자란 버섯
나무에 완전히 달라붙어 넓게 퍼진다.
9/15

좀구멍버섯

Schizopora paradoxa (Schrad.) Donk = *Poria versipora* (Pers.) Sacc.

관구멍이 크고, 다 자라면 황토갈색이 된다. 3월 28일

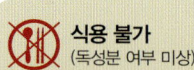 **한눈에 보기**

색
크림색 ⇨ 황토색 ⇨ 황토갈색

윗면
큰 관구멍

육질
질긴 코르크질, 마르면 단단한 코르크질

● **발생 시기·장소 |** 봄~겨울, 넓은잎나무(참나무) 죽은 나무, 그루터기, 통나무 위에 붙어 자라 넓게 퍼진다.

● **분포 |** 한국, 유럽 등지에 분포한다.

● **특징 |** 관구멍이 크고 때로 미로모양이며 황토갈색이 된다.

● **생김새 |** 불규칙한 모양으로 나무 위에 완전히 달라붙어 넓게 퍼진다. 가장자리가 뒤집혀서 갓모양이 되기도 한다. **윗면**은 관구멍으로 되어 있으며 1㎜당 1~4개 크기이고 원형~사각형~미로모양이다. 어릴 때 크림색에서 점차 황토색이 되었다가 황토갈색이 된다. 살은 흰크림색으로 질긴 코르크질이고 마르면 단단한 코르크질이 된다. **포자**는 4~6×3~3.5㎛ 크기의 알모양이다.

식용 불가
(독성분 여부 미상)

● 좀구멍버섯과 좀구멍버섯속

● 한해살이

01_ 다 자란 버섯
　가장자리가 일어나서
갓모양처럼 된다. 관구
멍은 원형~사각형~
미로모양이다. 　3/28

02_ 다 자란 버섯
　갓모양이 만들어진 모
습. 　　　　　3/28

03_ 다 자란 버섯
　살이 흰크림색이다.
　　　　　　　　3/28

04_ 늙은 버섯
　여러 층으로 붙은 모
습. 　　　　　3/28

05_ 늙은 버섯
　늙어서 가장자리가 허
옇게 된 모습. 　3/28

06_ 상세 모습
　늙은 버섯 윗면과 밑
면. 　　　　　3/28

흰구멍버섯

나무에 밀가루떡처럼 붙어 있다. 11월 22일

상세 모습
어린 버섯 윗면과 나무에 붙어 있던 밑면.   3/20

🔍 한눈에 보기

색
흰크림색 ⇨ 흰노란색 ⇨ 흰노란갈색, 미세한 관구멍
육질
질긴 코르크질 ⇨ 단단한 코르크질

● **발생 시기·장소 |** 여름~가을, 넓은잎나무(참나무, 굴참나무, 단풍나무, 고로쇠나무, 서어나무, 수양버들, 등나무, 병꽃나무 등) 죽은 나무, 그루터기, 통나무 위에 달라붙어 넓게 퍼진다.

● **분포 |** 한국, 유럽 등지에 분포한다.

● **특징 |** 관구멍이 미세하고 흰크림색에서 흰노란색이 된다.

● **생김새 |** 두께 3㎜로 얇고 모양이 불규칙하며 나무 위에 완전히 달라붙어 넓게 퍼진다. **윗면**은 1㎜당 4~6개 크기의 미세한 관구멍으로 되어 있고 여러 층이 된다. 어릴 때는 흰크림색에서 점차 흰노란색이 되었다가 흰노란갈색이 되며 가장자리는 조금 노르스름하다. 살은 질긴 코르크질이고 마르면 단단한 코르크질이 된다. **포자**는 4.5~5.5×3~4㎛ 크기의 넓은 타원형이다.

🚫 **식용 불가**

☠ **약간 독성**

● 구멍장이버섯과 흰구멍버섯속
● 여러해살이

01_ 젊은 버섯
점차 여러 층이 된다. 3/22

02_ 다 자란 버섯
흰노란갈색이 된 모습. 3/27

Abortiporus biennis (Bull.) Sing. = *Abortiporus biennis* (Bull. ex Fr.) Sing.

적갈색유관버섯 (유관버섯)

여러 개가 맞붙어 꽃처럼 된다. 7월 7일

🔍 한눈에 보기

갓색
흰색 ⇨ 짙은 노란갈색, 마르면 적
갈색

갓 윗면
부드러운 잔털, 방사상 주름, 나이
테무늬

갓 밑면
관구멍, 흰색 ⇨ 살색, 습하면 붉은
액이 나옴

자루
녹슨 갈색, 자루가 없는 것도 있음

육질
섬유 같은 해면질층과 얇은 가죽질
층(2중)

● **발생 시기·장소** | 여름~가을, 넓은잎나무의 죽은 나무, 그루터기, 통나무나 죽은 나무의 뿌
리가 묻힌 땅 위에 1개씩 또는 여러 개가 맞붙어 무리지어 올라온다.

● **분포** | 한국, 일본, 중국, 타이완, 북아메리카, 유럽, 오스트레일리아 등지에 분포한다.

● **특징** | 갓이 여러 개 맞붙어서 꽃처럼 되며, 습하면 밑면에서 붉은 액이 나온다.

● **생김새** | 갓 지름 3~10㎝, 두께 5~10㎜의 소형. **갓**은 반달모양~부채모양이며 여러 개가 맞
붙어 깔때기나 꽃처럼 된다. 윗면은 흰색에서 점차 짙은 노란갈색이 되고 마르면 적갈색이 되며
가장자리가 희고, 부드러운 잔털로 덮여 있으며 방사상 주름과 나이테무늬가 있다. 갓살은 섬
유 같은 해면질층과 가죽질층의 2중으로 되어 있다. **갓 밑면**은 미로 같은 불규칙한 관구멍으로
되어 있으며, 관구멍은 1㎜당 1~2개 크기이다. 어릴 때 흰색에서 점차 살색이 되며, 습하면 붉
은 액이 나온다. **자루**는 길이 1~5㎝, 굵기 1~2㎝이며 갓 한가운데나 조금 옆에 달린다. 자루가
없는 것도 있다. 겉면은 녹슨 갈색이고 부드러운 잔털이 있다. **포자**는 5~7.5×3~5㎛ 크기의 타
원형이고 색이 없다.

 식용 부적합
(가죽질)

 약용
(항종양)

● **아교버섯과 기계충버섯속**
(과명 바뀜)

● **한해살이**

● **중소형**

● **다른 이름 : 미로버섯붙이**

01_ **어린 버섯**
　　어린 버섯에서 붉은 액
　　이 나오는 모습.　7/7

02_ **젊은 버섯**
　　갓이 펴지고 있다. 7/7

03_ **다 자란 버섯**
　　고목 밑동에 난 다 자
　　란 버섯(오른쪽), 옆은
　　젊은 버섯(왼쪽)과 어린
　　버섯(가운데).　　7/7

04_ **늙은 버섯**
　　늙은 버섯이 마른 모
　　습.　　　　　　9/4

05_ **늙은 버섯**
　　늙어서 물 내리는 모
　　습.　　　　　6/30

06_ **상세 모습**
　　다 자란 버섯의 갓 윗
　　면과 밑면.　　7/7

07_ **상세 모습**
　　젊은 버섯의 갓 밑면.
　　　　　　　　9/4

08_ **상세 모습**
　　늙은 버섯의 갓 밑면.
　　　　　　　　6/30

치마버섯

갓에 잔털이 빽빽하다. 5월 13일

한눈에 보기

갓 윗면
흰색~회색 잔털로 덮임

갓 밑면
주름살, 흰색~회색~회갈색~살갗색~연자주갈색

육질
거친 가죽질

냄새
버터냄새

맛
단맛, 감칠맛(조미료맛)

● **발생 시기·장소** ┃ 봄~가을, 넓은잎나무~소나무 고목, 죽은 나무, 그루터기, 통나무, 표고와 목이 재배목 위에 1개씩 또는 여러 개가 무리지어 올라온다.

● **분포** ┃ 한국, 일본, 중국, 동남아시아, 중동 등 전 세계에 분포한다.

● **특징** ┃ 갓이 잔털로 덮여 있고 가장자리가 불규칙하게 갈라진다.

● **생김새** ┃ 갓 지름 1~3㎝의 소형. **갓**은 부채모양~조개모양~빗모양이고 가장자리가 불규칙하게 갈라지며, 나무에 옆으로 붙거나 반쯤 거꾸로 붙는다. 윗면은 흰색~회색~살갗색이고 흰색~회색 잔털로 빽빽이 덮여 있다. 갓살은 흰크림색이고 육질은 거친 가죽질이다. **갓 밑면**은 겹 주름살로 되어 있으며 잔털이 있고, 흰색~회색~회갈색~살갗색~연자주갈색이다. **포자**는 4~6×1.5~2㎛ 크기의 원통모양이고 흰색이다.

 식용 부적합
(가죽질)

 약용
(자양강장, 항종양)

 약간 독성
(체질에 따라 알레르기, 진폐증)

● **치마버섯과 치마버섯속**

● **한해살이**

● **소형**

이용방법

성분과 효능_ 에르고스테롤(비타민 D로 전환되는 물질), 크실라나아제(소화효소), 프로테아제(항종양), 글루코아미나아제, 셀룰라아제(소화효소), 세미셀룰라아제, 사과산(항균)이 함유되어 있다. 기를 보하고, 풍기를 몰아내며, 나쁜 피를 없애고, 가래를 삭이며, 종양을 억제하는 효능이 있다. 자양강장, 간질환, 위장병, 식중독 등에 말린 버섯 9g과 물 700㎖를 넣고 달여 마신다. 약간 독성이 있어 알레르기, 진폐증을 일으킨 사례가 보고되었으므로 체질에 맞지 않으면 먹지 말아야 한다. 달인 물은 달달하고 감칠맛(조미료맛)이 난다.

01_ **어린 버섯**
반쯤 거꾸로 붙은 모습.   3/18

02_ **어린 버섯**
주름살이 연자주갈색인 버섯.   3/18

03_ **어린 버섯**
주름살이 회색인 버섯.
          3/18

04_ **젊은 버섯**
버섯이 나무를 뒤덮은 모습.   3/26

05_ **젊은 버섯**
갓 가장자리가 심하게 갈라진 버섯.   3/18

06_ **늙은 버섯**
겨울철 마른 버섯.
          12/5

Laetiporus sulphureus (Bull.) Murr. =*Laetiporus sulphureus* (Bull. ex Fr.) Murr.

덕다리버섯

어리 때 노란색이다. 7월 7일

🔍 **한눈에 보기**

갓 윗면
노란색~노란오렌지색 ⇨ 빛바랜
색, 마르면 흰색, 스웨이드질

갓 밑면
관구멍, 노란색 ⇨ 노란갈색

육질
두툼하고 탄력 있는 육질 ⇨ 딱딱하
고 코르크 같은 가죽질

맛
조금 떫은 맛, 조금 신맛

● **발생 시기·장소 |** 늦봄~가을, 넓은잎나무(참나무, 밤나무, 너도밤나무, 버드나무, 벚나무 등)~
소나무 고목, 죽은 나무, 그루터기 위에 1개씩 또는 여러 개가 포개지거나 무리지어 올라온다.

● **분포 |** 한국, 일본, 북아메리카, 유럽 등 북반구 온대 이북지역에 분포한다.

● **특징 |** 어릴 때 노란색~노란오렌지색이며 밑면은 노란색이다.

● **생김새 |** 갓 지름 15~20㎝, 두께 0.5~2.5㎝의 중대형이며 여러 개가 포개져 지름 30㎝까지
자라는 것도 있다. **갓**은 반달모양~부채모양이고 가장자리는 파도처럼 구불거린다. 윗면은 어
릴 때 노란색~노란오렌지색이고 자라면서 점차 빛바랜 색이 되며 마르면 흰색이 된다. 조금 울
퉁불퉁하며 스웨이드 같다. 갓살은 흰노란색이고 마르면 흰색이 된다. 어릴 때는 두툼하고 탄
력 있는 육질이나 점차 딱딱하고 코르크 같은 가죽질이 된다. **갓 밑면**은 수많은 미세 관구멍으
로 되어 있으며, 관구멍은 1㎜당 1~3개 크기이고 깊이 1~3㎜이며 모양은 둥글거나 불규칙한 모
양이다. 어릴 때 노란색에서 점차 노란갈색이 된다. **포자**는 5~7×3.5~4.5㎛ 크기의 타원형이고
색이 없다.

 어릴 때 식용
(떨어지는 맛)

 약간 독성
(술과 함께 먹거나 생식 또는 과
식한 경우, 체질에 따라 중독)

● **잔나비버섯과 덕다리버섯속**
(과명 바뀜)

● **한해살이**

● **중대형**

주의사항

● 독일, 미국 등지에서 단단해지기 전의 어린 버섯을 식용하나 약간 독성이 있어 생식 또는과식하거나 술과 함께 먹은 경우, 체질에 따라 구역질, 구토, 어지럼증, 발열, 입술 발진을 일으키며 심하면 졸도를 한다는 보고가 있고 맛도 떨어지므로 되도록 먹지 않는 것이 좋다. 육질은 닭고기처럼 단단하며 조금 떫은맛과 신맛이 있다.

01_ 어린 버섯
어린 버섯 올라오는 모습.   9/7

02_ 젊은 버섯
갓 윗면이 울퉁불퉁하다.   8/25

03_ 젊은 버섯
탈색되고 있는 모습.   9/20

04_ 다 자란 버섯
밑에서 올려다본 모습.   9/2

05_ 늙은 버섯
허옇게 탈색된 모습.   8/17

06_ 늙은 버섯
겨울에 허옇게 탈색된 모습.   2/9

07_ 상세 모습
늙은 버섯의 갓 윗면과 밑면.   2/9

Laetiporus miniatus (Jungh.) Overeem = *Laetiporus sulphureus* var. *miniatus* (Jungh.) Imaz.

붉은덕다리버섯

갓은 어릴 때 붉은오렌지색이고 밑면이 희다. 6월 15일

한눈에 보기

갓 윗면
붉은오렌지색~오렌지색~자주오렌지색 ⇨ 빛바랜 색이고 마르면 흰색, 흰 가루

갓 밑면
관구멍, 흰색 ⇨ 갈색

육질
탄력 있는 육질 ⇨ 가볍고 잘 부서지는 코르크질

● **발생 시기·장소 |** 봄~겨울, 소나무 고목, 죽은 나무, 그루터기 위에 1개씩 또는 여러 개가 포개지거나 무리지어 올라온다.

● **분포 |** 한국·일본 등의 아시아, 열대 지방 등지에 분포한다.

● **특징 |** 갓이 어릴 때 붉은오렌지색~오렌지색~자주오렌지색이고 흰 가루가 있으며 밑면이 흰색이다.

● **생김새 |** 갓 지름 5~20㎝, 두께 1~2.5㎝의 중대형이며 여러 개가 포개져 지름 30~40㎝까지 자라는 것도 있다. **갓**은 반달모양~부채모양이고 가장자리는 파도처럼 구불거린다. 윗면은 어릴 때 붉은오렌지색~오렌지색~자주오렌지색이고 자라면서 점차 빛바랜 색이 되며 마르면 흰색이 된다. 흰 가루가 있으나 점차 떨어져나간다. 갓살은 흰붉은살색이고 두툼하며, 어릴 때 단단한 육질에서 점차 가볍고 잘 부서지는 코르크질이 된다. **갓 밑면**은 수많은 미세 관구멍으로 되어 있으며 어릴 때 흰색에서 점차 갈색이 된다. 관구멍은 1㎜당 2~4개 크기이고 깊이 2~10㎜이며 모양은 불규칙하다. **포자**는 6~8×4~5㎛ 크기의 타원형이고 색이 없다.

 식용 불가

 약간 독성
(술과 함께 먹거나 생식 또는 과식하는 경우, 체질에 따라 중독)

● **잔나비버섯과 덕다리버섯속**
(과명 바뀜)

● **한해살이**

● **중대형**

01_ **젊은 버섯**
흰분홍색으로 탈색된
모습.   10/8

02_ **다 자란 버섯**
갓 윗면에 흰 가루가
있다.   9/27

03_ **다 자란 버섯**
여러 개가 포개져 올라
온 모습.   9/27

04_ **늙은 버섯**
겨울에 마른 버섯.
                  2/11

05_ **상세 모습**
하얗게 탈색된 버섯의
갓 윗면과 밑면. 6/15

06_ **상세 모습**
다 자란 버섯 윗면.
                  7/16

07_ **상세 모습**
다 자란 버섯 밑면.
                  7/16

해면버섯

주로 소나무 밑동에 난다. 2월 22일

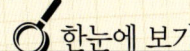 **한눈에 보기**

갓 윗면
오렌지색 ⇨ 노란갈색 ⇨ 붉은갈색 ⇨ 어두운 갈색, 나이테무늬, 울퉁불퉁한 요철

갓 가장자리
노란색~노란녹색 ⇨ 연갈색

갓 밑면
관구멍, 노란색~노란녹색 ⇨ 갈색 ⇨ 검은갈색

상처
검붉은 액, 검은갈색으로 변색

자루
갓과 같은 색

육질
잘 부서지는 해면질

● **발생 시기·장소 |** 초봄~가을, 소나무~일본잎갈나무 고목, 그루터기, 나무뿌리가 묻힌 땅 위에 1개 또는 여러 개가 포개지거나 붙어서 올라온다. 나무뿌리에 기생균을 감염시켜 삼림을 고사시킨다.

● **분포 |** 한국, 일본, 중국 등 북반구 온대 이북지역에 분포한다.

● **특징 |** 소나무 밑동에 나며, 상처가 나면 검붉은 액이 나와 검은갈색으로 변한다.

● **생김새 |** 갓 지름 8~15㎝의 중대형이며 여러 개가 포개지거나 붙어서 30㎝까지 자라는 것도 있다. **갓**은 어릴 때 팽이모양에서 점차 편평해져 콩팥모양, 접시모양이 된다. 윗면은 어릴 때 오렌지색이고 가장자리는 노란색~노란녹색이며 벨벳 같다. 자라면 점차 노란갈색을 거쳐 붉은갈색이 되었다가 어두운 갈색이 되고 가장자리는 연갈색이 되며, 나이테무늬와 울퉁불퉁한 요철이 생긴다. 상처가 나면 검붉은 액이 나와 검은갈색으로 변한다. 갓살은 어두운 갈색이고 육질은 잘 부서지는 해면질이다. **갓 밑면**은 수많은 큰 관구멍으로 되어 있으며, 관구멍은 깊이 2~3㎜이고 모양은 미로모양~다각형이다. 어릴 때 노란색~노란녹색에서 점차 갈색이 되며 늙으면 검은갈색이 된다. **자루**는 길이 3~8㎝, 굵기 2~5㎝이며 자루가 없는 것도 있다. 겉면은 갓과 같은 색이다. **포자**는 6~7×4~4.5㎛ 크기의 타원형이고 흰색~노란녹색이다.

 식용 부적합
(해면질)

 약용
(항종양)

● **잔나비버섯과 해면버섯속**
(과명 바뀜)

● **한해살이**

● **작은중간키 - 중대형**

이용**방법**

약용 >>>

성분과 효능_ 지방산 9종이 함유되어 있으며, 종양을 억제하는 효능이 있다.

01_ 어린 버섯
어린 버섯은 팽이모양
이다.　　　6/29

02_ 어린 버섯
여러 개가 한 덩어리로
뭉쳐서 포개진 모양이
된다.　　　7/2

03_ 어린 버섯
상처가 검은갈색이 된
다.　　　7/2

04_ 젊은 버섯
검붉은 액이 갓을 뒤덮
은 모습.　　　7/4

05_ 젊은 버섯
노란갈색버섯.　8/30

06_ 다 자란 버섯
상처 없는 버섯. 2/23

07_ 늙은 버섯
갓 밑면이 검은갈색이
된다.　　　6/29

08_ 상세 모습
다 자란 버섯 밑면.
　　　2/23

09_ 상세 모습
늙은 버섯 밑면. 2/22

656_ 2. 나무에 나는 버섯

Climacocystis borealis (Fr.) Kotl. & Pouz. = *Tyromyces borealis*

시루버섯 (물렁개떡버섯)

갓이 거친 털로 덮여 있다. 3월 29일

젊은 버섯
썩은 나무 위에 올라온 버섯. 3/17

🔍 한눈에 보기

갓 윗면
흰색 ⇨ 노란갈색 ⇨ 붉은갈색, 거친 털

갓 밑면
관구멍, 흰색~노란색 ⇨ 흰갈색

육질
두툼한 육질 ⇨ 마르면 섬유질 ⇨ 질긴 가죽질 또는 단단한 연골질

● **발생 시기·장소 |** 봄~겨울, 소나무(주로)~넓은잎나무 고목, 죽은 나무, 그루터기, 통나무 위에 1~2개씩 또는 가끔 여러 개가 무리지어 올라온다.

● **분포 |** 한국, 일본, 중국, 시베리아, 북아메리카, 유럽 등지에 분포한다.

● **특징 |** 보통 1~2개씩 나고 갓이 거친 털로 덮여 있다.

● **생김새 |** 갓 지름 3~12㎝, 두께 0.5~3㎝의 중소형. **갓**은 반달모양~부채모양이고 윗면이 흰색에서 점차 노란갈색을 거쳐 붉은갈색이 되며 거친 털로 덮여 있다. 갓살은 갓과 같은 색이며, 어릴 때 두툼한 육질이고 마르면 섬유질이 되며 늙으면 질긴 가죽질 또는 단단한 연골질이 된다. **갓 밑면**은 수많은 관구멍으로 되어 있으며, 관구멍은 1㎜당 2~3개 크기이고 깊이 최대 2㎝이다. 어릴 때 흰색~노란색에서 점차 흰갈색이 되고, 모양은 어릴 때 둥근 모양에서 점차 다각형~미로모양으로 변한다. **포자**는 5.5~7×4~7.5㎛ 크기의 타원형이다.

⊘ 식용 불가
(독성분 여부 미상)

● **잔나비버섯과 시루버섯속**
(과명 바뀜)

● **한해살이**

● **중소형**

01 02

01_ 젊은 버섯
조금 위에서 본 모습. 3/29

02_ 상세 모습
젊은 버섯과 다 자란 버섯. 3/29

Daedalea quercina (L.) Pers.

미로버섯

여러 개가 포개져 나기도 한다. 3월 17일

갓 윗면
크림색~회황토색, 마르면 푸른회색

갓 밑면
관구멍, 황토크림색

육질
단단한 코르크질

● **발생 시기·장소 |** 봄~겨울, 넓은잎나무(참나무, 버드나무 등) 죽은 나무, 그루터기, 통나무 위에 1개씩 또는 여러 개가 포개지거나 무리지어 올라온다.

● **분포 |** 한국, 북아메리카, 유럽 등지에 분포한다.

● **특징 |** 갓 윗면이 거칠고 크림색~회황토색이다.

● **생김새 |** 갓 지름 4~20㎝, 두께 1.5~5㎝의 중대형. 갓은 반달모양~부채모양이고 편평하며, 윗면이 크림색~회황토색이고 마르면 푸른회색이 되며 거칠다. 가장자리에는 옅은 나이테무늬가 있다. 갓살은 연갈색이고 단단한 코르크질이다. **갓 밑면**은 수많은 관구멍으로 되어 있으며, 관구멍은 폭 1~3㎜, 깊이 1~3㎝이고 황토크림색이다. 전체 모양은 미로모양~주름살모양~부정형이다. **포자**는 6~7.5×3~3.5㎛ 크기의 타원형이다.

다 자란 버섯
갓 윗면이 거칠다. 1/3

🚫 **식용 불가**
(독성분 여부 미상)

● **잔나비버섯과 미로버섯속**
(과명 바뀜)

● **한해살이**

● **중대형**

Daedalea dickinsii (Berk. ex Cooke) Yasuda

등갈색미로버섯

뚜렷한 줄무늬와 사마귀가 있다. 7월 21일

🔍 한눈에 보기

갓 윗면
베이지색~노란갈색~연회갈색, 뚜렷한 띠무늬, 때로 사마귀혹

갓 밑면
관구멍, 연갈색

육질
윗면은 섬유상 해면질, 밑면은 가죽질(2중)

맛
아주 쓴맛

● **발생 시기·장소 |** 봄~가을, 넓은잎나무(참나무) 죽은 나무, 그루터기, 통나무 위에 1개씩 또는 여러 개가 무리지어 올라온다.

● **분포 |** 한국, 일본, 중국 등 아시아 지역에 분포한다.

● **특징 |** 갓에 뚜렷하게 띠무늬가 있으며 때로 사마귀혹이 생긴다.

● **생김새 |** 갓 지름 3~20㎝, 두께 1~2.5㎝의 중대형. **갓**은 반달모양, 부채모양이고 편평하며 가장자리는 날카롭다. 윗면은 베이지색~노란갈색~연회갈색이고 가장자리는 연한 색이다. 안쪽에 뚜렷한 띠무늬가 있다. 늙으면 잿빛이 되고 때로 사마귀혹이 생긴다. 갓살은 연노란갈색이며, 윗면은 섬유상 해면질이고 밑면은 가죽질로 2중이다. **갓 밑면**은 수많은 관구멍으로 되어 있으며 연갈색이다. 관구멍은 깊이 1~3㎜이고 둥글거나 미로모양이다. **포자**는 3.5~4.3㎛ 크기의 둥근 모양이고 흰색이다.

 식용 부적합
(해면질~가죽질)

 약용
(항종양)

● **잔나비버섯과 미로버섯속**
(과명 바뀜)

● **한해살이**

● **중대형**

● **다른 이름 : 띠미로버섯**

약용 >>>

성분과 효능_ 게르마늄(세포내 산소공급 촉진), 폴리사카리드(항종양), 카르복시메틸셀룰라아제, 미량의 금속원소 11종이 함유되어 있다. 종양을 억제하는 효능이 있다. 말린 버섯 9g에 물 700㎖를 붓고 달여 마시는데 아주 쓴맛이 난다.

01_ 어린 버섯
젊은 버섯 옆에 어린 버섯이 올라오는 모습.
9/20

02_ 젊은 버섯
아래에서 본 갓 밑면.
3/27

03_ 다 자란 버섯
여름에 이끼가 생긴 모습.
7/5

04_ 다 자란 버섯
갓 가장자리 색이 옅다.
3/30

05_ 다 자란 버섯
쓰러진 나무에 올라온 버섯.
3/27

06_ 늙은 버섯
위에서 본 모습.
5/21

07_ 늙은 버섯
늙어서 물 내린 모습.
3/27

08_ 상세 모습
다 자란 버섯의 갓 윗면과 밑면.
3/27

09_ 이용
초봄에 채취한 버섯. 달이면 아주 쓴맛이 난다.
3/27

Fomitopsis pinicola (Swartz.) P. Karst.=*Fomitopsis pinicola* (Sw. ex Fr.) Karst.

잔나비버섯

갓 가장자리에 줄무늬가 있다. 2월 22일

🔍 한눈에 보기

갓 윗면
흰색~노란갈색~붉은갈색~검은회색

갓 밑면
관구멍, 흰크림색

육질
단단한 코르크질~목질

맛
부드러운 맛, 조금 구수한 맛

● **발생 시기·장소 |** 봄~겨울, 소나무에 1개씩 또는 여러 개가 무리지어 올라온다.

● **분포 |** 한국, 일본, 중국, 북아메리카 등 북반구 온대 이북지역에 분포한다.

● **특징 |** 갓 가장자리에 줄무늬가 있고 갓살은 연노란색이다.

● **생김새 |** 갓 지름 4~30㎝, 두께 2~15㎝의 초대형. **갓**은 반달모양에서 점차 낮은 말굽모양이 된다. 윗면은 어릴 때 흰색에서 점차 노란갈색과 붉은갈색이 되고, 늙으면 검은회색이 된다. 해마다 나이테가 생기며 갓 가장자리에 줄무늬가 있다. 갓살은 연노란색이고 육질은 단단한 코르크질~목질이다. **갓 밑면**은 여러 층의 관구멍으로 되어 있으며, 관구멍은 1㎜당 4~5개 크기이고, 깊이 8㎜ 내외로 둥글고 흰크림색이다. **포자** 포자는 6~8×4~5㎛ 크기의 타원형이고 흰색이다.

 식용 부적합
(코르크질~목질)

 약용
(관절염, 항종양)

● **잔나비버섯과 잔나비버섯속**
(과명 바뀜)

● **여러해살이**

● **초대형**

이용방법

약용 >>>

성분과 효능_ 에르고스테롤(비타민 D로 전환되는 물질), 지방산 9종, 미량 금속원소 11종, 게르마늄(세포 내 산소공급 촉진), 만니톨(이뇨효과), 트레할로스(산패 방지), 알파 글루칸(항종양), 베타 D 글루칸(항종양), 헤테로갈락탄(항염증, 항알레르기), 올레산(불포화지방산), 팔미트산(노화방지), 리놀레산(혈청 콜레스테롤 감소), 펙티나제(섬유 분해효소), 카르복시프로테아제(단백질 분해효소) 등이 함유되어 있으며, 종양을 억제하는 효능이 있다. 관절염 통증에 말린 버섯 6g과 물 700㎖를 넣어 달여 마시는데, 향긋하고 부드러우며 구수한 맛이 난다.

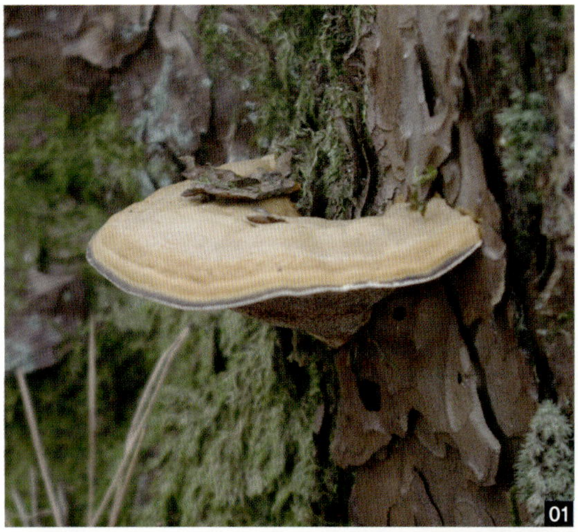

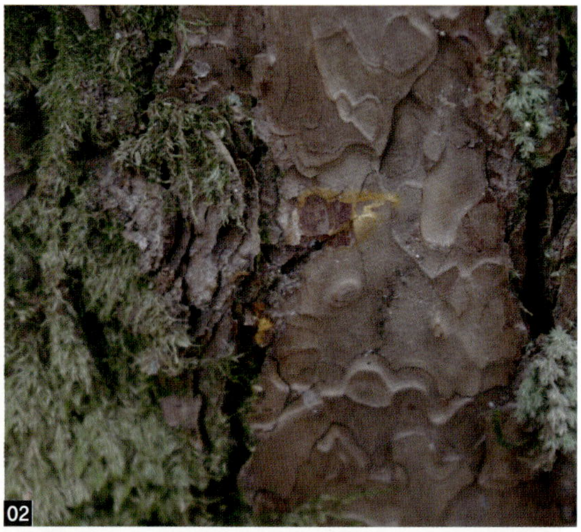

01_ 젊은 버섯
옆에서 본 모습. 2/22

02_ 젊은 버섯
버섯을 채취한 흔적. 2/22

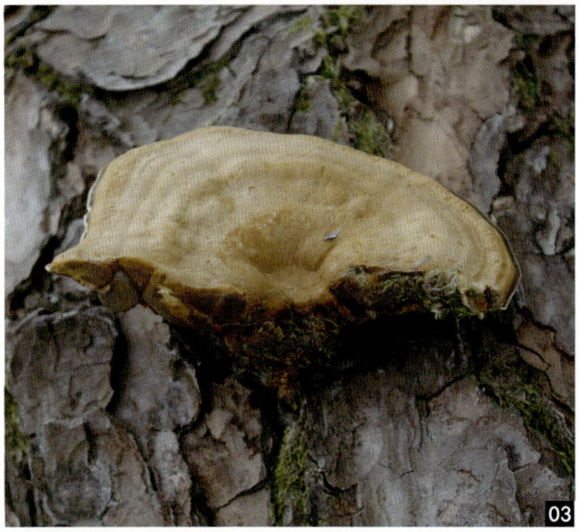

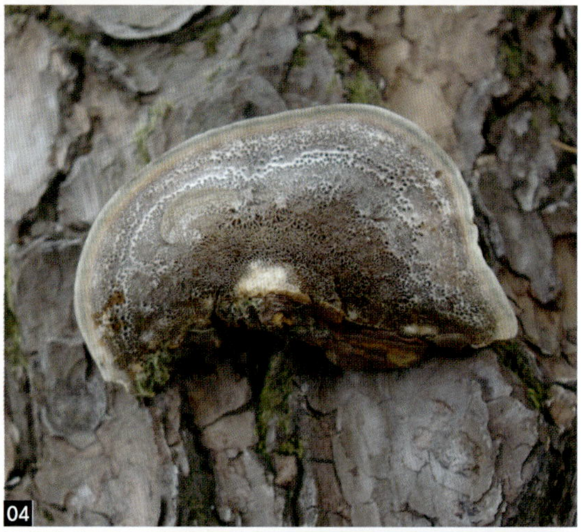

03_ 상세 모습
젊은 버섯. 2/22

04_ 상세 모습
젊은 버섯 뒷면. 2/22

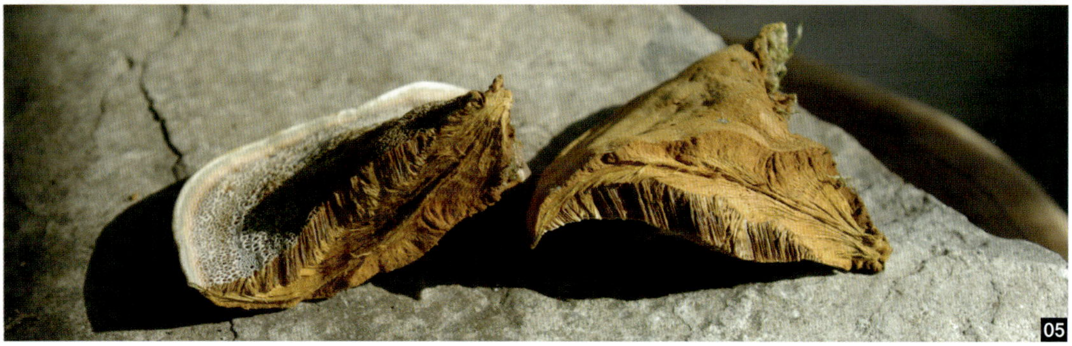

05_ 상세 모습
젊은 버섯 속. 2/22

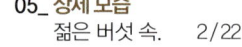

Fomitopsis rosea (Albert. & Schw.) Karst. = *Fomitopsis rosea* (A. et S. ex Fr.) Karst.

장미잔나비버섯

갓이 회분홍색이나 회보라색이다. 9월 4일

한눈에 보기

갓 윗면
회보라색~회분홍색, 벨벳 같은 털
⇒ 회갈색 ⇒ 검은갈색, 나이테가 생김

갓 밑면
관구멍, 회보라색~회분홍색 ⇒ 갈색

육질
단단한 코르크질

맛
부드러운 맛, 약간 달달한 맛

● **발생 시기·장소 |** 봄~겨울, 넓은잎나무(신갈나무 등), 고목, 죽은 나무, 그루터기 위에 1개씩 또는 여러 개가 무리지어 올라온다.

● **분포 |** 한국, 일본, 중국, 북아메리카, 유럽 등지에 분포한다.

● **특징 |** 어릴 때 회분홍색이며 말굽모양으로 자란다.

● **생김새 |** 갓 지름 2~10㎝, 두께 1~3㎝의 중소형. **갓**은 반달모양에서 점차 낮은 말굽모양이 되며, 나무에 옆으로 붙거나 반쯤 거꾸로 붙어서 올라와 자란다. 윗면은 어릴 때 회보라색~회분홍색이고 벨벳 같은 털로 덮여 있다가 떨어져나가며 점차 회갈색을 거쳐 검은갈색이 된다. 해마다 나이테가 생긴다. 갓살은 연분홍색이고 육질은 단단한 코르크질이다. **갓 밑면**은 여러 층의 관구멍으로 되어 있으며, 관구멍은 1㎜당 3~5개 크기이고 깊이 1~5㎜이며 둥글거나 타원형이다. 어릴 때는 회보라색~회분홍색이나 점차 갈색이 된다. **포자**는 6~9×2~3㎛ 크기의 원통모양이고 색이 없다.

 식용 부적합
(코르크질)

 약용
(류머티즘, 항종양)

● **잔나비버섯과 잔나비버섯속**
(과명 바뀜)

● **여러해살이**

● **중소형**

이용방법

01_ 어린 버섯
반쯤 거꾸로 붙어서 올라와 자란다.   2/7

02_ 어린 버섯
갓모양이 생기는 모습.
2/7

03_ 어린 버섯
선반모양으로 펴지고 있다.   9/20

04_ 젊은 버섯
어릴 때는 갓 윗면이 벨벳 같다.   7/21

05_ 젊은 버섯
갓 윗면이 검은갈색이 된 모습.   9/20

06_ 젊은 버섯
거꾸로 반쯤 붙은 버섯과 옆으로 붙은 버섯.
2/7

07_ 젊은 버섯
나이테가 생긴 모습.
2/7

08_ 상세 모습
젊은 버섯의 갓 윗면과 밑면.   9/20

09_ 이용
채취한 버섯.   2/7

Heterobasidion insulare (Murr.) Ryv. = *Fomitopsis insularis*

벽돌빛뿌리버섯 (벽돌빛잔나비버섯)

갓은 벽돌색 바탕에 흰 테두리가 있다. 8월 12일

어린 버섯
솔잎 낙엽 사이로 올라온 어린
버섯.　　　　　　8/12

 한눈에 보기

갓 윗면
벽돌색, 가장자리는 흰색~노란색,
나이테무늬와 방사상의 접힌 주름

갓 밑면
관구멍, 흰색, 상처는 갈색으로 변색

육질
단단한 가죽질, 코르크질

● **발생 시기·장소 |** 봄~겨울, 소나무, 고목, 죽은 나무, 그루터기 위에 1개씩 또는 여러 개가 무리지어 올라온다.

● **분포 |** 한국, 일본, 타이완, 필리핀, 북아메리카 등 북반구 온대 이북지역에 분포한다.

● **특징 |** 소나무 뿌리 근처에 나고, 갓이 벽돌색이며 가장자리는 희거나 노랗다.

● **생김새 |** 갓 지름 2.5~5㎝, 두께 1~1.5㎝의 소형. **갓**은 나무에 반쯤 거꾸로 붙어서 올라오며 반달모양, 조개모양이다. 윗면은 벽돌색이고 가장자리는 흰색~노란색이며, 희미한 나이테무늬가 있고 점차 방사상의 접힌 주름이 생긴다. 갓살은 흰색~흰노란색이며 단단한 가죽질, 코르크질이다. **갓 밑면**은 수많은 관구멍으로 되어 있고 흰색이며, 관구멍은 1㎜당 2~3개 크기로 깊이가 최대 1㎝이고 둥글거나 미로모양이다. 상처는 갈색으로 변한다. **포자**는 4~5㎛ 크기의 둥근 모양이고 흰색이다.

식용 불가
(독성분 여부 미상)

● 뿌리버섯과 뿌리버섯속 (과명 바뀜)
● 한해살이
● 소형

01_ 상세 모습
어린 버섯. 8/12

02_ 상세 모습
젊은 버섯의 밑면. 8/12

Ganoderma applanatum (Pers.) Pat. = *Elfvingia applanata* (Pers.) P. Karst.

잔나비불로초 (잔나비걸상)

갓에 나이테와 방사상 주름이 있다. 12월 28일

🔍 한눈에 보기

갓 윗면
흰색 ⇨ 붉은갈색 ⇨ 흰회색 ⇨ 회갈색, 나이테와 방사상 주름

갓 밑면
관구멍, 흰색~흰노란색, 손으로 문지르면 붉은갈색으로 변함

육질
단단한 코르크질

● **발생 시기·장소** | 봄~겨울, 넓은잎나무(느릅나무, 너도밤나무, 밤나무, 단풍나무, 버드나무, 호두나무 등)~소나무 고목 위에 1개씩 또는 여러 개가 무리지어 올라온다.

● **분포** | 한국, 일본, 중국, 북아메리카, 오스트레일리아 등 전 세계에 분포한다.

● **특징** | 갓은 어릴 때 붉은갈색에 흰 테두리가 있고, 점차 흰회색~회갈색 말굽모양이 된다.

● **생김새** | 갓 지름 5~50㎝, 두께 5~15㎝의 초대형이며 지름 75㎝까지 자라는 것도 있다. **갓**은 반달모양에서 점차 편평한 말굽모양이 된다. 윗면은 어릴 때 흰색에서 곧 붉은갈색 포자로 덮이며 흰 테두리가 있다. 자라면 흰회색이 되고 겉껍질이 각질처럼 딱딱해지며, 나이테와 방사상 주름이 생긴다. 다 자라면 회갈색이 된다. 갓살은 진갈색이고 육질은 단단한 코르크질이다. **갓 밑면**은 여러 층의 미세한 관구멍으로 되어 있으며, 관구멍은 1㎜당 4~6개 크기로 거의 눈에 띄지 않고 깊이 4~12㎜이며 둥근 모양이다. 어릴 때 흰색에서 점차 흰노란색이 되고, 손으로 문지르면 붉은갈색으로 변한다. **포자**는 8~9×5~6㎛ 크기의 알모양이고 연노란갈색이다.

 식용 부적합
(코르크질)

 약용
(항종양, 성인병)

● **불로초과 불로초속**
(과명·속명 바뀜)

● **여러해살이**

● **초대형**

● **다른 이름 :** 넓적떡다리버섯, 원숭이안장버섯, 수설(樹舌, 생약명), 매기생(梅奇生, 생약명)

이용방법

01_ **어린 버섯**
아주 어린 버섯 올라오는 모습.　　　10/13

02_ **어린 버섯**
갓모양이 생기는 모습.
　　　　　　　10/13

03_ **어린 버섯**
상처 없이 새하얀 어린 버섯.　　　9/10

04_ **어린 버섯**
상처가 붉은갈색이 된 모습.　　　6/28

05_ **어린 버섯**
갓 윗면에 각질이 생기고 있다.　　　9/10

06_ **어린 버섯**
갓모양이 확실해진 모습.　　　7/28

07_ **젊은 버섯**
붉은갈색 포자로 뒤덮인 모습.　　　10/3

08_ **젊은 버섯**
포자를 뿜어내 갓과 주변의 돌까지 붉은갈색이 된 모습.　　9/5

09_ 젊은 버섯
포자가루로 덮인 나이
테무늬가 생긴 모습.
9/27

10_ 젊은 버섯
지난해에 올라온 버섯
밑에 새로 생긴 버섯.
2/5

11_ 젊은 버섯
흰회색이 된 버섯. 2/5

12_ 젊은 버섯
방사상 주름과 나이테
가 뚜렷한 버섯. 11/15

13_ 젊은 버섯
심하게 갈라진 모습.
3/28

14_ 다 자란 버섯
거무스름해지면 다 자
란 것이다. 4/5

15_ 상세 모습
젊은 버섯의 갓(아래)과
자른 단면(위) 9/3

16_ 상세 모습
거의 다 자란 버섯.
3/21

17_ 이용
가을에 채취한 젊은 버
섯. 달이면 쓴맛이 난
다. 9/20

Fomes fomentarius (L.) Kickx

말굽버섯

갓에 켜 모양의 선명한 나이테가 있다. 10월 23일

갓 윗면
흰회갈색 ⇨ 노란회갈색 ⇨ 회갈색
⇨ 푸른회색, 두꺼운 각질, 줄무늬,
나이테고랑

갓 밑면
관구멍, 흰회색 ⇨ 회색

육질
매우 단단한 섬유질~가죽질

맛
고구마맛, 뒷맛은 쓴맛

● **발생 시기·장소 |** 여름~가을, 넓은잎나무(상수리나무, 참나무), 고목 등의 주로 위쪽에 1개씩 또는 여러 개가 무리지어 올라온다. 깊은 산속 개울가나 자갈이 있는 응달에서 주로 볼 수 있다.

● **분포 |** 한국, 일본, 중국, 필리핀, 인도네시아, 북아메리카 등지에 분포한다.

● **특징 |** 갓이 말굽모양이고 두꺼운 각질과 켜모양의 선명한 나이테가 있다.

● **생김새 |** 갓 지름 5~30㎝, 두께 3~20㎝이고 대형과 소형이 있다. **갓**은 말굽모양, 종모양이며 윗면은 어릴 때 흰회갈색에서 점차 갈색 줄무늬가 생긴다. 좀 더 자라면 줄무늬가 있는 노란회갈색이 되고 점차 겉껍질이 두꺼운 각질처럼 되어 줄무늬가 흐릿해지며 켜모양의 선명한 나이테고랑이 생긴다. 다 자라면 회갈색이 된다. 갓살은 노란갈색이고 매우 단단한 섬유질~가죽질이다. **갓 밑면**은 수많은 관구멍으로 되어 있으며, 관구멍은 1㎜당 2~5개 크기이고 둥근 모양이다. 어릴 때 흰회색에서 점차 회색이 된다. **포자**는 12~20×4~7㎛ 크기의 긴 타원형이고 흰색이다.

 식용 부적합
(섬유질~가죽질)

 약용
(천식, 폐결핵, 순환기장애, 항종양)

● **구멍장이버섯과 말굽버섯속**

● **여러해살이**

● **대형~소형**

● **다른 이름 : 목제(木蹄, 생약명)**

이용방법

01_ **어린 버섯**
어린 버섯 생기는 모습. 3/30

02_ **어린 버섯**
말굽모양이 되는 모습. 2/9

03_ **어린 버섯**
밑면이 생기는 모습. 2/9

04_ **젊은 버섯**
선명한 줄무늬가 생긴다. 2/9

05_ **젊은 버섯**
각질화되면서 줄무늬가 옅어진다. 2/9

06_ **젊은 버섯**
버섯 밑에 다른 버섯이 붙어 올라온 모습. 1/26

07_ **상세 모습**
다 자란 버섯. 1/26

08_ **이용**
초봄에 채취한 어린 버섯과 젊은 버섯. 3/30

한입버섯

밤톨모양이고 밑면이 외피막으로 덮여 있다. 5월 16일

🔍 한눈에 보기

갓 윗면
노란갈색~붉은갈색~밤갈색, 윤기

갓 밑면
흰색~연노란색 외피막으로 덮임

육질
가죽질, 코르크질

냄새
비린내

맛
조금 쓴맛

● **발생 시기·장소** | 여름~늦겨울, 살아 있는 소나무나 고목에 1개씩 또는 여러 개가 무리지어 올라온다.

● **분포** | 한국, 일본, 중국, 북아메리카 등지에 분포한다.

● **특징** | 소나무에 주로 자라고 윤기 나는 밤톨모양이며 비린내가 난다.

● **생김새** | 갓 지름 2~4㎝, 두께 1~2.5㎝의 소형. **갓**은 밤톨모양이고, 윗면은 노란갈색~붉은갈색~밤갈색이며 매끄럽고 윤기가 난다. 갓살은 흰색이고 가죽질~코르크질이다. 조금 쓴맛이 있고 비린내가 난다. **갓 밑면**은 흰색~연노란색 외피막으로 덮여 있다가 나중에 지름 4~7㎜의 포자구멍이 생기며, 안쪽에는 회갈색 관구멍이 있다. 관구멍은 1㎜당 3~5개 크기이고 깊이 3~5㎜이며 둥근 모양이다. **포자**는 10~13.5×3.5~6㎛ 크기의 긴 타원형~원통모양이고 흰색이다.

 식용 부적합
(가죽질~코르크질)

 약용
(기관지천식, 항종양, 순환기장애)

● **구멍장이버섯과 한입버섯속**

● **한해살이**

● **소형**

● **다른 이름 : 밤알버섯**

이용방법

01_ 어린 버섯
아주 어린 버섯 올라오는 모습.　　5/27

02_ 어린 버섯
갓 가장자리가 붉은갈색이 된 모습.　5/16

03_ 다 자란 버섯
갓이 편평해진 모습.　　5/15

04_ 다 자란 버섯
붉은갈색이고 윤기가 난다.　　4/17

05_ 다 자란 버섯
위쪽에서 내려다본 모습.　　4/17

06_ 다 자란 버섯
포자구멍이 뚫린 버섯.　　4/17

07_ 상세 모습
포자구멍이 뚫린 다 자란 버섯의 윗면과 밑면.　　5/15

Ganoderma lucidum (Curt.) P. Karst. = *Ganoderma lucidum* (Leyss. ex Fr.) Karst.

불로초 (영지)

자랄 때는 갓에 윤기가 있다. 9월 1일

🔍 한눈에 보기

갓 윗면
노란색 ⇨ 오렌지갈색 줄무늬, 윤기
⇨ 윤기 없는 붉은밤갈색

갓 밑면
관구멍, 노란색 ⇨ 연노란갈색

자루
붉은밤갈색, 윤기

육질
탄력 있는 코르크질

맛
쓴맛

● **발생 시기·장소 |** 여름~가을, 소나무숲(주로 참솔)~넓은잎나무숲의 살아 있는 나무 밑동, 죽은 나무(주로 졸참나무), 그루터기, 나무뿌리가 묻힌 땅 위에 1개씩 또는 여러 개가 무리지어 올라온다. 낮은 산, 둥글둥글한 산, 햇볕 잘 드는 곳, 참솔 군락에 많고, 농가에서 재배하기도 한다.

● **분포 |** 한국, 일본, 중국 등 북반구 온대 이북지역에 분포한다.

● **특징 |** 자랄 때는 갓에 윤기가 나며, 자루가 붉은밤갈색이다.

● **생김새 |** 갓 지름 5~15㎝, 두께 1~3㎝의 중대형이며 지름 30㎝까지 자라는 것도 있다. **갓**은 어릴 때 원기둥모양에서 점차 콩팥모양, 부채모양, 둥근모양이 되며, 윗면은 어릴 때 노란색이고 점차 오렌지갈색 줄무늬와 윤기가 생긴다. 다 자라면 전체가 윤기 없는 붉은밤갈색이 되며, 황토색 포자가 나와 흙가루를 뒤집어쓴 것처럼 되지만 빗물에 씻겨나간다. 방사상 주름과 나이테 모양의 고랑이 있으며 허연 얼룩이 잘 생긴다. 갓살은 위층 흰색, 아래층 노란갈색으로 2중이며 탄력 있는 코르크질이다. **갓 밑면**은 수많은 관구멍으로 되어 있으며, 노란색에서 연노란갈색이 된다. 관구멍은 1㎜당 5개 크기이고 깊이 5~10㎜이며 둥근 모양이다. **자루**는 길이 2.5~20㎝, 굵기 0.5~1㎝로 갓 옆에 붙거나 갓 가운데보다 조금 옆쪽에 붙으며 구부러진다. 겉면은 붉은밤갈색이고 윤기가 있으며 각질처럼 단단하다. **포자**는 9~11×6~8㎛ 크기의 알모양이고 갈색이다.

 식용 부적합
(코르크질)

 약용
(항종양, 고혈압, 당뇨, 자양강장)

● 불로초과 불로초속

● 한해살이

● 작은중간키 – 중대형

● 다른 이름 : 영지(靈芝, 생약명), 매기생(梅芰生), 적지(赤芝)

이용방법

01_ 어린 버섯
솔잎 낙엽 위로 아주 어린 버섯이 올라오는 모습.　7/3

02_ 어린 버섯
어릴 때는 원기둥모양 이다.　7/6

03_ 어린 버섯
지난해 났던 자리에 다시 난다. 왼쪽은 지난해에 나온 버섯.　7/2

04_ 어린 버섯
갓모양이 생기고 있다.　6/15

05_ 어린 버섯
솔잎과 넓은잎 낙엽 위에 올라온 모습.　7/16

06_ 어린 버섯
콩팥모양으로 바뀌는 모습.　7/20

07_ 어린 버섯
갓 아래에 희미하게 줄무늬가 생기고 있다.　7/6

08_ 어린 버섯
갓의 기본 형태와 색을
갖춘 모습.   6/28

09_ 어린 버섯
윤기가 나기 시작한다.
7/5

10_ 어린 버섯
자루가 맞붙어 올라온
모습.   8/23

11_ 어린 버섯
나무에 올라온 모습.
7/26

12_ 젊은 버섯
줄무늬가 생긴 모습.
7/16

13_ 젊은 버섯
갓에 방사상 주름이 생
긴다.   8/17

14_ 젊은 버섯
줄무늬가 희미해지고
나이테모양의 고랑이
생긴다.   7/27

15_ 젊은 버섯
갓이 동그란 버섯.
10/8

16_ 젊은 버섯
갓 가장자리에 주름이
생긴 모습.   8/1

17_ 다 자란 버섯
갈색 포자가루가 갓 위
를 덮는다.   8/31

자흑색불로초

갓이 거무스름하다. 7월 17일

한눈에 보기

갓 윗면
검은자주색, 흰색 테두리, 윤기 ⇨
검은자주색, 방사상 주름, 나이테
모양의 고랑

갓 밑면
관구멍, 흰색, 만지면 자주색으로
변함

자루 겉면
검은색

육질
탄력 있는 코르크질

맛
쓴맛이 매우 강함

● **발생 시기·장소** | 여름~겨울, 소나무숲의 살아 있는 나무 밑동, 그루터기, 나무뿌리가 묻혀 있는 땅 위에 1개씩 또는 여러 개가 무리지어 올라온다.

● **분포** | 한국, 일본, 중국 등지에 분포한다.

● **특징** | 갓과 자루가 거의 검은색에 가깝고 윤기가 많이 난다.

● **생김새** | 갓 지름 5~12cm, 두께 최대 7mm의 중형. **갓**은 어릴 때 원기둥모양에서 점차 콩팥모양, 부채모양, 둥근 모양이 된다. 윗면은 검은자주색이고 어릴 때는 흰색 테두리가 있으며 매우 윤기가 난다. 다 자라면 전체가 검은자주색이 되며 황토색 포자를 내뿜어 흙가루를 뒤집어쓴 것처럼 되나 빗물에 씻겨나가며, 방사상 주름과 나이테모양의 고랑이 있다. 다른 물체와 접촉하면 자주색 액이 흘러나온다. 갓살은 탄력 있는 코르크질이다. **갓 밑면**은 수많은 관구멍으로 되어 있으며, 관구멍은 둥근 모양이고 흰색이며 손으로 만지거나 다른 물체와 접촉하면 자주색으로 변한다. **자루**는 길이 2.5~10cm, 굵기 0.3~3cm로 갓 옆 또는 갓 한가운데보다 조금 옆쪽에 붙으며 구부러진다. 겉면은 검은색이고 윤기가 있으며 각질처럼 단단하다. **포자**는 10~12.5× 7.5~8㎛ 크기의 알모양이고 진갈색이다.

 식용 부적합
(코르크질)

 약용
(항종양, 고혈압, 당뇨, 자양강
장)

● 불로초과 불로초속

● 한해살이

● 큰키 – 중형

● 다른 이름 : 자흑지(紫黑芝), 자
지(紫芝), 흑지(黑芝), 일본불로
초, 일본영지

이용방법

01_ 어린 버섯
어린 버섯 올라오는 모습. 다른 물체와 접촉하면 자주색 액이 나온다.   6/16

02_ 어린 버섯
자루가 매우 길게 올라온다.   7/17

03_ 어린 버섯
자루에 윤기가 나는 모습.   7/17

04_ 어린 버섯
소나무 그루터기에 올라온 모습.   7/15

05_ 다 자란 버섯
갈색 포자가루를 뒤집어쓴 모습.   9/2

06_ 다 자란 버섯
전체가 검은자주색이 된 모습.   2/18

07_ **늙은 버섯**
사그라지는 모습.
3/30

08_ **상세 모습**
어린 버섯.　6/16

09_ **상세 모습**
다 자란 버섯.　2/18

10_ **상세 모습**
어린 버섯과 젊은 버섯
의 갓.　7/17

11_ **상세 모습**
어린 버섯부터 늙은 버
섯까지 갓 비교.　7/15

12_ **상세 모습**
다 자란 버섯의 갓. 손
닿은 곳에서 자주색 액
이 흐른다.　9/2

13_ **상세 모습**
다 자란 버섯의 갓 밑
면. 손닿은 곳이 자주
색으로 변한다.　9/2

14_ **이용**
겨울에 채취한 버섯.
2/18

15_ **이용**
여름에 채취한 버섯.
달이면 매우 쓴맛이 강
하다.　9/2

Coltricia cinnamomea (Jacq.) Murr. = *Coltricia cinnamomea* (Fers.) Murr.

톱니겨우살이버섯

갓 가장자리가 톱니모양이다. 7월 14일

젊은 버섯
좁은 깔때기모양의 버섯. 9/1

🔍 **한눈에 보기**

갓 윗면
오렌지갈색~붉은밤갈색 나이테무늬, 윤기

갓 밑면
관구멍, 노란갈색 ⇨ 진갈색

자루 겉면
밤갈색, 벨벳 같음

육질
아주 얇고 단단한 가죽질~코르크질

● **발생 시기·장소** | 여름~가을, 혼합림(소나무, 활엽수) 땅, 이끼, 나무토막, 나무뿌리가 있는 땅 위에 1개씩 또는 여러 개가 모여서 올라온다.

● **분포** | 한국, 일본, 중국, 북아메리카, 아프리카, 유럽, 오스트레일리아 등지에 분포한다.

● **특징** | 갓이 매우 얇고 갈색 나이테무늬가 있으며 비단 같은 윤기가 난다.

● **생김새** | 갓 지름 1~4㎝, 두께 1㎜의 소형. **갓**은 깔때기모양, 둥근 모양이고, 오렌지갈색~붉은밤갈색 나이테무늬와 방사상 섬유결무늬가 있으며, 가장자리가 톱니 같고, 비단 같은 윤기가 난다. 갓살은 매우 얇고 단단한 가죽질~코르크질이며 종종 겨울까지 형태가 그대로 남아 있다. **갓 밑면**은 수많은 관구멍으로 되어 있으며, 관구멍은 큰 다각형이고 노란갈색에서 점차 진 갈색이 된다. **자루**는 길이 2~4㎝, 굵기 1~4㎜이고 갓 한가운데 또는 조금 옆에 붙는다. 겉면은 밤갈색이고 벨벳 같다. **포자**는 6~7×5~5.5㎛ 크기의 넓은 타원형이고 흰색이다.

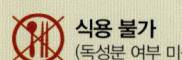 **식용 불가**
(독성분 여부 미상)

● 소나무비늘버섯과 겨우살이버섯속

● 한해살이

● 작은키 – 소형

01 02

01_ 다 자란 버섯
갓에 윤기가 난다.   7/14

02_ 상세 모습
젊은 버섯. 자루가 벨벳 같다.
                9/1

Porodaedalea lonicerina (Bond.) Imaz. = *Fomes lonicerinus* Bond.

검은등층층버섯

갓이 검고 둥근 산모양이다. 3월 22일

젊은 버섯
갓살은 단단한 목질이며 밑면
에 구멍이 나 있다.   3/22

한눈에 보기

갓모양
편평한 모양 ⇨ 둥근 산모양

갓 윗면
진갈색 ⇨ 검은갈색

갓 밑면
관구멍, 진갈색

육질
단단한 목질

맛
구수한 맛

● **발생 시기·장소 |** 넓은잎나무의 살아 있는 나무와 고목에 1개씩 또는 여러 개씩 층층이 난다.

● **분포 |** 한국, 북아메리카 등지에 분포한다.

● **특징 |** 갓이 소형~중형이고, 편평한 모양에서 둥근 산모양이 되며, 윗면이 진갈색에서 검은 갈색이 된다.

● **생김새 |** 지름 5~8.5cm의 소형~중형. **갓**은 편평한 모양에서 점차 둥근 산모양이 되고, 윗면은 진갈색에서 검은갈색이 되며 나이테와 균열이 생긴다. 갓살은 단단한 목질이다. **갓 밑면**은 아주 미세한 관구멍으로 되어 있으며 진갈색이다. 관구멍은 1mm당 5~6개이고 두께 2mm이며 여러 층으로 되어 있다. **포자**는 4~5×3~3.5μm 크기의 둥그스름한 모양이고 연노란갈색이다.

 식용 부적합
(목질)

 약용
(항종양, 성인병)

● 소나무비늘버섯과 층층버섯속

● 여러해살이

● 소형~중형

● 다른 이름 : 검은등층버섯, 검은 등층상황

이용방법

약용 >>>

성분과 효능_ 베타글루칸(항종양)이 함유되어 있으며 종양을 억제하는 효능이 있다. 각종 성인병에 말린 버섯 15g과 물 2ℓ를 넣어 달여 마시는데 구수한 맛이 난다.

Phellinus linteus (Berk. & Curt.) Teng

상황진흙버섯 <small>(목질진흙버섯)</small>

갓이 말굽모양이다. 2월 6일

어린 버섯
어릴 때는 노란색이다. 8/27

🔍 **한눈에 보기**

갓모양
반원모양 ⇨ 말굽모양

갓 윗면
어두운 갈색 ⇨ 검은갈색

갓 밑면
여러 층의 관구멍, 노란색 ⇨ 노란갈색

육질
단단한 목질

맛
순하고 부드러운 맛

● **발생 시기·장소 |** 넓은잎나무(특히 뽕나무, 산벚나무 등) 살아 있는 나무, 고목나무에 1개씩 또는 여러 개씩 흩어져 올라온다. 주로 깊은 산 700~800m 고지의 계곡가 너덜바위 지역에 난다.

● **분포 |** 한국·일본·중국·필리핀 등 아시아, 북아메리카 등지에 분포한다.

● **특징 |** 갓이 반원모양에서 말굽모양이 되며 검은갈색이다.

● **생김새 |** 갓 지름 6~15㎝, 두께 2~10㎝의 소형~중형~대형. **갓**은 반원모양에서 점차 말굽모양이 되며, 윗면은 어두운 갈색에서 검은갈색이 되고 촘촘한 나이테와 방사상 균열이 생긴다. 갓살은 단단한 목질이다. **갓 밑면**은 여러 층의 아주 미세한 관구멍으로 되어 있으며, 노란색에서 점차 노란갈색이 된다. **포자**는 3×4㎛ 크기의 둥그스름한 모양이고 연노란갈색이다.

 식용 부적합
(목질)

 약용
(항종양, 면역력 증강)

● 소나무비늘버섯과 진흙버섯속

● 여러해살이

● 소형~중형~대형

● 다른 이름 : 상황버섯(상품명),
상황(桑黃, 생약명), 수설(樹舌),
뽕나무상황, 참나무상황

이용방법

약용 >>>

성분과 효능_ 섬유질, 인, 아미노산, 칼륨, 칼슘, 마그네슘, 폴리사카리드(항종양), 베타글루칸(항종양)이 함유되어 있다. 면역력을 길러주고, 독을 없애며, 피를 맑게 하고, 몸을 보하며, 위를 튼튼히 해주고, 장을 깨끗하게 하며, 종양을 억제하는 효능이 있다. 약용 버섯 중 항암성분이 가장 많다. 암, 당뇨, 고혈압, 동맥경화에 말린 버섯 15g과 물 2ℓ를 넣어 달여 마시는데, 순하고 부드러우며 상온에서도 잘 변하지 않는다.

찰진흙버섯

진흙덩어리 모양이다. 3월 22일

상세 모습
다 자란 버섯. 3/22

🔍 **한눈에 보기**

갓모양
진흙덩어리 모양, 거꾸로 붙어 있음

갓 윗면
회갈색~회검은색

갓 밑면
여러 층의 관구멍, 연노란갈색

육질
단단한 목질

맛
순한 맛

● **발생 시기·장소 |** 넓은잎나무(참나무 등)의 살아 있는 나무, 고목에 붙어서 올라온다.

● **분포 |** 한국, 중국, 일본 등 북반구 온대 이북지역에 분포한다.

● **특징 |** 진흙덩어리 모양으로 올라오며 갓 밑면이 연노란갈색이다.

● **생김새 |** 갓 지름 10~15㎝, 두께 1~3㎝의 중대형. **갓**은 진흙덩어리 모양이고 거꾸로 붙어 있으며, 윗면은 회갈색~회검은색이고 얕은 나이테무늬가 있으며 울퉁불퉁하다. 갓살은 단단한 목질이다. **갓 밑면**은 여러 층의 아주 미세한 관구멍으로 되어 있으며, 관구멍은 각 층의 두께가 3~10㎜이고 둥글며 연노란갈색이다.

 식용 부적합
(목질)

 약용
(항종양, 면역력 증강)

● 소나무비늘버섯과 진흙버섯속

● 여러해살이

● 중대형

● 다른 이름 : 점토상황

이용방법

약용 >>>

성분과 효능_ 베타글루칸(항종양)이 함유되어 있으며 종양을 억제하는 효능이 있다. 각종 성인병에 말린 버섯 15g과 물 2ℓ 를 넣어 달여 마시는데 순한 맛이다.

301
찔레버섯

Phellinus ribis (Schumach.) Ryvarden = *Phellinus ribis* (Schumach.) Quel. = *Rosa multiflora* Thunb,

찔레나무 뿌리나 밑둥에 올라온다. 3월 9일

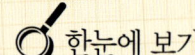 한눈에 보기

갓 윗면
노란갈색 ⇨ 검붉은갈색

갓 밑면
관구멍, 노란갈색 ⇨ 갈색

육질
단단한 해면질과 코르크질(2중)

냄새
조금 흙냄새

맛
구수한 맛, 조금 떫고 쌉쌀한 맛

● **발생 시기·장소** | 봄~겨울, 찔레나무 고목의 땅속뿌리나 지표면 근처의 밑둥 위에 1개씩 또는 여러 개가 기와모양으로 붙어서 자란다. 자갈이 섞여 있는 땅에 주로 난다.

● **분포** | 한국·일본·중국·필리핀 등 아시아, 북아메리카, 오스트레일리아 등지에 분포한다.

● **특징** | 찔레나무 뿌리에 붙어 자라며, 어릴 때는 갓이 노란갈색이다.

● **생김새** | 갓 지름 3~20㎝, 두께 0.3~4㎝의 소형~중형~대형. **갓**은 반달모양~부채모양~둥그스름한 모양이고 옆으로 붙거나 빙 둘러 붙는다. 여러 개가 붙어서 덩어리처럼 자라는 것도 있다. 윗면은 노란갈색에서 점차 검붉은갈색이 되며 나이테모양의 고랑이 생긴다. 갓살은 단단한 해면질과 코르크질의 2중으로 되어 있다. **갓 밑면**은 아주 미세한 관구멍으로 되어 있고, 노란갈색에서 갈색이 된다. 관구멍은 1㎜당 7~8개, 깊이 최대 2㎜이며 둥근 모양이다. **포자**는 3.5~4×2.5~3㎛ 크기의 타원형이고 연갈색이다.

 식용 부적합
(해면질~코르크질)

 약용
(항종양)

● **소나무비늘버섯과 진흙버섯속**

● **여러해살이(약 8년생)**

● **소형~중형~대형 땅속버섯**

● **다른 이름 : 찔레상황**

이용방법

약용 >>>

성분과 효능_ 베타글루칸(항종양)이 함유되어 있으며 종양을 억제하는 효능이 있다. 각종 성인병에 말린 버섯 15g과 물 2ℓ를 넣어 달여 마시는데 구수한 맛, 조금 떫고 쌉쌀한 맛이 난다.

01_ 어린 버섯
노란갈색의 어린 버섯.
2/25

02_ 어린 버섯
나이테모양의 고랑이
생긴다. 2/25

03_ 젊은 버섯
자갈 있는 땅에 주로
난디. 2/25

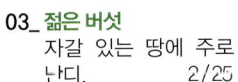

04_ 상세 모습
한 덩어리가 되어 형태
를 알아보기 힘들다.
3/17

05_ 상세 모습
갓 형태가 남아 있는
버섯. 3/17

06_ 상세 모습
늙은 버섯의 윗면과 밑
면. 2/25

07_ 이용
채취한 버섯. 달이면
조금 구수한 맛이 난
다. 2/25

Wolfiporia extensa (Peck) Ginns = *Wolfiporia cocos* (Wolf) Ryv. & Gilbn. = *Poria cocos* Wolf.

복령

소나무 뿌리에 감자모양으로 난다. 5월 1일

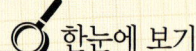 **한눈에 보기**

겉면
연갈색~붉은갈색~검은갈색

속살
흰색(백복령)~연붉은색(적복령)

육질
단단한 과립질

맛
조금 달달한 맛, 조금 쌉쌀한 뒷맛

● **발생 시기·장소 |** 봄~겨울, 죽은 지 5~6년 된 소나무(적송)의 땅 속 뿌리에 붙어서 난다.

● **분포 |** 한국, 일본, 중국, 북아메리카 등지에 분포한다.

● **특징 |** 죽은 소나무의 땅 속 뿌리에 나고 감자모양이다.

● **생김새 |** 지름 10~30㎝의 중형~대형이며 감자모양이다. **겉면**은 연갈색~붉은갈색~검은갈색의 거친 껍질로 덮여 있고 갈라지기도 한다. **살**은 흰색~연붉은색이며 단단한 과립질이다.

 식용
(괜찮은 맛)

 약용
(항종양, 당뇨, 위장병, 천식)

● **구멍장이버섯과 복령속**

● **여러해살이**

● **중형~대형 땅속버섯**

● **다른 이름 :** 솔뿌리혹버섯, 복령
(茯笭, 생약명), 백복령(白茯笭),
적복령(赤茯笭), 복신(茯神)

이용방법

01_ 다 자란 버섯
겉껍질 갈라진 모습.
5/1

02_ 다 자란 버섯
소나무 뿌리에 붙어서 난다.
5/1

03_ 상세 모습
흰색 백복령 속. 11/26

04_ 상세 모습
연붉은색 적복령 속.
5/6

05_ 상세 모습
다 자란 버섯. 5/1

06_ 이용
말려서 빻은 버섯가루.
12/25

Auricularia auricula-judae (Bull.) Quél. = *Auricularia auricula* (Hook.) Underw. = *Hirneolina auricula* (L.) H. Karst.

목이

갓모양이 불분명한 귀모양이다. 5월 26일

🔍 한눈에 보기

색
붉은갈색~노란갈색~올리브갈색, 반투명

갓 밑면
엉성하고 성긴 연결맥, 미세한 흰 털

육질
얇고 부드러운 젤라틴질, 마르면 단단한 연골질

맛
담백한 맛

● **발생 시기·장소** | 봄~겨울, 넓은잎나무(참나무, 뽕나무, 느릅나무 등) 죽은 나무, 그루터기, 통나무, 표고 재배목, 떨어진 나뭇가지 위에 1개씩 또는 여러 개가 무리지어 올라온다. 농가에서 재배하기도 한다.

● **분포** | 한국, 일본, 중국, 북아메리카, 유럽 등 전 세계에 분포한다.

● **특징** | 반투명 젤라틴질이고 밑면에 미세한 흰 털이 있다.

● **생김새** | 갓 지름 3~10㎝의 중소형. **갓**은 귀모양, 접시모양이나 생김새가 불분명하고 반투명한 붉은갈색~노란갈색~올리브갈색이다. 갓살은 얇고 부드러운 젤라틴질이나 마르면 단단한 연골질이 된다. **갓 밑면**에는 엉성하고 성긴 연결맥이 있고 미세한 흰 털로 덮여 있다. **포자**는 11~17×4~7㎛ 크기의 콩팥모양이고 흰색이다.

 식용
(괜찮은 맛)

 약용
(빈혈, 동맥경화)

● 목이과 목이속

● 한해살이

● 중소형

● 다른 이름 : 목이(木耳, 생약명), 젤리귀(jelly ear), 유다의 귀 (Juda's ear)

이용방법

식용 >>>

요리 방법과 맛_ 버섯을 삶아 잡채, 죽, 찜, 볶음, 탕 등에 넣어 먹는다. 향긋하고 쫄깃하면서 오돌오돌 씹히고 담백한 맛이다. 버섯 삶은 물은 조금 느끼하나 단맛과 감칠맛이 나므로 맛국물로 이용한다. 버섯을 말려두었다가 삶아서 이용하기도 한다.

약용 >>>

성분과 효능_ 트레할로스(산패 방지), 에르고스테롤(비타민 D로 전환되는 물질), 비타민 B_2 · B_3 · D, 글루코오스(포도당), 글리세롤, 만니톨(이뇨효과), 글루코녹실로만난(항염, 콜레스테롤 강하), 리그닌(식물성 에스트로겐), 키틴(항종양), 베타글루칸(항종양), 폴리사카리드(항종양)가 함유되어 있다. 피를 맑게 하고, 장기능을 활성화시키며, 몸속의 독을 풀어주고, 열을 내려주며, 콜레스테롤 수치를 낮추는 효능이 있다. 빈혈, 식중독, 피로, 동맥경화에 말린 버섯 9g과 물 700㎖를 넣어 달여 마신다.

01_ 다 자란 버섯
그루터기에 줄지어 올라온 모습.   5/28

02_ 다 자란 버섯
겨울에 올라온 올리브 갈색 버섯들.   12/5

03_ 늙은 버섯
물 내리는 모습.   7/3

04_ 상세 모습
젊은 버섯의 갓 윗면과 밑면.   5/26

05_ 이용
채취한 버섯.   5/26

06_ 이용
간장고추장무침. 삶아서 무친다.   3/20

07_ 이용
부침개. 말려서 가루를 내어 이용한다. 12/28

털목이

갓이 자주밤갈색이고 귀모양이다. 3월 25일

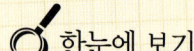 한눈에 보기

갓색
흰갈색, 흰색 잔털

갓 밑면
자주밤갈색

육질
부드러운 젤라틴질, 마르면 단단한
연골질

맛
조금 달달한 맛

● **발생 시기·장소 |** 봄~가을, 넓은잎나무~낙엽송 죽은 나무, 그루터기, 통나무, 표고 재배목,
떨어진 나뭇가지 위에 1개씩 또는 여러 개가 무리지어 올라온다.

● **분포 |** 한국, 일본, 중국, 남아메리카, 북아메리카 등지에 분포한다.

● **특징 |** 밑면은 자주밤갈색이고 윗면은 흰 잔털로 빽빽이 덮여 있다.

● **생김새 |** 갓 지름 3~10㎝, 두께 2~5㎜의 중소형. **갓**은 귀모양, 둥근 깔때기모양, 둥근 접시모
양이며 거꾸로 뒤집혀서 달린다. 윗면은 흰갈색이고 흰 잔털로 빽빽이 덮여 있다. 갓살은 부드
러운 젤라틴질이나 마르면 단단한 연골질이 된다. **갓 밑면**은 자주밤갈색이다. **포자**는 8~13×
3~5㎛ 크기의 콩팥모양이고 흰색이다.

 식용
(조금 떨어지는 맛)

 약용
(항종양, 류머티즘 통증, 중풍
마비)

 약간 독성

● 목이과 목이속

● 한해살이

● 중소형

● 다른 이름 : 흑목이(黑木耳, 생약
명),분홍목이

이용방법

식용 >>>

요리 방법과 맛_ 약간 독성이 있으므로 소금물에 삶아 물은 버리고 여러 번 헹궈내고 요리한다. 된장찌개, 잡채, 볶음 등을 해서 먹는다. 목이보다 맛이 떨어지나 아삭아삭하고 조금 달달한 맛이다. 말려두었다가 삶아서 요리하기도 한다.

약용 >>>

성분과 효능_ 글루코오스(포도당), 프럭토스(과당), 만니톨(이뇨효과), 폴리사카리드(항종양), 키틴(항종양)이 함유되어 있다. 피를 맑게 하고, 출혈을 멎게 하며, 위와 장을 튼튼히 하고, 폐를 보하며, 통증을 가라앉히는 효능이 있다. 간염, 위염, 치질, 변비, 자궁출혈, 편도선염, 변비, 류머티즘 통증, 손발 마비에 말린 버섯 9g과 물 700㎖를 넣어 달여 마신다.

01_ 다 자란 버섯
마르면 단단해진다.
3/25

02_ 다 자란 버섯
군락을 지어 올라온 모습. 7/26

03_ 다 자란 버섯
갓이 흰 잔털로 덮여 있다. 1/26

04_ 늙은 버섯
물 내리는 모습. 2/25

05_ 이용
채취한 버섯. 2/25

06_ 이용
숙회. 아삭아삭하다.
12/2

좀목이

뇌모양의 주름이 있다. 11월 20일

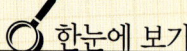 한눈에 보기

색
검은갈색

육질
부드러운 젤라틴질, 마르면 단단한 연골질

맛
별다른 맛이 없음

● **발생 시기·장소** | 여름~가을, 넓은잎나무 죽은 나무, 그루터기, 통나무, 떨어진 나뭇가지 위에 1개씩 또는 여러 개가 무리지어 올라온다.

● **분포** | 한국, 유럽 등지에 분포한다.

● **특징** | 젤라틴질의 뇌모양으로 검은갈색이다.

● **생김새** 지름 10㎝ 이상, 두께 0.5~5㎝의 중형. **모양**은 둥그스름한 뇌모양으로 주름이 있으며 마르면 종이처럼 얇아진다. 윗면은 검은갈색이고 미세한 돌기가 있으며, 살은 부드러운 젤라틴질이나 마르면 단단한 연골질이 된다. **포자**는 6~13×2.5~5.5㎛ 크기의 콩팥모양이고 흰색이다.

 식용
(평범한 맛)

● 목이과 좀목이속
● 한해살이
● 중형

이용방법

식용 >>>

요리 방법과 맛_ 숙회로 먹는데 쫄깃하고 오돌오돌하며 특별한 맛은 없다.

01_ 젊은 버섯
비 맞은 모습.   11/20

02_ 다 자란 버섯
말라서 수축된 모습.
3/22

03_ 다 자란 버섯
쓰러진 나무에 올라온
모습.   3/22

04_ 상세 모습
손으로 조금 벗겨낸 모
습(위쪽). 안쪽은 덜 말
라 있다   3/22

05_ 이용
마른 버섯 채취한 것.
3/22

06_ 이용
숙회. 오돌오돌하고 쫄
깃하다.   3/22

아교좀목이

나뭇가지에 초소형으로 난다. 4월 8일

● **발생 시기·장소** | 여름~가을, 떨어진 나무토막, 나뭇가지 위에 1개씩 또는 여러 개가 무리지어 올라온다.

● **분포** | 한국, 일본 등지에 분포한다.

● **특징** | 나뭇가지에 나고 초소형이다.

● **생김새** | 지름 3~18㎜의 초소형. **모양**은 둥근 단추모양이며 마르면 쪼글쪼글하게 오그라든다. 아주 어릴 때는 투명한 흰갈색이나 점차 반투명하고 연한 살색~노란살색~붉은살색~갈색이 되며, 살은 부드러운 젤라틴질이나 마르면 단단한 연골질이 된다. **포자**는 12~15×4~5㎛ 크기의 콩팥모양이다.

 식용
(평범한 맛)

● **목이과 좀목이속**

● **한해살이**

● **초소형**

이용방법

식용 >>>
요리 방법과 맛_ 숙회로 먹으면 쫄깃쫄깃하지만 별다른 맛은 없다.

01_ **어린 버섯**
아주 어릴 때는 투명한
한 모습이다.   5/13

02_ **어린 버섯**
갈색으로 변해가는 어
린 버섯(오른쪽). 5/13

03_ **젊은 버섯**
살색 계열의 버섯. 4/1

04_ **다 자란 버섯**
말라서 쪼글쪼글해지
고 있다.   4/8

05_ **상세 모습**
가지에 달려 있는 젊은
버섯.   3/22

흰목이

Tremella fuciformis Berk. = *Exidia glandulosa* Fr.

반투명 흰꽃모양이다. 7월 1일

한눈에 보기

색
반투명 흰색 ⇨ 연갈색

육질
얇은 젤라틴질, 마르면 단단한 연골질

맛
담백한 맛

● **발생 시기·장소 l** 봄~가을, 넓은잎나무 죽은 나무, 통나무, 떨어진 나무토막, 나뭇가지 위에 1개씩 또는 여러 개가 무리지어 올라온다.

● **분포 l** 한국, 일본, 중국, 인도네시아, 인도, 남아메리카, 북아메리카, 오스트레일리아 등지에 분포한다.

● **특징 l** 반투명 흰색 겹꽃모양이다.

● **생김새 l** 지름 3~10㎝, 높이 2~5㎝의 중소형. **갓**은 겹겹의 꽃모양이며 가장자리가 물결처럼 구불거리고 색은 반투명 흰색이며 늙으면 연갈색이 된다. 살은 얇고 부드러운 젤라틴질이나 마르면 단단한 연골질이 된다. **포자**는 10~12×9~10㎛ 크기의 둥그스름한 모양이고 흰색이다.

 식용
(괜찮은 맛)

 약용
(항종양, 폐결핵, 위장병, 성인병)

● 목이과 좀목이속

● 한해살이

● 중소형

● 다른 이름 : 은이(銀耳, 생약명)

이용방법

식용 >>>

요리 방법과 맛_ 버섯을 삶아서 잡채, 튀김, 죽, 탕, 찜, 볶음 등을 해 먹는다. 버섯을 말려두었다가 물에 불려서 요리하기도 한다. 부드럽고 쫄깃하며 담백한 맛이다.

약용 >>>

성분과 효능_ 에르고스테롤(비타민 D로 전환되는 물질), 철분, 비타민 B_1·B_2·B_3, 글루코오스(포도당), 글리세롤, 만니톨(이뇨효과), 리그닌 (식물성 에스트로겐), 트레할로스(산패 방지), 헤미셀룰로오스(자일리톨 원료), 글루코녹실로만난(항염, 콜레스테롤 강하), 키틴(항종양)이 함 유되어 있다. 기를 보하고, 피를 맑게 하며, 몸속의 독을 풀어주고, 장 기능을 활성화시키며, 열을 내리는 효능이 있다. 위장병, 당뇨, 골다 공증, 빈혈, 폐결핵, 동맥경화, 강장제로 말린 버섯 9g과 물 700㎖를 넣어 달여 마신다.

01_ 어린 버섯
어린 버섯은 생김새가
불분명하다.   7/1

02_ 젊은 버섯
꽃모양이 만들어지고
있다.   7/1

03_ 다 자란 버섯
가장자리가 밋밋해진
다 자란 버섯.   7/3

04_ 늙은 버섯
연갈색으로 늙어가는
버섯.   7/14

05_ 이용
숙회. 쫄깃하고 담백한
맛이다.   7/1

꽃흰목이

갈색 꽃모양이다. 10월 6일

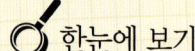 한눈에 보기

색
반투명 연갈색~연분홍색~연자주
갈색

육질
얇은 젤라틴질, 마르면 단단한 연골
질

맛
담백한 맛

● **발생 시기·장소 |** 봄~가을, 넓은잎나무(참나무 등)의 고목, 죽은 나무, 통나무, 나무뿌리가 묻힌 땅 위에 1개씩 또는 여러 개가 무리지어 올라온다.

● **분포 |** 한국, 일본, 중국 등 전 세계에 분포한다.

● **특징 |** 갈색 계열의 반투명 겹꽃모양이다.

● **생김새 |** 지름 6~12㎝, 높이 3~6㎝의 중형. **갓**은 겹겹의 꽃모양이고 가장자리가 물결처럼 구불거리며, 반투명 연갈색~연분홍색~연자주갈색이다. 살은 얇고 부드러운 젤라틴질이나 마르면 단단한 연골질이 된다. **포자**는 9~11×6~8㎛ 크기의 둥그스름한 모양이고 흰색이다.

 식용
(괜찮은 맛)

 약용
(여성질환)

● **목이과 좀목이속**

● **한해살이**

● **중형**

이용방법

01_ 젊은 버섯
꽃잎모양이 생기는 모습.   8/29

02_ 다 자란 버섯
꽃모양이 된 모습.
                    9/10

03_ 다 자란 버섯
나무 높이 달린 모습.
                    3/2

04_ 늙은 버섯
말라서 얇아진 버섯.
                    3/2

05_ 이용
채취한 버섯.   10/6

06_ 이용
숙회. 아삭아삭하다.
                    10/6

Dacrymyces stillatus Nees = *Dacrymyces palmatus* (Schw.) Burt.

붉은목이

오렌지색이다. 7월 4일

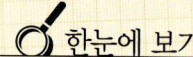 한눈에 보기

색
반투명한 오렌지색~노란오렌지색
육질
얇은 젤라틴질, 마르면 단단한 연골질

● **발생 시기·장소** | 봄~가을, 넓은잎나무 죽은 나무, 통나무, 떨어진 나무토막, 나뭇가지 위에 1개씩 또는 여러 개가 무리지어 올라온다.

● **분포** | 한국, 일본, 중국, 북아메리카 등지에 분포한다.

● **특징** | 소형이고 반투명한 오렌지색~노란오렌지색이다.

● **생김새** | 지름 2~5㎝의 소형. **갓**은 어릴 때 뇌모양에서 점차 꽃잎모양처럼 되며, 반투명한 오렌지색~노란오렌지색이고 마르면 거무스름해진다. 살은 얇고 부드러운 젤라틴질이나 마르면 단단한 연골질이 된다. **포자**는 16~20×5.5~7㎛ 크기의 굽은 원통모양이고 흰색이다.

 식용 불가
(독성분 여부 미상)

 약용
(외용)

● 목이과 좀목이속
● 한해살이
● 소형

이용방법

약용 >>>

성분과 효능_ 어혈을 풀어주고, 염증을 없애주며, 통증을 가라앉히는 효능이 있다. 외상 염증, 타박상 통증에 말려서 빻은 버섯가루를 바른다.

01_ 다 자란 버섯
형태가 불분명한 꽃모
양이다.   7/4

02_ 다 자란 버섯
쓰러진 나무 위에 올라
온 모습.   7/4

03_ 늙은 버섯
나무 전체를 뒤덮고 있
는 모습.   5/13

04_ 늙은 버섯
말라붙어서 새카맣게
된 버섯.   7/6

05_ 이용
채취한 버섯.   5/13

06_ 이용
버섯 말리는 모습. 빻
아서 가루를 외용약으
로 쓴다.   5/15

Chlorociboria aeruginosa (Oeder) Seav. ex Ram., Korf. & Batra = *Chlorosplenium aeruginosum* (Gray) de Not.

녹청균

크기가 아주 작고 청록색이다. 8월 19일

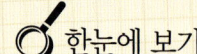 한눈에 보기

색
청록색
육질
아주 얇은 가죽질

● **발생 시기·장소** | 봄~가을, 넓은잎나무(참나무, 떡갈나무 등) 죽은 나무, 그루터기, 통나무, 떨어진 나뭇가지 위에 1개씩 또는 여러 개가 무리지어 올라오며, 나무를 청록색으로 물들인다.

● **분포** | 한국, 북아메리카 등 북반구 온대 이북지역에 분포한다.

● **특징** | 크기가 아주 작고 자루가 있으며 청록색이다.

● **생김새** | 갓 지름 2~5㎜의 초소형. **갓**은 어릴 때 주발모양, 편평한 접시모양이고 가느다란 자루가 갓 옆이나 한가운데에 붙어 작은 잎모양이 된다. 색은 청록색이고 윗면에 미세한 잔털과 주름이 있으며, 색소가 들어 있는 과립이 터져 나무를 청록색으로 물들인다. 갓살은 아주 얇은 가죽질이다. **포자**는 10~14×1.5~3㎛ 크기의 긴 아몬드모양이고 색이 없다.

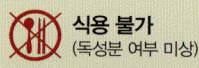 **식용 불가**
(독성분 여부 미상)

● 살갖버섯과 녹청균속

● 한해살이

● 초소형

다 자란 버섯
과립이 터져 나무를 청록색으로 물들인다.
8/19

콩버섯

검은 포자가루로 덮여 있다. 9월 19일

젊은 버섯
자라면서 자루가 없어진 모습. 3/26

🔍 **한눈에 보기**

윗면
밤갈색, 검은색 포자가루로 덮임
육질
단단한 코르크질

● **발생 시기·장소** | 여름~가을, 넓은잎나무(참나무, 너도밤나무 등) 죽은 나무, 그루터기, 통나무, 떨어진 나뭇가지 위에 1개씩 또는 여러 개가 무리를 이루거나 줄지어 올라온다.

● **분포** | 한국, 북아메리카, 유럽 등 전 세계에 분포한다.

● **특징** | 짧은 자루가 있는 밤갈색 콩모양이고 검은색 포자가루가 나온다.

● **생김새** | 지름 1~3㎝의 소형. **모양**은 반 둥근 콩모양으로 어릴 때는 짧은 자루가 있으나 자라면서 없어진다. 종종 여러 개가 맞붙어 큰 덩어리가 된다. 윗면은 밤갈색으로 포자가루가 들어있는 미세한 점 같은 돌기로 덮여 있으며, 다 자라면 검은색 포자가루가 나와 나무를 검게 물들인다. 살은 단단한 코르크질이다. **포자**는 12~17×6~9㎛ 크기의 타원형이고 검은색이다.

🚫 **식용 불가**
(독성분 여부 미상)

● 콩꼬투리버섯과 콩버섯속
● 한해살이
● 소형

01_ 다 자란 버섯
검은 포자가루가 나온다.   8/20

02_ 늙은 버섯
늙어서 물 내린 버섯(검은색)과 새로 올라오는 버섯(밤갈색). 3/26

Annulohypoxylon multiforme (Fr.) Y.Ju,J.Rog. & H. Hsieh= *Hypoxylon multiforme* (Fr.) Fr.

다형빵팥버섯

썩은 나무 위에 자란다. 12월 1일

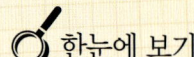 한눈에 보기

색
검은색

육질
단단한 목탄질

● **발생 시기·장소** | 봄~겨울, 넓은잎나무(참나무, 자작나무 등) 죽은 나무, 그루터기, 통나무, 떨어진 나뭇가지 위에 1개씩 또는 여러 개가 무리지어 올라온다.

● **분포** | 한국, 북아메리카, 유럽 등지에 분포한다.

● **특징** | 작은 알갱이가 박혀 있는 반 타원형이고 검은색이다.

● **생김새** | 지름 4~2.5㎜, 두께 2~5㎜의 초소형. **갓**은 반 타원형이고, 윗면이 검은색으로 지름 0.8~1㎜의 작은 알갱이가 박혀 있으나 잘 떨어지며, 검은갈색 포자가루가 나와 나무를 검게 물들인다. 갓살은 단단한 목탄질이다. **포자**는 8~12×3.5~6㎛ 크기의 타원형이고 진갈색이다.

 식용 불가
(독성분 여부 미상)

● **콩꼬투리버섯과 빵팥버섯속**
(속명 바뀜)

● **한해살이**

● **초소형**

● **다른 이름 : 다형팥버섯**

젊은 버섯
썩은 나무 위에 올라온 버섯. 12/1

Xylaria polymorpha (Pers.) Grev.

다형콩꼬투리버섯

검은색 목탄질이다. 4월 14일

상세 모습
다 자란 버섯. 4/14

 한눈에 보기

색
흰색 ⇨ 검은색, 검은 포자가루로 덮임
육질
단단한 목탄질

● **발생 시기·장소** | 여름~가을, 넓은잎나무 고목, 죽은 나무 위, 땅 속 뿌리에 1개씩 또는 여러 개가 무리지어 올라온다.

● **분포** | 한국, 북아메리카 등 전 세계에 분포한다.

● **특징** | 제멋대로 구부러진 콩꼬투리 모양이고 색이 목탄처럼 검다.

● **생김새** | 높이 3~7㎝의 소형. **모양**은 제멋대로 구부러진 콩꼬투리 모양, 방망이모양, 손가락 모양 등이며 여러 개가 붙어 자라기도 한다. **겉면**은 아주 어릴 때는 흰색이나 검은 포자가루가 나와 검은색이 되며 매우 거칠다. 살은 단단한 목탄질이다. **포자**는 20~30×6~8㎛ 크기의 아몬드모양이고 검은갈색이다.

식용 불가
(독성분 여부 미상)

● 콩꼬투리버섯과 콩꼬투리버섯속
● 한해살이
● 작은중간키 – 소형
● 다른 이름 : 죽은 자의 손가락
 (deadman's fingers)

01 02

01_ 다 자란 버섯
여러 개가 손가락모양으로 올라온 모습. 4/14

02_ 다 자란 버섯
누워서 자라는 버섯. 10/28

실콩꼬투리버섯

아주 가는 실 모양이다. 12월 9일

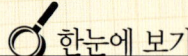 한눈에 보기

색
흰색 ⇨ 검은색, 끝은 오렌지갈색

● **발생 시기·장소 |** 여름~가을, 넓은잎나무(밤나무 등) 죽은 나무, 그루터기, 통나무, 떨어진 나뭇가지, 낙엽 위에 1개씩 또는 여러 개가 무리지어 올라온다.

● **분포 |** 한국, 북아메리카 등 전 세계에 분포한다.

● **특징 |** 머리카락처럼 가늘며 잘 구부러진다.

● **생김새 |** 높이 3~8㎝, 굵기 1㎜ 내외의 초초소형. **모양**은 실모양, 머리카락 모양이고 위로 갈수록 가늘어져 끝이 뾰족하며, 제멋대로 굽어 자라고 종종 납작하게 눌려 있다. **겉면**은 흰색에서 검은색이 되며 끝은 오렌지갈색이다. **포자**는 12.5~17×5~6.5㎛ 크기의 타원형이다.

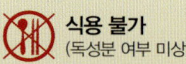 **식용 불가** (독성분 여부 미상)

● 콩꼬투리버섯과 콩꼬투리버섯속

● 한해살이

● 작은중간키 – 초초소형

다 자란 버섯
잘 구부러진다. 12/9

자주색솔점균

자주갈색 솔모양이다. 8월 24일

● **발생 시기·장소 |** 여름~가을, 넓은잎나무 죽은 나무, 그루터기, 통나무, 떨어진 나뭇가지, 낙엽 위에 무수히 많은 버섯이 한데 뭉쳐서 무리지어 올라온다.

● **분포 |** 한국, 북아메리카 등지에 분포한다.

● **특징 |** 죽은 나무에 나며 자주갈색 솔모양이다.

● **생김새 |** 높이 5~20cm, 굵기 1~1.6mm의 초초소형으로 솔모양이고 단면이 둥글다. **자루**는 가늘고 윤기가 난다. 겉면은 흰색에서 자주갈색이 되었다가 검은색이 되며 윤기가 있다. 다 자라서 다른 물체와 닿으면 갈색 포자가 나온다. **포자**는 7.4~9㎛ 크기의 공모양이고 자주갈색이다.

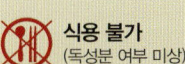
식용 불가
(독성분 여부 미상)

● 자주색솔점균과 자주색점균속

● 한해살이

● 큰키 – 초초소형

젊은 버섯
포자가루가 묻어 뭉쳐진 모습. 8/24

316

Ustilago maydis (DC.) Corda

옥수수깜부기병균

옥수수 각 부위를 기형적으로 부풀게 한다. 7월 6일

한눈에 보기

겉면
연녹색 ⇨ 흰회색 껍질로 덮임 ⇨ 검은색

육질
단단함

맛
달달함

● **발생 시기·장소** | 여름~가을, 옥수수 꽃·잎·줄기·땅속줄기·뿌리껍질 속에 기생하며 심각하게 농작물에 피해를 입힌다.

● **분포** | 한국, 중국, 멕시코 등 전 세계에 분포하며 멕시코, 남서아메리카 등의 농가에서 재배하기도 한다.

● **특징** | 옥수수 각 부위의 겉껍질을 기형적으로 부풀게 하며, 검은갈색 포자가루를 뿜어낸다.

● **생김새** | 길이 10~15㎝로 중대형이며 25㎝까지 자라는 것도 있다. **모양**은 옥수수 각 부위의 겉껍질을 혹모양, 애벌레모양, 콩깍지모양 등 다양한 모양으로 부풀게 해 기형적으로 만든다. **겉면**은 어릴 때 연녹색에서 곧 흰회색 얇은 겉껍질로 뒤덮이며, 다 자라면 겉껍질이 터져서 검은갈색 포자가루가 나와 검은색이 된다. 살은 단단한 육질이다. **포자**는 8~11㎛ 크기의 공모양이고 갈색이다.

 식용
(괜찮은 맛)

 약용
(간질환, 위궤양, 십이지장궤양, 항종양)

- 깜부기균과 깜부기균속
- 한해살이
- 중대형
- 다른 이름 : 옥수수깜부기버섯

이용방법

01_ **어린 버섯**
옥수수 줄기를 부풀게 하는 모습.　　7/7

02_ **젊은 버섯**
옥수수 줄기가 양옆으로 부풀어 올랐다. 7/7

03_ **젊은 버섯**
흰회색이 되어가는 모습.　　7/20

04_ **다 자란 버섯**
겉껍질이 터진 모습.　　7/20

05_ **다 자란 버섯**
검은갈색 포자가루가 나온다.　　7/6

Cordyceps militaris (L.) Link

동충하초

오렌지색 방망이 모양이다. 8월 29일

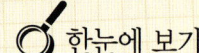 한눈에 보기

색
노란오렌지색, 오톨도톨한 돌기
육질
연함
냄새
조금 비린내
맛
조금 싱겁고 달달함

● **발생 시기·장소 |** 여름~늦가을, 썩은 나무 묻힌 곳, 낙엽 있는 땅속의 쐐기나방과 번데기 가슴이나 머리에 1개씩 또는 2~3개씩 올라온다. 농가에서 재배하기도 한다.

● **분포 |** 한국, 일본, 중국, 북아메리카 등지에 분포한다.

● **특징 |** 노란오렌지색 방망이모양이고 갓이 오톨도톨하다.

● **생김새 |** 전체 길이 3~6㎝이고 자루 달린 원기둥모양 또는 방망이모양이고, 밑동에 죽은 곤충 번데기가 붙어 있다. **머리**는 길이 4~15㎜로 소형이고 노란오렌지색이며, 돌기모양의 자낭각(알갱이모양의 포자주머니)으로 덮여 있어 오톨도톨하다. **자루**는 길이 1~5㎝로 갓보다 조금 가늘며, 색은 갓보다 옅거나 흰색이다. 살은 연한 오렌지색이고 육질이 연하며 조금 비린내가 난다. 숙주인 곤충의 번데기에서는 연한 오렌지색 물이 나온다. **포자**는 2~4.5×1~1.5㎛ 크기이고 원통모양에 가까운 방추형이다.

 식용
(평범한 맛)

 약용
(폐암, 허약체질)

● **동충하초과 동충하초속**

● **한해살이**

● **작은중간키 - 초소형**

● **다른 이름 :** 번데기버섯, 번데기동충하초, 동충초(冬蟲草), 용충초(蛹蟲草, 생약명), 하초동충(夏草冬蟲)

이용방법

식용 >>>

요리 방법과 맛_ 젊은 버섯을 채취하여 번데기는 떼어내고 전골, 찜 등을 해 먹는다. 육질이 부드럽고 조금 싱겁고 달달한 맛이다.

약용 >>>

성분과 효능_ 조지방, 조단백질, 탄수화물, 칼슘, 나트륨, 칼륨, 철, 인, 에르고스테롤(비타민 D로 전환되는 물질), 만니톨(이뇨효과), 충초다당 (면역력 강화), 코디세핀(항종양), 코디세픽산(항염증)이 함유되어 있다. 폐와 신장을 좋게 하고, 심장을 튼튼히 하며, 균을 죽이고, 면역력을 높이며, 종양을 억제하는 효능이 있다. 빈혈, 병후 허약, 폐결핵에 말린 버섯 9g과 물 700㎖를 넣어 달여 먹거나 가루를 내서 먹는다.

01_ **다 자란 버섯**
  낙엽이 있는 곳에 올라
  온 모습.   8/29

02_ **다 자란 버섯**
  축축한 바위 밑에 올라
  온 모습.   8/20

03_ **상세 모습**
  한 번데기에 여러 개가
  올라오기도 한다.
              8/20

04_ **상세 모습**
  젊은 버섯부터 다 자란
  버섯까지.   8/29

05_ **상세 모습**
  어린 버섯부터 다 자란
  버섯까지.   8/29

06_ **이용**
  채취한 버섯.   8/29

Cordyceps nutans Pat.

노린재동충하초

붉은 오렌지색 면봉모양이다. 9월 8일

상세 모습
다 자란 버섯. 9/8

한눈에 보기

색
붉은오렌지색

육질
조금 질김

냄새
조금 흙냄새

맛
조금 노린 맛

● **발생 시기·장소** | 여름~가을, 풀밭이나 자갈이 있는 땅속 노린재 번데기 머리와 배에서 1개씩 또는 2~3개씩 올라온다.

● **분포** | 한국, 일본, 중국, 아열대지역 등에 분포한다.

● **특징** | 자루가 길고 붉은오렌지색 면봉모양이다.

● **생김새** | 자루가 매우 가늘고 긴 면봉모양이며, 밑동에 죽은 노린재 번데기가 붙어 있다. **머리**는 길이 1~2.1㎝, 지름 2~4㎜의 초소형이고 밋밋하며 붉은오렌지색이다. **자루**는 길이 5~16㎝, 지름 1~2㎜로 가늘고 길며 질기고 잘 구부러진다. 윤기 나는 검은색이다. 살은 육질이 조금 질기며 흙냄새가 조금 난다. **포자**는 520~570㎛ 크기의 실모양이다.

 식용 부적합
(노린 맛)

 약용
(면역력 강화, 항종양)

● 동충하초과 동충하초속

● 한해살이

● 중간큰키 – 초소형

● 다른 이름 : 노린재버섯

이용방법

약용 >>>

성분과 효능_ 면역력을 높이고, 종양을 억제하는 효능이 있다. 허약체질, 폐결핵, 천식, 고혈압에 말린 버섯 9g과 물 700㎖를 넣고 달여 먹는다.

Paecilomyces tenuipes(peck) Samson = *Isaria tenuipes* Peck = *Isaria japonica* Yasuda
= *Paecilomyces japonica* Yasuda = *Paecilomyces tenuipes* (Peck) Samson

※학명 바뀜

눈꽃동충하초

눈꽃 핀 가지 모양이다. 9월 19일

한눈에 보기

색
흰색, 포자가루
맛
조금 구수함

● **발생 시기·장소 |** 가을, 숲속 낙엽 쌓인 곳 땅속 곤충(나비목 등)의 애벌레, 번데기, 성충에 들어가 기생하며 숙주는 죽는다. 우리나라에서 누에를 이용한 인공배양에 성공하였다.

● **분포 |** 한국, 일본, 네팔 등지에 분포한다.

● **특징 |** 하얀 눈꽃이 핀 벌어진 나뭇가지 모양이다.

● **생김새 | 전체**가 8~40㎜로 넓게 벌어진 나뭇가지 모양이며 밑동에 죽은 곤충이나 번데기가 붙어 있다. 가지는 1~20갈래로 갈라지고 흰색 포자가루로 덮여 있어 만지면 흩날린다. **자루**는 지름 1~2.5㎜의 눌린 원통모양이며 연노란갈색이다.

 식용 부적합
(가루질)

 약용
(면역력 강화, 당뇨, 고혈압)

● **동충하초과 눈꽃동충하초속**

● **한해살이**

● **다른 이름 : 흰꽃동충하초, 설화
동충하초(雪花冬蟲夏草, 생약명)**

이용방법

01_ **다 자란 버섯**
가지가 여러 개로 벌어진다.   8/25

02_ **상세 모습**
어릴 때 가지 올라오는 모습.   8/7

03_ **상세 모습**
포자가루가 붙은 젊은 버섯.   8/25

04_ **상세 모습**
젊은 버섯 윗면. 9/15

05_ **상세 모습**
젊은 버섯 밑면. 9/15

06_ **상세 모습**
늙은 버섯.   8/25

백강균

곤충 몸을 하얀 포자가루로 뒤덮는다. 11월 20일

상세 모습
밑면 11/20

🔍 한눈에 보기

색
흰색, 마르면 흰노란회색

육질
가루질

냄새
조금 썩은 냄새

맛
조금 짠맛, 아린 맛, 매운맛

● **발생 시기·장소 |** 여름~늦가을, 곤충(누에나방, 메뚜기, 매미, 하늘소) 등의 애벌레, 번데기, 성충에 들어가 기생하며 숙주는 죽는다.

● **분포 |** 한국, 일본, 중국 등지에 분포한다.

● **특징 |** 애벌레나 성충 몸에 흰 융털이나 가루가 덮인 모양이다.

● **생김새 |** 숙주가 되는 죽은 곤충, 유충, 번데기 몸의 각 마디에서 융털 같은 흰색 균사가 나와 뒤덮으며 점차 가루처럼 된다. **색**은 흰색이고 마르면 흰노란회색이 된다. **포자**는 1~4㎛ 크기의 공모양 또는 1.5~5.5×1~3㎛ 크기의 타원형이며 흰색이다.

 식용 부적합
(가루질)

 약용
(기관지염, 천식)

 약간 독성

● **동충하초과 백강균속**

● **한해살이**

● **다른 이름 : 누에번데기균, 흰가루병누에번데기, 백강잠(白殭蠶, 생약명), 백강용(白僵蛹)**

┌─ **이용방법**

약용 >>>
성분과 효능_ 지방, 단백질, 리포단백질(복합 단백질)이 함유되어 있다. 누에와 누에 번데기에 기생한 것을 약으로 쓰는데 열을 내리고, 경련을 가라앉히며 담을 몰아내는 효능이 있다. 기관지염, 천식, 간질, 피부소양증에 말린 버섯 5g과 물 700㎖를 넣고 달여 먹거나 가루를 내서 먹는다. 독성이 조금 있으므로 장기간 먹으면 안 된다.

색인

우리 몸에 좋은
버섯대사전

글쓴이 ㅣ 솔 뫼   기 획 ㅣ 이화진
펴낸이 ㅣ 유재영   편 집 ㅣ 김기숙
펴낸곳 ㅣ 그린홈   디자인 ㅣ 문정혜

1판 1쇄 ㅣ 2012년 7월 15일
1판 4쇄 ㅣ 2019년 1월 15일

출판등록 ㅣ 1987년 11월 27일 제10-149

주소 ㅣ 04083 서울 마포구 토정로 53(합정동)
전화 ㅣ 324-6130, 324-6131 · 팩스 ㅣ 324-6135
E-메일 ㅣ dhsbook@hanmail.net
홈페이지 ㅣ www.donghaksa.co.kr
www.green-home.co.kr

ⓒ 솔뫼, 2012

ISBN 978-89-7190-378-0 13480

Green Home은 자연과 함께 하는 건강한 삶, 반려동물과의 감성 교류, 내 몸을 위한 치유 등
지친 현대인의 생활에 활력을 주고 마음을 힐링시키는 자연주의 라이프를 추구합니다.